"十二五"江苏省高等学校重点教材(编号：2014－1－006)

中国高等职业技术教育研究会推荐

高职高专系列规划教材

智能化仪器原理及应用

（第三版）

主　编　　曹建平

副主编　　赵　燕

参　编　　傅大梅

主　审　　高恭娴

西安电子科技大学出版社

内 容 简 介

本书从培养高技能应用型人才的目标出发，注重理论与实践的结合，突出应用能力的培养。本书除介绍智能仪器的发展过程外，重点阐述了智能仪器的典型处理功能及其实现方法，其中包括仪器的故障自检功能、自动测量功能、测量误差和典型误差处理方法以及数字滤波等。本书还介绍了智能仪器的设计方法，介绍了制造、应用过程中的常见故障、干扰及其处理方法，并以三种智能仪器的典型实例论述了智能仪器的组成原理、结构特点以及应用方法，目的是使读者掌握智能仪器的一般分析方法和提高实际应用的能力，能够做到举一反三、融会贯通。

本书每章均配有思考题与习题，可作为高职高专院校电类、机电类专业的专业课教材，亦可供工程技术人员学习参考。

图书在版编目(CIP)数据

智能化仪器原理及应用/曹建平主编. —3 版 —西安：西安电子科技大学出版社，2017.9
高职高专系列规划教材
ISBN 978 - 7 - 5606 - 4108 - 9

Ⅰ. ① 智…　Ⅱ. ① 曹…　Ⅲ. ① 智能仪器－高等职业教育－教材　Ⅳ. ① TP216

中国版本图书馆 CIP 数据核字(2016)第 133253 号

策　　划	马晓娟
责任编辑	马晓娟
出版发行	西安电子科技大学出版社(西安市太白南路 2 号)
电　　话	(029)88242885　88201467　　邮　编　710071
网　　址	www.xduph.com　　　电子邮箱　xdupfxb001@163.com
经　　销	新华书店
印刷单位	陕西华沐印刷科技有限责任公司
版　　次	2017 年 9 月第 1 版　2017 年 9 月第 1 次印刷
开　　本	787 毫米×1092 毫米　1/16　印张　20
字　　数	475 千字
印　　数	1～3000 册
定　　价	37.00 元

ISBN 978 - 7 - 5606 - 4108 - 9/TP

XDUP　4400003 - 9

前　　言

智能化仪器(也称智能仪器)是计算机技术、检测技术、电子技术、通信技术等多种技术相结合的产物，与其相关技术的发展带动着智能仪器技术的发展，而智能仪器技术的发展，又推动着科学技术的发展。近年来，相关学科的理论和方法不断渗透到智能仪器之中，使智能仪器在仪器构成等理念上发生了巨大的变化。在测量速度、精确度、灵敏度、自动化程度和性能价格比等方面，智能仪器都具有传统仪器所不能比拟的优点。它已成为仪器、仪表的发展方向。

2004年，本书的第一版出版发行，经过几届学生、多个专业的教学实践，取得了非常好的效果，得到了广泛的认可，同时也得到了不少教师、学生以及其他读者给予的许多鼓励和建设性意见。应部分使用本书的高职院校老师的要求，结合自身在教学实践和课程建设中的一些新的认识与见解，我们于2012年初修订出版了第二版。经过两轮的教学实践，同时对照"十二五"发展规划以及当前高等职业教育教学的改革与发展实情，为充分吸收行业发展的新知识、新技术，对接职业标准和岗位要求，丰富实践教学内容，进一步完善实训项目的规范性和可操作性，同时，也是出于竭力打造高职精品教材这一目标，我们进行了再次修订。

本书在内容的选取、结构的安排上力求从应用的角度出发，改变了传统教材以较大篇幅讲解单片机或智能芯片原理的方法，着重通过应用实例阐述智能仪器的基本原理、典型的处理功能以及应用技术，体现了高等职业教育教学改革中推荐的项目教学和案例教学的特点。本书的编写从培养高技能应用型人才的目标出发，遵循"理论适度，培养技能，拓展思维，突出应用"的原则。本书着力体现以下特色：

(1) 理论知识以必要、够用为原则，不强调理论的系统性。对智能仪器的设计原理和单片机的内部结构等理论概念不作要求，仅对智能仪器的基本结构和典型智能化处理方法进行较为详细的介绍，使学生了解智能仪器与常规仪器的本质区别。

(2) 采用模块化结构，适应单元教学的要求。本书各个章节的内容都是相对独立的，因此，各学校可以根据具体情况选择讲授内容，不会影响学生对教学内容的理解与掌握。

(3) 注重应用能力的培养。本书力求在降低理论难度的同时，通过具体的智能仪器实例的介绍和常见故障的分析，将具有代表性和可操作性的内容，以实际项目形式呈现出来，增加学生的感性认识，加深其对理论知识的理解，提高学生对智能仪器的实际应用和维护能力。

(4) 介绍新技术，拓宽知识面。为了满足学生未来就业的需要和提高学生的综合职业能力，本书专门对几种近年来出现的新型智能仪器作了介绍，使学生对智能仪器的最新进展以及发展趋势有一个初步的了解。

全书共 8 章。为便于学生学习和教师组织教学，每章都安排了"本章学习要点"和"思考题与习题"等环节。

本书由南京工业职业技术学院教授、高级工程师曹建平任主编，赵燕老师任副主编，傅大梅老师参编。南京信息职业技术学院教授、高级工程师高恭娴任主审，她对本书内容及修改情况进行了详细的审阅。在本书的编写及修订过程中，南京工业职业技术学院及南京信息职业技术学院等高职院校的部分专业教师提出了许多宝贵的修改意见和建议，在此一并表示衷心的感谢！

由于智能化仪器技术的发展日新月异，加之编者学识和水平有限，书中不妥之处在所难免，敬请广大同仁与读者批评指正。

编　者

2016 年 2 月

目　　录

第 1 章　导　　论

本章学习要点

1. 了解智能仪器的发展过程、现状及未来发展的趋势；
2. 掌握智能仪器的组成原理、基本结构及主要性能特点；
3. 明确本课程学习的主要目标、内容及要求，为课程的学习做好充分准备。

1.1　智能仪器概述

随着微电子技术的不断发展，微处理器芯片的集成度越来越高，使用的领域也越来越广泛，这些都对传统的电子测量仪器带来了巨大的冲击和影响。尤其是单片微型计算机(以下简称单片机)的出现，引发了仪器仪表结构的根本性变革。单片机自 20 世纪 70 年代初期问世不久，就被引进了电子测量和仪器仪表领域，单片机作为核心控制部件很快取代了传统仪器仪表的常规电子线路，尤其是借助于单片机强大的软件功能，可以很容易地将计算机技术与测量控制技术结合在一起，组成新一代的全新的微机化产品，即"智能仪器"，从而开创了仪器仪表的一个崭新的时代。

智能仪器并不是传统仪器与微处理器的简单结合。传统观念上的仪器指的是将大量的分立元件、中小规模集成电路用硬接线的方式连接起来，形成一定的功能。由于这是采用硬接线，所以一旦电路定型，这部分器件就只能用于某一专门的用途，如果需要增加功能，就需另外增添器件、修改电路或重新设计；而且，当仪器要求的功能越多、越复杂，所需的器件数就越多，既费时、费工又容易出错。然而智能仪器却可以解决这一问题，智能仪器实质上是一种硬件和软件相结合的设计，并且充分利用了软件技术的强大功能。它把仪器的主要功能集中存放在程序存储器 ROM 中，当需要增加功能时，不需要全面改变硬件设计，只要修改存放在 ROM 中的软件就可以很方便地改变仪器的功能。这种结构与功能的灵活性使得智能仪器在许多领域得到了广泛的应用。由此可见，微处理器的应用使得仪器仪表的结构、性能以及应用领域发生了巨大的变革。

1.1.1　智能仪器的发展概况

智能仪器是一类新型的、内部装有微处理器或单片机的微机化电子仪器，它是由传统的电子仪器发展而来的，但在结构和内涵上已经发生了本质的变化。

回顾电子仪器的发展历程，我们可以发现，从仪器使用的器件来看大致经历了三个阶段，即真空管时代→晶体管时代→集成电路时代。若从仪器的工作原理来看，又可以分为以下几个阶段：

第一代，模拟式电子仪器(又称指针式仪器)。这一代仪器应用和处理的信号均为模拟量，如指针式电压表、电流表、功率表及一些通用的测试仪器，均为典型的模拟式仪器。这一代仪器的特点是：体积大、功能简单、精度低、响应速度慢。

第二代，数字式电子仪器。如数字电压表、数字式测温仪、数字频率计等，它们的基本工作原理是将待测的模拟信号转换成数字信号并进行测量，测量结果以数字形式输出显示。数字式电子仪器与第一代模拟式电子仪器相比，具有精度高、速度快、读数清晰、其结果既能以数字形式输出显示还可以通过打印机打印输出等特点。此外，由于数字信号便于远距离传输，所以数字式电子仪器适用于遥测遥控。

第三代，智能型仪器。这一类仪器是计算机科学、通信技术、微电子学、数字信号处理、人工智能、VLSI 等新兴技术与传统的电子仪器相结合的产物。智能型仪器的主要特征是仪器内部含有微处理器(或单片机)，它具有数据存储、运算、逻辑判断能力，能根据被测参数的变化自动选择量程，可实现自动校正、自动补偿、自寻故障以及远距离传输数据、遥测遥控等功能，可以做一些需要人类的智慧才能完成的工作。也就是说，这种仪器具备了一定的智能，故称为智能仪器。

本书将要讨论的智能仪器主要是采用单片机作为核心控制部件的智能化电子仪器。单片机引入传统的电子仪器以后，大大加快了仪器仪表智能化的进程。此外，与多芯片组成的微型计算机相比，单片机具有体积更小、功耗更低、功能更强大、价格也较便宜的优点，用单片机开发的各类智能化产品周期短、成本低，在仪器仪表微机化设计中，有着一般微型计算机无法比拟的优势。本书重点介绍采用当前流行的高档 8 位单片机 MCS-51 组成的智能仪器的组成原理、智能化处理功能、故障诊断与抗干扰技术、典型电路及其应用。

Intel 公司生产的 MCS-51 系列单片机功能强、可靠性高，用它作为智能仪器的核心部件时，具有以下优点：

(1) 硬件结构简单。智能仪器的一般要求是有大量的 I/O 口，并且需要有定时或计数功能，有的还需要通信功能，而 MCS-51 单片机本身片内具有 32 根 I/O 口线、两个 16 位定时/计数器，还有一个全双工的串行口，这样，在使用 MCS-51 单片机后可大大简化仪器的硬件结构，降低仪器的造价。

(2) 运算速度高。一般仪器仪表均要求在零点几秒内完成一个周期的测量、计算、输出操作。如许多测量仪器都是动态显示，即要求它们能够对测量对象的参数进行实时测量显示，而一般人的反应时间小于 0.5 s，故要求在 0.5 s 内完成一次测量显示。如果要求采用多次测量取平均值，则速度要求更高。而且不少仪器的计算比较复杂，不仅要求有浮点运算功能，还要求有函数，如正弦函数、开平方等计算能力。这就对智能仪器中的微处理器的运算能力和运算速度提出了较高的要求。而 MCS-51 单片机的时钟可达 12 MHz，大多数运算指令执行时间仅 1 μs，并具有硬件乘、除法指令，运算速度高。

(3) 控制功能强。智能仪器的测量过程和各种测量电路均由单片机来控制，一般这些控制端都是一根 I/O 线。由于 MCS-51 单片机具有布尔处理功能，包括一整套位处理指令、位控制转移指令和位控制 I/O 功能，这使得它特别适用于仪器仪表的控制。

1.1.2　智能仪器的基本组成

由上述可知，智能仪器一般是指采用了微处理器（或单片机）的电子仪器。由智能仪器的基本组成可知，在物理结构上，微型计算机含于电子仪器中，微处理器及其支持部件是智能仪器的一个组成部分；但是从计算机的角度来看，测试电路与键盘、通信接口及显示器等部件一样，可看做是计算机的一种外围设备。因此，智能仪器实际上是一个专用的微型计算机系统，它主要是由硬件和软件两大部分组成的。

硬件部分主要包括主机电路、模拟量（或开关量）输入输出通道、人机联系部件与接口电路、串行或并行数据通信接口等，其组成结构如图 1-1 所示。

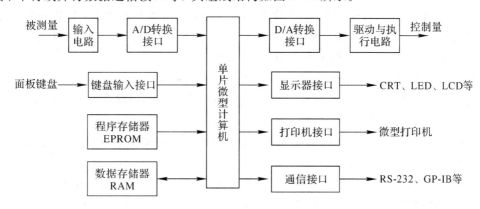

图 1-1　智能仪器硬件组成框图

由图 1-1 可见，智能仪器的主体部分由单片机及其扩展电路（程序存储器 EPROM、数据存储器 RAM 及输入输出接口 I/O 等）组成。主机电路是智能仪器区别于传统仪器的核心部件，用于存储程序、数据，执行程序并进行各种运算，进行数据处理和实现各种控制功能。输入电路和 A/D 转换接口构成输入通道；D/A 转换接口及驱动与执行电路构成输出通道；键盘接口、显示器接口及打印机接口等用于沟通操作者与智能仪器之间的联系，属于人机接口部件；通信接口则用来实现智能仪器与其他仪器或设备交换数据和信息。

智能仪器的软件包括监控程序和接口管理程序两部分。监控程序主要是面向仪器操作面板、键盘和显示器的管理程序，其内容包括：通过键盘操作输入并存储所设置的功能、操作方式与工作参数；通过控制 I/O 接口电路进行数据采集，对仪器进行预定的设置；对所测试和记录的数据与状态进行各种处理；以数字、字符、图形等形式显示各种状态信息以及测量数据的处理结果等。接口管理程序主要面向通信接口，其作用（内容）是接收并分析来自通信接口总线的各种有关信息（功能）、操作方式与工作参数的程控操作码，并通过通信接口输出仪器的现行工作状态及测量数据的处理结果，以响应计算机的远程控制命令。

智能仪器的工作过程是：外部的输入信号（被测量）先经过输入电路进行变换、放大、整形和补偿等处理，然后再经模拟量通道的 A/D 转换器转换成数字量信号，送入单片机。紧接着单片机对输入数据进行加工处理、分析、计算等一系列工作，并将运算结果存入数据存储器 RAM 中。同时，可通过显示器接口送至显示器显示或通过打印机接口送微型打印机打印输出；也可以将输出的数字量经 D/A 转换接口转换成模拟量信号输出，并经过驱动与执行电路去控制被控对象；还可以通过通信接口（例如 RS-232、GP-IB 等）实现与其他智能仪器的数据通信,完成更复杂的测量与控制任务。

以上只是智能仪器的基本组成和简单工作过程,至于智能仪器各组成部分的软、硬件结构及仪器的典型处理功能将在以后的各章节中详细阐述。

1.1.3　智能仪器的主要功能和特点

单片机的出现与应用,对于科学技术的各个领域都产生了极大的影响,与此同时也导致了一场仪器仪表技术的巨大变革。单片机在智能仪器中的具体功能可归结为两大类:对测试过程的控制和对测试数据、结果的处理。

单片机对测试过程的控制,主要表现在单片机可以接受来自面板键盘和通信接口传来的命令信息,解释并执行这些命令,例如发出一个控制信号给测试电路,以启动某种操作,设置或改变量程、工作方式等,也可通过查询方式或设置成中断方式,使单片机及时了解电路的工作情况,以便正确地控制仪器的整个工作过程。

对智能仪器测试数据、结果的处理,主要表现在采用了单片机以后,大大提高了智能仪器的数据存储和数据处理能力,在不增加硬件的情况下,利用软件对测试数据进行进一步加工、处理,如数据的组装、运算、舍入,确定小数点的位置和单位,转换成七段码送显示器显示,或按规定的格式从通信接口输出等工作都可以由软件来完成。因此,单片机的应用使智能仪器具有以下主要特点:

(1)具有友好的人机对话功能。智能仪器使用键盘代替了传统仪器中的切换开关,操作人员只需通过键盘输入命令,就能实现某种测量功能。与此同时,智能仪器还可以通过显示屏将仪器的运行情况、工作状态以及对测量数据的处理结果及时告诉操作人员,使仪器的操作更加方便、直观。

(2)自动校正零点、满度和切换量程。智能仪器的自校正功能大大降低了因仪器的零点漂移和特性变化所造成的误差,而量程的自动切换又给使用带来了很大的方便,并可以提高测量精度和读数的分辨率。

(3)多点快速检测。能对多个参数(模拟量或开关量信号)进行快速、实时检测,以便及时了解生产过程的各种工况。

(4)自动修正各类测量误差。许多传感器的固有特性是非线性的,且受环境温度、压力等参数的影响,从而给智能仪器带来了测量误差。在智能仪器中,只要能掌握这些误差的规律,就可以依靠软件进行修正。常见的有测温元件的非线性校正、热电偶冷端温度补偿、气体流量的温度压力补偿等。

(5)数字滤波。通过对主要干扰信号特性的分析,采用适当的数字滤波算法,可以有效地抑制各种干扰(例如低频干扰、脉冲干扰)的影响。

(6)数据处理。能实现各种复杂运算,对测量数据进行整理和加工处理,例如统计分析、查找排序、标度变换、函数逼近和频谱分析等。

(7)各种控制规律。能实现PID及各种复杂控制规律,例如可进行串级、前馈、解耦、非线性、纯滞后、自适应、模糊等控制,以满足不同控制系统的需要。

(8)多种输出形式。智能仪器的输出形式有数字(或指针)显示、打印记录、声光报警,也可以输出多点模拟量(或开关量)信号。

(9)数据通信。配有GP-IB、RS-232、RS-485等标准的通信接口,可以很方便地与其他仪器和计算机进行数据通信，以便构成不同规模的计算机测量控制系统。

（10）自诊断和故障监控。在运行过程中，可以自动地对仪器本身各组成部分进行一系列测试。一旦发现故障就能告警，并显示出故障部位，以便及时处理。有的智能仪器还可以在故障的情况下，自行改变系统结构，继续正常工作，即在一定程度上具有容忍错误存在的能力。

（11）掉电保护。仪器内部装有后备电池和电源自动切换电路。当掉电时，能自动地将电池接至 RAM，使数据不致丢失。也可以采用电可改写只读存储器 EEPROM 来代替 RAM，存储重要数据，以实现掉电保护的功能。

在一些常规仪器中，通过增加器件或变换电路，也能或多或少地具有以上的一些功能，但往往要付出较大的代价。性能上的些许提高，会使仪器的成本大大增加。而在智能仪器中，性能的提高及功能的扩大是比较容易实现的，往往不会使仪器成本大幅度增加。因此，低廉的单片机芯片使得智能仪器具有较高的性能价格比。

1.1.4　智能仪器的发展趋势

近年来，由于微电子技术、计算机技术、网络技术的不断发展，使得智能仪器的发展出现了新的趋势，具体表现在以下几个方面。

1. 微型化

智能仪器的微型化是指将微电子技术、微机械技术、信息技术等综合应用于智能仪器的设计与生产中，从而使仪器成为体积较小、功能齐全的智能化仪器。它能够完成信号的采集、线性化处理、数字信号处理、控制信号的输出放大、与其他仪器的接口、与人的交互等功能。微型智能仪器随着微电子技术、微机械技术的不断发展，其技术不断成熟，价格也不断降低，因此其应用领域必将不断扩大。它不但具有传统仪器的功能，而且能在自动化技术、航天、军事、生物技术、医疗等领域起到独特的作用。例如，目前要同时测量一个病人的几个不同的参量，并进行某些参量的控制，通常病人的体内要插进几个管子，这增加了病人感染的机会，微型智能仪器能同时测量多参数，而且体积小，可植入人体，使得这些问题得到了解决。

2. 多功能化

多功能本身就是智能仪器的一个特点。例如，为了设计速度较快和结构较复杂的数字系统，仪器生产厂家制造了具有脉冲发生器、频率合成器和任意波形发生器等多种功能合一的函数发生器。这种多功能的综合型产品不但在性能（如准确度）上比专用脉冲发生器和频率合成器高，而且在各种测试功能上提供了较好的解决方案。

3. 人工智能化

人工智能是计算机应用的一个崭新领域，利用计算机模拟人的智能，用于机器人、医疗诊断、专家系统、推理证明等各个方面。智能仪器的进一步发展将含有一定的人工智能，即代替人的一部分脑力劳动，从而在视觉（图形及色彩辨读）、听觉（语音识别及语言领悟）、思维（推理、判断、学习与联想）等方面具有一定的能力。这样，智能仪器可以无需人的干预而自主地完成检测或控制功能。显然，人工智能在现代仪器中的应用，使我们不仅可以解决用传统方法很难解决的一类问题，而且可望解决用传统方法根本不能解决的一些问题。

4. 部分结构虚拟化

测试仪器的主要功能都是由数据采集、数据分析和数据显示等三大部分组成的。随着计算机应用技术的不断发展，人们利用 PC 强大的图形环境和在线帮助功能，建立图形化的虚拟仪器面板，完成对仪器的控制、数据的采集、数据的分析和数据显示等功能。因此，只要额外提供一定的数据采集硬件，就可以与 PC 组成测量仪器。这种基于 PC 的测量仪器称为虚拟仪器。在虚拟仪器中，使用同一个硬件系统，只要使用不同的软件编程，就可以得到功能完全不同的测量仪器。可见，软件系统是虚拟仪器的核心，因此，也有人说"软件就是仪器"。

传统的智能仪器主要在仪器技术中采用了某种计算机技术，而虚拟仪器则强调在通用的计算机技术中吸收仪器技术。作为虚拟仪器核心的软件系统具有通用性、通俗性、可视性、可扩展性和可升级性，能为用户带来极大的利益，因此，虚拟仪器具有传统的智能仪器所无法比拟的应用前景和市场。

5. 通信与控制网络化

伴随着网络技术的飞速发展，Internet 技术正在逐渐向工业控制和智能仪器仪表设计领域渗透，实现智能仪器系统基于 Internet 的通信能力以及对设计好的智能仪器系统进行远程升级、功能重置和系统维护。

在系统编程技术(In-System Programming，ISP)是对软件进行修改、组态或重组的一种新技术。ISP 技术消除了传统技术的某些限制和连接弊病，有利于在板设计、制造与编程。ISP 硬件灵活且易于软件修改，便于设计开发。由于 ISP 器件可以像任何其他器件一样，在印刷电路板(PCB)上处理，因此 ISP 器件不需要专门编程器和较复杂的流程，只要通过 PC、嵌入式系统处理器甚至 Internet 远程网进行编程即可。

另外，嵌入式微型因特网互联技术(Embedded Micro Internetworking Technology，EMIT)也是一种将单片机等嵌入式设备接入 Internet 的新技术。利用该技术，能够将 8 位和 16 位单片机系统接入 Internet，实现基于 Internet 的远程数据采集、智能控制、上传/下载数据文件等功能。

1.2　智能仪器应用实例简介

综上所述，智能仪器由于采用了智能芯片单片机后，功能得到了充分的扩展，性能得到了极大的提高。因此，仪器的智能化已成为必然的趋势，下面通过一个具体的应用实例介绍仪器智能化的典型过程。

随着电话网络的飞速扩大和家用电器的不断增加，现代家庭自动化技术的应用已越来越为人们所关注。利用电话远距离遥控家用电器这一研究已经取得了较大的进展，遥控装置的中心控制部件已从早期的分立元件、集成电路逐步发展到现在的单片微型计算机，使电话遥控器从简单的开、关遥控操作发展到遥测、遥视、遥控等多功能系统，智能化程度大大提高。本节将要介绍的是一种采用 MCS-51 系列单片机作为核心控制部件的智能型电话遥控器。

1.2.1　电话遥控的基本原理

电话遥控的最初目的是利用电话线路实现远距离操纵家用电器电源的接通或断开,其遥控接收控制器(即电话遥控器)的基本结构如图 1-2 所示。

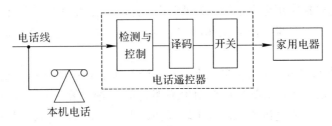

图 1-2　电话遥控器的组成

电话遥控器的基本工作原理是,当远处的遥控者通过电话线路拨通本机电话时,遥控器的检测与控制电路根据设定的振铃次数自动地将电话线路与译码电路接通,遥控者即可通过远处电话机的按键向电话遥控器输入开、关家用电器的密码信号,当译码电路收到按键信号并确认为正确的命令后,直接控制开关电路动作,以打开或关闭家用电器的电源开关;如果接收的是非法命令,则立即挂机,从而实现了家用电器远距离遥控的功能。

然而,随着人们生活质量的提高以及需求的不断增加,人们已经不能满足于只是简单地打开或关闭家用电器的开关,而是要求随时能了解家用电器的工作状态、遥控空调的温度、监听住宅的情况以及家中异常情况自动转移报警等,即希望电话遥控的智能化、多功能化。面对如此多的实际需求,若再采用常规的分立元件、集成电路来实现已非常困难。而采用单片计算机作为遥控器的核心控制部件,并利用其软件的强大功能来设计电话遥控器,则能满足其智能化和多功能的需求。

1.2.2　智能型电话遥控器的电路结构及工作原理

根据上述电话遥控的基本原理,遥控的命令是通过电话线路传递给遥控接收器的,当命令的内容改变且密码的位数较多时,采用常规元器件组成的电话遥控器的译码电路将随密码的位数增加而成倍增加,电路结构相当复杂,体积增大,实现起来非常困难且成本大大提高,同时可靠性也很差。而采用单片计算机作为中心控制部件后,则可以利用软件的分析、计算及存储等灵活的功能,在基本不增加硬件的情况下,实现遥控过程的智能化、多功能化。根据这一原理设计的智能型电话遥控器的电路结构框图如图 1-3 所示。

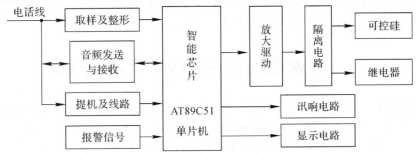

图 1-3　智能电话遥控器结构框图

图 1-3 中单片机的主要功能是接收由电话线路传输的控制命令或外部电路输入的其他信号，对这些命令或信号进行分析、识别、计算并将结果做相应的处理(包括存储、显示或输出相应的控制信号等)。

上述电路采用 MCS-51 系列单片机 AT89C51 作为遥控器的核心控制部件。电路的主要功能有：远距离遥控家用电器的开、关机动作，查询被控家用电器当前的工作状态，远距离设定家用电器的开、关机时间和工作时间，电话机防盗打，电话密码锁以及紧急报警自动寻呼等。

遥控器的工作原理是：在正常情况下，单片机不断地查询电话振铃信号和提机及线路监测信号。当有电话打入时，单片机自动检测振铃信号并计数，当振铃达到设定次数后单片机自动模拟摘机，并通过讯响电路发出输入密码提示音，然后等待并接收密码。此时，操作者即可利用音频电话的按键输入开机、关机或其他遥控密码。单片机通过电话线路及音频接收电路接收到密码信号后，经过与预先设定的命令密码相比较、分析、处理以确定此密码是否有效，若有效，则执行相应的操作并发出提示音。操作者可根据话筒传来的提示音来了解所操作的结果是否正确。若单片机确认输入密码无效，遥控器则立即挂机，不予响应。

当本机产生提机信号(即有人由内向外打电话)时，单片机立即处于接收密码状态，如果首先输入的不是密码或密码不正确，遥控器将通过输出一定的控制信号禁止使用者拨打长途或其他限打电话，起到了电话锁的作用。当电话线路出现被人盗用的情况时，提机与监测电路则向单片机提供一个脉冲信号，单片机立即通过讯响电路发出干扰和报警信号(也可以切断通话线路)，可以有效地阻止电话线路被盗用的现象发生。

当受控现场出现异常情况(如非法侵入、电器故障或火灾等)时，报警信号电路自动产生中断请求信号，单片机立即响应并通过音频发送电路将预先存入单片机中的主人寻呼号码或电话号码通过电话线路发送出去，以便得到及时处理。

图 1-3 中的讯响电路主要用于向操作者发出提示蜂鸣信号，以便操作者及时知道其操作是否正确和了解受控电器的工作状态。

显示电路用于指示受控电器当前处于开机还是关机状态。

在电路的设计中采用了光电耦合器进行隔离，将功率器件所在的强电回路与控制回路的弱电系统完全隔开，以防止仪器出现故障时将市电电压引入控制回路，从而使电话线路带上高电压造成触电伤亡事故。

此外，对该智能型遥控装置只要稍加改动就可以应用到工业或其他领域的远程控制中，例如配电房的无人值班系统、城市亮化照明系统的遥控、安保与消防监控系统等。智能仪器的一个显著特点就是在仪器需要改变或扩充功能时，只要更改一下系统软件，而硬件通常只作少量变动即可，其方便性和灵活性是显而易见的。

1.3　本课程的内容、教学目标及要求

"智能化仪器仪表"是应用电子、电气自动化以及机电一体化等专业的一门十分重要的专业课程。智能仪器作为一种典型的微机(大多数为单片计算机)应用系统，它是计算机技术、现代测量技术、微电子技术、通信技术等多种技术相结合的产物，无论是在测量速度、精确度、灵敏度、自动化程度以及性能价格比等诸方面，都是传统的测控仪器所无法比拟

的。目前，我国在智能仪器、单片机开发应用技术的研究等方面已经取得了不少可喜的成果，并积累了较为丰富的经验。所以，对于电子、电气工程技术人员以及其他工程技术人员来说，了解和熟悉智能仪器的基本工作原理、典型的处理方法，掌握智能仪器的实际应用与维护的能力是非常必要的。

1.3.1　课程内容及教学目标

本课程的主要内容及教学目标包括三个方面。一是通过介绍智能仪器的基本组成结构、工作原理、智能仪器的典型处理功能以及智能仪器的数据通信方式(第 1 章、第 2 章和第 3 章)，使学生初步了解智能仪器的结构主要包括哪几部分，它是如何工作的，智能仪器与传统的仪器仪表有何区别，它们的主要特点是什么；智能仪器的智能化主要表现在哪些方面，有哪些典型的处理方法；智能仪器是如何进行数据通信的，有哪些数据通信方式等。通过这几章的学习，可对智能仪器有一个初步的了解。二是通过三种不同类型且具有代表性的智能化仪器的组成原理及应用实例进一步阐述智能仪器各主要部件的电路结构、工作原理，智能化仪器的特点以及不同类型仪器的软、硬件设计思路(第 4 章、第 5 章、第 6章)，并对智能仪器使用中的常见故障、故障产生的原因及其处理方法，智能仪器的抗干扰措施等进行详细的介绍(第 7 章)，使学生进一步熟悉实际的智能仪器的主要部件、仪器的基本结构，深入了解其工作原理、调试及使用方法等，为今后的应用做好准备。三是论述了智能仪器的最新发展成果，并对个人仪器、虚拟仪器以及现场总线仪器等新一代智能仪器进行了重点介绍(第 8 章)，使学生了解智能仪器的最新进展和发展趋势，并初步掌握上述三类新型智能仪器的基本结构、性能及特点，为今后的专业拓展打下良好的基础。

考虑到高等职业教育高技能应用型人才的培养要求，本书选择了具有代表性和可操作性的内容，以实际项目的形式提供给读者。具体项目包括：电压波形的测量与分析、温室无线测控系统设计、智能温控系统调测、DT9205 数字万用表的调测、测频法和测周法测量误差分析。这些项目可以作为理论教学的补充，加深对理论知识的理解，增加感性认识，并能提高学生的实践动手能力。

1.3.2　课程学习要求

本课程在学习的过程中要求学生能紧密结合先修的"单片机应用技术"、"电子技术基础"等课程内容进行学习。智能仪器是以智能芯片(通常是单片计算机)为核心部件，以检测、输入通道、输出控制、显示等电子电路为外围部件组成的。因此，学生应在较好地掌握上述几门课程的基础上，着重学习智能仪器的基本组成，了解智能仪器的典型处理方法，并初步掌握智能仪器的故障诊断与调试技术，学会智能仪器的使用与维护方法，以达到初步掌握并能较好地应用智能仪器的目的。

此外，在学习的过程中还应注重实验、实训课程(或课程设计)的训练，关键把握好学习的四个环节：① 课前预习，着重了解将要学习的内容，并对不易理解的地方做好记号，上课时注意听讲；② 课内认真听讲、积极思考并参与讨论；③ 实验、实训时一定要自己动手做，学会分析、解决问题的基本方法，增强自己的实践动手能力；④ 课后抓紧复习，及时巩固课堂所学的内容。除此之外，还应注重知识的积累与扩充，注意了解智能仪器的发展动态和应用现状，从而为今后的继续学习或工作打下坚实的基础。

1.4　实训项目———电压波形的测量与分析

1.4.1　项目描述

构建一个基本测试系统,通过函数信号发生器提供激励信号,分别采用示波器、数字万用表等仪器对被测系统的数据进行测量,并根据测量误差的基本理论,剔除粗大误差、修正系统误差、计算随机误差,会进行数据处理。

本项目主要针对学生实训中实际存在的问题而设计。通过本实训项目,学生能够掌握常用电子测量仪器,如万用表、示波器、函数信号发生器等的使用;会连接测试电路,构成测试系统;在仪器的使用中,可体会零点调整、量程切换、校准等功能的作用。

1.4.2　相关知识准备

1. 理论基础

测试系统一般由测量信号源作为测试激励源,为被测器件或系统提供测试用信号,被测系统对输入激励进行响应,响应的结果由测试仪器,如电压表、示波器、频率计等进行定量测试。基本测试系统如图1-4所示。

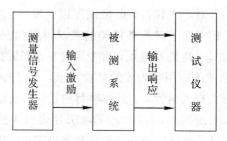

图1-4　基本测试系统

2. 测试设备

测试设备如表1-1所示。

表1-1　测试设备

序号	仪器名称	型号	数量/台
1	函数信号发生器/计数器	EE1641B	1
2	0~20 MHz双踪示波器	CS-4125A	1
3	低频毫伏表	TC2172	1
4	数字万用表	DT9205A	1
5	稳压电源 30V/10A 双路	DF1731SL3A	1

3. 测量仪器概述

1) 函数信号发生器

信号发生器是输出供给量的仪器,它产生频率、幅度、波形等主要参数可调节的信号,种类繁多,总体来说可分为通用信号发生器和专用信号发生器两大类。专用信号发生器是专门为某种特殊的测量而研制的，如电视信号发生器、编码脉冲信号发生器等，这类信号发生器的特性与测量对象紧密相关。通用信号发生器按输出波形可分为正弦信号发生器、脉冲信号发生器、函数信号发生器和噪声发生器等。

　　本实训所用为函数信号发生器，它实际是一种多波形信号源，可以输出正弦波、方波、三角波、斜波、半波正弦波及指数波等。其输出波形均可用数学函数描述。目前函数信号发生器输出信号的频率低端可至微赫兹量级，高端可达 50 MHz。除了作为正弦信号源使用外，还可以用来测试各种电路和机电设备的瞬态特性、数字电路的逻辑功能、模/数转换器、压控振荡器以及锁相环的性能。

　　2）示波器

　　在时域测量范围内，示波器是最典型、最直接的观测幅度的仪器。它能把肉眼看不见的电信号变换成看得见的图像，便于人们研究各种电现象的变化过程。利用示波器能观察各种不同信号幅度随时间变化的波形曲线，还可以用它测试各种不同的电量，如电压、电流、频率、相位差、调幅度等。示波器可分为模拟示波器和数字示波器两种，如图 1-5 所示。

　　　　　　　　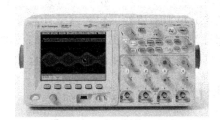

（a）模拟示波器　　　　　　　　　　　　（b）数字示波器

图 1-5　示波器

　　模拟示波器不但测量速度快，能测量周期性信号的峰值电压、瞬时电压等，还能同时测量出被测电压的直流分量和交流分量。但模拟示波器通常依靠测试者读测，读数误差比较大。

　　数字示波器是利用数据采集、A/D 转换、软件编程等一系列技术制造出来的高性能示波器。数字示波器一般支持多级菜单，能提供给用户多种选择、多种分析功能。还有一些示波器可以提供存储功能，实现对波形的保存和处理。

　　3）电压表

　　电压表是比较方便读测幅度的仪器。普通模拟指针式万用表由于检波电路和输入电路简单，输入阻抗比较低，测量交流电压的频率范围较小，一般只能测量频率在 1 kHz 以下的交流电压。电子电压表和数字电压表输入阻抗较高，测量精度较高，可测频率范围广，成为定量测量波形参数合适的仪器。

　　DT9205 型数字万用表由数字电压表（DVM）配上各种变换器所构成，因而具有交直流电压、交直流电流、电阻和电容等多种测量功能。此类万用表的功能指标调测参见项目四。

　　4）稳压电源

　　稳压电源即能为负载提供稳定交流电源或直流电源。DF1731SL3A 型稳压电源采用两组数码管通过选择开关分别指示两路输出的电压值和电流值；稳压与稳流状态能够自动转换并分别由发光管指示；两路输出电压可以任意串联或并联，在串联和并联时，又可由一路主电源进行电压或者电流（并联时）跟踪；采用电流限制保护方式，且限流点可以任意调节；可按用户要求增加 5V/3A 固定电压输出。

4. 仪器的校准

1) 校准的定义

校准是在规定条件下，为确定测量仪器或测量系统所指示的量值，或实物量具或参考物质所代表的量值，与对应的由标准复现的量值之间关系的一组操作。

根据定义，校准的对象是测量仪器、测量系统、实物量具或参考物质，统称测量设备。校准的目的是为了确定测量设备与对应的标准所复现量值的关系。校准是一组操作，其结果既可给出被测量的示值，又可确定示值的修正值，校准结果可以记录在校准证书或校准报告中。

校准与计量的不同在于，计量是对标准的操作，校准则是对工作仪表的操作；计量结果具有法律效应，校准结果确定被测仪表是否符合规定的技术指标要求，是否可以作为工作仪表使用。因此，校准是比计量低一层次的测量。

2) 校准方法

一般采用专门校准仪器对工作仪表进行校准，校准仪器测量精度比工作仪表高 1 个数量级。如普通模拟式万用表、数字多用表可采用福禄克公司 FluKe5700 为 6 位半多功能校准器进行校准；模拟示波器仪表和电子计数器一般进行自校准。

为了保证测量仪器的可靠性，使用专门校准设备的电子测量仪器应按规定时间定期校准，而能够自校的仪器每次使用前应进行校准。

1.4.3 项目实施

1. 用数字万用表调测稳压电源信号，使输出电压达到给定要求

实施步骤如下：

(1) 进行外观检查，外观应无损伤。

(2) 把电源接成单电压供电方式，使输出电压为 $0\sim+12$ V，用万用表直流挡测出输出电压，并记录在表 1-2 中。

(3) 把电源接成双电压供电方式，使输出电压为 $0\sim+12$ V 和 $0\sim+5$ V 两路，用万用表直流挡测出输出电压，并记录在同一表中。

表 1-2 电源电压测试记录表

电源供电电压/V	单路输出 0～+12	双路输出	
		0～+12	0～+5
万用表实测值/V			
相对误差/(%)			

2. 双通道 20 MHz 示波器的自校准

实施步骤如下：

(1) 双通道 20 MHz 示波器的校准利用示波器自带的 0.5 V(峰峰电压，下面用 U_{pp} 表示)、1 kHz 的方波信号进行自校。通过示波器探头直接将校准信号接入通道中。

(2) 分别选择通道 1、通道 2 进行垂直灵敏度和扫描因数的校准。VOLTS/DIV 自校时，是对 Y 通道垂直灵敏度进行校准，读测值为幅度；TIME/DIV 自校时，是对 X 通道水平偏转因素进行校准，读测值为方波的周期，通过周期可计算信号的频率。

（3）由于教材篇幅限制，表1-3中测试点未完全覆盖所有垂直灵敏度和扫描因数点，仅列出通道1中对$U_{pp}=0.5$ V、1 kHz信号进行测试的部分点。通道2和其他挡位校准可参照进行。

表1-3 示波器自校数据记录表

VOLTS/DIV 自校			TIME/DIV 自校				
挡位	0.5 V	0.2 V	挡位	1 ms	0.5 ms	0.2 ms	0.1 ms
读测值/V			读测值/ms				
相对误差/(%)			相对误差/(%)				

3. 频率为 1 kHz、幅度由小到大变化的正弦波输入信号测量

按照图1-6接线，将示波器、交流电压表测试输入端并联接在函数信号发生器的输出端。注意：信号连接时，先接地线，再接信号线。

图1-6 信号接线示意图

实施步骤如下：

（1）打开函数信号发生器、20 MHz双通道模拟示波器和电压表的电源，各仪器预热，并进行校准。注意示波器探头、波形发生器等仪器测试线不能随意互换使用。

（2）示波器和电压表挡位应根据信号大小和频率置于合适位置，确定函数信号发生器输出信号频率为1 kHz正弦波信号，示波器用于观察信号幅度和失真情况，保证函数信号发生器处于正常输出状态。

（3）改变输出信号幅度进行测量，保持函数信号发生器输出频率为1 kHz正弦波信号，从$U_{pp}=10$ mV开始逐渐增大输出信号幅度，读出并记录示波器、电压表读数，并记录在表1-4中。

表1-4 正弦波信号幅度变化数据表

信号发生器输出幅度 （峰峰电压 U_{pp}）	计算值		示波器 读测值/V	交流毫伏表 读测值/V	峰值相对 误差/(%)	有效值相 对误差/(%)
	峰值	有效值				
$U_{pp}=10$ mV	5 mV	3.54 mV				
$U_{pp}=20$ mV	10 mV	7.07 mV				
$U_{pp}=60$ mV	30 mV	21.2 mV				
$U_{pp}=200$ mV	100 mV	70.7 mV				
$U_{pp}=600$ mV	300 mV	212 mV				
$U_{pp}=2.00$ V	1 V	0.707 V				
$U_{pp}=6.00$ V	3 V	2.12 V				

4. 幅度为 1 V、频率由小到大变化的正弦波输入信号测量

当函数信号发生器输出幅度固定为 $U_{pp}=2$ V、频率从 50 Hz 到 1 MHz 变化的正弦波信号时,用示波器和万用表进行测量,并将数据记录在表 1-5 中。

表 1-5　正弦波信号频率变化数据表

信号发生器输出频率/Hz	计算值		示波器读测值/V	交流毫伏表读测值/V	峰值相对误差/(%)	有效值相对误差/(%)
	峰值	有效值				
50	1.0	0.707				
100	1.0	0.707				
1 k	1.0	0.707				
10 k	1.0	0.707				
100 k	1.0	0.707				
200 k	1.0	0.707				
500 k	1.0	0.707				
1 M	1.0	0.707				

5. 多次测量同一信号,进行数据分析

函数信号发生器输出幅度为 $U_{pp}=1$ V、频率为 50 Hz、占空比为 50% 的方波信号,采用数字万用表多次测量其有效值,并记录在表 1-6 中。对该组数据进行数据处理,分析有无粗大误差、系统误差。

表 1-6　方波信号多次测量数据表

测量次数	1	2	3	4	5	6	7	8
实测值/V								
相对误差/(%)								

1.4.4　结论与评价

本实训项目的结论与评价如下:

(1) 函数信号发生器输出的信号为峰峰值 U_{pp},用示波器测得信号为单峰值 U_p,交流毫伏表和数字万用表测得信号为有效值 U,注意这几者之间的转换关系。

电压转换关系:

$$U_{pp}=2U_p$$

(2) 交流毫伏表的测量精度与信号频率段有关。在合适的频率段测量信号时,才能得到较准确的数据。也可同时采用万用表对数据进行校正。交流毫伏表的读数依据的是正弦波的有效值刻度,只有测量正弦电压时,读数才正确,若测量非正弦电压,则要进行波形换算。

正弦波电压:

$$U_p=\sqrt{2}U$$

方波电压：

$$Up=U$$

（3）通过函数信号发生器提供激励信号测量数据、交流毫伏表测量数据、万用表测量数据并相互验证数据的一致性和可能产生误差的原因。例如，测量数据中若仅峰值相对误差较大而理论值和有效值相一致，那么说明示波器的检测误差较大，读数不够准确。有可能的原因是：① 示波器的信号线不匹配；② 幅度微调旋钮没有旋到位；③ 幅度扫描单位选取不当，读数过于随意。

（4）数据处理也是基本技能之一。通过本实训，应学会对数据进行处理和分析，并能采用拟合直线或线段等方式对误差进行修正。

本章小结

智能仪器是一类新型的微机化电子仪器，它是由传统的仪器发展而来的，但已经发生了本质的变化。智能仪器并不是传统仪器与微处理器的简单结合，而实质上是一种硬件和软件相结合的设计，并且充分利用了软件技术的强大功能。它把仪器的主要功能集中存放在存储器 ROM 中，因此，当需要增加功能时，并不需要全面改变硬件结构设计，而只要修改存放在 ROM 中的软件的内容就可以方便地改变仪器的功能。这种灵活性使得智能仪器得到了广泛的应用，本章所介绍的智能型电话遥控器即为一例。

从仪器的工作原理来看，其发展大致可分为三个阶段：模拟式电子仪器、数字式电子仪器和智能化电子仪器。随着微电子技术、计算机技术、通信技术以及网络技术的不断发展，智能仪器已朝着微型化、多功能化、人工智能化和网络化等方向发展。

智能仪器的特点主要表现为：仪器具有方便的人机对话功能、自动测量与自动校正功能、数据处理与通信功能以及仪器的自保护功能等。

思考题与习题

1. 什么是智能仪器？
2. 智能仪器的硬件主要包括哪几部分？
3. 智能仪器与传统仪器相比有何特点？
4. 你了解智能仪器吗？请列举一个智能仪器的实例，并说出它的特点。
5. 智能仪器的发展方向是什么？
6. 基本测试系统由哪几部分组成？

第2章　智能仪器典型处理功能

本章学习要点

1. 了解智能仪器常见故障的自检原理及其方法；
2. 熟悉智能仪器的各种自动测量功能及实现的方法；
3. 初步掌握智能仪器中典型的误差类型、引起误差的原因及其处理的方法；
4. 了解并掌握智能仪器典型的数字滤波技术及其实现的方法。

　　智能化仪器是将人工智能的理论、方法和技术应用于仪器，使其具有类似人的智能特性或功能的仪器。为了实现这种特性或功能，智能仪器中一般都使用嵌入式微处理器的系统芯片(一般为单片计算机)，或数字信号处理器(DSP)及专用电路(ASIC)，仪器内部都带有处理能力很强的智能软件。利用智能软件的强大功能，使得部分硬件电路软件化，因而智能仪器具有强大的控制和数据处理能力。与传统的仪器仪表相比，在仪器的测量自动化、改善仪器的性能、增强仪器的功能以及提高仪器的测量精度和可靠性等方面，智能仪器具有不可比拟的优势。本章将从仪器故障的自检、自动测量、误差处理、干扰与数字滤波等方面对智能仪器的一些典型处理功能进行论述，并介绍实现这些功能的一般方法。

2.1　智能仪器故障的自检

　　虽然经过多年的发展，智能仪器在设计技术与生产工艺方面有了较大的改进，使得组成智能仪器系统的各个功能部件都具有较高的可靠性和稳定性，但由于实际现场运行环境的多样性和多变性，要做到仪器长期运行不发生任何故障几乎是不可能的。在一个测控系统中，往往一台仪器的故障或损坏有可能影响到整个系统的正常运行，甚至会危及有关的生产设备和人身安全，因此事关重大。有必要采取一定的方法或措施来防止这样或那样的意外发生，需要仪器能自动地进行故障的检测和诊断，将不良影响减少到最低限度，以保证仪器和整个系统的安全和可靠运行。

　　智能仪器的一个重要功能是可以对仪器内部进行自检(又称自诊断)和自测试，即自检操作。智能仪器自检的内容可以根据实际需要设置，通常包括对面板键盘、显示器、ROM、RAM、总线、接插件等的检查。

　　仪器故障的自检实质上是指利用事先编制好的并已储存在程序存储器中的检测程序对仪器的各个主要部件(或电路中的一些测试点)进行自动检测，这些测试点在仪器正常时的测试值被预先存入ROM中，在自检过程中单片机把当前的测试值与正常(预先存储的)值进行比较,如果两者相等或在仪器的允许误差范围之内,则显示 OK(正常);当检测出故障(即不相等)时,则及时给出故障信息(如声、光报警)并显示其故障代码,便于生产、调试及维护人员及时发现故障。自检主要由软件来完成,仪器的自检功能给智能仪器的调试、使用与维护都带来了极大的方便。

2.1.1　自检方式的种类及特点

智能仪器的自检方式通常有三种类型。

1) 开机自检

开机自检是在仪器电源接通或复位之后进行,主要检查显示器、仪器的接插件、ROM、RAM 等。自检中如果没发现问题,就显示仪器一切正常的特征字符或直接进入测量程序;如果发现问题,则及时报警并显示故障代码,以提醒用户并避免仪器带病工作;当故障严重时,也可以停机待修。开机自检是对仪器正式投入运行之前所进行的全面检查,完成开机自检后,系统在以后的运行中不再进行这一过程。

2) 周期性自检

如果系统仅在开机时进行一次性的自检,并不能保证在以后的工作过程中仪器不会出现故障。为了使仪器一直处于良好的工作状态,可以采用周期性自检的方式。周期性自检是将仪器的自检分成若干项,程序设计时安排在仪器的每次(或几次)测量间隙插入一项自检操作,这样,经过多次测量之后便可完成仪器的全部自检项目,周而复始。由于这种自检是自动进行的,且不影响仪器的正常工作,所以通常不为操作人员所觉察(除非发生故障而告警)。

3) 键控自检

除了上述两种自检外,还可以在仪器的面板上设置"自检"按键。即,当用户对仪器的可信度产生怀疑时,可通过按下该键来启动一次自检程序,微处理器根据按键译码后转到相应的自检程序执行自检操作,这就是键控自检。键控自检是一种人工干预的检测方式。

在上述几种不同方式的自检过程中,如果发现仪器出现某种故障,仪器自身通常会以适当的形式发出指示。智能仪器一般都通过其面板上的显示器,以文字或数字的形式显示"出错代码",出错代码通常以"Error X"字样表示,并常常用发光二极管伴以闪烁信号,以示醒目。其中"X"为故障代号,操作人员根据"出错代码",通过查阅仪器使用手册便可确定故障内容以及故障处理的方法。

智能仪器的自检内容与仪器的功能、特性等因素有关。一般来说,仪器能够进行自检的项目越多,使用和维护就越方便,但相应的硬件和软件也就越复杂。下面介绍有关ROM、RAM、总线、显示器及键盘的自检方法。

2.1.2　自检的方法

智能仪器的自检方法多种多样,这里介绍几种常见的方法。

1. ROM 或 EPROM 的检测

由于智能仪器中的 ROM(或 EPROM)是用来存放仪器的控制程序的,是不允许出故障的,因而对 ROM(或 EPROM)的检测是至关重要的。ROM(或 EPROM)故障的检测一般采用"校验和"的方法,其具体的做法是:在将仪器程序机器码写入 ROM(或 EPROM)的时候,保留一个单元(一般是最后一个单元),此单元不是用于写程序代码,而是用于写入"校验字","校验字"应能满足 ROM(或 EPROM)中所有单元的每一列都具有奇数个 1。自检程序的内容是:对每一列数进行异或运算,如果 ROM(或 EPROM)无故障,则各列的运算结果应都为"1",即校验和等于 FFH。这种算法见表 2-1 所示。表中 ROM 地址的前 7 个(0~6)单元是程序代码,最后一个单元(7)内容为对应于上面程序的奇数校验字 01001110(使 ROM 中的每一列的"1"为奇数个),这样,ROM 的校验和为 11111111,即 FFH。

表 2-1　校验和算法示意

ROM 地址	ROM 中的内容
0	1 1 0 1 0 1 0 0 1 0
1	1 0 0 1 1 0 0 1
2	0 0 1 1 1 1 0 0
3	1 1 1 1 0 0 1 1
4	1 0 0 0 0 0 0 1
5	0 0 0 1 1 1 1 0
6	1 0 1 0 1 0 1 0
7	0 1 0 0 1 1 1 0　　(校验字)
	1 1 1 1 1 1 1 1　　(校验和)

理论上,这种方法不能够发现同一列上的偶数个错误,但是,这种错误出现的概率非常小,一般可以不予考虑。若要考虑,则须采用更复杂的校验方法,这里不作叙述。

2. RAM 的检测

数据存储器 RAM 是否正常是通过检验其"读写功能"的有效性来体现的。通常可选用特征字 55H(01010101B)和 AAH(10101010B),分别对 RAM 的每一个单元进行"先写后读"的操作,其自检的流程图如图 2-1 所示。

基本方法是:先将 55H(或 AAH)写入 RAM 的一个单元,然后从该单元中读取数据,并与 55H(或 AAH)相比较,若不相符,则显示出错并给出出错单元地址;若相符,则再写入 AAH(或 55H),然后,从该单元中读取数据,并与 AAH(或 55H)相比较,若不相符,则显示出错并给出出错单元地址;若相符,则修改地址指针,用同样的方式对下一个单元进行"读写"检测,依此类推,直到最后一个单元检测完毕,即可结束。

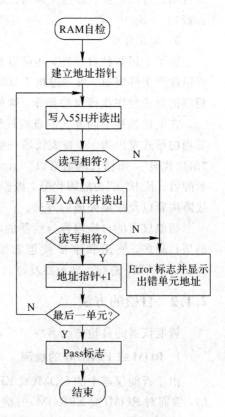

图 2-1　RAM 自检流程图

上述检验属于破坏性检验，即检验时 RAM 中的数据将被破坏掉，因此该方法只能用于开机自检。若 RAM 中已存有数据，在不破坏 RAM 中内容的前提下进行校验就相对麻烦一些。常用的方法是"异或法"，即把 RAM 单元的内容求反并与原码进行"异或"运算，如果结果为 FFH，则表明该 RAM 单元读写功能正常，否则，说明该单元有故障。最后再恢复原单元的内容，这一点切记不可忘掉。

3. 总线的自检

大多数智能仪器中的微处理器总线都是经过缓冲器再与各 I/O 器件和插件等相连接的，这样，即使缓冲器以外的总线出了故障，也能维持微处理器正常工作。这里所谓的总线自检，是指对经过缓冲器的总线进行检测。由于总线没有记忆能力，因此总线自检中设置了两组锁存触发器，用于分别记忆地址总线和数据总线上的信息。这样，只要执行一条对存储器或 I/O 设备的写操作指令，地址线和数据线上的信息便能分别锁存到这两组触发器（地址锁存触发器和数据锁存触发器）中，我们通过对这两组锁存触发器分别进行读操作，将地址总线和数据总线上的信息与原有的输出信息进行比较，便可判知总线是否存在故障。具体实现的原理电路见图 2-2。

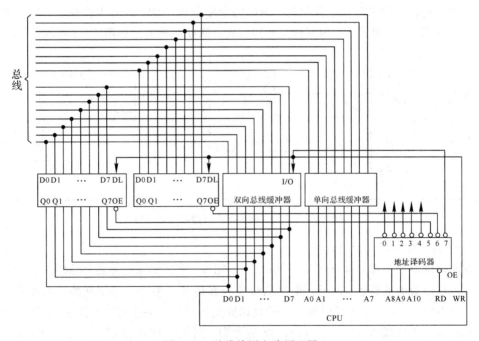

图 2-2　总线检测电路原理图

总线的自检程序应能对每一根总线分别进行检测。其具体做法一般是使被检测的那根总线置 1 态，其余总线均为 0 态，进行检测。如果检测时某根总线一直停留在 0 态或 1 态，说明有故障存在。总线故障一般是由于印刷线路板的制作工艺不佳造成两线相碰而引起的。需要特别提醒的是，存有自检程序的 ROM 芯片与 CPU 的连线应不通过缓冲器，否则，若总线出现故障便不能进行自检。

4. 显示与键盘的检测

智能仪器显示器、键盘等 I/O 设备的检测往往采用与操作者合作的方式进行。检测程序的内容为：先进行一系列预定的I/O操作，然后操作者对这些I/O操作的结果进行检验，如果检验的结果与预先的设定(或设想)一致，就认为功能正常；否则，应对有关的I/O通道进行检修。

键盘检测的方法是，CPU每取得一个按键闭合的信号，就反馈一个信息。如果按下某单个按键无反馈信息，往往是该键接触不良，如果按下某一排键均无反馈信号，则有可能与对应的电路或扫描信号有关。

显示器的检测一般有两种方式。一种是让各个显示器的所有发光段全部发亮，即显示出888……当显示的内容表明显示器各发光段均能正常发光时，操作人员只要按任意键，显示器应全部熄灭片刻，然后脱离自检方式进入其他操作。第二种方式是让显示器显示某些特征字，若正常，则几秒钟后自动进入其他操作。

5. 输入、输出通道的自诊断

1) 数据采集通道的自诊断

智能化仪器的数据采集通道一般是由A/D转换器和多路开关构成的。自诊断时，可以采用系统占用多路模拟开关的一个通道，接一个已知的标准电压，系统对该已知电压进行A/D转换。若转换结果与预定值相符，则认为采集通道正常；若有少许偏差，则说明数据通道发生漂移，若偏差过大，则判断为故障。其自诊断原理电路如图2-3所示。

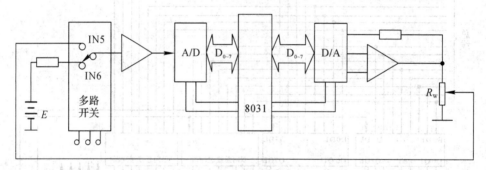

图2-3　输入、输出通道自诊断原理电路

2) 模拟量输出通道的自诊断

智能化仪器的模拟量输出通道一般由D/A完成。模拟量输出通道自诊断的目的是为了确保模拟输出量的准确性。而要判断模拟量是否准确又必须将该输出转换为数字量，CPU才能进行判断，因此，模拟量输出通道的自诊断离不开数据采集环节。图2-3是一种借助于多路数据采集通道对D/A进行自诊断的方案。适当调整电位器R_w分压比，使D/A、A/D的环节增益为1，即可达到满意的诊断效果。D/A自诊断的前提是数据采集通道工作正常。

6. 接插件的自检

智能仪器一般都具有可组合性和功能扩展能力，而这些特性离不开各种各样的通用或专用模板的使用。这些模板常常采用插件形式，而且接插脚往往很多，所以对插件板进行检测是非常重要的。通常插件的自检有两个方面：

1) 检查插件是否插入

利用系统内单片机与插件之间的应答信号出现与否来判断插件是否已经插入，这项自检比较简单，可以在主程序或子程序里加入相应的插件检查语句，一经发现问题，系统会自动发出停机指令，等待操作者处理。

　　2）检查插件工作状态是否正常

　　这项自检较为复杂，常常采取模拟方法进行。实际系统中要运用故障诊断学理论，并配备专用的设备和诊断程序。

　　实际的智能仪器系统种类很多，需要解决的自检项目也各不相同，在此不可能一一列举，读者可根据具体情况进行选择，也可以参考有关的书籍。

2.1.3　自检软件的结构及特点

　　智能仪器的自检都是通过执行相应的软件实现的，上面介绍的各种自检项目一般应该分别编制成相应的子程序，以便需要时调用。设各段子程序的入口地址为 TSTi(i＝0，1，2，…，n)，序号（即故障代码）为 TNUM(0，1，2，…)。编程时，由序号通过表 2-2 所示的测试项目表(TSTPT)来寻找某一项自检子程序入口，若检测有故障发生，便显示其故障代号 TNUM。对于周期性自检，由于它是在测量间隙进行，为不影响仪器的正常工作，有些周期性自检项目不宜安排，例如显示器周期性自检、键盘周期性自检、破坏性 RAM 周期性自检等。而对开机自检和键盘自检则不存在这个问题。

表 2-2　测试项目表

表格首地址	入口地址	故障代码	偏 移 量
TSTPT	TST0	0	偏移量＝TNUM
	TST1	1	
	TST2	2	
	⋮	⋮	
	TSTn	n	

　　一个典型的含有自检在内的智能仪器的操作流程图如图 2-4 所示。其中开机自检被安排在仪器初始化之前进行，检测项目应尽量多选。周期性自检 STEST 被安排在两次测量循环之间进行，由于两次测量循环之间的时间间隙有限，所以一般每次只插入一项自检内容，多次测量之后才能完成仪器的全部自检项目。可以完成周期性自检子程序的操作流程图如图 2-5 所示。当进入 STEST 自检程序后，根据偏移量（自检序列号）TNUM 和测试表格首地址 TSTPT 找到自检子程序 TSTi，并进入该项自检操作。程序中设置故障标志 Tfi，当检测出有故障时，将其置"1"，并同时显示故障代码；否则清"0"。无论故障发生与否，每进行一项自检，就使 TNUM 加 1，以便在下一次测量间隙中进行下一项自检，直到所有项目检测完毕将 TNUM 清了"0"。

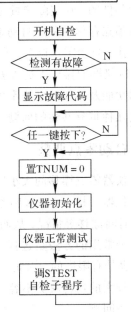

图 2-4　含自检的智能仪器操作流程图

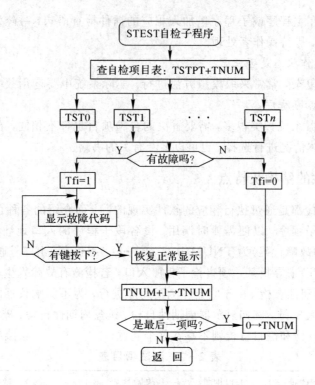

图 2-5　周期性自检子程序的操作流程图

2.2　自动测量功能

　　智能仪器的另一个特点是测试过程的自动化。由于智能化的仪器是采用微处理器作为核心控制部件的，在实际测量过程中使得数据的采集、测量通道的切换、控制方法的选择等都能按预先存储的程序自动地进行，从而实现自动测量的功能。智能仪器通常都含有自动量程转换、自动零点调整、自动校准等功能，有的仪器还能进行自动触发电平调节。这样，就使得仪器的操作人员省去了大量烦琐的人工调节，同时也提高了测试精度。由于不同仪器的功能及性能差别非常大，因而测试过程自动化的设计应结合具体仪器来考虑，这里仅讨论几种带有共性的问题。

2.2.1　自动零点调整

　　测试仪器零点漂移的大小以及零点是否稳定是造成测量误差的主要来源之一。智能仪器与常规仪器一样，由于传感器、测量电路、信号放大器等输入通道不可避免地存在着温度漂移、时间漂移等情况，从而给仪器引入了零位误差，这类误差通常属于系统误差。消除这种误差最常用的方法是选择优质的输入放大器和 A/D 转换器。但是，这种方法的代价高，而且也是有限度的。因此要想通过硬件来确保零点稳定是非常困难的，尤其是在环境温度变化较大的场合就更不容易做到了。然而，智能仪器的自动零点调整功能却可以较好地解决这一问题。

　　由于智能仪器中广泛采用了单片机等智能芯片，因而具有对数据的存储和运算能力。

它可以实现对数据放大器的零点漂移进行自动调整和补偿，这样，即使采用普通的电子器件设计的输入电路，也可以通过软、硬件结合的方法达到很小的零点漂移，既保证了仪器的测试精度，又降低了硬件成本。

图 2-6 是一种采用单片机控制的自动零点调整电路原理图。首先，单片机依据系统软件，通过输出端口控制继电器吸合，使仪器的输入端 K 接地，启动一次测量并将测量值 U_{os} 存入智能仪器中 RAM 的某一指定单元内。这个 U_{os} 值即为仪器的传感器、放大器、A/D 转换器等输入通道所产生的零点漂移值。接着，单片机控制继电器释放，使输入端 K 接至输入被测电压 U_i，此时单片机从 A/D 转换器的输出测得的 U_o 值实际上是被测值 U_i 与输入通道零点漂移值 U_{os} 之和。因此，精确的被测值 U_i 应根据下式得到：

$$U_i = U_o - U_{os} \tag{2-1}$$

所以，智能仪器在每一次测量后，都要用测量值 U_o 减去原先存入 RAM 中的零点漂移值 U_{os}，从而获得真正的输入值 U_i。最后，将此值作为测量结果送显示或存储或传送。这样，可以有效地消除了仪器输入通道零点漂移对测量结果的影响，实现了智能仪器的自动零点调整功能。

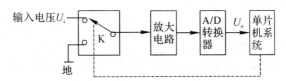

图 2-6　自动零点调整的电路原理框图

2.2.2　标度变换及自动量程转换

1. 标度变换

智能化测量仪表在读入被测模拟信号并转换成数字量后，往往要转换成操作人员所熟悉的工程量。这是因为被测对象的各种数据的量纲与 A/D 转换的输入值不一样。例如，温度的单位为 ℃，压力的单位为 Pa，流量的单位为 m^3/h 等。这些参数经传感器和 A/D 转换后得到一系列的数码。这些数码值并不等于原来带有量纲的参数值，它仅仅对应于被测参数的相对大小，故必须把它转换成带有量纲的对应数值后才能运算、显示或打印输出。这种转换就是标度变换。这里简要介绍线性标度变换，线性标度变换的前提是传感器输出的数值与被测参数间成线性关系。线性标度变换的一般公式如下：

$$Y = \frac{(Y_{max} - Y_{min})(X - N_{min})}{(N_{max} - N_{min})} + Y_{min} \tag{2-2}$$

其中，Y 为参数测量值；Y_{max} 为测量范围最大值；Y_{min} 为测量范围最小值；N_{max} 为 Y_{max} 对应的 A/D 转换值；N_{min} 为 Y_{min} 对应的 A/D 转换值；X 为测量值 Y 对应的 A/D 转换值。

例如，一个数字温度计的测量范围为 $-50℃ \sim 150℃$，则 $Y_{min} = -50℃$，$Y_{max} = 150℃$。当 $Y_{min} = -50℃$ 时，设 $N_{min} = 0$，$Y_{max} = 150℃$ 时，$N_{max} = 1800$，则

$$Y = \frac{[150 - (-50)] \times (X - 0)}{1800 - 0} + (-50) \approx 0.1111X - 50$$

一般情况下，Y_{max}、Y_{min}、N_{max} 和 N_{min} 都是已知的，因而可把式(2-2)变成如下形式：

$$Y = a_1 X + a_0 \tag{2-3}$$

式中，a_1 和 a_0 为待定值。a_0 取决于零点值，a_1 为比例系数。用式(2-3)进行标度变换时，只需进行一次乘法和一次加法。在编程前，先根据 Y_{max}、Y_{min}、N_{max} 和 N_{min} 求出 a_1 和 a_0，然后编出按 X 求 Y 的程序。如果 a_1 和 a_0 允许改变，则将其放在 RAM 中，测量时根据 RAM 中的 a_1 和 a_0 来计算 Y 值。RAM 中的 a_1 和 a_0 可由键盘来改变，为了保存 a_1 和 a_0，RAM 应具有掉电保护功能。如果 a_1 和 a_0 不变，则可在编程时将它们作为常数写入 EPROM 中。

2. 自动量程转换

通常，当测试仪器的测量范围很宽，而传感器、显示器或其他数字部件的分辨率有限时，为了获得较高的测量精度，要求仪器具有量程自动转换的功能。

智能化仪器中自动量程转换的方法主要有下述两种：

(1) 根据被测量的大小，仪器自动切换到不同量程的传感器上运行；

(2) 在传感器与单片机的接口电路中引入可编程增益放大器，通过自动改变放大器的增益达到量程切换的目的。

图 2-7 是不同量程传感器切换原理框图。图中仅以两个(也可以是多个)不同量程的传感器为例，说明其工作原理。

假设 1# 传感器的最大测量范围为 M_1，2# 传感器的最大测量范围为 M_2，且 $M_1 > M_2$。两个传感器的工作均由单片机控制。程序设计为：仪器启动后总是 1# 传感器先接入工作，2# 传感器处于过载保护状态，以免因过载而损坏 2# 传感器。然后，根据被测量的大小，确定由哪一个传感器工作。图 2-8 所示为不同量程传感器自动切换的程序流程框图。由流程可见，哪一个传感器处于正常工作状态是根据标志位 F_0 的状态来判别的：若 $F_0 = 0$，则 1# 传感器正常工作，单片机调用相应的 1# 传感器处理和显示程序；若 $F_0 = 1$，则 2# 传感器正常工作，单片机调用 2# 传感器处理程序。

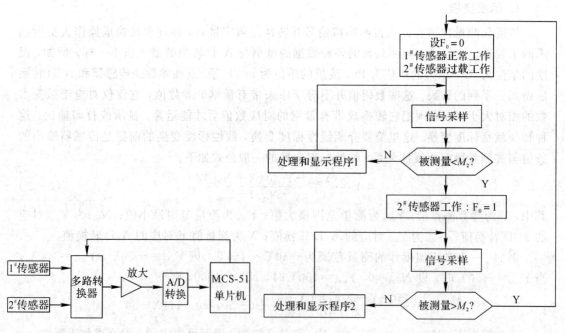

图 2-7 采用不同传感器的量程切换原理框图　　　　图 2-8 传感器自动切换程序流程图

改变程控放大器量程的切换原理框图如图 2 - 9 所示，单片机根据所测信号幅值的大小，去控制改变放大器的增益，对幅值小的信号采用大增益，对幅值大的信号改用小增益，使 A/D 转换器信号满量程达到均一化。

表 2 - 3　程控放大器 8 种增益

增益	数字代码		
	A2	A1	A0
1	0	0	0
2	0	0	1
4	0	1	0
8	0	1	1
16	1	0	0
32	1	0	1
64	1	1	0
128	1	1	1

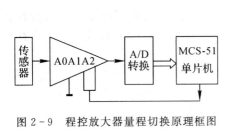

图 2 - 9　程控放大器量程切换原理框图

图 2 - 9 中的程控放大器具有 3 条增益控制线 A0、A1 和 A2，共具有 8 种可能的增益，如表 2 - 3 所示。如果不需要 8 种增益，则可相应减少控制线，不用的控制线接至固定电平（如图 2 - 9 中的 A0）。图 2 - 9 中的放大器由于只采用两挡增益，因此只需要用单片机的一根接口线来同时控制程控放大器的增益控制端 A1 和 A2 的电位，A0 可始终接至低电平。

2.2.3　自动校准

通常，为了保证仪器测量精度的可靠性和合法性，必须对仪器进行定期校准。传统的仪器校准是通过对已知标准校准源直接测量，或通过与更高精度的同类仪器进行比较测量来实现的。这种校准过程必须由专业人员操作，仪器校准后，有时还需要根据检定部门给出的误差修正表来对测量结果进行修正，使用非常麻烦。

大多数智能仪器都为用户提供了一种极为方便的自动校准方式。当需自动校准时，操作者只要按下自动校准的按键，仪器的显示屏便提示操作者应输入的标准电压，操作者按提示要求将相应的标准电压加到输入端后，再按一次自校键，仪器就进行一次测量并将标准量（或标准系数）存入到"校准量存储器"中，然后，显示器提示下一个要求输入的标准电压值，再重复上述测量与存储过程。当对预定的校正测量完成之后，校准程序还能自动计算每两个校准点之间的插值公式的系数，并把这些系数也存入"校准量存储器"中，这时，就在智能仪器的内部存储了一张校准表和一张内插公式的系数表。在正常测量应用时，这两张表将同测量结果一起形成经过修正的准确测量值。这种方法又称为"校准存储器法"。仪器中的校准存储器一般采用电可擦除只读存储器（EEPROM）或采用电池供电的非易失性 RAM（例如锂电池可有效工作十年）。以确保仪器断电后数据不会丢失。

除上述"校准存储器法"之外，智能仪器还广泛采用动态自校法。这种方法的优点是不需要采用 EEPROM 或非易失性 RAM，而是在内部设置基准电压，使上述校准过程全部自动地进行。然而，内部基准也需要定期校准，因此，这种方法还不属于仪器校正的范畴。动态自校可以用来解决由衰减器、放大器、D/A 转换器等模拟部件不稳定引起的精度下降问题。

2.3　仪器测量精度的提高

仪器测量的目的就是希望获得被测量的实际值,即真值。然而,由于测量设备、测量方法、测量环境及测量人员的素质等诸多原因,往往导致测量所得到的结果与被测量的真值之间总有差异,这个差异就称为测量误差。测量误差的大小直接影响到测量结果的精确度和使用价值。所以,必须对测量误差进行研究,了解产生误差的原因及其规律,寻找减小(或消除)误差的处理方法,使测量结果精确、可靠。

2.3.1　测量误差的表示及误差的分类

1. 测量误差的表示方法

测量误差通常有两种表示方法:绝对误差和相对误差。

1) 绝对误差

由测量所得到的被测量的值 x 与其真值 A_0 之差称为绝对误差,用 Δx 表示,即

$$\Delta x = x - A_0 \tag{2-4}$$

因为测量结果 x 总含有误差,即,可能大于 A_0,也可能小于 A_0。因此,Δx 是既有大小,又有正负且有单位的数值,其大小和符号分别表示测量结果偏离真值的程度和方向。

注意,式(2-4)中,A_0 表示真值。真值是一个理想的概念,一般来说是无法精确得到的。而在实际应用中通常是用实际值 A 来代替真值 A_0。实际值又称为约定真值,它是根据测量误差的要求,使用高一级或几级的标准仪器或计量器具测量所得之值,这时,式(2-4)可改写为

$$\Delta x = x - A \tag{2-5}$$

这是绝对误差通常使用的表达式。

另外,与绝对误差的绝对值大小相等而符号相反的值称为修正值,用 C 表示:

$$C = -\Delta x = A - x \tag{2-6}$$

对仪器进行定期检定(校准)时,用标准仪器与受检仪器相对比,获得修正值,并将修正值以表格、曲线或公式的形式给出。这样,在测量时,利用测量的结果与已知的修正值相加即可得到被测量的实际值,即

$$A = x + C \tag{2-7}$$

例 1-1　一只量程为 10 V 的电压表,当用它进行测量时,测量指示值为 7.5 V,若检定时 7.5 V 刻度处的修正值为 -0.1 V,求被测电压的实际值。

解　实际值为

$$U = 7.5\ \text{V} + (-0.1)\text{V} = 7.4\ \text{V}$$

2) 相对误差

绝对误差虽然可以说明测量结果偏离实际值的情况,但不能确切反映测量的精确程度。例如,分别测量两个频率,其中一个频率为 $f_1 = 1000\ \text{Hz}$,其绝对误差 $\Delta f_1 = 1\ \text{Hz}$;另一个频率为 $f_2 = 1\,000\,000\ \text{Hz}$,其绝对误差 $\Delta f_2 = 10\ \text{Hz}$。尽管 f_2 的绝对误差 Δf_2 大于 f_1 的绝对误差 Δf_1,但我们并不能因此而得出 f_1 的测量较 f_2 精确的结论。恰恰相反,f_1 的测量误差对 $f_1 = 1000\ \text{Hz}$ 来讲占 0.1%,而 f_2 的测量误差仅仅占 $f_2 = 1\,000\,000\ \text{Hz}$ 的

0.001％。为了弥补绝对误差的不足，引入相对误差的概念。

绝对误差与被测量真值的比值，用百分数来表示，称为相对误差，用 γ 表示，即

$$\gamma = \frac{\Delta x}{A_0} \times 100\% \qquad (2-8)$$

相对误差没有量纲，只有大小及符号。由于真值在实际测量中是难以得到的，通常用实际值 A 代替真值 A_0 来表示相对误差，用 γ_A 来表示：

$$\gamma_A = \frac{\Delta x}{A} \times 100\% \qquad (2-9)$$

γ_A 称为实际相对误差。

在误差较小，要求不高的场合，也可用测量值 x 代替实际值 A，由此得出示值相对误差，用 γ_x 来表示：

$$\gamma_x = \frac{\Delta x}{x} \times 100\% \qquad (2-10)$$

在测量仪器中，经常用绝对误差与仪器满刻度值 x_m 之比来表示相对误差，称为引用相对误差（或称满度相对误差），用 γ_n 表示：

$$\gamma_n = \frac{\Delta x}{x_m} \times 100\% \qquad (2-11)$$

由于仪器在不同刻度上的绝对误差不完全相等，故采用最大引用误差来衡量仪器的准确度则更为合适，即

$$\gamma_{nm} = \frac{\Delta x_m}{x_m} \times 100\% \qquad (2-12)$$

式中，Δx_m 为仪器在该量程范围内出现的最大绝对误差；x_m 为满刻度值；γ_{nm} 为仪器在工作条件下的最大引用误差。

2. 误差的分类

根据测量误差的性质和特性一般可将其分为三类，即随机误差、系统误差和粗大误差。

1）随机误差

在相同条件下进行多次测量，而每次测量结果都会出现无规律的随机变化的误差，这种误差称其为随机误差或偶然误差。根据研究发现，当测量次数足够多时，随机误差服从一定的统计规律，且具有单峰性、有界性、对称性和相消性等特点。

随机误差反映了测量结果的精密度。随机误差越小，测量精密度越高。

2）系统误差

在一定的条件下，测量误差的数值（大小及符号）保持恒定或按照一定的规律变化的误差称为系统误差。恒定不变的误差称为恒定系统误差，例如，在校验仪器时，标准表存在的固有误差、仪器的基准误差等。按一定规律变化的误差称为变化系统误差，例如，仪器的零点漂移和放大倍数的漂移、热电偶冷端随室温变化而引入的误差等。

系统误差决定了测量的准确度。系统误差越小，测量结果越准确。

可见，系统误差和随机误差都对测量结果起着决定性的作用。因此，要使测量的精确度高，两者的值都要很小才行。

3）粗大误差

粗大误差是指在一定的条件下，测量值明显地偏离实际值时所对应的误差，简称为

粗差。

粗大误差是由于读数错误、记录错误、操作不正确、测量中的失误以及存在不能允许的干扰等原因造成的误差。所以，粗大误差又称为疏失误差。

粗大误差明显地歪曲了测量结果，就其数值而言，它远远大于随机误差和系统误差。

显然，要提高测量精度，对于上述三类误差都应采取适当的措施进行防范和处理，以减少或消除这些误差对测量结果的影响。智能仪器的主要优点之一就是可以利用微处理器的数据处理能力减小测量误差，达到提高仪器测量精度的目的。

下面介绍智能仪器中几种测量误差的处理方法。

2.3.2　随机误差的处理方法

随机误差通常是由于仪器在测量过程中的一系列互不相关的独立因素，如外界电磁场的变化、温度的变化、空气的扰动、大地的微震以及随机干扰信号对测量值的综合影响所造成的。相对于一次测量而言，随机误差是没有一定规律的。如上所述，当测量次数足够多时，测量结果中的随机误差服从一定的统计规律，而且大多数按正态分布。因此，消除随机误差最为常用的方法是取多次测量结果的算术平均值，即

$$\bar{x} = \frac{1}{N} \sum_{i=1}^{N} x_i \tag{2-13}$$

式中，N 为测量次数，$x_i (i=1, 2, \cdots, n)$ 为测量值。显然，N 越大，x 就越接近真值，但所需要的测量时间也愈长。为了提高测量速度，可以采用递推(或移动)平均法，这种方法只需要进行一次测量，对测量数据边平均边移动窗口，平均的次数总是 N。

此外，智能仪器还可以根据测量的实际情况自动变动 N 值，达到既可减小随机误差的影响，又能适当提高测量速度的目的。例如，某种具有自动量程转换功能的智能电压表，可根据被测电压的大小，自动选择由小到大的六挡量程(编号分别为 1，2，$\cdots$，6)。当工作于最低挡，即第一挡量程时被测信号很弱，随机误差的影响相对最大，因而这时测量次数就多选一些(N 取大一点，如取 $N=10$)；在第二挡，同样的随机误差影响相对小一些，这时可取 $N=6$；同理，在第三挡时，取 $N=4$；第四挡时取 $N=2$；在第五挡和第六挡时只作单次测量处理，故取 $N=1$。其操作流程如图 2-10 所示。

这种智能电压表的自动量程转换与求平均值工作的过程是：系统运行前将量程预置为最高($Q=6$)，然后进行测量并判断测量值是否为欠量程。如果欠量程，则判断这时的 Q 是否为 1，若不为 1，则降低一挡量程(即 $Q=Q-1$)，再重复上述测量、判断过程，直到不是欠量程或 $Q=1$ 时为止。若 Q 为 1，则取 $N=10$ 并进行平均值计算。如果不是欠量程，则判断是否超量程，如果超量程，则判断此时 Q 是否等于 6，若此时 $Q=6$ 则作过载显示；若 Q 不等于 6，则升高一挡量程(即 $Q=Q+1$)，再重复上述测量、判断过程，直到不是超量程，然后判断此时的 Q 等于多少？根据 Q 的值可选取 N 等于 10、6、4、2 或者 1，最后再计算其平均值。通过上述自动量程转换的过程，我们可以看出系统最终选择了最合适的量程，然后根据量程的大小再选取适当的 N 值求取平均值，显然提高了仪表的测量精度。

上述操作流程的设计可以有效地削弱随机误差对仪器的影响，此外，对随机干扰也有很强的抑制作用。

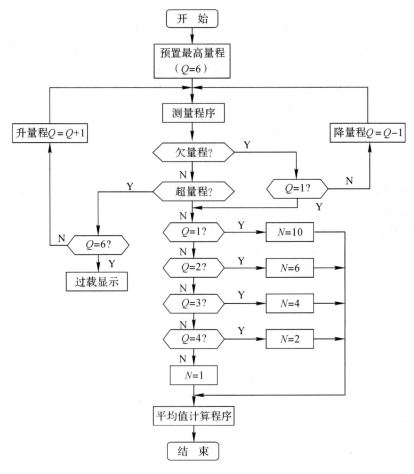

图 2 - 10 自动量程转换及求平均值流程示意图

2.3.3 系统误差的处理方法

克服系统误差与抑制随机干扰不同，系统误差不能依靠概率统计方法来消除或削弱，它不像抑制随机干扰那样能导出一些普遍适用的处理方法，而只能针对某一具体情况在测量技术上采取一定的措施加以解决。本节介绍几种克服系统误差最常用的测量校准方法。

1. 利用误差模型修正系统误差

一般通过分析先建立系统的误差模型，再由误差模型求出误差修正公式。误差修正公式通常含有若干误差因子，修正时，可先通过校正技术把这些误差因子求出来，然后利用修正公式来修正测量结果，从而可以削弱系统误差的影响。

然而，不同的仪器或系统其误差模型的建立方法也不一样，没有统一方法可循，这里仅举一个典型的实例进行分析、讨论。

图 2 - 11(a)所示的一种误差模型在电子仪器中具有相当普遍意义。

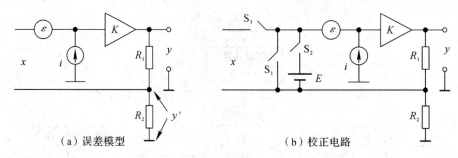

（a）误差模型　　　　　　　　　　　（b）校正电路

图 2 - 11　利用误差模型修正系统误差

　　图中，x 是输入电压（被测量），y 是带有误差的输出电压（测量结果），ε 是影响量（例如零点漂移或干扰），i 是偏差量（例如直流放大器的偏置电流），K 是影响特性（例如放大器增益变化）。从输出端引一反馈量到输入端以至改善系统的稳定性。

　　在无误差的理想情况下，有 $\varepsilon = 0$，$i = 0$，$K = 1$，于是存在关系 $y = x$。

　　在有误差的情况下，则有

$$y = K(x + \varepsilon + y') \tag{2-14}$$

$$\frac{y - y'}{R_1} + i = \frac{y'}{R_2} \tag{2-15}$$

由此可以推出

$$x = y\left(\frac{1}{k} - \frac{1}{1 + \dfrac{R_1}{R_2}}\right) - \frac{i}{\dfrac{1}{R_1} + \dfrac{1}{R_2}} - \varepsilon$$

可改写成下列简明形式

$$x = b_1 y + b_0 \tag{2-16}$$

其中，

$$b_1 = \frac{1}{k} - \frac{1}{1 + \dfrac{R_1}{R_2}}, \ b_0 = -\frac{i}{\dfrac{1}{R_1} + \dfrac{1}{R_2}} - \varepsilon$$

　　式(2-14)即为误差修正公式，其中，b_0、b_1 为误差因子。如果能求出 b_0、b_1 的数值，即可由误差修正公式获得无误差的 x 值，从而修正了系统误差。

　　误差因子的求取是通过校正技术来完成的，误差修正公式(2-16)中含有两个误差因子 b_0 和 b_1，因而需要作两次校正。假设建立的校正电路如图 2-11(b)所示，图中 E 为标准电池，则具体校正步骤如下：

　　(1) 零点校正。先令输入端短路，即 S_1 闭合，此时有 $x = 0$，于是得到输出为 y_0，按照式(2-16)可得方程如下：

$$0 = b_1 y_0 + b_0$$

　　(2) 增益校正。令输入端接上标准电压，即 S_2 闭合（S_1、S_3 断开），此时有 $x = E$，于是得到输出为 y_1，同样可得方程如下：

$$E = b_1 y_1 + b_0$$

　　联立求解上述两个方程，即可求得误差因子为

$$b_1 = \frac{E}{y_1 - y_0}$$

$$b_0 = \frac{E}{1 - \dfrac{y_1}{y_0}}$$

（3）实际测量。令 S_3 闭合（S_1、S_2 断开），此时得到输出为 y（结果），于是，由上述已求出的误差因子 b_0 和 b_1 可获得被测量的真值为

$$x = b_1 y + b_0 = \frac{E(y - y_0)}{y_1 - y_0} \tag{2-17}$$

智能仪器的每一次测量过程均按上述三步来进行。由于上述过程是自动进行的，且每次测量过程很快，这样，即使各误差因子随时间有缓慢的变化，也可消除其影响，实现近似于实时的误差修正。

2. 利用校正数据表修正系统误差

如果对系统误差的来源及仪器工作原理缺乏充分的认识而不能建立误差模型时，可以通过建立校正数据表的方法来修正系统误差。具体步骤如下：

（1）在仪器的输入端逐次加入一个个已知的标准电压 x_1，x_2，$\cdots x_n$，并实测出对应的测量结果 y_1，y_2，$\cdots y_n$。

（2）如果将实测的 $y_i (i = 1, 2, \cdots, n)$ 值对应于存储器中的某一区域，y_i 作为存储器中的一个地址，再把对应的 x_i 值存入其中，这就在存储器中建立了一张校准数据表。

（3）实际测量时，令微处理器根据实测的 y_i 去访问内存，读出其中的 x_i。而 x_i 即为经过修正的测量值。

（4）若实际测量的 y 值介于某两个标准点 y_i 和 y_{i+1} 之间，为了减少误差，还要在查表基础上作内插计算来进行修正。

采用内插技术可以减少校准点，从而减少内存空间。最简单的内插是线性内插，当 $y_i < y < y_{i+1}$ 时取

$$x = x_i + \frac{x_{i+1} - x}{y_{i+1} - y}(y - y_i) \tag{2-18}$$

由于这种内插方法是用两点间一条直线来代替原曲线的，因而精度有限。如果要求更高的精度，可以采取增加校准点的方法，或者采取更精确的内插方法，例如 n 阶多项式内插、三角内插、牛顿内插等。

3. 通过曲线拟合来修正系统误差

曲线拟合是指从 n 对测定数据 (x_i, y_i) 中，求得一个函数 $f(x)$ 来作为实际函数的近似表达式。曲线拟合的实质就是找出一个简单的、便于计算机处理的近似表达式来代替实际的非线性关系。因此曲线 $f(x)$ 并不保证通过实际的所有其他点。

采用曲线拟合对测量结果进行修正的方法是，首先定出 $f(x)$ 的具体形式，然后再通过对实测值进行选定函数的数值计算，求出精确的测量结果。

这里需要指出的是，目前仪器用的传感器、检波器或其他器件多数具有非线性的特征。为了使智能仪器能直接显示被测参数的数值，确保仪器在整个测量范围内都具有较高的精度，往往也采用了曲线拟合的办法对被测结果进行线性化处理。虽然，这种线性化处理与系统误差的修正的意义不完全相同，但处理方法是一致的，所以也一并讨论。

曲线拟合方法可分为连续函数拟合和分段曲线拟合两种。

1) 连续函数拟合法

用连续函数进行拟合一般采用多项式来拟合(当然也不排除采用解析函数,如 e^x、$\ln x$ 和三角函数等),多项式的阶数应根据仪器所允许的误差来确定。一般情况下,拟合多项式的阶数愈高,逼近的精度也就愈高。但阶数的增高将使计算繁冗,运算时间也迅速增加,因此,拟合多项式的阶数一般采用二阶或三阶。

现在以热电偶的电势与温度之间的关系式为例,讨论连续函数拟合的方法。

热电偶的温度与输出热电势之间的关系一般可用下列的三阶多项式来逼近:

$$R = a + bx_p + cx_p^2 + dx_p^3 \qquad (2-19)$$

将式(2-19)变换成嵌套形式,得

$$R = [(dx_p + c)x_p + b]x_p + a \qquad (2-20)$$

式中,R 是读数(温度值),x_p 由下式导出:

$$x_p = x + a' + b'T_0 + c'T_0^2 \qquad (2-21)$$

式(2-21)中,x_p 是被校正量,即热电偶输出的电压值。T_0 是使用者预置的热电偶环境(冷端)温度。热电偶冷端一般放在一个恒温槽中,如放在冰水中以保持受控冷端温度恒定在 0℃。系数 a, b, c, d, a', b', c' 是与热电偶材料有关的校正参数。

首先求出各校正参数 a, b, c, d, a', b', c',并按顺序存放在首址为 COEF 的一段缓冲区内,然后根据测得的 x 值并通过运算求出对应的 R(温度值)。多项式算法通常采用式(2-20)所示的嵌套形式,对于一个 n 阶多项式一般需要进行 $\frac{1}{2}n(n+1)$ 次乘法,如果采用嵌套形式,只需进行 n 次乘法,从而使运算速度加快。

2) 分段曲线拟合法

分段曲线拟合法即是把非线性曲线的整个区间划分成若干段,将每一段用直线或抛物线去逼近。只要分点足够多,就完全可以满足精度要求,从而回避了高阶运算,使问题化繁为简。分段基点的选取可按实际情况决定,既可采用等距分段法,也可采用非等距分段法。非等距分段法是根据函数曲线形状的变化来确定插值之间的距离,非等距插值基点的选取比较麻烦,但在相等精度条件下,非等距插值基点的数目将小于等距插值基点的数目,从而节省了内存,减少了仪器的硬件投入。

在处理方法的选取上,通过提高连续函数拟合法多项式的阶数来提高精度远不如采用分段曲线拟合法更为便当。分段曲线拟合法的不足之处是光滑度不太高,这对某些应用是有缺陷的。下面介绍分段直线拟合和分段抛物线拟合两种方法。

(1) 分段直线拟合。

分段直线拟合法是用一条折线来代替原来实际的曲线,这是一种最简单的分段拟合方法。

设某传感器的输入输出特性如图 2-12 所示,图中,x 是测量数据,y 是实际被测变量,分三段直线来逼近该传感器的非线性曲线。由于曲线低端比高端陡峭,所以采用不等距分段法。

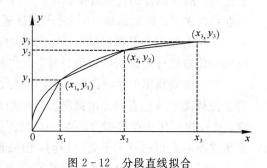

图 2-12　分段直线拟合

由此可写出各端的线性差值公式为

$$y = \begin{cases} K_1 \times x; & \text{当 } 0 \leqslant x < x_1 \text{ 时} \\ y_1 + K_2(x - x_1); & \text{当 } x_1 \leqslant x < x_2 \text{ 时} \\ y_2 + K_3(x - x_2); & \text{当 } x_2 \leqslant x < x_3 \text{ 时} \\ y_3; & \text{当 } x \geqslant x_3 \text{ 时} \end{cases} \qquad (2-22)$$

式中，$K_1 = \dfrac{y_1}{x_1}$；$K_2 = \dfrac{y_2 - y_1}{x_2 - x_1}$；$K_3 = \dfrac{y_3 - y_2}{x_3 - x_2}$，它们是各段的斜率。

编程时应将系数 K_1，K_2，K_3 以及数据 x_1，x_2，x_3，y_1，y_2，y_3 分别存放在指定的 ROM 中。智能仪器在进行校正时，先根据测量值的大小，找到所在的直线段，从存储器中取出该直线段的系数，然后按式(2-18)计算即可获得实际被测值 y。具体实现的程序流程如图 2-13 所示。

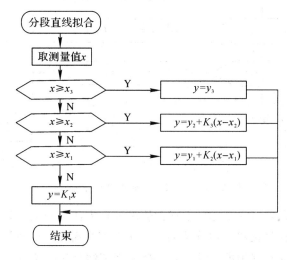

图 2-13　分段直线拟合程序流程图

（2）分段抛物线拟合。

若输入输出特性很弯曲，而测量精度又要求比较高时，可考虑采用多段抛物线来分段进行拟合。

图 2-14 所示的曲线可以把它划分成 Ⅰ、Ⅱ、Ⅲ、Ⅳ 四段，每一段都分别用一个二阶抛物线方程 $y = a_i x^2 + b_i x + c_i (i = 1, 2, 3, 4)$ 来描绘。其中抛物线方程的系数 a_i，b_i，c_i 可以通过下述方法获得。每一段找出三点 x_{i-1}，x_{i1}，x_i（含两分段点），例如在线段 Ⅰ 中找出 x_0，x_{11}，x_1 点及对应 y 值 y_0，y_{11}，y_1，在线段 Ⅱ 中找出 x_1，x_{21}，x_2 点及对应 y 值 y_1，y_{21}，y_2 等，然后解下列联立方程：

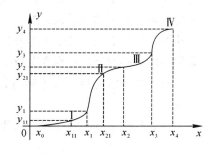

图 2-14　分段抛物线拟合

$$\begin{cases} y_{i-1} = a_i x_{i-1}^2 + b_i x_{i-1} + c_i \\ y_{i1} = a_i x_{i1}^2 + b_i x_{i1} + c_i \\ y_i = a_i x_i^2 + b_i x_i + c_i \end{cases} \qquad (2-23)$$

求出系数 a_i, b_i, c_i 及 x_0, x_1, x_2, x_3, x_4 值，一起存放在指定的 ROM 中。进行校正时，先根据测量值 x 的大小找到所在分段，再从存储器中取出对应段的系数 a_i, b_i, c_i，最后运用公式 $y = a_i x^2 + b_i x + c_i$ 去进行计算就可得 y 值。具体流程如图 2 - 15 所示。

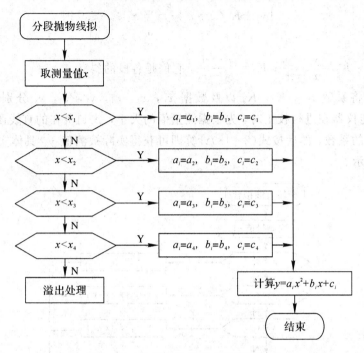

图 2 - 15　分段抛物线拟合程序流程图

注意：克服系统误差与克服随机干扰在软件处理方法上也是不同的。后者的基本特征是随机性，其算法往往是仪器测控算法的一个重要组成部分，实时性很强，常用汇编语言编写。前者是恒定的或有规则的，因而通常都采用离线处理的方法，来确立校正算法和数学表达式，在线测量时则利用此校正算式对系统误差作出修正。

2.3.4　粗大误差的处理方法

粗大误差是指在一定的测量条件下，测量值明显地偏离实际值所形成的误差。粗大误差明显地歪曲了测量结果，应予以剔除。由于粗大误差的产生带有偶然性，所以不能采用上述方法加以克服。实际应用中，在测量次数比较多时（$N \geqslant 20$），测量结果中的粗大误差宜采用莱特准则判断。若测量次数不够多时，宜采用格拉布斯准则。当对仪器的系统误差采取了有效技术措施后，对于测量过程中所引起的随机误差和粗大误差一般可按下列步骤处理。

（1）求测量数据的算术平均值：

$$\bar{x} = \frac{1}{N} \sum_{i=1}^{N} x_i \tag{2 - 24}$$

（2）求各项的剩余误差：

$$v_i = x_i - \bar{x} \tag{2 - 25}$$

（3）求标准偏差：

$$\sigma = \sqrt{\frac{1}{N-1}\sum_{i=1}^{N} v_i^2} \tag{2-26}$$

（4）判断粗大误差（坏值）：可运用公式 $|v_i| > G\sigma_i$ 进行判断，其中 G 为系数。

在测量数据为正态分布情况下，如果测量次数足够多，习惯上采用莱特准则判断，取 $G=3$。如果测量次数不够多，宜采用格拉布斯准则判断。系数 G 需要通过查表求出。

对于非正态测量数据，应根据具体分布形状来确定剔除异常数据的界限。

（5）如果判断存在粗大误差，给予剔除，然后重复上述步骤（1）～（4）（每次只允许剔除其中最大的一个）。如果判断不存在粗大误差，则当前算术平均值、各项剩余误差及标准偏差估计值分别为

$$\overline{x}' = \frac{1}{N-a}\sum_{i=1}^{N-a} x_i \tag{2-27}$$

$$v'_i = x_i - \overline{x}' \tag{2-28}$$

$$\sigma' = \sqrt{\frac{1}{N-a-1}\sum_{i=1}^{N-a} (v'_i)^2} \tag{2-29}$$

式中，a 为坏值个数。

在上述测量数据的处理过程中，为了削弱随机误差的影响，提高测量结果的可靠性，应尽量增加测量次数，即增大样品的容量。但随着测量数据的增加，人工计算就显得相当烦琐和困难。若在智能仪器软件中安排一段程序，便可在测量进行的同时也能对测量数据进行处理。图 2-16 给出了实现上述功能的程序流程框图。

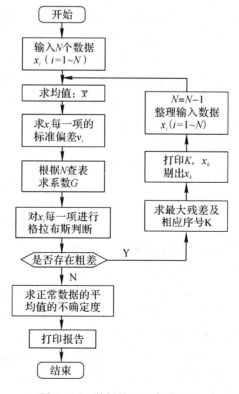

图 2-16　数据处理程序流程图

值得说明的是,只有当被测参数要求比较精确,或者某项误差影响比较严重时,才需要对数据按上述步骤进行处理。在一般情况下,可直接将采样数据作为测量结果,或进行一般滤波处理即可,这样有利于提高速度。

2.4　数字滤波

在智能化仪器的实际测量过程中,被测信号中不可避免地会混杂一些干扰与噪声,它们主要来自被测信号本身、传感器以及外界的干扰。为了抑制这些干扰与噪声,仪器仪表通常施加了多种屏蔽和滤波的措施。

在传统的仪器仪表中,滤波是靠选用不同种类的硬件滤波器来实现的。而在智能仪器中,由于微处理器的引入,可以在不增加任何硬件设备的情况下采用软件的方法实现数字滤波。所谓数字滤波,即通过一定的计算程序,对采集的数据进行某种处理,从而消除或减弱干扰和噪声的影响,提高测量的可靠性和精度。这种数字滤波与硬件 RC 滤波器相比具有以下优点:

(1)数字滤波是用程序来实现的,不需要增加任何硬件设备,也不存在阻抗匹配问题,可以多个通道共用,因而不但可以节约投资,还可以提高仪器的可靠性和稳定性。

(2)数字滤波可以对频率很低的信号实现滤波,而模拟 RC 滤波器由于受电容容量的限制,频率不可能太低。

(3)灵活性好。数字滤波可以用不同的滤波程序实现不同的滤波方法,或改变滤波器的参数。

正因为用软件实现数字滤波具有上述优点,所以在智能仪器和计算机测控系统中得到越来越广泛的应用。但是,值得注意的是,尽管数字滤波具有许多模拟滤波器所不具备的特点,但它并不能代替模拟滤波器。这是因为输入信号必须转换成数字信号后才能进行数字滤波,有的输入信号很小,而且混有干扰信号,所以必须使用模拟输入滤波器。另外,在采样测量中,为了消除混叠现象,往往在信号输入端加抗混叠滤波器,这也是数字滤波器所不能代替的。由此可见,模拟滤波器和数字滤波器各有各的作用,都是智能仪器中不可缺少的一部分。

数字滤波的方法有许多种,每种方法都有其不同的特点和适用范围。下面选择几种常用的方法予以介绍。

2.4.1　中值滤波法

所谓中值滤波法,是指对被测参数连续采样 N 次(N 一般选为奇数),然后将这些采样值进行排序并选取中间值。中值滤波能有效地克服偶然因素引起的波动或采样器不稳定引起的误码等造成的脉冲干扰,并且采样次数 N 越大,滤波效果越好,但采样次数 N 太大则会影响仪器的测试速度,所以 N 一般取 3 或 5。对于变化很慢的参数,有时也可增加次数,例如 15 次。对于变化较为剧烈的参数,此法不宜采用。

中值滤波程序主要由数据排列和取中间值两部分组成。数据排列可采用几种常规的排序方法,如冒泡法、沉底法等。下面给出的中值滤波程序采样次数 N 选为 3,三次采样后的数据分别存放在寄存器 R2,R3,R4 中,程序执行完以后,中值存放在 R3 中。

```
FLT10：    MOV      A，R2      ；R2＜R3 否?
           CLR      C
           SUBB     A，R3
           JC       FLT11     ；R2＜R3，不变
           MOV      A，R2      ；R2＞R3，交换
           XCH      A，R3
           MOV      R2，A
FLT11：    MOV      A，R3      ；R3＜R4 否?
           CLR      C
           SUBB     A，R4
           JC       FLT12     ；R3＜R4，结束
           MOV      A，R4      ；R3＞R4，交换
           XCH      A，R3
           XCH      A，R4      ；R3＞R2 否?
           CLR      C
           SUBB     A，R2
           JNC      FLT12     ；R3＞R2 结束
           MOV      A，R2      ；R3＜R2，R2 为中值
           MOV      R3，A      ；中值送入 R3
FLT12：    RET
```

2.4.2　平均滤波法

最基本的平均滤波程序是算术平均滤波程序，其计算公式见式(2-24)。

算术平均滤波对滤除混杂在被测信号上的随机干扰非常有效。一般来说，算术平均滤波法对干扰信号的平滑程度取决于采样次数 N，N 越大，平滑度越高，即滤除效果越好，但系统的灵敏度要下降。实际应用时应根据具体情况适当选取 N，使其既少占用计算机时间，又能达到最好的滤波效果。

为了进一步提高平均滤波的滤波效果，适应各种不同场合的需要，在算术平均滤波程序的基础上又出现了许多改进型，例如去极值平均滤波法，递推平均滤波法，加权平均滤波法等。

下面分别予以讨论。

1. 去极值平均滤波法

算术平均滤波对抑制随机干扰效果比较好，但对脉冲干扰的抑制能力较弱，明显的脉冲干扰会使平均值远离实际值。但中值滤波对脉冲干扰的抑制非常有效，因而可以将两者结合起来形成去极值平均值滤波。去极值平均值滤波的算法是：连续采样 N 次，去掉一个最大值，去掉一个最小值，再求余下 $(N-2)$ 个采样值的平均值。根据上述思想可作出去极值平均滤波程序的流程图如图 2-17 所示。

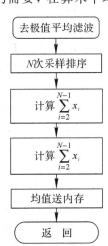

图 2-17　去极值平均滤波程序流程图

2. 递推平均滤波法

上面的算术平均滤波方法需要连续采样若干次后，才能进行运算而获得一个有效的数据，因而速度较慢。当系统要求数据计算速度较高时，该方法便无法使用。例如，某 A/D 转换芯片的转换速率为每秒 10 次，当系统要求每秒输入 4 次数据时，则 N 取值就不能大于 2。为了克服这一缺点，可采用递推平均滤波方法。该方法是先在 RAM 中建立一个数据缓冲区，依顺序存放 N 次采样数据(即把 N 个测量数据看成一个队列，队列的长度固定为 N)，然后每采进一个新的数据，就将新数据存入队尾，同时将缓冲区中最早采集(队首)的一个数据去掉，最后再求出当前 RAM 缓冲区中的 N 个数据的算术平均值或加权平均值。这样，每进行一次采样，就可计算出一个新的平均值，即测量数据取一丢一，测量一次便计算一次平均值，大大加快了数据处理能力。这种滤波方法称为递推平均滤波法，其数学表达式为

$$\overline{y_n} = \frac{1}{N} \sum_{i=0}^{N-1} y_{n-i} \qquad (2-30)$$

式中，$\overline{y_n}$ 为第 n 次采样值经滤波后的输出；y_{n-i} 为未经滤波的第 $n-i$ 次采样值；N 为递推平均项数。

这种采用环形队列结构来实现数据存放和平均值计算的具体方法举例如下。假设环形队列地址为 40H～4FH 共 16 个单元，用 R0 作队尾指示，并且 INPUTA 为新采样数据处理子程序，子程序中已将新数据置入累加器 A 中，其流程图如图 2-18 所示。

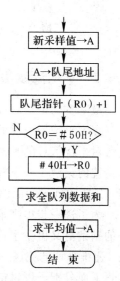

图 2-18　递推平均滤波方法流程图

程序清单如下：

```
FLT30:  ACALL  INPUTA            ;采样值放在 A 中
        MOV    @R0, A            ;排入队尾
        INC    R0                ;调整队尾指针
        MOV    A, R0
        ANL    A, #4FH
        MOV    R0, A             ;建新队尾指针
        MOV    R1, #40H          ;初始化
        MOV    R2, #00H
        MOV    R3, #00H
FLT31:  MOV    A, @R1            ;取一个采样值
        ADD    A, R3             ;累加到 R2, R3 中
        MOV    R3, A
        CLR    A
        ADDC   A, R2
        MOV    R2, A
        INC    R1
        CJNE   R1, #50H, FLT31   ;累计完 16 次
FLT32:  SWAP   A                 ;(R2, R3)/16
        XCH    A, R3
```

```
SWAP      A
ADD       A，#80H            ;四舍五入
ANL       A，#0FH
ADDC      A，R3
RET                         ;结果在 A 中
```

递推平均滤波算法对周期性干扰有良好的抑制作用，平滑度高，灵敏度低，但对偶然出现的脉冲性干扰的抑制作用差，不易消除由于脉冲性干扰引起的采样值偏差，因此，它不适用于脉冲干扰比较严重的场合，而适用于高频震荡的系统。通过观察不同 N 值下递推平均的输出响应来选取 N 值，以便少占用计算机时间，又能达到最好的滤波效果。

可以看出，递推平均滤波法与算术平均滤波法在数学处理上是完全相似的，只是 N 个数据的实际意义不同而已。

3. 加权平均滤波法

上述平均滤波方法的主要缺点是：为了提高对干扰的抑制效果，必须增大平均范围 N，但增大 N 将会引起有用信号的失真，特别是会引起有用信号中高频分量丰富的峰值部位的失真。图 2-19 表示了移动平均滤波中峰值失真、噪声幅度与平均次数 N 的关系。为协调二者的关系，可以采用加权平均滤波方法。

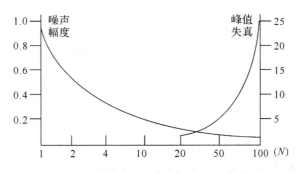

图 2-19　峰值失真、噪声幅度与 N 的关系

所谓加权平均，是指参加平均运算的各采样值按不同的比例进行相加并求取平均值。加权系数一般先小后大，以突出后若干次采样值的效果，加强系统对参数变化趋势的辨识。N 项加权平均滤波的算法为

$$\overline{Y_n} = \frac{1}{N}\sum_{i=0}^{N-1} C_i Y_{N-i} \qquad\qquad (2-31)$$

式中，C_0，C_1，$\cdots$，C_{N-1} 为常数，它们的选取有多种方法，但应满足 $C_0 + C_1 + \cdots + C_{N-1} = N$。

设各采样值已存于内部 RAM 中 SAMP 开始的单元中，采样值为双字节，加权系数 C_K 为二位小数，扩大 256 倍变成整数后，以二进制形式存于 COEFF 开始的单元中。程序中调用双字节的乘法子程序 MULT21，R5 指出被乘数低位地址，R6 指出乘数地址，乘积放在 PRODT 开始的三个单元中，由 R1 指出。运算结果去掉最低字节后即为滤波值，存放在 DATA 开始的单元中。程序如下：

```
WEIGHT: MOV     R0, ♯DATA        ；清结果单元
        CLR     A
        MOV     R2, ♯03H
LOOP:   MOV     @R0, A
        INC     R0
        DJNZ    R2, LOOP
        MOV     R5, ♯SAMP        ；采样值首址送 R5
        MOV     R6, ♯COEFF       ；系数首址送 R6
        MOV     R1, ♯PRODT       ；乘积首址送 R1
        MOV     R2, ♯N           ；滤波数据项数送 R2
LOOP1:  ACALL   MULT21           ；计算 Ck×Yk, 最低字节为小数部分
        MOV     R0, ♯DATA        ；累加
        MOV     R7, ♯03H
        CLR     C
LOOP2:  MOV     A, @R0
        ADDC    A, @R1
        MOV     @R0, A
        INC     R0
        INC     R1
        DJNZ    R7, LOOP2
        INC     R5               ；修正采样值与系数地址
        INC     R5
        INC     R6
        DJNZ    R2, LOOP1
        RET
```

2.4.3 低通数字滤波

将描述普通硬件 RC 低通滤波器特性的微分方程用差分方程来表示，便可以用软件算法来模拟硬件滤波器的功能。简单的 RC 低通滤波器的传递函数可以写为

$$G(S)=\frac{Y(s)}{X(s)}=\frac{1}{\tau s+1} \tag{2-32}$$

式中，$\tau=RC$，为滤波器的时间常数。

由公式(2-32)可以看出，RC 低通滤波器实际上是一个一阶滞后滤波系统。将式(2-32)离散可得其差分方程的表达式如下：

$$Y(n)=(1-\alpha)Y(n-1)+\alpha X(n) \tag{2-33}$$

式中，$X(n)$ 为本次采样值；$Y(n)$ 为本次滤波的输出值；$Y(n-1)$ 为上次滤波的输出值；$\alpha=1-e^{-T/\tau}$ 为滤波平滑系数，其中，T 为采样周期。

采样时间 T 应远小于 τ，因此 α 远小于 1。结合式(2-33)可以看出，本次滤波的输出值 $Y(n)$ 主要取决于上次滤波的输出值 $Y(n-1)$(注意，不是上次的采样值)。本次采样值对滤波的输出值贡献比较小，这就模拟了具有较大惯性的低通滤波器功能。低通数字滤波对滤

除变化非常缓慢的被测信号中的干扰是很有效的。硬件模拟滤波器在处理低频时，电路实现起来很困难，而数字滤波器则不存在这个问题。实现低通数字滤波的流程图如图 2-20 所示。

式(2-33)所表达的低通滤波的算法与加权平均滤波有一定的相似之处，低通滤波算法中只有两个系数 α 和 $(1-\alpha)$，并且式(2-33)的基本意图是加重上次滤波器输出的值，因而在输出过程中，任何快速的脉冲干扰都将被滤掉，仅保留下缓慢的信号变化，故称之为低通滤波。

假如将式(2-33)变化为

$$Y(K) = \alpha X(K) - (1-\alpha)Y(K-1) \qquad (2-34)$$

则可实现高通数字滤波。

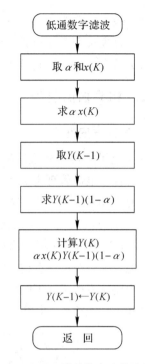

图 2-20　RC 低通数字滤波流程图

2.4.4　复合滤波法

在智能仪器的实际应用中，所面临的干扰往往不是单一的，有时既要消除脉冲干扰，又要使得数据平滑。因此，通常可以把前面介绍的两种以上的方法结合起来使用，形成复合滤波。例如防脉冲扰动平均值滤波算法就是一种应用实例。这种算法的特点是先用中位值滤波算法滤掉采样值中的脉冲性干扰，然后把剩余的各采样值进行递推平均滤波。其基本算法如下：

如果 $y_1 \leqslant y_2 \leqslant \cdots \leqslant y_n$，其中，$3 \leqslant n \leqslant 14$（$y_1$，$y_n$ 分别是所有采样值中的最小值和最大值），则

$$\overline{y_n} = \frac{y_2 + y_3 + \cdots + y_{n-1}}{n-2} \qquad (2-35)$$

由于这种滤波方法兼容了递推平均滤波算法和中值滤波算法的优点，所以无论是对缓慢变化或快速变化的参数，都能起到较好的效果。

这种算法只是一种组合，这里不再给出程序示例。

上面介绍了几种在智能仪器中使用较为普遍的克服随机干扰的软件算法。在一个具体的智能仪器中究竟选用哪种滤波算法，取决于仪器的具体用途和使用中的随机干扰情况，决不可生搬硬套。

2.5　实训项目二——高精度数字电子秤方案分析

2.5.1　项目描述

电子秤是一种常用的称重装置，其因操作简单、称量准确、体积小、称量速度快、读数方便，广泛应用于商业贸易、医院、学校、企业等部门。本项目是结合本章介绍的知识，设计一个高精度数字电子秤的测量方案。要求如下：

(1) 最大量程为 50 kg，内分度值为 1 g；

(2) 合理选用单片机模块、A/D 芯片；

(3) 结合其他智能化技术，如自检、精度的提高等，实现功能的扩展。

2.5.2　相关知识准备

1. 系统方案设计

数字电子秤可由称重信号采集、电路数字温度传感器、键盘、LCD、通信接口电路、语言提示电路、电源管理电路等组成，其原理如图 2-21 所示。称重传感器、调理电路、A/D 转换电路等组成称重信号采集电路。当被测载荷加载在秤体上时，安装在秤体下方的称重传感器产生与被测载荷成正比的电压信号，经调理电路放大滤波、A/D 转换后，传送至 MCU 完成称重信号采集。同时 MCU 利用数字温度传感器采集的环境温度信号，根据温度补偿算法完成被测载荷称重结果的温度补偿，获得最终的称重结果，并利用 LCD 显示。系统利用键盘电路完成电子秤不同功能的选择和相关数据的输入。系统具有语音提示功能，可完成电子秤相关功能提示、报警等。电子秤具有 RS-232 通信接口，可实现与上位机的通信功能。

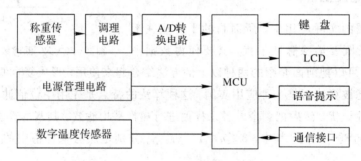

图 2-21　数字电子秤系统框图

2. 提高测量精度的措施

要想实现电子秤的高精度，关键模块是称重传感器、相对应的信号调理电路和 A/D 转换电路。其中，称重传感器的性能直接决定了电子秤称重的准确性与稳定性。称重传感器的灵敏度与最大量程是称重传感器两个最重要的参数，根据设计要求综合考虑，以选择合适的参数。根据项目要求，可选用灵敏度为 2 mV/V、最大量程为 100 kg 的称重传感器。该信号可以通过差动电桥电路输出(电桥电路参见第 4 章)。

电子秤内分度为 1 g、最大秤量为 50 kg、分度数为 50000，A/D 转换电路的分辨率至少为 1/50 000，考虑到噪声的影响，实际应用中应设定裕量，一般为最小分辨率的 10 倍(即能够分辨出 0.1g)，因此 A/D 转换电路的分辨率设计为 1/500 000，此时 A/D 转换器至少为 19 位(19 位 A/D 转换器的分辨率为 1/524 288)。可采用 Analog Devices 公司的 24 位高精度低噪声的 Δ−Σ 型 A/D 转换器 AD7799 完成称重信号的 A/D 转换。

当 $S=2$ mV/V，$F_{max}=100$ kg，$u_s=5$ V，$M_{min}=0.1$ g 时，$u_{min}=0.02$ μV。采用 24 位高精度 A/D 转换器能够分辨的最小输入电压 u_{inmin} 的计算公式见式(2-36)，为

$$u_{inmin} = \frac{V_{REF}}{2^{24}-1} \tag{2-36}$$

式中，V_{REF} 为参考电压。

当 $V_{REF} = 2.5$ V 时，$u_{inmin} \approx 0.149\ \mu$V，即 A/D 所能分辨的最小电压约为 $0.149\ \mu$V，而输入信号 u_{min} 为 $0.02\ \mu$V，如果输入信号 u_{min} 不进行放大，则 A/D 转换器不能识别这么小的电压信号 u_{min}。因此 A/D 转换器之前要增加信号滤波及放大电路，对电压信号 u_{min} 进行放大。最小的放大倍数 A_{umin} 的计算公式见式（2-37），为

$$A_{umin} = \frac{u_{inmin}}{u_{min}} \approx 7.45 \tag{2-37}$$

当称重传感器承载满负荷时（即 $M = F_{max}$，此时 A/D 转换器满幅值输出 FFFFFFH），传感器输出电压 u_{imax} 计算公式见式（2-38），为

$$u_{imax} = \frac{Su_s}{F_{max}}M = 10\ \text{mV} \tag{2-38}$$

A/D 转换器的最大输入电压可达 $u_{inmax} = V_{REF} = 2.5$ V，则调理电路的最大放大倍数 A_{umax} 的计算公式见式（2-39），为

$$A_{umax} = \frac{u_{inmax}}{u_{imax}} = 250 \tag{2-39}$$

因此，调理电路总的电压放大倍数 A_u 应满足 $7.45 \leqslant A_u \leqslant 250$。

A/D 转换器 AD7799 采用差分输入方式 AIN+、AIN−，将经调理后的称重信号转换为数字信号，送给单片机进行处理。

A/D 转换后的称重数据受到各种干扰，还需进行数据预处理。可采用 2.4 节所述的去极值平均滤波法或递推平均滤波法等方法加以滤波，这里不再多述。

3. 软件设计

电子秤的软件设计主要包括系统初始化子程序、称重信号采集与处理子程序、功能键处理子程序、睡眠状态唤醒子程序、通信子程序等。图 2-22 给出了电子秤的称重信号采集与处理子程序流程框图。系统首先完成称重信号与环境温度信号的实时采集，并进行数据预处理，然后根据温度补偿算法完成称重数据的温度补偿，获得最终的称重结果。通过 LCD 显示，并调用语音提示子程序完成称重结束提示。若需要与上位机通信，则调用通信子程序，完成与上位机通信功能。

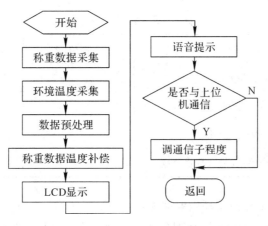

图 2-22　称重信号采集与处理子程序流程框图

2.5.3　项目实施

通过分组合作，设计出系统结构框图，选用合适的芯片，绘出完整硬件电路图；分析软件设计思想，给出设计流程图。分析并讨论以下问题，并整理出技术报告。

(1) 如何实现数字电子秤的高精度？

(2) 该数字电子秤的灵敏度是多少？如何计算？

(3) 可采用什么样的数字滤波算法？

(4) 数字电子秤的误差来源有哪些？

若能完成电路实物，可以进行功能、性能指标测试。现给出主要测试指标，测试方法和表格如下。

(1) 先进行机械及外观检查，用目测检查带元件的电路板无虚焊、漏焊和错焊；用万用表测量电源 V_{CC} 与地之间无短路现象。

(2) 加电源，观察电源指示灯是否点亮，电路板能否正常工作。用万用表检测电源电压是否正常，检查电源转换模块能否正常工作，记录在表 2-4 中。

表 2-4　电 压 测 试

电源电压理论值	
电源电压测试值	
电源指示灯是否点亮	
判断电源电压是否正常	

(3) 断电，插入 ISP 单片机。打开软件，接通电源，启动并行口下载程序，观察能否正常编译，程序写入是否正常，单片机工作是否正常。

(4) 断电，接入传感检测单元。接通电源，使电路板能正常工作。检测零输入时误差；输出跳变最小 1 个单位时对应的输入值，即最小感量；检测最大称量范围；计算精密度指标，填入表 2-5 中。

表 2-5　称 量 范 围

项　　目	实测值/g	相对误差/(%)
零输入误差		/
最小感量		/
最大称量范围		
精密度=最小感量/最大称量范围		/

(5) 线性实验。电子秤使用环境温度为：−10℃～40℃。本电子秤的测量范围较大，可采用分段检测线性度指标的方法，如划分为 0～5 kg、5～20 kg、20～51 kg 三段来检测。下面给出 0～5 kg 线性测试，数据记录在表 2-6 中。

表 2-6　线性测试表

测试砝码/kg	实测值/g					
	第1次	第2次	第3次	第4次	第5次	第6次
0						
0.5						
1						
1.5						
2						
2.5						
3						
3.5						
4						
4.5						
5						

（6）重复性实验。电子秤使用环境温度为：$-10℃\sim40℃$。取等比例之砝码往上累加放置秤上并将显示之重量记录，再将秤上的砝码等比例取下，看其是否有误差。与线性度实验相似，可以分段进行测试。下面给出 $0\sim1$ kg 重复性测试，数据记录在表 2-7 中。

表 2-7　重复性测试表

测试项目	实测值/g					
	第1次	第2次	第3次	第4次	第5次	第6次
零点情况下，放 200g						
在 200g 基础上，加 200g						
对应以上操作取下 200g						
500g 基础上加 100g						
对应以上操作取下 100g						
600g 基础上加 200g						
对应以上操作取下 200g						
800g 基础上加 200g						
对应以上操作取下 200g						
零点下放 1000g						

2.5.4　结论与评价

上述技术报告为基本要求，若能进行功能扩展、或给出某完整电路设计和软件程序的编程、调试等，则可酌情加分或提高分数等级。评价设计方案时可根据电路实现结构的简洁性、布局合理、功能扩展、创新性等因素综合考虑。

电子秤误差来源是颇为重要的问题，电子秤的误差主要来源于四角偏载、称量、鉴别力及重复性等几个方面。

1. 四角偏载误差

偏载测试要求电子秤在加载以后，被测重物在秤台上位置的变化不应引起称重测量结果的变化。四角偏载误差来源于称重传感器的灵敏度。由于电子秤称重传感器的弹性体和电阻应变计等关键材料的差异，以及制造工艺方面还不完善，每个称重传感器的绝对灵敏度就有所不同，造成相同的激励电压，而各称重传感器的信号输出不一样，产生四角偏载误差。为了减小四角偏载误差，电子秤在每个传感器的支路连接有电位器，可以通过调整阻值，利用不同电阻的分压不同，平衡各支路的信号输出。

2. 称量误差

传感器称量的线性变化、零点漂移和称重台擦靠都是造成称量误差的直接原因。传感器称量线性变化是由于温差冲击力浮尘等的影响，传感器承受载荷与其相应输出电压之间并非成直线关系，使电子秤传感器的称量线性发生较大的变化，有时部分称量点的误差较大。进行称量的线性校准，可采用分段校准，称量的相对误差将大大减小。

零点漂移是指电子秤在使用过程中受到大小不同且多次往复冲击载荷的影响，传感器的受力情况非常复杂，最终导致传感器的触点发生改变，使检定时的原始状态产生了变化，造成零点漂移，产生误差。

擦靠是指擦靠影响力的传递，使加载时的重量不能完全作用到称重传感器上，称重传感器的输出信号偏小。特别是在加大负荷后，显示值明显减小。

3. 鉴别力误差

鉴别力反映电子秤对载荷微小变化的反应能力，鉴别力测试的目的是检验秤体结构的连接和摩擦，因此机械连接中的摩擦和应力是鉴别力误差的主要来源。此外，因为鉴别力针对的是微小变化，所以称重传感器和称重仪表的分辨力对鉴别力误差也影响较大。

4. 重复性误差

在相同负荷和相同环境条件下，连续数次进行试验所得的称重传感器输出读数之间的差值。它是由一些比较固定的因素影响而产生的，除了称重测量时的温度、湿度、风力、重力场等环境条件变化所引起的重复性误差外，主要有电子秤传感器侧向力和传感器条件不满足时引起的重复性误差。称重传感器自身的重复性、称重台与秤体之间的摩擦、称重仪表的灵敏度和稳定性都会影响电子秤的重复性测试。称重台的限位装置调整不当，也会影响称量结果，产生重复性误差。

本章小结

本章着重从仪器故障的自检、自动测量、误差处理、干扰与数字滤波等方面对智能仪器的典型处理功能进行了论述，并介绍实现这些功能的具体方法。

智能仪器的故障自检实质上是指利用事先编制好的并已储存在程序存储器 ROM 中的检测程序对仪器的主要部件（或电路中的一些测试点）进行自动检测，当检测出有故障时，及时给出故障信息并显示其故障代码。可见，仪器的自检功能给智能仪器的调试、使用与维护都带来了极大的方便。智能仪器自检的内容一般包括对面板键盘、显示器、ROM、RAM、总线、接插件等的检查。自检的方式通常分为开机自检、周期性自检和键盘自检三种类型；而自检的方法又是多种多样的，本章所介绍的几种自检和自诊断方法是实际应用中的常用方法。

智能仪器的另一个主要特征是几乎都含有自动量程转换、自动零点调整、自动校准以及自动测试等功能。这些功能都是利用软、硬件相结合来实现的。智能仪器的这些功能省去了仪器使用中大量烦琐的人工调节，同时也提高了测试精度。

智能仪器在测量过程中不可避免会产生测量误差，测量误差的大小直接影响到测量结果的精确度和使用价值。找出误差的规律，采用一定的算法可以提高测量精度。根据测量误差的性质和特性可将其分为：随机误差、系统误差和粗大误差。随机误差服从一定的统计规律，具有单峰性、有界性、对称性、相消性等特点。克服随机误差最为常用的方法是取多次测量结果的算术平均值。而系统误差则不能依靠概率统计方法来消除或削弱，它不像抑制随机干扰那样能导出一些普遍适用的处理方法，而只能针对某一具体情况在测量技术上采取一定的措施。常用的测量校准方法有：利用误差模型修正系统误差；利用校正数据表修正系统误差；通过曲线拟合来修正系统误差。对粗大误差的处理方法是，在测量次数比较多时（$N \geqslant 20$），测量结果中的粗大误差宜采用莱特准则判断；若测量次数不够多时，宜采用格拉布斯准则。

此外，在智能仪器中，由于微处理器的引入，可以在不增加任何硬件设备的情况下采用软件的方法实现数字滤波，以克服误差产生的影响。数字滤波的优点是：① 不需要增加任何硬件设备，也不存在阻抗匹配问题，可以多个通道共用，不但可以节约投资，还可提高可靠性、稳定性；② 可以对频率很低的信号实现滤波；③ 灵活性好，可以用不同的滤波程序实现不同的滤波方法，或改变滤波器的参数。本章主要介绍了中值滤波、平均滤波、低通数字滤波以及复合滤波等方法，实际应用中应根据具体情况采取相应的误差处理方法。

但是，值得注意的是，尽管数字滤波具有许多模拟滤波器所不具备的特点，但它并不能完全代替模拟滤波器。这是因为输入信号必须转换成数字信号后才能进行数字滤波，有的输入信号很小，而且混有干扰信号，所以必须使用模拟输入滤波器。另外，在采样测量中，为了消除混叠现象，往往在信号输入端加抗混叠滤波器，这也是数字滤波器所不能代替的。可见，模拟滤波器和数字滤波器各有各的作用，都是智能仪器中不可缺少的一部分。

思考题与习题

1. 什么是智能仪器的故障自检？故障自检一般包括哪些内容？

2. 什么是周期性自检？

3. 为什么要设置开机自检？开机自检主要检查哪些内容？

4. 为什么要进行自动零点调整？请画出采用单片机系统的自动零点调整原理示意图，并阐述实现自动零点调整的过程。

5. 为什么要进行标度变换？

6. 试根据图2-8，画出采用三个不同量程传感器的自动切换程序流程图。

7. 什么是随机误差？什么是系统误差？什么是粗大误差？它们各有何特点？

8. 在智能仪器设计中，克服系统误差通常可采用哪些方法？试简述其中一种方法的基本原理。

9. 常用的数字滤波方法有哪些？试说明各种滤波方法的特点和使用的场合。

10. 与硬件滤波器相比，采用数字滤波器有何优点？

11. 是不是智能仪器采用数字滤波器后就不需要硬件模拟滤波器了？为什么？

12. 你认为，如何能提高系统的测量精度？

第 3 章　智能仪器的数据通信与接口技术

本章学习要点

1. 掌握智能仪器中数据通信的原理，了解串行通信与并行通信的区别及各自的特征；

2. 熟悉所介绍的几种典型的标准数据通信总线，掌握各种标准总线的应用特点和技术性能；

3. 能理解基本的 USB 接口、智能卡接口和无线通信接口技术。

　　在自动化测量与控制系统中，各台智能化仪器之间需要不断地进行各种信息的交换和传输，而不同设备之间进行的数字量信息的传输或交换就称为数据通信。例如计算机与计算机之间、计算机与智能仪器之间、智能仪器与智能仪器之间，经常需要传输各种不同的数据。数据通信接口是计算机及智能设备联成网络必不可少的手段。也是智能仪器不可缺少的重要功能部件。面临以 Internet 为特征的后 PC 时代的挑战，智能仪器的数据通信功能显得更加重要。

　　一般将公共数字传输通道称之为总线。按其所在位置，分为"片间总线"（如 CPU 的数据总线、地址总线和控制总线、I^2C 总线等）、"仪器内部总线"或"底板总线"（如 ISA、PCI、CAMAC、VME 和 VXI 等）和"仪器外部总线"。按数据传输的特点，又可分为并行总线和串行总线。并行总线传输速度快、效率高，在短距离数据传输中得到广泛应用。串行通信方式是指在发送方将并行数据通过某种机制转换为串行数据，经由通信介质（有线或无线）逐位发送出去，而在接收方通过某种机制将串行数据恢复为并行数据的通信方式。采用串行通信方式可以大量地节约电缆导线，对于远距离数据通信（包括无线通信），串行方案几乎是惟一的选择。串行标准总线的典型代表有 RS - 232C，RS - 485 和目前方兴未艾的 USB 总线等。

　　无论并行总线或串行总线，目前都已经形成了若干国际标准，例如 IEEE 488（并行总线），RS-232C、RS-485（串行总线）、USB 总线等。使用标准总线可以使整个系统具备较高的兼容性和灵活的配置，简化了系统的设计工作，也使产品更容易适应市场需求的变化。本章主要介绍智能仪器中采用的几种典型的标准数据通信总线及其应用技术。

3.1　串行数据通信技术

3.1.1　串行通信的基本概念

　　串行通信是将数据一位一位地传送，它只需要一根数据线，硬件成本低，而且可以使用现有的通信通道(如电话、电报等),故在智能化测控仪器仪表中通常采用串行通信方式来实现与其他仪器或计算机系统之间的数据传送。下面介绍串行通信的一些基本概念。

1. 数据传送速率——波特率(Baud rate)

所谓波特率,是指每秒串行发送或接收的二进制位(比特,bit)数目,其单位为 b/s(每秒比特数),它是衡量数据传送速度的指标,也是衡量传送通道频带宽度的指标。

2. 单工、半双工与全双工

按照智能设备发送和接收数据的方向以及能否同时进行数据传送,可将数据传输分为工、半双工与全双工三种,如图 3-1 所示。

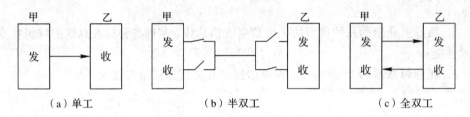

（a）单工　　　　　　　　（b）半双工　　　　　　　　（c）全双工

图 3-1　全双工、半双工、单工示意图

(1) 单工(Simplex)方式:相互通信的任何一方仅允许数据单方向传送。

(2) 半双工(Half-Duplex)方式:通信的双方既可以发送又可以接收数据,但是发送和接收数据只能分时使用同一传输线路,即在某一时刻只允许进行一个方向的数据传送。

(3) 全双工(Full-Duplex)方式:通信的双方采用两根传送线连接两端设备,可同时进行数据的发送和接收。

3. 串行传送(通信)方式及规程

在串行传送中,没有专门的信号线可用来指示接收、发送的时刻并辨别字符的起始和结束,为了使接收方能够正确地解释接收到的信号,收发双方需要制定并严格遵守通信规程(协议)。串行传送有异步和同步两种基本方式,通信规程如下所述。

1) 异步传送规程

异步传送的特点是以字符为单位传送的。异步传送的每个字符必须由起始位(1 位"0")开始,之后是 7 或 8 位数据和一位奇偶校验位,数据的低位在先、高位在后,字符以停止位(1 位、1 位半或 2 位逻辑"1")表示字符的结束。从起始位开始到停止位结束组成一帧信息,因此,异步串行通信一帧字符信息由四部分组成:起始位、数据位、奇偶校验位和停止位(见图 3-2)。停止位后面可能不立刻紧接下一字符的起始位,这时停止位后面一直维持"1"状态,这些位称为"空闲位"。

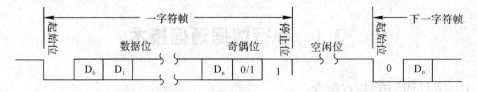

图 3-2　异步传送数据格式

异步传送的标准波特率有很多种,目前常用的是 300 b/s、600 b/s、1200 b/s、2400 b/s、4800 b/s、9600 b/s 和 19 200 b/s。异步传送对每个字符都附加了同步信息,降低了对时钟的要求,硬件较为简单。但冗余信息(起始位、停止位、奇偶校验位)所占比例较大,数据的传送速度一般低于同步传送方式。

2) 同步传送规程

在同步传送过程中,必须规定数据的长度(每个字符有效数据为几位),并以数据块形式传送,用同步字符指示数据块的开始。同步字符可用单字符、双字符或多字符。数据块之后为 CRC(Cyclic Redundancy Check,循环冗余验码)字符,用于检验同步传送的数据是否出错。同步传送的格式如图 3-3 所示。

| 同步1 | 同步2 | … | 同步m | 数据1 | 数据2 | … | 数据n | CRC1 | CRC2 |

图 3-3　同步传送数据格式

由于同步传送中的冗余信息(同步字符、CRC 字符)所占比例小,数据的传送速度一般高于异步传送方式。由于要求发送方与接收方的时钟精确同步,同步传送方式的硬件较为复杂。时钟信息可以通过一根独立的信号线进行传送,也可以通过将信息中的时钟代码化来实现(如采用曼彻斯特编码)。

4. 基带传输

对数字信号不加调制,以其基本形式进行的传输,称之为"基带传输"。基带传输中数字信息的形式是与其通信速率有关的开关信号,覆盖相当宽广的频谱。受传输介质(电缆)分布参数和外界噪声等影响,信号将会产生一定程度的畸变。为在接收端能正确地还原数据信息,必须将信号在传输过程中的畸变限制在一定的范围以内。由于分布参数和外界噪声的影响与传输距离成正比,从而导致对传输速率和传输距离的限制。

5. 调制/解调与调制解调器

"仪器内部总线"、"片间总线"和"底板总线"采用基带传输一般没有什么问题,对于"仪器外部总线"上进行的远距离数据传输,基带传输不能保证其可靠性,必须对基带信号加以调制再进行传输。调制的本质是将频带宽度无限的数字信号转换为频带有限的调制信号(模拟信号或射频信号),从而大大增加其可靠传输的距离,在接收端通过解调再将调制信号恢复为原来的数字信号。这一过程被称之为调制/解调(modulation and demodulation),承担调制/解调任务的设备称之为调制解调器(MODEM),如图 3-4 所示。

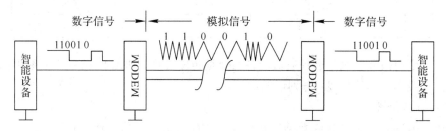

图 3-4　通过 MODEM 的串行通信示意图

3.1.2 RS-232 标准串行接口总线

RS-232C 是美国电子工业协会 EIA(Electronic Industries Association)公布的串行通信标准,RS 是英文"推荐标准"的字头缩写,232 是标识号,C 表示该标准修改的次数(3 次)。最初发展 RS-232 标准是为了促进数据通信在公用电话网上的应用,通常要采用调制解调器(MODEM)进行远距离数据传输。20 世纪 60 年代中期,将此标准引入到计算机领域,目前广泛用于计算机与外围设备的串行异步通信接口中,除了真正的远程通信外,不再通过电话网和调制解调器。

1. 总线描述

RS-232C 标准定义了数据通信设备(DCE)与数据终端设备(DTE)之间进行串行数据传输的接口信息,规定了接口的电气信号和接插件的机械要求。RS-232C 对信号开关电平规定如下:

驱动器的输出电平为　　　　　　　　接收器的输入检测电平为

逻辑"0"→+5～+15 V　　　　　　逻辑"0"→>+3 V

逻辑"1"→-5～-15 V　　　　　　逻辑"1"→<-3 V

RS-232C 采用负逻辑,噪声容限可达到 2V。

RS-232C 接口定义了 20 条可以同外界连接的信号线,并对它们的功能做了具体规定。这些信号线并不是在所有的通信过程中都要用到,可以根据通信联络的繁杂程度选用其中的某些信号线。常用的信号线如表 3-1 所示。

表 3-1　RS-232C 标准串行接口总线的常用信号线

引脚号	符 号	方 向	功 能
1	保护地		
2	TXD	Out	发送数据
3	RXD	In	接收数据
4	RTS	Out	请求发送
5	CTS	In	为发送清零
6	DSR	In	DCE 就绪
7	GND		信号地
8	DCD	In	载波检测
20	DTR	Out	DTE 就绪
22	RI	In	振铃指示

RS-232C 用做计算机与远程通信设备的数据传输接口,如图 3-5 所示。图中信号线分为数据信号线和控制信号线,分别说明如下。

1) 数据信号线

发送数据"(TXD)与"接收数据"(RXD)是一对数据传输信号线。TXD 用于发送数据,当无数据发送时,TXD 线上的信号为"1"。RXD 用于接收数据,当无数据接收时或接收数据间隔期间,RXD 线上的信号也为"1"。

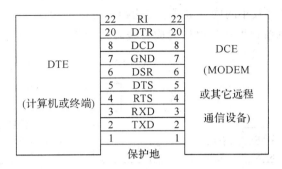

图 3 - 5　带 RS-232C 接口的通信设备连接

2）控制信号线

"请求发送"（RTS）与"为发送清零"（CTS）信号线用于半双工通信方式。半双工方式下发送和接收只能分时进行，当 DTE 有数据待发送时，先发"请求发送"信号通知调制解调器。此时若调制解调器处于发送方式，回送"为发送清零"信号，发送即开始。若调制解调器处于接收方式，则必须等到接收完毕转为发送方式时，才向 DTE 回送"为发送清零"信号。在全双工方式下，发送和接收能同时进行，不使用这两条控制信号线。

"DCE 就绪"（DSR）与"DTE 就绪"（DTR）信号线分别表示 DCE 和 DTE 是否处于可供使用的状态。"保护地"信号线一般连接设备的屏蔽地。

2. RS-232C 接口的常用系统连接

计算机与智能设备通过 RS-232C 标准总线直接互联传送数据是很有实用价值的，一般使用者需要熟悉互联接线的方法。

图 3 - 6 所示为全双工标准系统连接。"发送数据"线交叉连接，总线两端的每个设备均既可发送，又可接收。"请求发送"（RTS）线折回与自身的"为发送清零"（CTS）线相连，表明无论何时都可以发送。"DCE 就绪"（DSR）与对方的"DTE 就绪"（DTR）交叉互联，作为总线一端的设备检测另一端的设备是否就绪的握手信号。"载波检测"（DCD）与对方的"请求发送"（RTS）相连，使一端的设备能够检测对方设备是否在发送。这两条连线较少应用。

如果由 RS-232C 连接两端的设备随时都可以进行全双工数据交换，那么就不需要进行握手联络。此时，图 3 - 6 所示的全双工标准系统连接就可以简化为图 3 - 7 所示的全双工最简系统连接。

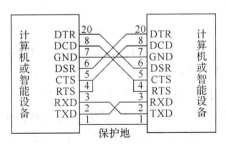

图 3 - 6　全双工标准系统连接

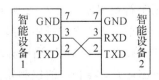

图 3 - 7　全双工最简系统连接

RS-232C 发送器电容负载的最大驱动能力为 2500 pF，这就限制了信号线的最大长度。例如，如果传输线采用每米分布电容约为 150 pF 的双绞线通信电缆，最大通信距离限制在

15m。如果使用分布电容较小的同轴电缆,传输距离可以再增加一些。对于长距离传输或无线传输,则需要用调制解调器通过电话线或无线收发设备连接,如图3-8所示。

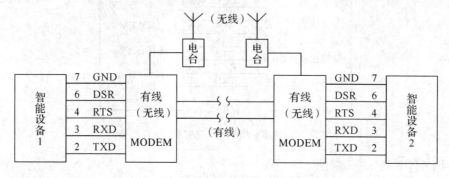

图3-8 调制解调器通信系统连接图

3. 电平转换

在计算机及智能仪器内,通用的信号是正逻辑的 TTL 电平。而 RS-232C 的逻辑电平为负逻辑的±12 V 信号,与 TTL 电平不兼容,必须进行电平转换。用于电平转换的集成电路芯片种类很多,RS-232C 总线输出驱动器有 MC1488、SN75188、SN75150 等,RS-232C 总线接收器有 MC1489、SN75199、SN75152 等,其中 MC1488 和 MC1489 的应用方法如图3-9所示。为了把+5 V 的 TTL 电平转换为−2~+12 V 的 RS-232C 电平,输出驱动器需要±12 V 电源。某些 RS-232C 接口芯片采用单一的+5 V 电源,其内部已经集成了 DC/DC 电源转换系统,而且输出驱动器与接收器制作在同一芯片中,使用更为方便,例如 MAX232、ICL232 等。

(a) MC1488   (b) MC1489

图3-9 RS-232C 与 TTL 电平变换器

4. 计算机接口

计算机中的数据是并行的,为了实现异步串行传输,发送时必须进行并-串转换,而且要把数据字符组织成如图3-2所示的数据格式;接收时必须从图3-2所示的格式中把有用的字符提取出来,再进行串/并转换。此外,还要检验传送是否正确。这些工作一般采用专用集成电路芯片 UART(通用异步接收器/发送器)来完成。UART 作为计算机的串行通信接口电路芯片,在相应的控制软件配合下,实现异步串行数据传输。UART 芯片种类很多,常用的有 Intel8251、8250、Zilog Z80-SIO、Motorola MC6850 等。许多单片计算机也具有 UART 功能,详细内容读者可参阅有关的书籍和产品手册。

3.1.3　RS-422A 与 RS-423A 标准串行接口总线

虽然，RS-232C 使用很广泛，但它存在着一些固有的不足，主要有：

（1）数据传输速率慢，一般低于 20 kb/s。

（2）传送距离短，一般局限于 15 m，既使采用较好的器件及优质同轴电缆，最大传输距离也不能超过 60 m。

（3）有 25 芯 D 型插针和 9 芯 D 型插针等多种连接方式。

（4）信号传输电路为单端电路，共模抑制性能较差，抗干扰能力弱。

针对以上不足，EIA 于 1977 年制定了新标准（RS-449），目的在于支持较高的传输速率和较远的传输距离。RS-449 标准定义了 RS-232C 所没有的 10 种电路功能，规定了 37 脚的连接器标准。RS-422A 和 RS-423A 实际上只是 RS-449 标准的子集。

RS-423A 与 RS-232C 兼容，单端输出驱动，双端差分接收。正信号逻辑电平为 +200 mV～+6 V，负信号逻辑电平为 −2000 mV～−6 V。差分接收提高了总线的抗干扰能力，从而在传输速率和传输距离上都优于 RS-232C。

RS-422A 与 RS-232C 不兼容，双端平衡输出驱动，双端差分接收，从而使其抑制共模干扰的能力更强，传输速率和传输距离比 RS−423A 更进一步。

RS-423A 与 RS-422A 带负载能力较强，一个发送器可以带动 10 个接收器同时接收。RS-423A 与 RS-422A 的电路连接分别如图 3−10 中(a)和(b)所示。

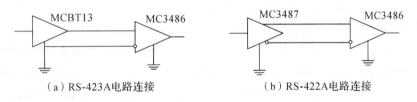

（a）RS-423A电路连接　　　　　　　　（b）RS-422A电路连接

图 3−10　RS-432A 和 RS-422A 的电路连接

3.1.4　RS-485 标准串行接口总线

RS-485 标准串行接口总线实际上是 RS-422A 的变型，它是为了适应用最少的信号线实现多站互联、构建数据传输网的需要而产生的。它与 RS-422A 的不同之处在于：

（1）在两个设备相连时，RS-422A 为全双工，RS-485 为半双工。

（2）对于 RS-422A，数据信号线上只能连接一个发送驱动器，而 RS-485 却可以连接多个，但在某一时刻只能有一个发送驱动器发送数据。因此，RS-485 的发送电路必须由使能端 E 加以控制。

RS-485 用于多个设备互联，构建数据传输网十分方便，而且，它可以高速远距离传送数据。因此，许多智能仪器都配有 RS-485 总线接口，为网络互联、构成分布式测控系统提供了方便。通过 RS-485 总线进行多站互联的原理如图 3−11 所示。在同一对信号线上，RS-485 总线可以连接多达 32 个发送器和 32 个接收器。某些 RS-485 接口芯片可以连接更多的发送器和接收器（128 或 256）。

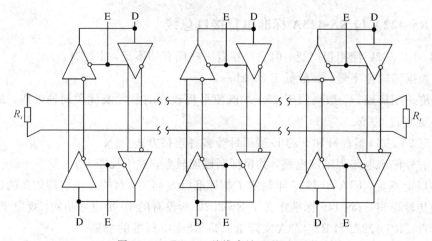

图 3-11　RS-485 总线多站互联原理图

应当指出，对于 RS-423A、RS-422A 与 RS-485 总线，表 3-2 中列出的最大传输距离和最大传输速率并不能同时达到。传输距离长时，传输速率就低一些；传输距离短时，传输速率就可以高一些。对于 RS-422A 与 RS-485，传输距离与传输速率之间的关系如图 3-12 所示。可以看出，在最高传输速率 10 Mb/s 情况下，传输距离仅为 10 m。只有在传输速率不超过 100 kb/s 条件下，传输距离才可以达到

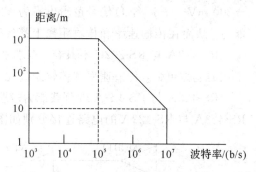

图 3-12　传输距离与传输速率关系

1200 m。当传输速率在 100 kb/s～10 Mb/s 范围内时，传输距离受限于传输线的欧姆阻抗、集肤效应等损耗而导致信号畸变。由于损耗与频率有关，所以传输率与传输距离约为反比关系，可用下面的经验公式进行计算：

$$速率(b/s) \times 距离(m) \leqslant 100M$$

表 3-2　RS-423A、RS-422A 与 RS-485 的各项性能对比

性　　能	RS-232C	RS-423A	RS-422A	RS-485
操作方式	单端	单端输出，差分输入	差分	差分
最大传输距离	15 m	600 m	1200 m	1200 m
最大传输速率	20 kb/s	300 kb/s	10 Mb/s	10 Mb/s
可连接的台数	1 台驱动，1 台接收	1 台驱动，10 台接收	1 台驱动，10 台接收	32 台驱动，32 台接收
驱动器输出电压(无负载时)	±15 V	±6 V	±5 V	±5 V
驱动器输出电压(有负载时)	±5～±15 V	±3.6 V	±2 V	±1.5 V
接收器输入灵敏度	±3 V	±0.2 V	±0.2 V	±0.2 V
接收器输入阻抗	3～7 kΩ	≥4 kΩ	≥4 kΩ	≥12 kΩ

实践证明，在构成 RS-485 总线互联网络时，要使系统数据传输达到高可靠性的要求，通常需要考虑下列几个方面的问题。

1. 传输线的选择和阻抗匹配

在差分平衡系统中，一般选择双绞线作为信号传输线。双绞线价格低廉，使用方便，两条线基本对称，外界干扰噪声主要以共模方式出现，对接收器的差动输入影响不大。信号在传输线上传送时，如果遇到阻抗不连续的情况，会出现反射现象。传送的数字信号包含丰富的谐波分量，如果传输线阻抗不匹配，高次谐波可能通过传输线向外辐射形成电磁干扰（EMT）。双绞线的特性阻抗一般在 110～130Ω 之间，通常在传输线末端接一个 120Ω 电阻进行阻抗匹配。有些型号的 RS-485 发送器芯片有意降低信号变化沿斜率（简称为限斜率）。从而使高次谐波分量大大减少，并可减少传输线阻抗匹配不完善而带来的不利影响。例如 MAX483、MAX488、SN75LBC184 等芯片都具有这种功能。

2. 隔离

RS-485 总线在多站互联时，相距较远的不同站之间的地电位差可能很大，各站若直接联网很有可能导致接口芯片，尤其是接收器接口芯片的损坏。解决这一问题简单有效的方法是将各站的串行通信接口电路与其他站进行电气隔离，如图 3-13 所示。实践证明，这是一种有效的办法。图 3-13 电路可以用分立的高速光耦器件，带隔离的 DC/DC 电源变换器与 RS-485 收发器组合而成，也可以采用专门的带隔离收发器的芯片。MAXIM 公司生产的 MAX1480B 是具有光隔离的 RS-485 接口芯片，片内包括收发器、光电耦合器和隔离电源，单一的 +5 V 电源供电，使用十分方便。

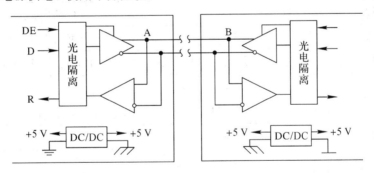

图 3-13　光电隔离的 RS-485 总线

3. 抗静电放电冲击

RS-485 接收器差分输入端对地的共模电压范围为 -7～+12 V，超过此范围时器件可能损坏。接口芯片在安装和使用过程中，可能受到静电放电冲击，例如人体接触芯片引脚引起的静电放电，其电压可以高达 35 kV。静电放电会影响电路的正常工作或导致器件损坏。解决的办法是选用带静电放电保护的 RS-485 接口器件，例如 MAX1487E、MAX483E-491E、SN75LBC184 等。这些器件对于抗其他类型的高共模电压干扰（如雷电干扰）也很有效。解决这一问题的另一个办法是在传输信号线上加箝位电路。

4. 传输线的铺设及屏蔽

在系统安装时，应尽量做到传输线单独铺设，不与交流动力线一起铺设在同一条电缆沟中。强信号线与弱信号线避免平行走向，尽量使两者正交。如果这些要求很难实现，也要尽量使信号线离干扰线远一些，一般认为两者的距离应为干扰导线内径的 40 倍以上。如果采用带有屏蔽层的双绞线，将屏蔽层良好地接大地，也会有很好的效果。

3.2　并行数据通信技术

3.2.1　Centronics 标准并行接口

微型计算机配备的并行接口遵从 Centronics 标准，这是一个得到工业界大量支持的标准，多用于计算机与打印机的并行连接，在智能仪器和其他智能设备(如仿真开发装置)与微型计算机的连接中也得到采用。这个标准开始规定了一个 36 芯插头座，并对每个引脚的信号做了明确的规定(如表 3 - 3 所示)。其中有 8 条数据线、3 条联络线和一些特殊的控制线。后来将这个标准简化为 25 芯插头座。

表 3 - 3　Centronics 标准并行接口引脚信号

引　脚	信　号	说　明
1	$\overline{\text{STROBE}}$	选通
2～9	$DATA_0 \sim DATA_7$	数据信号(8 位)
10	$\overline{\text{ACK}}$	数据接收响应
11	BUSY	外设"忙"状态信号
12	PE	缺纸状态信号
13	SLCT	联机状态信号
14	$\overline{\text{AUTOFEDXT}}$	自动走纸一行(控制)
15、18、34	NC(不用)	
16	逻辑地	
17	机壳地	
19～30	信号地	
31	$\overline{\text{INIT}}$	初始化
32	$\overline{\text{ERROR}}$	错误状态信号
33	屏蔽地	
35	+5V	
36	$\overline{\text{SLCTIN}}$	选择输入(控制)

3.2.2　GP-IB(IEEE 488)总线

自动测试系统中典型的并行总线是 GP-IB(IEEE 488)总线，GP-IB 即通用接口总线(General Purpose Interface Bus)是国际通用的仪器接口标准。GP-IB 总线可将多台配置有 GP-IB 接口的独立仪器连接起来，在具有 GP-IB 接口的计算机和 GP-IB 协议的控制下形成协调运行的有机整体。由于数据传输距离较近，虽然并行数据电缆的导线数目较多，但可以体现并行通信高速传输的优势。

在自动测试系统中，配置有 GP-IB 接口的智能仪器(一般称之为 GP-IB 仪器)之间的通信是通过接口系统发送"仪器消息"和"接口消息"来实现的。仪器消息即通常概念中的数据或数据消息，主要包含该仪器的特定信息(如编程指令、测量结果、机器状态和数据文件等)；接口消息则用于管理总线，通常称之为命令(command)或命令消息；接口消息执行诸如总线初始化、对仪器寻址、将仪器设置为远程方式或本地方式等操作。此处的"命令"与特定仪器的专用命令是两个不同的概念，特定仪器的专用命令在 GP-IB 系统中是作为数据消息来处理的。在一个 GP-IB 标准接口总线系统中，要进行有效的通信联络，至少有"讲者"(talker)、"听者"(listener)和"控者"(controller)三类仪器装置。讲者通过总线向接收数据的一个或多个听者发送数据信息；听者是通过总线接收由讲者发出消息的装置；控制器(控者)则通过向所有的仪器发送命令来管理 GP-IB 总线上的信息流。自动测试系统中的某台 GP-IB 仪器，既可能是讲者，也可能是听者。但在某一时刻，只能有一个讲者在起作用。图 3-14 中由数字电压表、信号发生器、打印机和计算机(安装 GP-IB 卡)组成自动测试系统。计算机为控者，用以控制三台 GP-IB 仪器按照 GP-IB 协议规范协调地工作。"听"、"讲"、"控"是相对 GP-IB 总线而言的。

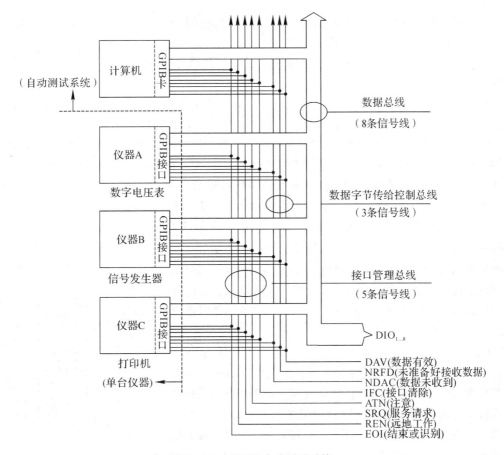

图 3-14　GP-IB 自动测试系统

GP-IB 标准接口由 16 根信号线组成,分为数据线(8 根)、挂钩线(handshake)(3 根)和接口管理线(5 根)三组。数据线 $DIO_1 \sim DIO_8$ 传输数据消息和命令消息。ATN 线的状态决定数据线上的消息是数据还是命令。所有的命令和大多数数据采用 7 位 ASCII 或 ISO 代码,故数据线的第 8 位(DIO_8)可用做奇偶校验位或不用。3 根挂钩线控制仪器之间信息字节的传输,形成"三线互锁挂钩"过程,以保证数据线上信息字节的发送和接收不产生传输错误。

3 根挂钩线的信号为:

(1) NRFD(Not Ready for Data,接收数据未就绪):指示某仪器是否准备好接收一个消息字节。该信号线在接收命令时由所有的仪器驱动,在接收数据消息时由听者驱动。

(2) NDAC(Not Data Accepted,未接收数据):指示某仪器是否接收到消息字节。该信号线在接受命令时由所有的仪器驱动,而在接收数据消息时由听者驱动。

(3) DAV(Data Valid,数据有效):指示数据线上的信号是稳定(有效)并可由仪器安全接收的。控制器在发送命令时发送信号,而讲者则在发送数据消息时发送此信号。

5 根管理信号线的信息分别是:

(1) ATN(Attention,注意):控制器在使用数据线发送命令时将这根信号线设置为真,而在某一讲者可以发送数据消息时将其设置为假。

(2) IFC(Interface Clear,接口清除):系统某控制器驱动该信号线对总线初始化,并成功执行控制器。

(3) REN(Remote Enable,远程允许):系统控制器驱动 REN,用于将各仪器设置于远程(remote)编程或本地(local)编程方式。

(4) SRQ(Service Request,服务请求):任何仪器均可以驱动该信号线,实现异步请求控制器服务。

(5) EOI(End or Identify,结束或识别):讲者使用该信号线标记信息字符串的结束,而控制器则使用该信号线要求各仪器在并行查询操作中识别各自的响应。

GP-IB 总线通过标准电缆将 GP-IB 系统中各独立的 GP-IB 仪器连接起来。GP-IB 控制器的作用如同计算机中的 CPU,但更像市话系统中的交换机,对 GP-IB 总线构成的通信网络实施监控。当控制器察觉到某仪器欲发送一条数据消息时,即把讲者连接到听者。控制器通常在讲者向听者发送消息之前,对讲者和听者寻址,在讲者和听者之间建立联系。某些 GP-IB 系统的组成不需要控制器(例如一个系统中某仪器永远是讲者,而其他仪器则只是听者)。如果系统中讲者和听者的身份需要动态更换,则系统中必须有一个控制器。这个控制器通常是一台计算机。GP-IB 系统中可以存在多个控制器,但任何时刻只能有一个执行控制器(controller-in-charge,CIC),其他控制器只能充当讲者和听者的角色。

GP-IB 总线信号采用 TTL 电平负逻辑。GP-IB 总线上的每台仪器均采用一种特殊的 24 线屏蔽电缆连接,每根电缆的两端都是一个将插头和插座组合在一起的连接器。这样的连接器可将多台设备按串联和星形的形式连接。24 线连接器的引脚信号如图 3-15 所示。连接器中 18~23 脚上的接地导线 GND 分别与 6~11 脚的信号线形成双绞线,以提高系统的抗干扰能力。

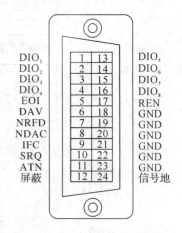

图 3-15 GP-IB 连接器及信号

为了达到 GP-IB 在设计时所确定的高数据传输率，总线上仪器之间的距离和能够挂接的仪器数目是有限的。对于一般的操作来说，总线上相邻两仪器之间的距离不得大于 4 m，而总线上所有仪器之间的平均距离不得大于 2 m，系统中 GP-IB 总线的电缆总长度不得超过 20 m，最多只能挂接 15 台仪器，且加电的仪器不得少于 2/3。

以下介绍 GP-IB 总线的两种典型操作及其通信过程。

1. 控制器的操作

控制器加电后一般应发出 IFC 信号，使所有的 GP-IB 设备初始化。然后设置 ATN（低电平有效），表示控制器将向总线上的听者和讲者发送命令，实现对系统的配置和调度。这时数据线上的 8 位数据为命令地址组合码，其定义如表格 3-4 所示。除对听者和讲者身份进行设置和取消的命令外，还可使用 16 条通用命令。从该表中还可以看到 GP-IB 设备可选用 31 个地址（虽然 GP-IB 总线上最多只能驱动 15 个装置）。

表 3-4　GP-IB 总线命令地址组合码

D8	D7	D6	D5	D4	D3	D2	D1	命令意义
X	0	0	0	B4	B3	B2	B1	通用命令
X	0	1	A5	A4	A3	A2	A1	听地址
X	0	1	1	1	1	1	1	非听地址
X	1	0	A5	A4	A3	A2	A1	讲地址
X	1	0	1	1	1	1	1	非讲地址
X	1	1	A5	A4	A3	A2	A1	辅助命令
X	1	1	1	1	1	1	1	不应答

控制器的操作过程：① 控制器检测 SRQ 线，当其为低电平时，通过查询确定请求服务的仪器；② 控制器设置 ATN 为有效（低电平）；③ 控制器发送 X0100001，确定地址为 1 的仪器为听者；④ 控制器发送 X1000010，确定地址为 2 的仪器为讲者；⑤ 控制器设置 ATN 为高电平；⑥ 讲者与听者交换数据；⑦ 控制器发送 X0111111 关闭听者；⑧ 控制器发送 X1011111 关闭讲者。

2. 三线挂钩操作

处于 GP-IB 总线数据传输最底层的三线挂钩操作的标准过程如图 3-16 所示：首先需要听者解除（接收数据未就绪），由于 NRFD 和 NDAC 具有"线或"特性，总线上的所有听者都接触 NRFD 才能使 NRFD 线呈高电平。而讲者在确认所有听者均已就绪后将有效数据字节放置在数据线上，然后发出 DAV（数据有效），通知听者已有一个有效的数据字节放置在数据线上。这时，听者即可开始接收数据，只要有一个听者开始接收数据即将 NRFD 置为低电平。听者在接收了数据后试图接触 NDAC（数据未接收）信号，表示数据已被接收。同样，必须所有的听者均发出 NDAC，才能使 NDAC 线呈现高电平。

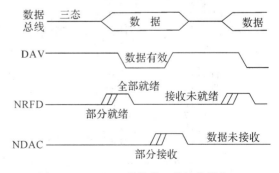

图 3-16　GP-IB 总线的三线挂钩操作

从以上挂钩过程中可以看到，GP-IB 总线上的数据传输速率取决于速度最慢的设备。一个字节的传送不能少于以下过程所需要的时间：① NRFD 传送到讲者的时间；② 听者接收字节并产生 NDAC 信号的时间；③ NDAC 回传到讲者的时间；④ 讲者再次产生 DAV 信号之前所需要的稳定时间。为了提高数据传输速率，NI(National Instruments)公司开发了一种称之为 HS488 的专利性高速 GP-IB 挂钩协议，它可以有效地消除三线挂钩操作中的传递延时。

以上所述的一个数据字节传输的三线挂钩过程是 GP-IB 总线数据通信的基础，但是完整的信息一般包括多个字节，传送完整的信息涉及数据格式、状态报告、消息交换协议等多方面的问题。虽然 IEEE 488.1 标准通过明确定义机械、电气和硬件协议的规格，大大简化了不同 GP-IB 仪器之间的互联，但并未很好地解决数据格式、状态报告、消息交换协议、公共组态命令或装置专用命令等方面的标准化问题，不同厂家在解决这些问题时采用不同方法，留给用户无所适从的困难。IEEE 488.2 标准针对原 IEEE 488 标准的局限和含糊之处进行了进一步的标准化，并保持与 IEEE 488.1 标准兼容，IEEE 488.2 标准主要在软件协议方面制定了数据格式、状态上报、出错处理、控制器功能以及公共命令的标准。这些标准化工作使得 GP-IB 系统工作更加可靠。为了简化 GP-IB 接口设计，Intel、Motorola 等公司推出了专用大规模集成电路接口芯片。Intel 公司的 8291A、8292 及 8293 为其中的典型代表。Intel 8291A 可以实现除控者功能以外的全部接口功能。8292 接口芯片仅具有控者功能，一般与 8291A 联合使用，组成全功能 GP-IB 接口。8293 是专门为 8291A 和 8292 配套的总线收/发器，以保证 GP-IB 总线具有足够的驱动能力。以下仅对 8291A 做简要介绍。

图 3－17 所示为 8291A 的引脚和内部结构。Intel 8291A 采用 40 脚双列直插封装，它的引脚分为两类，一类与微处理器(含单片机)相连，另一类与 GP-IB 总线相连。与微处理器相连的主要信号有：双向数据线($D_7 \sim D_0$)；地址线($RS_2 \sim RS_0$，选择内部 8 个读寄存器和 8 个写寄存器)；片选信号($\overline{CS}$)；读写控制信号($\overline{RD}/\overline{WR}$)；中断请求信号(INT)；DMA 请求/响应信号($DREQ/\overline{DACK}$)；触发信号(TRIG)以及复位信号(RESET)。与 GP-IB 总线相连的主要信号：8 位 GP-IB 数据线；3 条 GP-IB 挂钩信号线；5 条 GP-IB 管理线。还有控制双向 GP-IB 总线发送和接收数据方向的 2 条外部收发控制信号线($T/\overline{R}_1$，$T/\overline{R}_2$)。

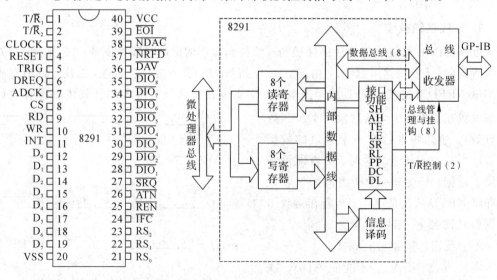

图 3－17　8291A 引脚及内部结构图

Intel8291A 内部有 16 个专用寄存器(详见表 3 - 5),其中 8 个接收来自 CPU 的数据或控制命令(称为"写寄存器");另外 8 个向 CPU 传送 GP-IB 总线状态或数据(称为"读寄存器")。只要对这 16 个寄存器进行适当的读写操作,就能使 8291A 完成各种工作。

表 3 - 5 8291 内部寄存器一览表

RS_2	RS_1	RS_0	寄存器名称	读写状态
0	0	0	数据输入寄存器	只读
0	0	0	数据输出寄存器	只写
0	0	1	中断状态寄存器 1	只读
0	0	1	中断状态寄存器 1	只写
0	1	0	中断状态寄存器 2	只读
0	1	0	中断状态寄存器 2	只写
0	1	1	串行点名状态寄存器	只读
0	1	1	串行点名方式寄存器	只写
1	0	0	地址状态寄存器	只读
1	0	0	地址方式寄存器	只写
1	0	1	命令传送寄存器	只读
1	0	1	辅助方式寄存器	只写
1	1	0	地址 0 寄存器	只读
1	1	0	地址 0/1 寄存器	只写
1	1	1	地址 1 寄存器	只读
1	1	1	EOS 寄存器	只写

3.2.3 VXI 总线

VXI(VMEbus Extensions for Instrumentation)总线仪器系统是模板插卡式结构的智能仪器系统。可将各种具有独立功能的模板式智能仪器连接在一起,构成自动测试系统或计算机测控系统。VXI 总线仪器系统中的模板式智能仪器被称为卡式仪器(Instrument At Card,IAC)。如卡式数字电压表、示波器、函数发生器、AI/AO、DI/DO 通道等。按照自动测试系统或测控系统的功能要求,将选定的若干 IAC 安置在同一个机箱中,并挂在机箱背板的高速并行总线(背板总线)上即可构成不同用途和规模的 VXI 总线仪器系统。这些 IAC 可以在本机(local)方式下独立工作,在需要彼此呼应或与仪器系统外部交换数据时,可通过"背板总线"进入远程(remote)。VXI 总线仪器系统具有信息吞吐量大、配置灵活、结构紧凑、仪器体积小等特点,是当前实验室仪器系统研究和发展的热点。

VME 总线(Versabus Module European)是 Motorola 公司于 1981 年针对 32 位微处理器 68000 而开发的微机总线。VXI 总线是 VME 总线标准在智能仪器领域的扩展,由 HP 等 5 个测试仪器公司于 1987 年联合推荐,是当前仪器系统中得到广泛应用和发展的一个并行总线标准。VXI 总线仪器系统采用了其数据速率高达 40MB/s 的 VME 总线作为机箱背板总线。背板总线在功能上相当于连接独立仪器的 GP-IB 总线,但是具有更高的数据吞吐率。控制器也可以制作成 IAC 挂接在背板总线上，对总线上的各种信息实施调度和控制。相当于在一个机箱内集成了整个 GP-IB 总线仪器系统的功能。

VXI 总线具有严格的机械和电气标准。共定义了 4 种仪器模板的尺寸：A 型($10\times16\ cm^2$)、B 型($23.3\times16\ cm^2$)、C 型($23.3\times34\ cm^2$)和 D 型($36.7\times34\ cm^2$)。其中，A、B 两种是 VME 已定义的且具有真正含义的 VME 模板；C、D 两种是 VXI 标准专门定义的适用于更高性能仪器的尺寸，应用最多的是 C 尺寸模板。VXI 仪器系统采用可变尺寸结构，允许小尺寸模板插入大机箱中。VXI 系统的机箱(mainframe)除了外壳和背板之外，还提供 VXI 系统的工作电源系统和冷却系统等。VXI 总线还定义了模板与底板总线插接的 3 个 96 针连接器标准，分别称为 P1、P2、P3。P1 连接器是 VME 或 VXI 总线必须配备的基本连接器，它包括数据传输总线(24 位地址和 16 位数据)、中断信号线和某些电源线；任选的 P2 连接器适用于除 A 尺寸以外的所有模板，可将数据传输总线扩展到 32 位，还增加了许多资源，如 4 个附加电源电压、局部总线、模块识别总线(允许确定模块的槽编号)等，此外还有 TTL 和 ECL 触发总线和 10 MHz 差分 ECL 时钟信号等；任选的 P3 连接器只用于 D 尺寸模板，对 P2 提供的资源进一步扩展，又提供了 24 根局部总线、附加的 ECL 触发线、100MHz 时钟和用于精密同步的星形触发线等，以适合特殊用途。VXI 系统的模板尺寸和连接器(P1、P2、P3)的总线分布如图 3-18 所示。

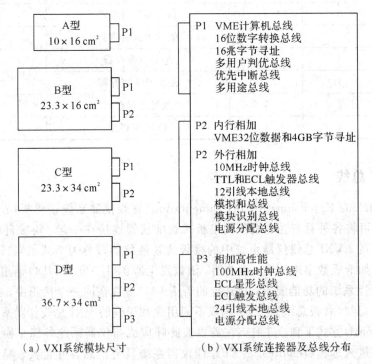

(a) VXI系统模块尺寸　　　(b) VXI系统连接器及总线分布

图 3-18　VXI 系统模板尺寸和连接器的总线分布

VXI 总线装置是 VXI 总线系统中的基本部件。每个装置都有唯一的地址编码($0\sim255$)，每个 VXI 总线仪器系统中最多可容纳 256 个装置。一个装置可以占据数个槽位，也允许几个装置共用一个槽位。电压表、计数器或信号发生器等一般都是单槽位装置。VXI 总线装置的类型共有 4 种：寄存器基装置、消息基装置、存储器装置和扩展装置。寄存器基装置只有组态寄存器和装置决定的寄存器，而没有通信寄存器。装置的通信通过寄存器读/写来实现，在命令者/受令者的分层结构中担任受令者。寄存器基装置电路简单、易于实现，由于节省了指令的译码时间，数据传输速度快；存储器装置与寄存器基装置很相似，也没有通信寄存器，只能靠寄存器的读/写来进行通信。一般可将存储器装置与寄存器基装置同等对待；以消息为基础的消息基寄存器不但具有组态寄存器和若干由装置决定的寄存器，而且还具有通信寄存器来支持复杂的通信规程，进行高水平的通信。消息基装置属于智能化的较复杂的装置，如计算机、资源管理者、各类高性能测试仪器插件等，可以担任分层结构中的命令者，也可以担任受命者，或者同时兼任上层的受命者及下层的命令者。扩展装置是有特定目的的装置，用于为 VXI 未来的发展定义新的装置门类。

　　VXI 系统的通信有若干层，其通信规程如图 3 - 19 所示。第 1 层是"寄存器读/写层"，其通信是通过寄存器的读/写来实现，通信速度快、硬件费用节省。但这种通信也是对用户支持最少，最不方便的通信。第 2 层是"信号/中断层"，允许 VXI 装置向它的命令者回报信息，也是一种寄存器基装置和存储器装置支持的低层通信。第 3 层是"字串行规程层"，命令者与受命者之间的字串行通信，应遵守消息基装置的通信规程。字串行规程与仪器特定规程之间有两种联系方式，一种是直

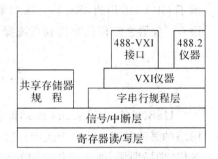

图 3 - 19　VXI 总线通信规程示意图

接以字串行方式向装置发送所要求的命令或数据；另一种是经过 488-VXI 规程和 488.2 语言与特定规程联系，使用这种方式可以像控制 GP-IB 仪器一样控制 VXI 仪器。

　　消息基装置通过通信寄存器还支持一种共享存储器规程，即两个装置可以通过它们中一个装置所占有的存储器块进行通信，从而达到较高的通信速度。这是字串行通信做不到的。在某些情况下，各装置之间还可通过本地总线高速传送数据，这也是 VXI 系统的一个重要特色。VXI 总线仪器系统的硬件规范及字串行协议，确保了众多厂商生产的 VXI 总线仪器插卡的硬件兼容。为提高软件的兼容性，在 VXI 总线和 GP-IB 等自动测试系统中采用了两个软件标准，即 IEEE 488.2 和可编程仪器标准命令 SCPI。IEEE 488.2 主要规定仪器的内务管理功能，并不涉及装置的消息本身。SCPI 建立在 IEEE 488.2 基础上，侧重于解决智能仪器的程控和仪器响应中装置消息标准化的问题。

　　有两个特殊功能是每个 VXI 总线系统不可缺少的。第一个是负责机箱背板管理的 0 号插槽功能。0 号插槽处于每个 VXI 总线机箱中特定的物理位置，从这个槽上发出的信号必须包括时钟源和数据通过背板时的仲裁逻辑等。插入该插槽的模板在履行这些硬件功能以外，还能履行其他的功能，如与外部微型计算机的 GP-IB 接口通信等。这个插槽一般由命令器(commander)或嵌入式计算机占据。VXI 总线系统的第二个特殊功能是其资源管理器。位于逻辑地址 0 的资源管理器是一个消息基命令器，负责对系统的配置。可以将资源管理器理解为系统初始化程序，每当系统加电或复位的时候进行以下操作：① 识别系统中所有的 VXI 装置；② 为系统运行配置所有的资源；③ 管理系统自检；④ 配置系统 A24 和 A32 的映射；⑤ 配置命令/服务分级机制；⑥ 启动正常运行。

　　为了充分利用其他外部资源，VXI 总线开发了与其他总线系统（如 GP-IB、RS-232C、RS-485 和 MXI 等）连接和转换的模块，使得 VXI 总线系统可与任何其他总线系统或仪器联合工作。当一个机箱不能容纳所有的 IAC 时，可增添扩展机箱，采用总线扩展器将主机

箱与扩展机箱连接起来，以构成完整的 VXI 总线仪器系统。

　　VXI 总线仪器系统的嵌入式控制器(embedded controller)可直接安装在机箱的 0 号槽，兼有控制器和 0 号槽功能。嵌入式控制器取代 GP-IB/VXI 转换模块对消息基仪器编程，可使 VXI 仪器系统成为独立系统，但系统的通信性能并未改善。因为通信速率主要受 ASCII 消息转换时间的影响，而不是 GP-IB 带宽。如果要求比 GP-IB 有更大的信息吞吐量，可以采用寄存器层的直接通信。

　　由于 VXI 总线仪器系统可通过不同的接口方式与多种计算机连接，软件方面可以充分利用各种通用软件、操作系统、高级语言和软件工具等。VXI 总线仪器系统充分吸收并继承了 GP-IB 沿用的 488.1、488.2 和程控仪器标准命令 SCPI，创造了一个从程控仪器标准命令、仪器之间信息交换到系统操作运行高度统一的软件环境。

3.3　USB 总线技术

　　USB(Universal serial Bus)即通用串行总线。在传统计算机组织结构的基础上，引入了网络的某些技术，已成为新型计算机接口的主流。USB 是一种电缆总线，支持主机与各式各样"即插即用"外部设备之间的数据传输。多个设备按协议规定分享 USB 带宽，在主机和总线上的设备运行中，仍允许添加或拆除外设。USB 总线具有以下主要特征：

　　(1) 用户易用性：电缆连接和连接头采用单一模型，电气特性与用户无关，并提供了动态连接、动态识别等特性。

　　(2) 应用的广泛性：传输率从几 kb/s 到几 Mb/s，乃至上百 Mb/s，并在同一根电缆线上支持同步、异步两种传输模式。可以对多个 USB 总线设备(最多 127 个)同时进行操作，利用底层协议提高了总线利用率，使主机和设备之间可传输多个数据流和报文。

　　(3) 使用的灵活性：允许对设备缓冲区大小进行选择，并通过设定缓冲区的大小和执行时间，支持各种数据传输率，支持不同大小的数据包。

　　(4) 容错性强：在协议中规定了出错处理和差错校正的机制，可以对有缺陷的设备进行认定，对错误的数据进行校正或报告。

　　(5) "即插即用"的体系结构：具有简单而完善的协议，并与现有的操作系统相适应，不会产生任何冲突。

　　(6) 性价比较高：USB 虽然拥有诸多优秀的特性，但其价格较低。USB 总线技术将外设和主机硬件进行最优化集成，并提供了低价的电缆和连接头等。

　　目前，USB 总线技术应用日益广泛，各种台式电脑和移动式智能设备普遍配备了 USB 总线接口，同时出现了大量的 USB 外设(如 USB 电子盘等)，USB 接口芯片也日益普及。在智能仪器中装备 USB 总线接口既可以使其方便地联入 USB 系统，从而大大提高智能仪器的数据通信能力，也可使智能仪器选用各种 USB 外部设备，增强智能仪器的功能。以下仅对 USB 总线的体系结构做概略介绍。

3.3.1　USB 的系统描述

　　USB 系统分为 USB 主机、USB 设备和 USB 连接三部分。任何 USB 系统中只有一个主机，USB 系统和主机系统的接口称为主机控制器(Host Controller)，它是由硬件和软件

综合实现的。USB 设备包括集线器（Hub）和功能部件（Function）两种类型，集线器为
USB 提供了更多的连接点，功能部件则为系统提供了具体的功能。USB 的物理连接为分
层星型布局，每个集线器处于星型布局的中心，与其他集线器或功能部件点对点连接。
根集线器置于主机系统内部，用以提供对外的 USB 连接点。图 3 - 20 为 USB 系统拓
扑图。

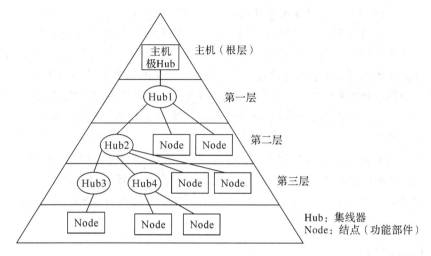

图 3 - 20　USB 总线拓扑结构

　　USB 系统通过一种四线的电缆传送信号和电源。分两种数据传输模式：12 Mb/s 高
速信号模式和 1.5 Mb/s 低速信号模式，两种模式可在同一 USB 总线传输时自动切换。
由于过多采用低速模式会降低总线的利用率，所以该模式只支持有限几个低速设备（如
鼠标等）。若采用同步传送方式，时钟信号与差分数据将一同发送（时钟信号转换成单极
性非归零码），每个数据包中均带有同步信号以保证收方还原出时钟。USB 电缆如图
3 - 21所示，V_{BUS}、GND 两条线用来向 USB 设备提供电源。V_{BUS} 的电压为＋5 V，为了保
证足够的输入电压和终端阻抗，重要的终端设备应位于电缆尾部，每个端口都可检测终
端是否连接或分离，并区分出高速或低速设备。所有设备都有一个上行或下行的连接器，
上行连接器和下行连接器不可互换，因而避免了集线器间非法的、循环往复的连接。同
一根电缆中还有一对互相缠绕的数据线。连结器有 4 个方向，并带有屏蔽层，以避免外
界的干扰。USB 电源包括电源分配和电源管理两方面内容。电源分配是指 USB 如何分配
主计算机所提供的能源，需要主机提供电源的设备称做总线供电设备（如键盘、输入笔和
鼠标等），自带电源设备被称做自供电设备。USB 系统的主机有与 USB 相互独立的电源
管理系统，系统软件可以与主机的能源管理系统结合共同处理各种电源事件，如挂起、
唤醒等。

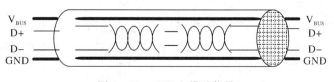

图 3 - 21　USB 电缆及信号

3.3.2　USB 总线协议

　　USB 是一种轮询方式的总线，主机控制器初始化所有的数据传送。USB 协议反映了 USB 主机与 USB 设备进行交互时的语言结构和规则。每次传送开始，主机控制器将发送一个描述传输的操作种类、方向、USB 设备地址和端口号的 USB 数据包，被称为标记包 (Packet IDentifier，PID)；USB 设备从解码后的数据包的适当位置取出属于自己的数据。传输开始时，由标记包来设置数据的传输方向，然后发送端发送数据包，接收端则发送一个对应的握手数据包以表明是否发送成功。发送端和接收端之间的 USB 传输，有两种类型的信道：流通道和消息信道。消息数据采用 USB 所定义的数据结构、信道与数据带宽、传送服务类型和端口特性(如方向、缓冲区大小等)有关。多数信道在 USB 设备设置完成后才会存在。而默认控制信道当设备一启动后即存在，从而为设备的设置、状况查询和输入控制信息提供了方便。

　　任务安排可对流通道进行数据控制。发送"不予确认"握手信号即可阻塞数据传输，若总线有空闲，数据传输将重复进行。这种流控制机制允许灵活的任务安排，可使不同性质的流通道同时正常工作，这样多种流通道可在不同时间段进行工作，传送不同大小的数据包。

3.3.3　USB 数据流

　　USB 总线上的数据流就是主机与 USB 设备之间的通信。这种数据流可分为应用层、USB 逻辑设备层和 USB 总线接口层，共有四种基本的数据传送类型：

　　(1) 控制传送：控制传送采用了严格的差错控制机制，其数据传送是无损的。USB 设备在初次安装时，USB 系统软件使用控制传送来设置参数。

　　(2) 批传送：批量数据即大量数据，如打印机和扫描仪中所使用的。批量数据是连续传送的，在硬件级上使用错误检测以保证可靠的数据传输，在协议中引入了数据的可重复传送。根据其他一些总线动作，批量数据占用的带宽可做相应的改变。

　　(3) 中断传送：中断数据是少量的，要求传送延迟时间短。这种数据可由设备在任何时刻发送，并且以不慢于设备指定的速度在 USB 上传送。中断数据一般由事件通告、特征及坐标组成，只有一个或几个字节。

　　(4) 同步传送：在建立、传送和使用同步数据时，须满足其连续性和实时性。同步数据以稳定的速率发送和接收。为使接收方保持相同的时间安排，同步信道的带宽的确定必须满足对相关功能部件的取样特征。除了传输率，同步数据对传送延迟非常敏感，因此也须做相关处理。一个典型的例子是声音传送，如果数据流的传送率不能保证，则数据丢失将取决于缓冲区和帧的大小。即使数据在硬件上以合适的速率传送，但软件造成的传送延迟也会对实时系统造成损害。一般 USB 系统会从 USB 带宽中，给同步数据流分配专有部分，以满足所需要的传输率。

　　USB 的带宽可容纳多种不同数据流，因此可连接大量设备，可容纳从 1B＋D (64 kb/s＋16 kb/s)到 T1(1.5 Mb/s)速率的电信设备，而且 USB 支持在同一时刻的不同设备具有不同的传输速率，并可动态变化。

3.3.4　USB 的容错性能

USB 提供了多种数据传输机制,如使用差分驱动、接收和防护,以保证信号的完整性;使用循环冗余码,以进行外设装卸的检测和系统资源的设置,对丢失和损坏的数据包暂停传输,利用协议自我恢复,以建立数据控制信道,从而使功能部件避免了相互影响。上述机制的建立,极大地保证了数据的可靠传输。在错误检测方面,协议中对每个包中的控制位都提供了循环冗余码校验,并提供了一系列的硬件和软件设施来保证数据正确性,循环冗余码可对一位或两位的错误进行 100% 的恢复。在错误处理方面,协议在硬件和软件上均有措施。硬件的错误处理包括汇报错误和重新进行一次传输,传输中若再次遇到错误,由 USB 的主机控制器按照协议重新进行传输,最多可进行三次。若错误依然存在,则对客户端软件报告错误,使之按特定方式处理。

3.3.5　USB 设备

USB 设备有集线器和功能部件两类。在即插即用的 USB 结构体系中,集线器(如图3-22所示)简化了 USB 互联的复杂性,可使更多不同性质的设备联入 USB 系统中。集线器各连接点被称做端口,上行端口向主机方向连接(每个集线器只有 1 个上行端口),下行端口可连接另外的集线器或功能部件。集线器具有检测每个下行端口设备的安装或拆卸的功能,并可对下行端口的设备分配能源,每个下行端口可辨别所连接的设备是高速还是低速。集线器包括两部分:集线控制器和集线再生器。集线再生器位于上行端口和下行端口之间,可放大衰减的信号和恢复畸变的信号,并且支持复位、挂起、唤醒等功能。通过集线控制器所带有的接口寄存器,主机对集线器的状态参数和控制命令进行设置,并监视和控制其端口。

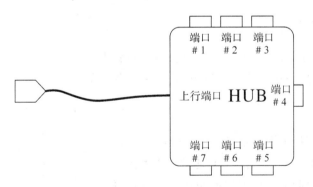

图 3-22　USB 集线器示意图

功能部件是通过总线进行发送、接收数据或控制信息的 USB 设备,由一根电缆连在集线器某个端口上。功能部件一般相互独立,但也有一种复合设备,其中有多个功能部件和一个内置集线器,共同利用一根 USB 电缆。每个功能部件都含有描述该设备的性能和所需资源的设置信息。主机应在功能部件使用前对其设置,如分配 USB 带宽等。定位设备(鼠标、光笔)、输入设备(键盘)、输出设备(打印机)等都属于功能部件。

当设备被连接并编号后,有唯一的 USB 地址。USB 系统就是通过该地址对设备进行操作的。每一个 USB 设备通过一条或多条信道与主机通信。所有的 USB 设备在零号端口上有一指定的信道，USB 的控制信道即与之相联。通过这条控制信道，所有的 USB 设备都有一个共同的准入机制，以获得控制操作的信息。控制信道中的信息应完整地描述 USB 设备，主要包括标准信息类别和 USB 生产商的信息。

3.3.6　USB 系统设置

USB 设备可随时安装或拆卸。所有 USB 设备连接在 USB 系统的某个端口上。集线器有一个状态指示器，可指明 USB 设备的连接状态。主机将所有集线器排成队列以取回 USB 设备的连接状态信号。在 USB 设备安装后，主机通过设备控制信道来激活该端口，并将默认的地址值赋给 USB 设备(主机对每个设备指定了唯一的 USB 地址)，并检测这种新装的 USB 设备是下一级的集线器还是功能部件。如果安装的是集线器，并有外设连在其端口上，上述过程对每个 USB 设备的安装都要做一遍；如果属功能部件，则主机关于该设备的驱动软件等将被激活。当 USB 设备从集线器的端口拆除后，集线器关闭该端口，并向主机报告设备已不存在，USB 系统软件将准确地进行撤消处理。如果拆除的是集线器，则系统软件将对集线器及连接在其上的所有设备进行撤消处理。

对每个连接在总线上的设备指定地址的操作被称为"总线标识"。由于允许 USB 设备在任何时刻安装或拆卸，所以总线标识是 USB 系统软件随时要进行的操作。

3.3.7　USB 系统中的主机

USB 系统的主机通过主机控制器与 USB 设备进行交互。主要功能为：检测 USB 设备的安装或拆卸，管理主机和 USB 设备间的控制数据流，收集状态和操作信息，向各 USB 设备提供电源。USB 系统软件管理 USB 设备驱动程序的运作，包括设备编号和设置、同步数据传输、异步数据传输、电源管理、设备与总线信息管理等。

3.3.8　USB 总线仪器

USB 总线仪器的开发一般由以下几部分组成：硬件的设计、USB 控制芯片固件的实现、Windows 驱动的编写以及应用程序编写。下面介绍一种基于 USB 的数据采集仪。

该仪器的 USB 接口采用专用芯片 PDIUSBD12，它是一款性价比很高的 USB 器件，它通常用作微控制器系统中实现与微控制器进行通信的高速通用并行接口，它还支持本地的 DMA 传输。这种实现 USB 接口的标准组件使得设计者可以在各种不同类型微控制器中选择出最合适的微控制器，这种灵活性减小了开发的时间、风险以及费用。通过使用已有的结构和减少固件上的投资，从而用最快捷的方法实现最经济的 USB 外设的解决方案。

PDIUSBD12 的引脚结构如图 3-23 所示，其中各个引脚的功能见表 3-6 所示。

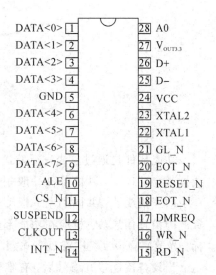

图 3-23　PDIUSBD12 引脚结构

表 3 - 6　**PDIUSBD12 管脚信号**

管脚	符 号	类型	描 述
1	DATA＜0＞～DATA＜7＞	IO2	双向数据位
2	GND	P	地
3	ALE	I	地址锁存使能，下降沿关闭地址信息锁存
4	CS_N	I	片选，低电平有效
5	SUSPEND	I, OD4	器件处于挂起状态
6	CLKOUT	O2	可编程时钟输出
7	INT_N	OD4	中断，低电平有效
8	RD_N	I	读选通，低电平有效
9	WR_N	I	写选通，低电平有效
10	DMREQ	O4	DMA 请求
11	DMACK_N	I	DMA 应答，低电平有效
12	EOT_N	I	DMA 传输结束，低电平有效，EOT_ND 仅当 DMACK_N 和 RD_N 或 WR_N 一起激活时才有效
13	RESET_N	I	复位，低电平有效且不同步，片内上电复位电路，该管脚可固定接 VCC
14	GL_N	OD8	GoodLink LED 指示器，低电平有效
15	XTAL1, XTAL2	I, O	晶振连接端，如果采用外部时钟信号取代晶振，可连接，XTAL1，XTAL2 应当悬空
16	VCC	P	电源电压 4.0～5.5 V，要使器件工作在 3.3 V，对 VCC 和 $V_{OUT3.3}$ 脚都提供 3.3 V
17	D＋，D－	A	USB 的数据线
18	$V_{OUT3.3}$	P	3.3 V 调整输出，要使器件工作在 3.3 V，对 V_{CC} 和 $V_{OUT3.3}$ 脚都提供 3.3 V
19	A0	I	地址位，A0＝1，选择命令指令，A0＝0 选择数据；该位在多路地址/数据总线配置时可忽略，应将其接高电平

注：O2—2mA 驱动输出；D4—4mA 驱动开漏输出；OD8—8mA 驱动开漏输出；IO2—4mA 输出。

1. 数据采集仪组成

利用 USB 做数据传输的数据采集仪由数据采集、微控制器单元和 USB 总线接口三部分组成，如图 3 - 24 所示。数据系统通过一片可编程器件实现串并转换与微控制器相连。USB 总线接口器件与微控制器直接通过数据总线和地址总线相连，USB 总线接口芯片作为一个微控制器的外围器件使用。系统的电源采用 USB 总线提供的电源。

图 3 - 24　USB 数据采集仪硬件框图

下面分别详细说明各部分的主要特点。

(1) USB 总线接口。USB 总线接口采用的是 PDIUSBD12，见图 3-25。高性能 USB 接口器件集成了 SIE、FIFO 存储器、收发器以及电压调整器，可与任何微控制器/微处理器实现高速并行接口(2 Mb/s)，直接内存存取 DMA 操作，双电源操作 3.3 V 或扩展的 5 V 电源，在批量模式和同步模式下均可实现 1 Mb/s 的数据传输速率。选用 PDIUSBD12 控制芯片可以方便地与微控制器接口。无论是 DSP 还是 MCU 和 ARM，都可以方便地与它接口，并升级系统。

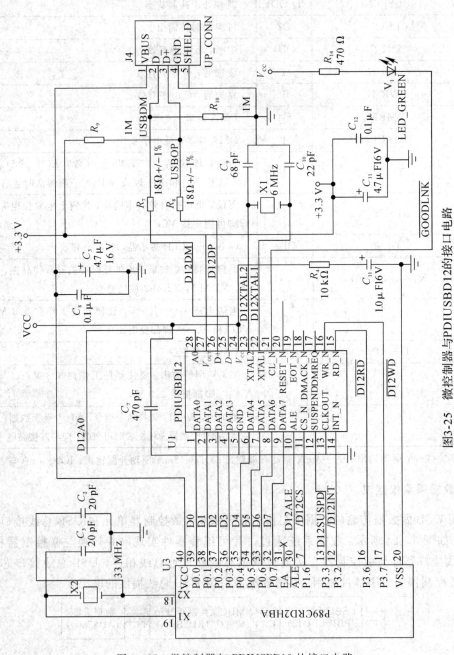

图 3-25　微控制器与 PDIUSBD12 的接口电路

（2）微控制器单元。P89C51RD2HBA 是 PHILIPS 公司推出基于 8051 核的单片机。它内部有 64 KB 的 Flash 存储器，支持串行在系统编程(ISP)和在应用中编程(IAP)。该器件的 1 个机器周期由 6 个时钟周期组成，因此运行速度是传统 80C51 的两倍。该单片机有 4 组 8 位 I/O 口、3 个 16 位定时/计数器、多个中断源、4 个中断优先级嵌套结构、1 个增强型 UART。考虑到该芯片可以利用 ISP 和 IAP 方便地下载程序，可以实现在系统可编程，并最大限度减小了额外的元器件开销和电路板面积。而且它的速度是相同晶振频率 8051 单片机的两倍，可以大大地提高系统整体的运行速度。

（3）数据采集部分。ADS7809 是 TI 公司的 16 位、100 kHz 的采样率、单＋5 V 电源 A/D 芯片。它是电容式逐次逼近 A/D 转换器。片内带有＋2.5 V 基准源，最大功耗小于 100 mW。与同类 16 位 A/D 相比，ADS7809 具有较高的稳定性，而且功耗较低，采样率也能满足要求。

2. 数据采集仪的固件程序设计

数据采集仪的固件程序主要由两部分构成：A/D 采集数据程序和 USB 与主机通信程序。

固件程序采用在中断程序中置相应标志位，在主循环程序中处理数据的方法来实现数据采集和 USB 通信的功能。系统软件中的后台程序 ISR(中断处理程序)和前台主循环程序之间的数据交换是通过标志位和数据缓存区来实现的，如图 3 - 26 所示。这种结构，主循环不关心数据是来自 USB 还是其他渠道，它只检查循环缓冲区内需要处理的新数据，这样主循环程序专注于数据的处理，而 ISR 能够以最大可能的速度进行数据的传输。采用这种称为前后台的处理方式可以节省微处理器的开销，高效地利用微处理器资源。

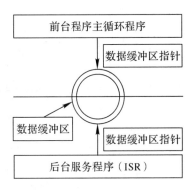

图 3 - 26　系统软件结构

（1）A/D 数据采集程序。设备得到主机启动命令后启动 A/D。A/D 采集数据后经过串并转换并将数据推入 FIFO，当 FIFO 半满时发出中断请求，微控制器响应中断，置相应的标志位。前台主循环程序查询标志位，进行读数操作。

（2）USB 与主机通信程序。USB 最初被设计成可以处理对传输速率、响应时间和错误校正有不同要求的很多类型的外设。数据传输的不同类型处理不同的需要，一个外设可以支持它最适合的传输类型。PDIUSBD12 芯片包括控制端点、中断端点和主端点，它们分别完成控制传输、中断传输和同步传输。

在这个系统中主机通过中断传输给采集系统发送命令。主端点可以配置成同步传输或批量传输，主端点是吞吐大数据的主要端点。在数据采集仪中，主端点配置成同步传输，用来传送 A/D 采集回来的数据。下面分别说明各个端点子程序。

（1）控制端点子程序完成 USB 总线列举过程，如图 3 - 27 所示。当 USB 接口器件 (PDIUSBD12)接收到建立包，产生一个中断通知微控制器，微控制器响应中断并通过读 D12 中断寄存器决定包是否发到控制端点。如果包是送往控制端点，MCU 需要通过读 D12 的最后处理状态寄存器进一步确定数据是否是一个建立包，第一个包必须是建立包。如果是建立包，就根据主机命令作出相应的应答。

　　(2)主端点子程序传送 A/D 采集的数据到 PC。在 A/D 采集完数据后,微控制器读取 A/D 采集的数据并保存数据到主端点缓冲区,主循环程序先写一批数据到 USB 的数据缓冲区,置相应的标志位。当主机从 USB 缓冲区读数据时,中断程序清空 USB 缓冲区,并把下一批要传输的数据从主端点缓冲区写入 USB 缓冲区,等待主机下一次读 USB 缓冲区,这样循环反复直至完成主端点缓冲区的数据传输。

　　(3)中断端点子程序完成 PC 向采集系统发送采集数据命令的功能,如图 3-28 所示。中断端点的缓冲区最大为 16 个字节,通过中断端点给系统发送 A/D 的启动命令、通道、采样点数和采样间隔,使用中断端点传送主机发送的命令,使数据采集仪能够快速地作出响应。中断端点子程序首先读出 USB 的中断端点缓冲区里的数据保存到主循环中断端点缓冲区,之后判断缓冲区的第一个字节是不是启动 A/D 的命令。如果是,则置相应的标志位,在主循环中读取中断端点缓冲区的其他数据,得到通道、采样数和采样间隔的信息,调用 A/D 采集程序,启动 A/D。

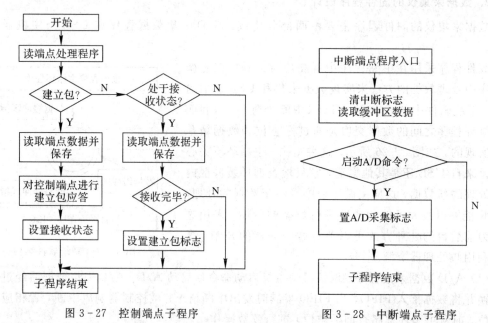

图 3-27　控制端点子程序　　　　　　　　图 3-28　中断端点子程序

　　通过应用 USB 作为数据采集仪的通信总线,使数据采集仪具有了无需外接电源、可以热插拔等特点。经过测试,数据采集仪采样速率可以达到 100 kb/s,可以完成一般用途的数据采集的需要。

　　随着 USB 2.0 规范的推出,USB 在速度上(协议中说明可以达到 480 Mb/s)有了长足的发展,在 USB 2.0 的补充规范中提出了 USB OTG(On-The-Go)协议,可以使外设以主机的身份与其他外设相连,外设与外设可以点对点地通信,这给 USB 带来更强的生命力。目前,USB 广泛的应用在仪器仪表、计算机和消费电子类产品等领域。

3.4　智能卡接口技术

　　智能卡的英文为 Smart Card,又称集成电路卡,即 IC 卡(Integrated Circuit Card),有些国家也称之为智慧卡、微芯片卡等。它将一个专用的集成电路芯片镶嵌于 PVC(或 ABS

等)塑料基片中,封装成卡的形式,其外形与覆盖磁条的磁卡相似。IC 卡的概念是 20 世纪 70 年代初提出的,法国布尔(BULL)公司于 1976 年首先创造出 IC 卡产品,并将这项技术应用到金融、交通、医疗、身份证明等多个行业,它将微电子技术和计算机技术结合在一起,提高了人们生活和工作的现代化程度。IC 卡芯片具有写入数据和存储数据的能力,IC 卡存储器中的内容根据需要可以有条件地供外部读取,或供内部信息处理和判断。根据卡中所镶嵌的集成电路的不同可以分成以下六类。

(1) 存储卡。卡中的集成电路为电擦除可编程只读存储器 EEPROM(Electrically Erasable Programmable Read-only Memory),以及地址译码电路和指令译码电路。存储卡属于被动型卡,通常采用同步通信方式。这种卡片存储方便、使用简单、价格便宜,在很多场合可以替代磁卡。但该类 IC 卡不具备保密功能,用于存放不需要保密的信息。例如医疗上用的急救卡、餐饮业用的客户菜单卡。常见的存储卡有 ATMEL 公司的 AT24C16、AT24C64 等。

(2) 逻辑加密卡。卡中的集成电路具有加密逻辑和 EEPROM。每次读/写卡之前要先进行密码验证,如果连续几次密码验证错误,卡片将会自锁,成为死卡。从数据管理、密码校验和识别方面来说,逻辑加密卡也是被动型卡,采用同步方式进行通信。该类卡片存储量相对较小、价格相对便宜,适用于有一定保密要求的场合,如食堂就餐卡、电话卡、公共事业收费卡。常见的逻辑加密卡有 SIEMENS 公司的 SLE4442、SLE4428,ATMEL 公司的 AT88SC1608 等。

(3) CPU 卡。卡中的集成电路包含微处理器单元(CPU)、存储单元(RAM、ROM 和 EEPROM)和输入/输出接口单元。其中,RAM 用于存放运算过程中的中间数据,ROM 中固化有片内操作系统 COS(Chip Operating System),而 EEPROM 用于存放持卡人的个人信息以及发行单位的有关信息。CPU 管理信息的加/解密和传输,严格防范非法访问卡内信息,发现数次非法访问,将锁死相应的信息区(也可用高一级命令解锁)。CPU 卡的容量有大有小,价格比逻辑加密卡要高。CPU 卡的良好的处理能力和上佳的保密性能,使其成为 IC 卡发展的主要方向。CPU 卡适用于保密性要求特别高的场合,如金融卡、军事密令传递卡等。国际上比较著名的 CPU 卡提供商有 Gemplus、G&D、Schlumberger 等。

(4) 超级智能卡。在 CPU 卡的基础上增加键盘、液晶显示器、电源,即成为超级智能卡,有的卡上还具有指纹识别装置。VISA 国际信用卡组织试验的一种超级卡即带有 20 个键,可显示 16 个字符,除有计时、计算机汇率换算功能外,还存储有个人信息、医疗、旅行用数据和电话号码等。

(5) 混合卡。混合卡也存在多种形式,将 IC 芯片和磁卡同做在一张卡片上,将接触式和非接触式融为一体,一般都称为“混合卡”。

(6) 光卡。光卡(Optical Card)由半导体激光材料组成,能够储存记录并再生大量信息。光卡记录格局目前形成了两种格局:Canon 型和 Delta 型。这两种形式均已被国际标准化组织接收为国际标准。光卡具有体积小、便于随身携带、数据安全可靠、容量大、抗干扰性强、不易更改、保密性好和相对价格便宜等长处。

在 IC 卡选型时需考虑如下参数:

(1) 环境温度。如 CPU 卡的工作温度在 0℃ 以上,而 Memory Card 可以工作在 −20℃ 的低温环境。

（2）工作电压。SIEMENS 公司的 IC 卡一般工作电压在 4.75～5.25 V，ATMEL 公司的 IC 卡工作电压在 2.7～5.5 V。

（3）擦写次数。IC 卡的寿命由对 IC 卡的擦写次数决定，SIEMENS 公司的 IC 卡指标为 1 万次擦写寿命，ATMEL 公司的 IC 卡指标为 10 万次擦写寿命。

（4）使用寿命。IC 卡读写器的使用寿命主要由两个因素决定：读写器本身器件的选择和卡座的寿命。卡座的寿命分别由 10 万次、20 万次和 50 万次。国内一些制造商也生产了相当数量的少于 7000 次寿命的卡座，主要用于 IC 卡收费的终端表内，如 IC 卡电表、民用水表、煤气表等。

（5）上电操作。读写器对 IC 卡的上电操作，仅在接到软件发出的指令以后才能进行，在 IC 卡没有插入的情况下，应给出上电出错的返回代码。

（6）可靠性。

3.4.1　IC 卡的接口设备

为了使用卡片，需要有与 IC 卡配合工作的接口设备 IFD(Interface Device)，或称为读写设备。IFD 可以是一个由微处理器、键盘、显示器与 I/O 接口组成的独立设备，该接口设备通过 IC 卡上的 8 个触点向 IC 卡提供电源并与 IC 卡相互交换信息。IFD 也可以是一个简单的接口电路，IC 卡通过该电路与通用微机相连接。IC 卡上能存储的信息总是有限的，因此大部分信息需要存放在接口设备或计算机中。

3.4.2　IC 卡存储区的分配和功能

存储型 IC 卡又分为两种，如图 3-29 所示。

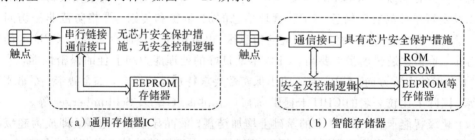

（a）通用存储器IC　　　　　　（b）智能存储器

图 3-29　IC 卡逻辑结构

通用存储器 IC 卡：一般均采用通用存储器芯片，不完全符合或支持有关 IC 卡国际标准，没有或很少有安全控制功能。

智能存储器 IC 卡：采用智能存储器芯片（称为专用 IC 卡芯片），符合或支持有关 IC 卡国际标准，具有较为完善的安全控制功能。

IC 卡一般分为四个存储区：

（1）公开的（不保密的）存储区：内含公用信息，注入发行标识符，持卡人的账号等。

（2）外部不可读的存储区：存储的内容供内部决策用，如 PIN 值，该值是在卡片发行时进行个人或处理写入的，用户在输入正确的 PIN 值后，允许输入新 PIN 值进行修改，但在任何情况下，都不允许将存储在卡中的 PIN 值向外界传送。在本存储区内还可能存放秘钥。

（3）保密存储区：内含账面余额、允许卡使用的服务类型及限额等。当持卡人输入正确的 PIN 值后，允许读取本存储区数据，并根据应用情况写入正确数据（如修改余额）。

（4）记录区：内含每次交易细节，称为日志，可供查询。

除了存储器卡外，在其他 IC 卡中还有逻辑电路或微处理器，提供安全可靠的服务。

3.4.3　接触型 IC 卡及接口

接触式 IC 卡是指通过 IC 卡读写设备的触点与 IC 卡的触点接触后进行数据的读写。国际标准 ISO7816 对此类卡的机械特性、电器特性等进行了严格的规定。

1. 国际标准 IC 卡接触点分布

IC 卡接触点引脚及触点功能如图 3-30 和表 3-7 所示。

表 3-7　触 点 功 能 表

卡接触点	符　号	功　能
1	VCC	电源电压
2	RST	复位
3	CLK	时钟输入
4，5，7	NC	无连接
6	I/O	双向数据线
8	GND	地

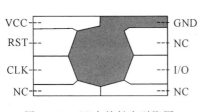

图 3-30　IC 卡接触点引脚图

2. 接触式 IC 卡读卡器的硬件设计

IC 卡主要通过卡本身插入读卡器终端，与上位机或远程网络交换信息，如图 3-31 所示，即 IC 卡发送和响应上位机命令的过程示意图。

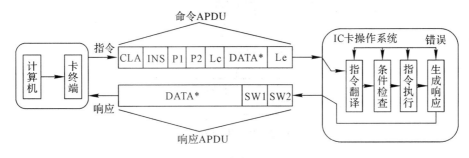

图 3-31　IC 卡命令发送及响应过程

图 3-32 是读卡器终端的接口电路。其中，K1、K2 是一组常开触点的金属簧片，当无卡插入时，簧片无接触，故 RB0 测得高电平；有卡插入，RB0 测得低电平。通过定时检测 RB0 口可知有无卡插入。$R1$、VD1、VT1 和 $R3$ 构成卡上下电电路。当 RB5＝0 时，晶体管 VT1 导通，卡的 VCC 端加上正电源，即卡得电；反之卡失电。VD2、$R2$ 构成了卡短路检测电路，由于人为或其他原因使得卡上电压降低甚至短路时，RB4 测得低电平。利用软件和硬件的配合，可以大大提高读卡器的可靠性。

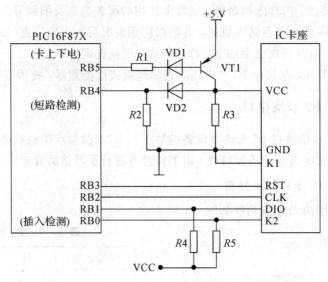

图 3-32　IC 卡与单片机的接口电路

3. 接触式 IC 卡读卡器的软件设计

上述读卡、识卡过程可用流程图 3-33 表示。

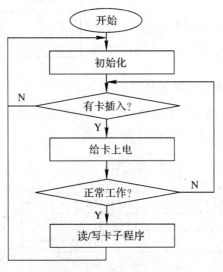

图 3-33　识卡流程图

3.4.4　非接触型 IC 卡及接口

非接触式 IC 卡又称射频卡，它成功地将射频识别技术和 IC 卡技术结合起来，解决了无源和免接触的难题，是电子器件领域的一大突破。非接触式 IC 卡与 IC 卡读卡器之间无机械触点，通过无线电波来完成读写操作，二者之间的通信频率为 13.56 MHz，满足国际标准 ISO10536 系列规定。非接触式 IC 卡操作快捷、抗环境污染、抗静电能力、设备无需经常维护，一般用在使用频繁、信息量相对较少、可靠性要求较高的场合，如电子交易，门禁系统，防伪，各种电、水、热能和煤气计量表的预付费系统，乃至宠物识别等系统。

1. 非接触式 IC 卡系统构成

与接触式 IC 相比，非接触式 IC 卡内嵌芯片除 CPU、逻辑单元、存储单元外，增加了射频收发电路。非接触式 IC 卡本身是无源卡，当读写器对卡进行读写操作时，读写器发出的信号由两部分叠加组成：一部分是电源信号，该信号由卡接收后，与本身的 L/C 产生一个瞬间能量来供给芯片工作。另一部分则是指令和数据信号，指挥芯片完成数据的读取、修改、储存等，并返回信号给读写器。

非接触式 IC 卡系统一般由控制器、读写器、IC 卡组成，框图见图 3 - 34 所示。其中，读卡器一般由单片机、专用智能模块和天线组成，并配有与 PC 的通信接口、打印机、I/O 口等，以便应用于不同的领域。读写器将要发送的信号，编码后加载在频率为 13.56 MHz 的载波信号上经天线向外发送，进入读写器工作区域的 IC 卡接收此脉冲信号。一方面卡内芯片中的射频接口模块由此信号获得电源电压、复位信号、时钟信号；同时卡内芯片中的有关电路对此信号进行调制、解码、解密，然后对命令请求、密码、权限等进行判断。若为读命令，控制逻辑电路则从存储器中读取有关信息，经加密、编码、调制后经卡内天线发送给读写器，读写器对接收到的信号进行解调、解码、解密后送至后台计算机处理。若为修改信息的写命令，有关控制逻辑引起的内部电荷泵提升工作电压，提供擦写 EEPROM 时所需的高压，以便对 EEPROM 中的内容进行改写。若经判断其对应的密码和权限不符，则返回出错信息。

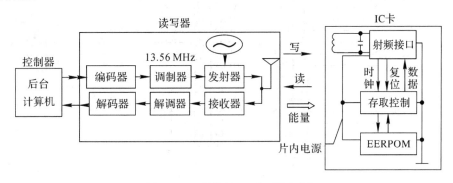

图 3 - 34　非接触 IC 卡系统框图

2. 非接触式 IC 卡读卡器的硬件设计

图 3 - 35 给出了一种基于 MSP430 的非接触式 IC 卡读卡器设计实例。硬件电路包括主控芯片 MSP430 及其外围电路、LCD 显示模块、电源控制模块、非接触式读卡电路模块、上位机接口模块。

非接触式 IC 卡读卡芯片选用飞利浦公司的高集成读卡芯片 CLRC632 芯片。CLRC632 的寄存器不同配置、初始化以及功能的实现是通过微处理器对芯片寄存器

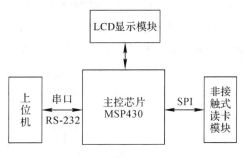

图 3 - 35　读卡器硬件框图

的读/写控制来实现的。CLRC632 支持不同的微处理器接口，图 3 - 36 给出的电路采用串行外围设备接口 SPI(Serial Peripheral Interface) 的 4 线（SOMI、SIMO、SCLK 和 CSB）模

式与 CLRC632 进行通信。CSB 为片选信号，低电平有效。CLRC632 在 SPI 模式下作为从机，MSP430 作为主机，产生 SPI 的时钟 SCK 信号。

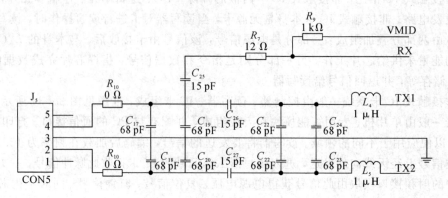

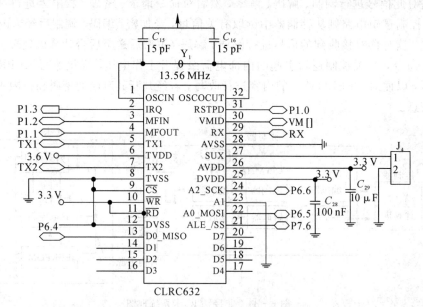

图 3-36　非接触式 IC 读卡部分电路

3. 非接触式 IC 卡读卡器的软件设计

该读卡器软件主流程如图 3-37 所示。在每次重新启动后，程序将处理各种中断，并且初始化微处理器的相关寄存器，然后进入主循环，进行相应的处理。

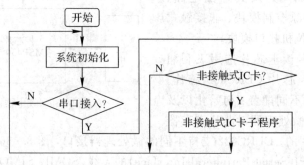

图 3-37　读卡器主程序流程图

3.5　无线通信技术

近几年来，全球通信技术的发展日新月异，尤其是近两三年来，无线通信技术的发展速度与应用领域已经超过了固定通信技术，呈现出如火如荼的发展态势。其中最具代表性的有蜂窝移动通信、宽带无线接入，也包括集群通信、卫星通信，以及手机视频业务与技术。

信息网络的结构模式将向核心网/接入网转变，网络的分组化和宽带化，使在同一核心网络上综合传送多种业务信息成为可能，网络的综合化以及管制的逐步开放和市场竞争的需要，将进一步推动传统的电信网络与新兴的计算机网络的融合。接入网是通信信息网络中最具开发潜力的部分，可通过固定接入、移动蜂窝接入、无线本地环路等把不同的接入设备接入核心网，实现用户所需的各种业务。在技术上实现固定和移动通信等不同业务的相互融合，尤其是无线应用协议（wap）的问世，极大地推动无线数据业务的开展，进一步促进移动业务与 IP 业务的融合。

3.5.1　信号的调制与解调

无线电波是无线通信的信息载体，通常把它称为载波。就像用车船运输货物一样，无线电波仅仅是运输工具，而进行通信的最终目的是要实现信息的快速、准确和方便的传递。因此，在发射端必须将要传递的信息装载到载波上，即信号调制。装载了信息的电磁波称为已调波，在接收端再从收到的已调波上把信息取出来，称作解调。因此，调制与解调是无线通信中必不可少的过程。一个通信系统的好坏、高效与否，调制与解调是关键的一环。通信中的调制方式很多，调制传输是对各种信号变换后传输的总称。

短波通信较常用的调制方式有普通调幅 AM、单边带调幅 SSB、频率调制 FM 等；超短波和微波通信较常用的调制方式有频率调制 FM、相位调制 PM 等；短波、超短波和微波段常用的数字调制方式有幅移键控 FSK、相移键控 PSK 等。

1. 幅度调制

1）普通调幅（AM）

幅度调制中，输出已调信号的包络与输入调制信号成正比，其时间波形表达为

$$S_{AM}(t) = [U_{cm} + f(t)]\cos(\omega_c t + \theta_c) \tag{3-1}$$

式中，U_{cm} 为载波幅度；$f(t)$ 为调制信号，它可以是确知信号，也可以是随机信号；ω_c 为载波角频率；θ_c 为载波角初相位。

若调制信号 $f(t)$ 为一单频率信号，$f(t) = U_{\Omega m}\cos\Omega t$，$\theta_c = 0$，则

$$S_{AM}(t) = U_{cm}\cos\omega_c t + (1/2)m_a U_{cm}\cos(\omega_c + \Omega)t + (1/2)m_a U_{cm}\cos(\omega_c - \Omega)t \tag{3-2}$$

式中，$m_a = U_{\Omega m}/U_{cm}$ 为调幅度。

单音调制的普通调幅波（AM）的波形和频谱图如图 3-38 所示。其中，图（a）为调制信号波形；图（b）为双边带调幅波（AM）的波形；图（c）为双边带调幅波（AM）的频谱。

从 AM 波形和频谱图可知，AM 信号的包络变化与调制信号成正比，频谱的带宽是原调制信号的两倍，且上、下边带所含的信息相同，载波不含任何信息成分，只起运载信息的作用，故 AM 波的功率利用率较低。AM 波占用两倍调制信号频带宽度，且幅度中含有调

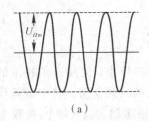 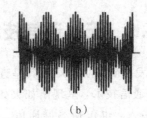 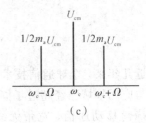

　　　　　　（a）　　　　　　　　　　　（b）　　　　　　　　　　　（c）

图 3 - 38　单音调制的普通调幅波(AM)的波形与频率

制信号的信息，因此抗干扰能力差。现代通信设备中虽然保留了 AM 调制，但不作为主要调制制式和工作种类。只是由于 AM 调制信号的解调技术简单、成本低，所以在传统的中波广播中仍然使用。

　　普通调幅波的解调称为包络检波，它将调幅波中的调制信号即调幅波的包络变化检波出来，即可还原出原始的低频调制信号。

　　2）单边带调幅(SSB)

　　单边带调幅(SSB)是从双边带调幅发展而来的。假定需要传输的消息是话音信号，其频谱如图 3 - 39(a)所示。对载波调幅后，所得调幅波的频谱如图 3 - 39(b)所示。它由载频、上边带(USB)和下边带(LSB)三个部分组成。被传递的消息包含在两个边带之中，而且每一个边带都有完整的被传递的消息。因此，为了不失真地传递消息，只要发送其中一个边带(如上边带)即可。载波和另外一个边带(如下边带)都可以被抑制。可以设想用一个高频滤波器把所需要的边带滤出来，而抑制载波和另外一个边带，在滤波器输出端就可得到含有完整信息的边带信号，见图 3 - 39(c)。由此可见，从理论上讲，利用单边带信号就可以无失真地传递消息。当然，接收机必须采用相干解调方法才能把消息从单边带信号中解调出来，而不能采用包络检波技术。这种利用单边带信号传递消息的调幅方式称为单边带调幅(SSB)。

　　单边带调幅(SSB)是模拟短波通信的主要调制方式。

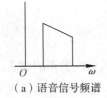 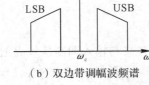 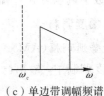

（a）语音信号频谱　　　　　　（b）双边带调幅波频谱　　　　　　（c）单边带调幅频谱

图 3 - 39　单边带调幅(SSB)的频谱

2. 角度调制

　　频率调制(FM)与相位调制(PM)统称为角度调制，属于非线性调制。频率调制是使高频振荡的频率按调制信号的规律变化而幅度保持不变的一种调制方式。相位调制是使高频振荡的相位按调制信号的规律变化而幅度保持不变。它们都是重要的调制方式，其数学表达比较复杂，可参考有关通信原理的书籍。

　　调频信号的产生方法主要有两种：直接调频法与间接调频法。

　　调频波解调的方法很多，可分为：波形变化法解调，又称直接法；锁相环解调及调频负反馈解调，又称间接法；脉冲计数法；正交鉴频，复合门解调器。

与 AM 调制相比，角度调制信号中由于没有单独的载波分量，因此功率的利用率高。因为调频波是等幅的，可以利用限幅器去掉寄生调幅，故角度调制的抗干扰性能好。

3.5.2　无线电波的发射与接收

无线通信系统中，发射设备承担着消息的发送任务，具有将消息转变为无线电发射信号并向外辐射的功能。信号经空间无线信道传送到接收端后，由接收设备从混有噪声、干扰的有噪信号中提取出携带消息的有用信号并将其还原为消息。

发射设备主要包括发送终端、发射机（Transmitter）和发射天线（Antenna）三部分。发送终端将待发送的消息变换为电信号后，发射机对该信号进行放大、变换，使其功率足够大、频率适合信道传输，即成为射频（Radio Frequency）已调波信号，再由发射天线将射频已调波信号变换为电磁波向外辐射。

1. 发射机的基本工作原理

发射机主要由低频电路、振荡源、射频功率放大器及调制器等组成。按调制器在发射机中所处位置的不同，可以将发射机分为高电平调制和低电平调制两大类。

高电平调制发射电路是指在发射机中高电平级也就是功放末级进行的调制，其发射电路如图 3-40 所示。这种调制方式的特点是可以采用高效率的 C 类和 D 类谐振功率放大器，且调制器对振荡源的影响小。

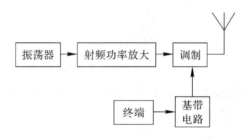

图 3-40　高电平调制发射电路

低电平调制发射电路是指在发射机中低电平级也就是功率放大之前进行的调制，其发射电路如图 3-41 所示。这种调制方式的特点是：调制的实现比较方便，可以保证调制的良好线性；功率放大器的工作效率较低，且调制器容易对振荡源产生影响。

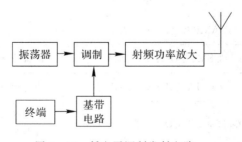

图 3-41　低电平调制发射电路

发射机的主要性能指标包括工作频率或工作频段、输出功率、效率、频率准确度和频率稳定性和杂散辐射等几个方面。

2. 无线电波的接收

接收是发射的逆过程。接收设备主要由接收天线、接收机和接收终端三部分组成。接收天线将空间传播的电磁波变换为电信号,接收机对该信号进行滤波、放大、变换,将其还原为与发射端相一致的基带信号,由接收终端恢复成消息。

接收机的基本功能是选择、放大和变换信号,由预选器、高频放大器、解调器及低频放大器组成,如图 3-42 所示。

图 3-42 基本接收机的构成

超外差式接收机可以较好地解决基本接收机存在的问题,使接收机的选择性和放大量大大提高,构成如图 3-43 所示。

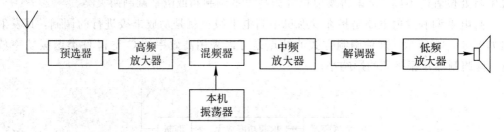

图 3-43 超外差式接收机的构成

接收机的主要性能指标包括:工作频率或工作频段、灵敏度、选择性、频率准确度、频率稳定性和失真度等几个方面。

3.5.3 无线通信技术分类

无线通信技术发展至今大约经历了五个阶段,如表 3-8 所示。

表 3-8 无线通信系统发展阶段描述

无线通信发展阶段	系 统	普通业务
第 1 代(1G)	AMPS、TACS、NMT	语音
第 2 代(2G)	GSM、TDMA、CDMA	语音业务和短消息业务
过渡代(2.5G)	CDMA、GPRS、EDGE	语音业务和新引入的分组数据业务
第 3 代(3G)	CDMA2000/WCDMA TD-SCDMA	为高速多媒体数据和语音设计的分组数据业务和语音业务
第 4 代(4G)	CDMA、SCDMA、OFDM、MIMO	可提供高质量的影像等多媒体业务及各种增值服务

1. GSM 无线通信系统

全球数字移动电话系统(GSM)是欧洲电信标准学会(ETSI)为第二代移动通信制定的可国际漫游的泛欧数字蜂窝系统标准。GSM 无线网络系统分为移动台(MS)、基站子系统(BSS)、网络和交换子系统(NSS)。GSM 参考体系结构如图 3-44 所示。

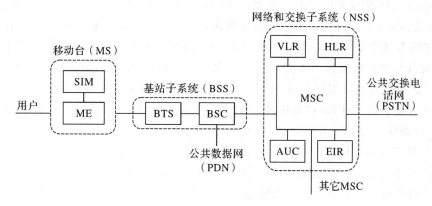

图 3-44　GSM 参考体系结构

(1) 网络和交换子系统(NSS)。网络子系统(NSS)建立在移动交换中心(MSC)上，负责端到端的呼叫、用户数据管理、移动性管理和与固定网络的连接。NSS 通过 A 接口连接 BSS，与固定网络的接口取决于互联网络的类型。

(2) 基站子系统(BSS)。基站子系统(BSS)由一个基站控制器(BSC)和若干个基站收发信机(BTS)组成，BTS 主要负责与一定覆盖区域内的移动台(MS)进行通信，并对空中接口进行管理。

(3) 移动台(MS)。移动台即为移动终端设备，除了具有通过无线接口(Um)接入到 GSM 系统的一般处理功能外，还为移动用户提供了人机接口。

2. GPRS 无线通信系统

GPRS(General Packet Radio Services, 通用分组无线业务)是对 GSM 的升级，它使用与 GSM 完全相同的物理无线信道，在 GSM 的物理层和网络实体上定义了新的逻辑 GPRS 无线信道，对独立短分组提供快速接入网络从而与外部的分组数据网络建立连接。GPRS 的参考体系结构如图 3-45 所示。

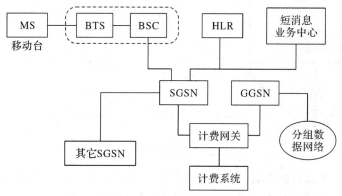

图 3-45　GPRS 的参考体系结构

GPRS 无线通信系统的主要特点如下：

(1) 连接费用较低，资源利用率高。在 GSM 网络中，GPRS 首先引入了分组交换的传输模式，使得原来采用电路交换模式的 GSM 传输数据方式发生了根本性的变化，这在无线资源稀缺的情况下显得尤为重要。按电路交换模式来说，在整个连接期内，用户无论是否传送数据都将独自占有无线信道。在会话期间，许多应用往往有不少的空闲时段，如上 Internet 浏览、收发 E-mail 等。对于分组交换模式，用户只有在发送或接收数据期间才占用资源，这意味着多个用户可高效率地共享同一无线信道，从而提高了资源的利用率。GPRS 用户的计费以通信的数据量为主要依据，体现了"得到多少、支付多少"的原则。实际上，GPRS 用户的连接时间可能长达数小时，却只需支付相对低廉的连接费用。

(2) 传输速率高。GPRS 可提供高达 115 kb/s 的传输速率(最高值为 171.2 kb/s，不包括 FEC)。这意味着通过便携式电脑，GPRS 用户能和 ISDN 用户一样快速地上网浏览，同时也使一些对传输速率敏感的移动多媒体应用成为可能。

(3) 接入时间短。分组交换接入时间缩短为 1 s 以内。GPRS 是一种新的 GSM 数据业务，它可以给移动用户提供无线分组数据接入服务。GPRS 主要是在移动用户和远端的数据网络(如支持 TCP/IP、X.25 等网络)之间提供一种连接，从而给移动用户提供高速无线 IP 和无线 X.25 业务。

3. CDMA 无线通信系统

码分多址(CDMA)又称为 IS-95，是一种接入方法和空中接口的标准，是基于直接序列扩频(Direct Sequence, DS)的一种宽带扩频技术。它允许多个用户在相同的时间内使用相同的无线电信道或频段，每个用户都用他们独有的码序列，从而与其他用户区别开来。CDMA 的体系结构如图 3-46 所示。

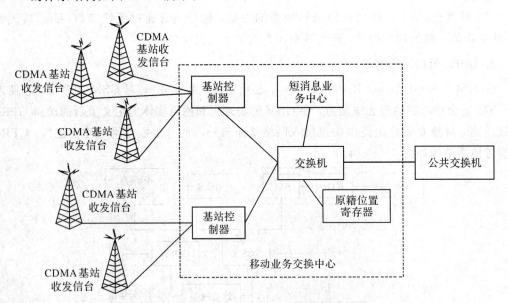

图 3-46　CDMA 的体系结构

相对于之前的移动通信技术，CDMA 在技术上有很大进步，主要表现在：

(1) CDMA 信号使用整个频段，几乎是普通窄带调制效率的 7 倍，从综合情况衡量，对于相同的带宽，CDMA 系统的容量要比模拟系统大 10 倍，比 GSM 系统容量要大 4～5 倍。CDMA 具有自扰系统功能，可以对话务量和话音干扰噪声进行折衷平衡，从而可以在保证通话质量的同时，尽可能多地容纳用户。CDMA 基站覆盖是"单覆盖—双覆盖—单覆盖"，手机从一个基站覆盖范围漫游到另一个基站覆盖范围时，系统将信号自动切换到相邻的较为空闲的基站上，而且是在确认信号已经到达相邻基站覆盖区时，才与原基站断开。这些技术使 CDMA 既容量大，接通率高，又不易掉话。

（2）CDMA 采用了先进的数字话音编码技术，相当于使用多个接收机同时接收和合成不同方向来的声音信号。CDMA 的声码器可以动态地进行高速数据传输，并根据适当的门限值选择不同的电平级发射。同时，门限值会根据背景噪声的改变而改变。这样，既可以使声音逼真，又可以保证在通话背景噪声较大的情况下，获得较好的通话质量。

（3）保密性强。CDMA 码址是伪随机码，共有 4.4 万种可能的排列。在这样的情况下，要破解密码，窃听通话是极为困难的。

（4）电磁辐射小，有"绿色手机"的称谓。由于 CDMA 系统采用了随机接入机制和快速的功率控制、软切换、语音激活等先进技术，以及 CDMA 技术规范(IS-95)对手机最大发射功率进行了限制，使得 CDMA 手机在实际通信过程中发射功率很小，电磁波辐射很低。同时，也不产生低频脉冲电磁波。最近，有关技术机构在北京进行的试行测试证明，CDMA 手机的平均发射功率，仅仅相当于 GSM 手机等效发射功率的 1.78%。

（5）节电。CDMA 采用功率控制和可变速率声码器技术，通话功率低，可以控制在零点几毫瓦范围，正常工作功率小，能源消耗也小，手机电池使用的时间自然也就长。

4. 第三代无线通信系统(3G)

第三代移动通信系统简称 3G 系统，一般指将无线通信与国际互联网等多媒体通信结合的新一代移动通信系统。它能够处理图像、音乐、视频流等多种媒体形式，提供包括网页浏览、电话会议、电子商务等多种信息服务。为了提供这种服务，无线网络必须能够支持不同的数据传输速度，也就是说在室内、室外和行车的环境中能够分别支持至少 2 MB/s(兆字节/秒)、384 KB/s(千字节/秒)以及 144 KB/s 的传输速度。

1) 3G 技术基本特点

从目前已确立的 3G 标准分析，其网络特征主要体现在无线接口技术上。蜂窝移动通信系统的无线技术包括小区复用、多址/双工方式、应用频段、调制技术、射频信道参数、信道编码及纠错技术、帧结构、物理信道结构和复用模式等诸多方面。纵观 3G 无线技术演变，一方面它并非完全抛弃 2G，而是充分借鉴 2G 网络运营经验，兼顾 2G 的成熟应用技术，另一方面，根据 IMT—2000 确立的目标，未来 3G 系统所采用无线技术应具有高频谱利用率、高业务质量、适应多业务环境，并具有较好的网络灵活性和全覆盖能力。3G 在无线技术上的创新主要表现在以下几方面：

（1）采用高频段频谱资源。为实现全球漫游目标，按 ITU 规划 IMT—2000 将统一采用 2G 频段，可用带宽高达 230 MHz，分配给陆地网络 170 MHz，卫星网络 60 MHz，这为 3G 容量发展、实现全球多业务环境提供了广阔的频谱空间，同时可更好地满足宽带业务。

（2）采用宽带射频信道，支持高速率业务。考虑到承载多媒体业务的需要，3G 网络射频载波的信道，可根据业务要求选用 5/10/20M 等信道带宽，同时能进一步提高码片速率，系统抗多径衰落能力也大大提高。

(3) 实现了多业务、多速率传送。在宽带信道中,可以灵活应用时间复用、码复用技术,单独控制每种业务的功率和质量,通过选取不同的扩频因子,将具有不同服务质量(Quality of Service,QoS)要求的各种速率业务映射到宽带信道上,实现多业务、多速率传送。

(4) 快速功率控制。3G 主流技术均在下行信道中采用了快速闭环功率控制技术,用以改善下行传输信道性能,这一方面提高了系统抗多径衰落能力,但另一方面由于多径信道影响导致扩频码分多址用户间的正交性不理想,增加系统自干扰的偏差,但总体上快速功率控制的应用对改善系统性能有好处。

(5) 采用自适应天线及软件无线电技术。3G 基站采用带有可编程电子相位关系的自适应天线阵列,可以进行发信波束赋形,自适应地调整功率,减小系统自干扰,提高接收灵敏度,增大系统容量。另外,软件无线电技术在基站及终端产品中的应用,对提高系统灵活性、降低成本至关重要。

2) 3G 的技术标准

国际电信联盟(ITU)在 2000 年 5 月确定 W-CDMA、CDMA2000 和 TDS-CDMA 三大主流无线接口标准,并将其写入 3G 技术指导性文件《2000 年国际移动通信计划》(简称 IMT—2000)。

W-CDMA 即 Wide-band CDMA,也称为 CDMA Direct Spread,意为宽频分码多重存取,其支持者主要是以 GSM 系统为主的欧洲厂商,这套系统能够架设在现有的 GSM 网络上,对于系统提供商而言可以较轻易地过渡,而 GSM 系统相当普及的亚洲对这套新技术的接受度可能会比较高。因此 W-CDMA 具有先天的市场优势。

CDMA2000 也称为 CDMA Multi-Carrier,由美国高通北美公司为主导提出,这套系统是从窄频 CDMA One 数字标准衍生出来的,可以从原有的 CDMA One 结构直接升级到 3G。中国电信集团公司已经获得增加基于 CDMA2000 技术制式的 3G 业务经营许可,在收购中国联通 CDMA 网络之后,启动网络优化工程,目前已完成所有县级以上城市的 CDMA 网络建设工作,可满足无线上网需求,并已建起了一个覆盖全国的 3G 网络。

由于 WCDMA 和 CDMA2000 这两种技术都是将 CDMA 技术用于蜂窝系统,许多的思想都是源于 CDMA 系统,因此 WCDMA 和 CDMA2000 有许多相似之处,都满足 IMT—2000 提出的技术要求,支持高速多媒体业务、分组数据和 IP 接入等。但它们在技术实现、规范标准化、网络演进等方面都存在较大差异。

WCDMA 和 CDMA2000 各有优势和缺点。WCDMA 技术较成熟,能同广泛使用的 GSM 系统兼容;能提供更加灵活的服务;而且 WCDMA 能灵活处理不同速率的业务。其缺点是只能共用现有 GSM 系统的核心网部分,无线设备可以共用的很少。

CDMA2000 的优势是可以和窄带 CDMA 的基站设备很好地兼容,能够从窄带 CDMA 系统平滑升级,只需增加新的信道单元,升级成本较低,核心网和大部分的无线设备都可用。容量也比 IS-95A 增加了两倍,手机待机时间也增加了两倍。缺点是 CDMA2000 系统无法和 GSM 系统兼容。

TD-SCDMA 是由中国大陆独自制定的 3G 标准,该标准将智能无线、同步 CDMA 和软件无线电等当今国际领先技术融于其中,在频谱利用率、对业务支持灵活性、频率灵活性及成本等方面有独特优势。另外,由于中国内地有庞大市场,该标准受到各大主要电信设备厂商的重视,全球一半以上的设备厂商都宣布可以支持 TD-SCDMA 标准。

5. 第 4 代移动通信技术(4G)

4G 是第四代移动通信及其技术的简称，是集 3G 与 WLAN 于一体，并能够快速传输数据、高质量音频、视频和图像等。4G 能够以 100 Mb/s 以上的速度下载，比目前的家用宽带 ADSL(4 兆)快 25 倍，并能够满足几乎所有用户对于无线服务的要求。此外，4G 可以在 ADSL 和有线电视调制解调器没有覆盖的地方部署，然后再扩展到整个地区。很显然，4G 有着不可比拟的优越性。

1) 4G 技术的主要特点

(1) 通信速度更快。第一代模拟式仅提供语音服务；第二代数位式移动通信系统传输速率也只有 9.6 kb/s，最高可达 32 Kb/s，如 PHS；而第三代移动通信系统数据传输速率可达到 2 Mb/s；第四代移动通信系统可以达到 10 Mb/s 至 20 Mb/s，甚至最高可以100 Mb/s速度传输无线信息，这种速度将相当于目前手机传输速度的 1 万倍左右。

(2) 智能化程度高。第四代移动通信的智能化程度更高，可以实现许多难以想象的功能。4G 采用智能技术使其能自适应地进行资源分配，能够调整系统对通信过程中变化的业务流量大小进行相应的处理，并满足通信的要求。在信道条件不同的各种复杂环境下都可以进行信号的收发，具有很强的智能性、适应性和灵活性。

(3) 提供增值服务。4G 通信并不是从 3G 通信的基础上经过简单的升级而演变过来的，3G 移动通信系统主要是以 CDMA 为核心技术，而 4G 移动通信系统技术则以正交频分复用(OFDM)的调制技术最受瞩目，利用这种技术人们可以实现例如无线区域环路(WLL)、数字音讯广播(DAB)等方面的无线通信增殖服务。

(4) 高质量的通信。尽管第三代移动通信系统也能实现各种多媒体通信，但 4G 通信系统能满足第三代移动通信尚不能达到的在覆盖范围、通信质量、造价上支持的高速数据和高分辨率多媒体服务的需要，第四代移动通信系统提供的无线多媒体通信服务将包括语音、数据、影像等大量信息透过宽频的信道传送出去，当然，还包括高质量的通信 品质的要求。因此，第四代移动通信系统也称为"多媒体移动通信"。

(5) 通信费用便宜。由于 4G 通信不仅解决了与 3G 通信的兼容性问题，让更多的现有通信用户能轻易地升级到 4G 通信，而且 4G 通信引入了许多尖端的通信技术，这些技术保证了 4G 通信能提供一种灵活性非常高的系统操作方式，因此相对其他技术来说，4G 通信部署起来就容易迅速得多；同时在建设 4G 通信网络系统时，通信营运商们将考虑直接在 3G 通信网络的基础设施之上，采用逐步引入的方法，这样就能够有效地降低运行者和用户的费用。因此，4G 通信的无线即时连接等某些服务费用将比 3G 通信更加便宜。

2) 4G 的关键技术

(1) OFDM 技术(正交频分复用)。OFDM 技术是一种无线环境下的高速传输技术，其主要思想就是在频域内将给定信道分成许多正交子信道，在每个子信道上使用一个子载波进行调制，各子载波并行传输。尽管总的信道是非平坦的，即具有频率选择性，但是每个子信道是相对平坦的，在每个子信道上进行的是窄带传输，信号带宽小于信道的相应带宽。OFDM 技术的优点是可以消除或减小信号波形间的干扰，对多径衰落和多普勒频移不敏感，提高了频谱利用率，可实现低成本的单波段接收机。OFDM 的主要缺点是功率效率不高。

(2) MIMO 技术(多输入多输出)。MIMO 技术是指利用多发射、多接收天线进行空间分集的技术，它采用的是分立式多天线，能够有效的将通信链路分解成为许多并行的子信道,从而大大提高容量。信息论已经证明,当不同的接收天线和不同的发射天线之间互不相关时,MIMO 系统能够很好地提高系统的抗衰落和噪声性能,从而获得巨大的容量。例如:当接收天线和发送天线数目都为 8 根,且平均信噪比为 20 dB 时,链路容量可以高达 $42b/(s \cdot Hz)$,这是单天线系统所能达到容量的 40 多倍。因此,在功率带宽受限的无线信道中,MIMO 技术是实现高数据速率、提高系统容量、提高传输质量的空间分集技术。在无线频谱资源相对匮乏的今天,MIMO 系统已经体现出其优越性,也会在 4G 移动通信系统中继续应用。

(3) 软件无线电技术。软件无线电是将标准化、模块化的硬件功能单元经过一个通用硬件平台,利用软件加载方式来实现各种类型的无线电通信系统的一种具有开放式结构的新技术。软件无线电的核心思想是在尽可能靠近天线的地方使用宽带 A/D 和 D/A 变换器,并尽可能多地用软件来定义无线功能,各种功能和信号处理都尽可能用软件实现。其软件系统包括各类无线信令规则与处理软件、信号流变换软件、信源编码软件、信道纠错编码软件、调制解调算法软件等。软件无线电使得系统具有灵活性和适应性,能够适应不同的网络和空中接口。软件无线电技术能支持采用不同空中接口的多模式手机和基站,能实现各种应用的可变 QoS。

3) 4G 应用需解决的一些问题

不少人都认为第四代无线通信网络系统是人类有史以来发明的最复杂的技术系统。的确,第四代无线通信网络在具体实施的过程中出现大量令人头痛的技术问题,大概一点也不会使人们感到意外和奇怪。第四代无线通信网络存在的技术问题多和互联网有关,并且需要花费好几年的时间才能解决。

(1) 首先必须解决通信制式等需要全球统一的标准化问题,这个问题是影响 4G 应用、推广的关键问题。

(2) 尽管 4G 通信能够给人带来美好的明天,但是技术上要实现 4G 通信的下载速度还面临着一系列问题。例如,如何保证楼区、山区,及其他有障碍物等易受影响地区的信号强度等问题。由于第四代无线通信网络的架构相当复杂,这一问题显得格外突出。

(3) 系统容量限制问题。人们对 4G 通信的印象最深的莫过于它的通信传输速度会得到极大提升,但移动终端通信的速度会受到通信系统容量的限制,如系统容量有限,用户越多,速度就越慢。据有关行家分析,实际应用中,4G 将很难达到其理论速度。

此外,随着通信功能的拓展,无线通信网络也变得越来越复杂,同样 4G 通信在功能日益增多的同时,它的建设和开发也会遇到比以前系统建设更多的困难和麻烦。

3.5.4　短距离无线通信技术

对于使用便携设备并需要从事流动性工作的人们,希望通过一个小型的、短距离的无线网络为移动的商业用户提供各种服务,实现在任何时候、任何地点、与任何人进行通信并获取信息的个人通信,从而促使以 Wi-Fi、蓝牙、ZigBee、60GHZ 技术、超宽带(UWB)技术、NFC 技术为代表的短距离无线通信技术应运而生。

一般来讲,短距离无线通信的主要特点为:通信距离短,覆盖距离一般在 $10 \sim 200m$;无线发射器的发射功率较低,一般小于 100 mW;工作频率多为免付费、免申请的全球通用的工业、科学、医学(Industrial Scientific Medical,ISM)频段。

低成本、低功耗和对等通信,是短距离无线通信技术的三个重要特征和优势。一般来讲，短距离无线通信技术从数据速率可分为高速短距离无线通信和低速短距离无线通信两类。高速短距离无线通信的最高数据速率高于 100 Mb/s，通信距离小于 10 m，典型技术有高速 UWB 和 60 GHz；低速短距离无线通信的最低数据速率低于 1 Mb/s，通信距离低于 100 m，典型技术有 ZigBee、低速 UWB、蓝牙。蓝牙技术载频选用在全球都可用的 2.45 GHz 的 ISM 频带，使用了跳频技术，数据速率可达 1 Mb/s。ZigBee 也使用 2.45 GHz 波段，基本速率为 250 kb/s。UWB 在 3.1～10.6 GHz 的波段内工作，在 10 m 的传输范围内，信号传输速率可达 500 Mb/s。60 GHz 采用 60 GHz 附近频段，使用了定向天线、波束成形等技术，连续 5～7 GHz 的带宽内可以提供高达每秒数吉比特的速率。

　　上述这些短距离无线通信技术分别具有不同的优点和缺点，适用于不同的应用场合。如 ZigBee 技术和 Bluetooth 都可以用来实现智能家居，而 60 GHz 技术可以在 10 m 范围内传输无压缩的高清视频数据。图 3-47 给出一种短距离通信技术共存应用场景。NFC 技术、蓝牙低耗能技术以及智能卡射频技术(RFID)都作为感知层的传感器，用于获取特定物品信息。这三种技术都能与蓝牙技术进行通信，蓝牙技术作为传感器网关。传感器获得的信息通过传感器网关，再给 Wi-Fi 物联网网关将信息传递到网络层。网络层中的基础设施对信息进行分析，将需要的控制信息传递到 ZigBee 设备，ZigBee 设备根据网络层给出的分析结果，发出控制信息遥控例如智能家居设备。而高速蓝牙则可以作为智能家居等应用环境中的大批量数据传输载体，给用户灵敏流畅的娱乐体验。

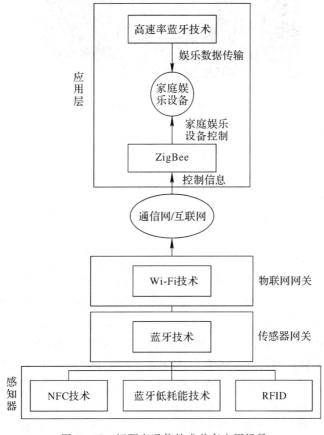

图 3-47　短距离通信技术共存应用场景

1. Wi-Fi 技术

Wi-Fi 是 IEEE 802.11b 的别称,是由一个名为"无线以太网相容联盟"(Wireless Ethernet Compatibility Alliance,WECA)的组织所发布的业界术语,中文译为"无线相容认证"。它是一种短程无线传输技术,能够在数百米范围内支持互联网接入的无线电信号。它的最大特点就是方便人们随时随地接入互联网。但对于智能家居应用来说缺点却很明显,功耗高、组网专业性强。

在使用 Wi-Fi 传输技术时,在用户端装置中安装 Wi-Fi 芯片及相关电路,通常是直接使用带有 Wi-Fi 电路模块,便具有与其他 Wi-Fi 设备进行无线通信的能力。如果在路由器中也安装上 Wi-Fi 电路模块,就构成使用 Wi-Fi 传输技术的无线路由器。这样,在 Wi-Fi 电波覆盖的有效范围内,无线用户端装置就可以采用 Wi-Fi 连接方式进行上网,并从网上获取电子邮件、Web 和流式媒体服务。图 3-48 即为一款含有 Wi-Fi 芯片的电路模块。

图 3-48　一款含有 Wi-Fi 芯片的电路模块

2. ZigBee 技术

ZigBee 技术的基础是 IEEE 802.15。但 IEEE 仅处理低级 MAC 层和物理层协议,因此 ZigBee 联盟扩展了 IEEE,对其网络层协议和 API 进行了标准化。ZigBee 是一种新兴的近程、低速率、低功耗的无线网络技术,主要用于近距离无线连接。具有低复杂度、低功耗、低速率、低成本、自组网、高可靠、超视距的特点。主要适合应用于自动控制和远程控制等领域,可以嵌入各种设备。

ZigBee 最初预计的应用领域主要包括消费电子、能源管理、卫生保健、家庭自动化、建筑自动化和工业自动化。ZigBee 能够在数千个微小的传感传动单元之间相互协调实现通信,并且这些单元只需要很少的能量,以接力的方式通过无线电波将数据从一个网络节点传到另一个节点,所以它的通信效率非常高。这种技术低功耗、抗干扰、高可靠、易组网、易扩容,易使用、易维护、便于快速大规模部署等特点顺应了物联网发展的要求和趋势。

值得注意的是,物联网的兴起将给 ZigBee 带来广阔的市场空间,在智能家居、工业监测和健康保健等方面的应用有很大的融合性。物联网的目的是要将各种信息传感传动单元与互联网结合起来从而形成一个巨大的网络,在这个巨大网络中,传感传动单元与通信网络之间需要数据的传输,而相对其他无线技术而言,ZigBee 以其在投资、建设、维护等方面的优势,必将在物联网领域获得更广泛的应用。

ZigBee 能够在数千个微小的传感传动单元之间相互协调实现通信，并且这些单元只需要很少的能量，以接力的方式通过无线电波将数据从一个网络节点传到另一个节点，所以它的通信效率非常高。物联网的兴起给 ZigBee 带来广阔的市场空间，在智能家居、工业监测、消费电子、能源管理和健康保健等方面的应用有很大的融合性。

ZigBee 技术有三种组网方式：星型网、网状网及混合网。其中星型网络相对简单，便于管理，建网容易，适合家庭智能化网络设计等小范围的室内应用，在此智能家居系统中多采用星形网络拓扑结构。ZigBee 技术组建家庭无线网络，负责监控家中电器以及采集家庭环境信息，并通过家庭网关实现与外部网络的通信。

ZigBee 组建的星形网络是辐射状结构，网络命令和数据都是通过协调器传输，终端设备之间通信也是通过协调器转发。ZigBee 无线网络中包含设备终端节点、遥控节点（具有按键功能或者类似开关量的终端）、协调器节点（与网关连接）。ZigBee 模块与传感器或其他应用电路相连构成设备终端节点，负责监控设备和采集数据；ZigBee 模块加按键构成遥控终端节点，实现室内无线遥控家电的开关；ZigBee 模块和 RS-232 接口组成协调器节点，负责创建和管理网络，收集数据并向外部网络传送。各终端节点和协调器共同构成了系统的 ZigBee 无线网络部分。

ZigBee 模块基础部分可采用 Chipcon 公司推出的 CC2430 芯片用来实现嵌入式 ZigBee 应用的片上系统。在单个芯片上整合了 ZigBee 射频（RF）前端、内存和 8051 微控制器，只需很少的外围部件配合就能实现信号的收发功能。图 3-49 所示为 ZigBee 节点的硬件结构图，其中协调器节点没有传感器数据采集和功能按键部分。

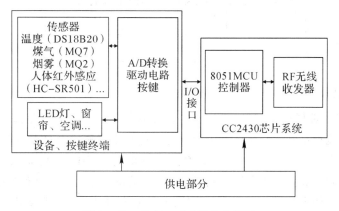

图 3-49　ZigBee 节点硬件电路图

3. 蓝牙无线通信

蓝牙技术（Blue Tooth）是一种无线数据与语音通信的开放性全球规范，它以低成本的近距离无线连接为基础，为固定与移动设备通信环境建立一个特别连接。蓝牙无线技术为已存在的数字网络和外设提供通用接口，以组建一个远离固定网络的个人特别连接设备群。蓝牙技术采用时分双工传输方案被用来实现全双工传输，使用 IEEE 802.15 协议。

蓝牙工作在无需许可的 2.4 GHz 工业频段（SIM）之上（我国的频段范围为 2400.0～2483.5 MHz）。蓝牙每个频道带宽为 1 MHz，相邻频道中心频率间隔为 1 MHz。为避免带外辐射和其他干扰，规定上、下保护频带分别为 3.5 MHz 和 2 MHz。蓝牙采用跳频扩展频谱技术，在工作频段内共设置 79 个跳频点，在一个 30 s 的时间段内，任何一个频点的使用时间不超过 0.4 s，且跳频过程是伪随机的。根据蓝牙射频功率的大小可分为 3 个功率级别，即 1 级功率 100 mW、2 级功率 2.5 mW、3 级功率 1 mW。

　　每个计算机网卡都有一个媒体访问控制地址，即 MAC 地址，它可以区别网络上数据的源端和目的端。与此类似，全世界每个蓝牙收发器都被唯一地分配了一个遵循 IEEE 802 标准的 48 位蓝牙设备地址。蓝牙设备的地址空间为 232（约 42.9 亿个）。各个蓝牙设备制造商有权对自己生产的产品进行编号，由此可以认为全世界的蓝牙设备地址是唯一的。图 3-50 给出了一个蓝牙遥控模块的电路原理图。

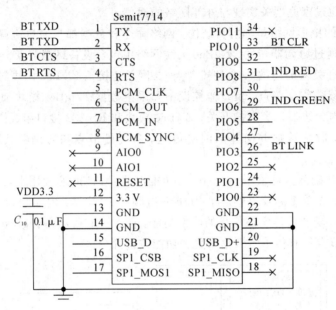

图 3-50　蓝牙遥控模块的电路原理图

4. NFC 技术

　　NFC 技术称为近场通信（Near Field Communication），又称近距离无线通信，是一种短距离的高频无线通信技术，允许电子设备之间进行非接触式点对点数据传输，在 10 厘米（3.9 英寸）内交换数据。这个技术由非接触式射频识别（RFID）演变而来，由飞利浦半导体（现恩智浦半导体）、诺基亚和索尼共同研制开发，其基础是 RFID 及互联技术。近场通信是一种短距高频的无线电技术，在 13.56 MHz 频率运行于 20 厘米距离内。目前近场通信已通过成为 ISO/IEC IS 18092 国际标准、EMCA-340 标准与 ETSI TS 102 190 标准。NFC 采用主动和被动两种读取模式。

　　NFC 通信距离短，只能是点对点的连接，由于传输速度慢，不适用于稍大数据的传输。NFC 的优势在于连接过程简单，2 台 NFC 设备之间建立连接所需时间只需要 0.1 秒。在蓝牙配对时，引入 NFC 配对技术作为蓝牙的补充，在蓝牙节点之间建立连接的初步握手功能，提高蓝牙的连接效率。

5. 无线局域网(WLAN)

　　无线局域网，也被称为 WLAN。WLAN 是利用无线技术在空中传输数据、话音和视频信号。作为传统布线网络的一种替代方案或延伸，无线局域网把个人从办公桌边解放了出来,使他们可以随时随地获取信息,提高了员工的办公效率。此外,WLAN 还有其他一些优点。它能够方便地实施联网技术,因为 WLAN 可以便捷、迅速地接纳新加入的成员,而不必对网络的用户管理配置进行过多的变动。在有线网络布线困难的地方使用 WLAN 方案,则不必再实施打孔敷线作业,因而不会对建筑设施造成任何损害。

由于 WLAN 是基于计算机网络与无线通信技术的,在计算机网络结构中,逻辑链路控制(LLC)层及其之上的应用层对不同的物理层的要求可以是相同的,也可以是不同的,因此,WLAN 标准主要是针对物理层和媒质访问控制层(MAC),涉及到所使用的无线频率范围、空中接口通信协议等技术规范与技术标准。

6. 超宽带(UWB)无线通信

UWB(UltraWideband)是一种无载波通信技术,利用纳秒至微微秒的非正弦波窄脉冲传输数据。通过在较宽的频谱上传送极低功率的信号,UWB 能在 10 米左右的范围内实现数百 Mb/s 至数 Gb/s 的数据传输速率。UWB 具有抗干扰性能强、传输速率高、带宽极宽、消耗电能小、发送功率小等诸多优势,主要应用于室内通信、高速无线 LAN、家庭网络、无绳电话、安全检测、位置测定、雷达等领域。

UWB(Ultra Wideband)无线通信是一种不用载波,而采用时间间隔极短(小于 1 ns)的脉冲进行通信的方式,也称做脉冲无线电(Impulse Radio)、时域(Time Domain)或无载波(Carrier Free)通信。与普通二进制移相键控(BPSK)信号波形相比,UWB 方式不利用余弦波进行载波调制而是发送许多小于 1 ns 的脉冲,因此这种通信方式可占用的带宽非常之宽,且由于频谱的功率密度极小,它具有通常扩频通信的特点。

UWB 调制采用脉冲宽度在纳秒级的快速上升和下降脉冲,脉冲覆盖的频谱从直流至吉赫兹,不需常规窄带调制所需的 RF 频率变换,脉冲成型后可直接送至天线发射。脉冲峰峰时间间隔在 10～100 ps 级。频谱形状可通过甚窄持续单脉冲形状和天线负载特征来调整。UWB 信号在时间轴上是稀疏分布的,其功率谱密度相当低,RF 可同时发射多个 UWB 信号。UWB 信号类似于基带信号,可采用 OOK(On-Off Keying,二进制启闭键控,它是 ASK 调制的一个特例,把一个幅度取为 0,另一个幅度为非 0,就是 OOK,以单极性不归零码序列来控制正弦载波的开启与关闭),对应脉冲键控,脉冲振幅调制或脉位调制。UWB 不同于把基带信号变换为无线射频(RF)的常规无线系统,可视为在 RF 上基带传播方案,在建筑物内能以极低频谱密度达到 100 Mb/s 数据速率。

为进一步提高数据速率,UWB 应用超短基带丰富的吉赫兹级频谱,采用安全信令方法(Intriguing Signaling Method)。基于 UWB 的宽广频谱,FCC 在 2002 年宣布 UWB 可用于精确测距,金属探测,新一代 WLAN 和无线通信。为保护 GPS、导航和军事通信频段,UWB 的频段限制在 3.1～10.6 GHz 和低于 41 dB 发射功率。

7. 60 GHz 通信

自 2000 年以来,欧、美、日等众多国家和地区相继在 60 GHz 附近划分出 5～7 GHz 频段。我国开放的 59～64 GHz 频段正好与世界通用频段相重合,利于开发出世界范围适用的技术和产品,是实现超高速室内短距离应用的必然选择,也是相关学术团体和标准化组织的最新研究热点。

60 GHz 电磁波属于毫米波范畴,其传输特性和 10 GHz 以下的无线信号有明显区别,主要表现在以下几个方面。首先，是具有极大的路径损耗；其次，氧气吸收损耗高；再次，绕射能力差，穿透性差。因此这些特点决定了它只适合于进行短距离视距(LOS)通信，并且需要采用一些相应的技术措施来克服其不利影响和提升系统性能，例如，定向波束成型、多跳中继、空间复用等。这里不再多说，请感兴趣的读者查阅其他相关参考书籍。

3.5.5　无线传感器网络系统

由于微机电系统(Micro Electro Mechanical System，MEMS)、无线通信和数字电子电路技术的发展，使得价格低廉、低能耗、小尺寸并且能进行无线通信的多功能传感器节点成为可能。

无线传感器网络是当前在国际上备受关注的、涉及多学科高度交叉、知识高度集成的前沿热点研究领域。它综合了传感器技术、嵌入式计算技术、现代网络及无线通信技术、分布式信息处理技术等，能够通过各类集成化的微型传感器协作地实时监测、感知和采集各种环境或监测对象的信息。图 3-51 所示为无线传感器网络系统的结构。

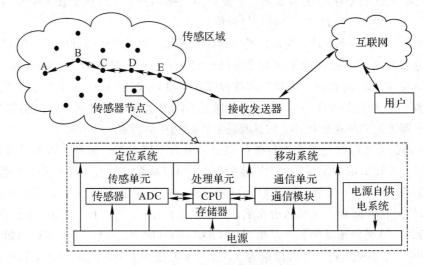

图 3-51　无线传感器网络系统结构

无线传感器网络具有快速部署、抗毁性强、实时性等特点，有着愈来愈广泛的应用前景。目前，无线传感器网路已经被成功应用到了包括军事、自然环境监测、工业生产监测、医疗保健及人类其他日常生活等在内的多个研究领域。

例如，在自然环境监测领域方面，为了监测大堡礁海域的生态系统情况，澳大利亚墨尔本大学和詹姆斯库克大学合作展开了 GBR(Great Barrier Reef)项目研究，成功利用无线传感器网络实现了对海洋生态系统的监测和数据采集；中国海洋大学和香港科技大学合作开展的 Ocean Sense 项目，成功实现了对各种海洋环境信息数据的感知、实时采集及分析处理。在工业生产监测领域，美国北卡罗来纳大学在美国肯塔基州的魁北克变电所部署的大规模无线传感器网络实现了对变电所设备的健康监测。在医疗保健方面，Intel 研究中心利用无线传感器网络开发的老人看护系统，实时检测他们的健康情况。sensor 节点被安置在老年人身上，能够感知到各项行动，并相应地做出正确提醒，记录下老年人的全部活动，为老人的健康安全提供保障。

无线传感器网络技术未来研究方向包括以下几个方面：

（1）通信协议。包括物理层通信协议，研究传感器网络的传输媒体、频段选择、调制方式等；数据链路层协议，研究网络拓扑、信道接入方式，拓扑结构包括平面结构、分层结构、混合结构以及 Mesb 结构，信道接入包括固定分配、随机竞争方式或以上两者的混合方式；网络层协议，即路由协议的研究，路由协议分为平面和集群两种，平面协议节点地位平等，简单易扩展，但缺乏管理，集群路由即分簇为簇首和簇成员，便于管理和维护，研究的热点是集成两种路由方式的优点；传输层协议，研究提供网络可靠的数据传输和错误恢复机制。

（2）网络管理。包括能量管理和安全管理。能量管理指不影响网络性能的基础上、控制节点的能耗、均衡网络的能量消耗以及动态调制射频功率和电压。安全管理包括几点认证、处理干扰信息、攻击信息等。

（3）应用层支撑技术。如时间同步和定位技术等。时间同步是指针对网络时间同步要求较高情况的应用。例如基于 TDMA 的 MAC 协议和特殊敏感时间监测应用，要求网络时间同步。定位技术是针对节点定位要求较高情况的应用，基于少数已知节点的位置，研究以最少的硬件资源、最低的成本和能耗定位节点位置的技术。

（4）硬件资源。如在基于特定应用的要求下，研究微型化节点；在不影响节点性能情况下，研究降低节点硬件的成本等方面。

3.6　实训项目三——智能家居系统方案分析

3.6.1　项目描述

智能家居是构建一个目标或系统，利用计算机技术、数字技术、网络通信技术和综合布线技术，将与家庭生活密切相关的防盗报警系统、家电控制系统、网络信息服务系统等各子系统有机地结合在一起，通过中央管理平台，让家居生活更加安全、舒适和高效。本项目结合本章介绍的知识，分析智能家居系统的构成方案。要求如下：

（1）用户通过手机或 Internet，自动完成三表（水、电、气）的抄表工作；

（2）用户通过手机或 Internet 实现对家电、灯光、窗帘、门禁、安防等基础设施及室内环境的远程实时监视与控制；

（3）结合其他智能化技术，实现系统功能的扩展。

3.6.2　相关知识分析

智能家居又称智能住宅，在国外常用 Smart Home 表示。与智能家居含义近似的有家庭自动化（Home Automation）、电子家庭（Electronic Home、E-home）、数字家园（Digital Family）、家庭网络（Home Net/Networks for Home）、网络家居（Network Home）、智能家庭/建筑（Intelligent Home/Building），在我国香港和台湾等地区，还有数码家庭、数码家居等称法。

它一般以住宅为基础平台，综合建筑装潢、网络通信、信息家电、设备自动化等技术，将系统、结构、服务、管理集成为一体的高效、安全、便利、环保的居住环境。首先，要在一个家居中建立通信网络，为家庭信息提供必要的通路，在家庭网络的操作系统的控制下，通过相应的硬件和执行单元，实现对所有家庭网络上的家电等设备的控制和监测；其次，要通过一定的媒介平台，构成与外界的通信通道，以实现与家庭以外的世界沟通信息，满足远程控制/监测和交换信息的需求。最终目的是为满足人们对安全舒适、方便和绿色环境保护的需求。

1. 系统组成

智能家居控制器的功能是通过总线与各种类型的模块相连接，通过电话线路、计算机互联网、CATV 线路与外部相连接。通过利用个人电脑或网络电视，主用户设置控制命令（开关控制、时间表控制或联动控制）。根据设置在内部的时钟功能和内部的软件程序执行控制命令，并向单元控制模块传达命令，对连接的各种家电进行控制。智能家居控制器主机单元由中央处理器(CPU)、通信模块组成。

智能家居系统远程监控系统的核心部分是一个嵌入式 Web 服务器，系统集有线与无线两种通信方式于一体，用户可以通过手机或 PC 机登录家中的嵌入式 Web 服务器，通过用户名和密码验证之后，便可以查看或控制家用电器、灯光、窗帘、门禁、安防等基础设施；系统带有 LCD 和键盘，具有良好的人机界面；用户可以通过键盘设定系统所需要的参数；系统具有丰富的可扩展接口，如 A/D 转换接口、无线蓝牙接口、RS-485 接口、GPRS 接口、以太网接口。本书给出一种基于 ARM 的系统设计框图供参考，见图 3-52 所示。

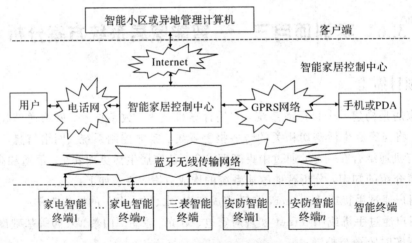

图 3-52　智能家居系统图

2. 硬件设计

1) 智能终端的硬件结构

由图 3-53 可知，智能终端以 MCU 为控制核心，外扩蓝牙从模块及其他外设接口。

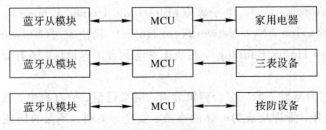

图 3-53　智能终端硬件结构图

2）智能家居控制器的硬件结构

智能家居控制器硬件由嵌入式微处理器、外部存储器、数据通信接口、人机接口及调试接口五大部分组成，控制器硬件结构如图 3-54 所示。

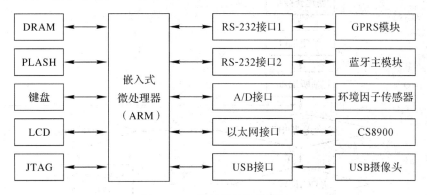

图 3-54　控制器硬件结构图

嵌入式微处理器选用韩国三星电子的基于 ARM920T 内核的 32 位嵌入式微处理器 S3C2410。由于 S3C2410 的存储控制器提供了外部存储器访问所需要的控制信号，用户只需要选择合适的外部 FLASH 和 SDRAM 与其相连，即可实现系统的存储功能，选用 SAMSUNG 公司的具有 512 MB 容量的 K9F1208 作为系统外部的 NAND FLASH 存储器，用于存放程序代码、常量表以及一些在系统掉电后需要保存的用户数据等。选用 2 片容量为 32 MB 的 SAMSUNG 的 K4S56163 作为系统外部的 SDRAM，用作程序的运行空间、数据及堆栈区。以太网控制模块扩展选用 CIRRUS LOGIC 公司的 CS8900A 作为系统的以太网控制芯片。CS8900A 是一个单芯片全双工的以太网解决方案，所有的数字和模拟电路合成了完整的以太网电路。GPRS 通信模块采用西门子公司的无线数据传输模块 MC35i，支持数据、短信、语音和传真业务。蓝牙模块选用爱立信公司的 ROK101007。该模块是一款适合短距离无线通信的射频/基带模块，且集成度高、功耗小，完全兼容蓝牙协议 Version1.1，可嵌入任何需要蓝牙功能的设备中。

3. 软件设计

系统软件设计包括智能家居控制中心软件设计和智能终端应用软件设计两大部分。智能家居控制中心是以 ARM 微处理器为控制核心，其软件设计包括系统软件（嵌入式操作系统、硬件设备驱动程序、嵌入式数据库、嵌入式 Web 服务器）设计和应用软件（网页设计及 CGI 应用程序）设计，应用软件工作流程如图 3-55 所示。

智能终端的控制核心为单片机，其应用软件设计是一个循环控制程序。由于每一个独立的智能家居终端实现的功能不同，所以针对不同的智能家居终端需要编写不同的应用软件，实现家电实时状态采样及控制、三表实时数据采样及安防设备实时状态采样等功能。此外，由于本系统设计中智能家居终端的控制核心为 MCU，所以其应用软件设计相对主控中心来说要简单些。设计中应用程序按照软件设计流程图进行编写，编写完毕之后，对软件进行仿真、调试，最终固化应用程序。下面以智能家电终端为例，说明智能终端应用软件设计。智能家电终端的软件工作流程如图 3-56 所示。

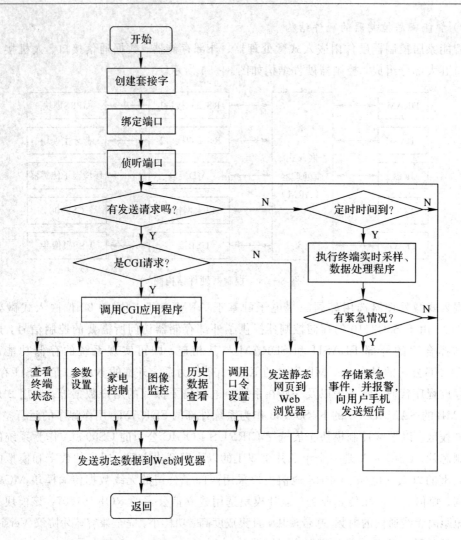

图 3-55　智能家居控制中心应用软件工作流程

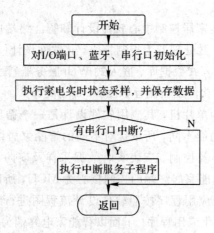

图 3-56　智能家电终端主程序流程图

串行口中断服务子程序的流程图如图 3 - 57 所示。

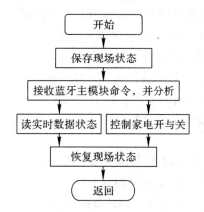

图 3 - 57　串行口中断服务子程序流程图

3.6.3　项目实施

通过分组合作,设计出系统结构框图,选用合适的芯片,绘出完整硬件电路图;分析软件设计思想,给出设计流程图;分析并讨论以下问题,并整理出技术报告。

(1) 智能家居能实现哪些功能?

(2) 智能终端产品有哪些?

(3) 给出一种智能家居控制方案,详细分析该方案的通信方式、硬件结构和软件流程。

3.6.4　结论与评价

上述技术报告为基本要求,若能进行功能扩展,或给出某完整电路设计和软件程序的编程、调试等,则可酌情加分或提高分数等级。评价设计方案时可根据电路实现结构的简洁性、布局合理性、功能扩展性、创新性等因素综合考虑。

智能家居中的关键技术包括以下几个方面。

1) 家庭内部网络的组建

家庭内部组网,主要是实现各种信息家电之间的数据传输,把外部连接传入的数据传输到相应的家电上去,同时可以把内部数据传输到外部网络。目前关于家庭内部网络有许多种解决方案,主要有有线和无线方式。有线方式有:电子载波的 X - 10 和 CEBUS;电话线的 Home PNA;以太网的 IEEE 802.3 和 IEEE 802.3u;串行总线的 USB 1.1、USB 2.0 和 IEEE 1394。有线方式所有的控制信号必须通过导线连接,控制器端的信号线多,一旦遇到问题排查也相当困难。有线方式缺点是布线繁杂、工作量大、成本高、维护困难、不易组网。

用于智能家居的无线系统需要满足几个特性:低功耗、稳定、易于扩展并网。无线方式有:无线局域网的 IEEE 802.11a 和 IEEE 802.11b;家庭射频技术的 Home RF;蓝牙的 IEEE 802.15;红外线的 IrDA;ZigBee 技术。

家庭内部组网技术的参考因素有:① 连接对象的复杂性,在家庭网络内部存在着音响、可视电话等高速率数据设备,冰箱、洗衣机、PDA 等中速率数据设备,同时还存在三表抄送、防火防盗报警等低速率数据设备;② 基于开放的标准,包括技术文档和体系结构的开放性;③ 兼容广泛的连接技术;④ 用户的需求,低价、易用、高可靠、灵活且可扩展,良好的兼容性,支持多种应用。

　　多种联网技术将在市场上共存,各种内部联网技术都将找到各自的适应点。对于娱乐应用,如音视频,要求网络能够提供高带宽、实时性、同步传输,速率达到 50 Mb/s 以上的 USB 2.0 和 IEEE 1394 是最佳选择。对于计算和数据通信应用,如微机、家电、话音服务等,传输率要求在几十千比特到几十兆比特,多种技术都可以满足数据传输,但是无线技术可以避免重新布线的烦扰,因此是最佳选择。对于家居自动化中的低速控制应用,如三表抄送、防盗防火报警器等,带宽的要求在几十千比特内,且产品位置分散,不利于重新布线,因此电力线和无线编码技术是最佳的选择。

　　2) 家庭网关的设计

　　智能家居系统的核心是家庭网关(Residential Gateway),在家庭内部提供不同类型、不同结构子网的桥接能力,使这些子网内的新兴家电之间可以相互通信;在家庭外部通过 Internet 将各种服务商连接起来以提供实时、双向的宽带接入,同时还提供防火墙的能力,阻止外界对家庭内部设备的非法访问和攻击。各个不同联盟的成员企业根据各自标准都推出各自的家庭网关产品。家庭王国可以通过信息家电(网络冰箱、机顶盒)实现,或构建专用家庭网关实现,其中,专用家庭网关更具发展前景。

　　家庭网关应能实现内部网的互连、信息存储、设备监控、数据计算和外部网的 3W 服务、网络安全功能。从逻辑上看,它可以分为 IP 网关和服务网关两部分。IP 网关的主要功能是实现 Internet 连接共享、防火墙、DHCP 服务器和 NAT(Network Address Translation)服务器。服务网关的主要功能是为家庭网络的服务提供一个开放的、通用的管理环境和集成平台。

　　在家庭网关的软件设计中,实时操作系统是整个软件系统的核心,它负责进程调度、存储管理、设备管理、实时监控,并提供蓝牙、IEEE 1394ADS 等硬件设备的驱动程序。在实时操作系统层之上可以包括 TCP/IP 模块、嵌入式数据库、中文环境模块、图形界面等。API 接口设计包括各种中间件软件的设计。为满足用户需要,可设计出各种应用程序,如 DVD 播放器、浏览器、家庭安防、三表抄送等,以实现家庭安防和娱乐的目的。

　　此外,国外新的技术也可使家庭网络逐渐成为电信网络的一部分,使电信业务有效地延伸到家庭,提供了多种多样的终端,融合 IPTV(即交互式网络电视,是一种利用宽带有线电视网,集互联网、多媒体、通信等多种技术于一体)、NGN(next-generation network,网络的下一个发展目标,目前一般认为下一代网络基于 IP,支持多种业务,能够实现业务与传送分离,控制功能独立,接口开放,具有服务质量保证和支持通用移动性的分组网)、宽带路由器、蓝牙等各种各样的网关。

　　3) 家庭网络中应用代理技术

　　网络家电的低成本、高质量和高可靠性是智能家居系统设计成功的重要条件,代理技术是这一方面的成功应用,可以在家居服务器中运行代理,以不同的私有互联协议连接到采用不同技术构成的网络,并将整个控制算法分解成针对不同情况的控制代理。每个代理的任务简单明确,当需要一个代理时才把它传到被控制的设备上,故所需内存空间非常小。

　　与普通的家居相比,智能家居不仅具有传统的居住功能,提供舒适安全、高品位且宜人的生活空间,还由原来的被动静止结构转变为具有能动智慧的工具,帮助家庭与外部保持信息交流畅通,优化人们的生活方式,甚至为各种能源支出节约资金。因此,从市场需求的角度看,智能家居的前景广阔。

本章小结

　　智能仪器的数据通信是指不同智能仪器之间或智能仪器与计算机以及其他测控系统之间进行的数字量信息的传输或交换。根据数据传输的特点可以分为串行通信和并行通信。

　　串行通信是将数据一位一位地传送，它只需要一根数据线，硬件成本低。在串行传送中，没有专门的信号线可用来指示接收、发送的时刻并辨别字符的起始和结束，为了使接收方能够正确地解释接收到的信号，收发双方需要制定并严格遵守通信规程(协议)。

　　串行传送又有异步和同步两种基本方式：异步传送的特点是以字符为单位传送的。异步串行通信一帧字符信息由四部分组成：起始位、数据位、奇偶校验位和停止位。异步传送对每个字符都附加了同步信息，降低了对时钟的要求，硬件较为简单。但冗余信息(起始位、停止位、奇偶校验位)所占比例较大，数据的传送速度一般低于同步传送方式。而在同步传送过程中，必须规定数据的长度(每个字符有效数据为几位)，并以数据块的形式传送，用同步字符指示数据块的开始。

　　而并行通信传输速度快、效率高，但由于所需要的传输线较多，不利于长距离传输数据，在短距离数据传输中得到广泛应用。

　　RS-232C 是美国电子工业协会 EIA(Electronic Industries Association)公布的串行通信标准，RS-232C 标准定义了数据通信设备(DCE)与数据终端设备(DTE)之间进行串行数据传输的接口信息，规定了接口的电气信号和接插件的机械要求。

　　RS-485 标准串行接口总线实际上是 RS-422A 的变型，它是为了适应用最少的信号线实现多站互联、构建数据传输网的需要而产生的。RS-485 用于多个设备互联，构建数据传输网十分方便，而且，它可以高速远距离传送数据。因此，许多智能仪器都配有 RS-485 总线接口，为网络互联、构成分布式测控系统提供了方便。

　　GP-IB 即通用接口总线(General Purpose Interface Bus)是国际通用的仪器接口标准。GP-IB 总线可将多台配置有 GP-IB 接口的独立仪器连接起来，在具有 GP-IB 接口的计算机和 GP-IB 协议的控制下形成协调运行的有机整体。在一个 GP-IB 标准接口总线系统中，要进行有效的通信联络，至少有"讲者"(talker)、"听者"(listener)和"控者"(controller)三类仪器装置。

　　USB(Universal serial Bus)即通用串行总线。在传统计算机组织结构的基础上，引入了网络的某些技术，已成为新型计算机接口的主流。USB 是一种电缆总线，支持主机与各式各样"即插即用"外部设备之间的数据传输。USB 总线具有：① 用户易用性；② 应用的广泛性；③ 使用的灵活性；④ 容错性强；⑤ "即插即用"的体系结构；⑥ 性价比较高等主要特征。目前，USB 总线技术的应用日益广泛，各种台式电脑和移动式智能设备普遍配备了USB 总线接口，同时出现了大量的 USB 外设(如 USB 电子盘等)，USB 接口芯片也日益普及。

　　智能卡的英文为 Smart Card，又称集成电路卡，即 IC 卡(Integrated Circuit Card)，有些国家也称之为智慧卡、微芯片卡等。它将一个专用的集成电路芯片镶嵌于 PVC(或 ABS等)塑料基片中，封装成卡的形式，其外形与覆盖磁条的磁卡相似。IC 卡存储器中的内容根据需要可以有条件地供外部读取，以供内部信息处理和判断之用。根据卡中所镶嵌的集成电路的不同可以分成以下六类:存储卡、逻辑加密卡、CPU 卡、超级智能卡、混合卡和光卡。在 IC 卡选型时需考虑如下参数:环境温度、工作电压、擦写次数、使用寿命、上电操作和可靠性。

为了使用 IC 卡,需要有与 IC 卡配合工作的接口设备 IFD(Interface Device),或称为读写设备。IFD 可以是一个由微处理器、键盘、显示器与 I/O 接口组成的独立设备,该接口设备通过 IC 卡上的 8 个触点向 IC 卡提供电源并与 IC 卡相互交换信息。IFD 也可以是一个简单的接口电路,IC 卡通过该电路与通用微机相连接。IC 卡上能存储的信息总是有限的,因此大部分信息需要存放在接口设备或计算机中。读卡器可分为接触式 IC 卡读卡器和非接触式 IC 卡读卡器两种。

传感器或控制单元与通信技术特别是无线通信技术的结合可大大扩展智能仪器的应用领域和范围,实现诸如智能家居、智能交通、智能视频监控、智能物流等物联网系统。无线通信系统主要分为如下几类:全球数字移动电话系统(GSM)——欧洲电信标准学会(ET-SI)为第二代移动通信制定的可国际漫游的泛欧数字蜂窝系统标准;GPRS(General Packet Radio Services,通用分组无线业务)——GSM 的升级;CDMA 无线通信系统——码分多址,是一种接入方法和空中接口的标准,是基于直接序列扩频(Direct Sequence,DS)的宽带扩频技术;3G 无线通信系统;4G 无线通信系统。

短距离无线通信技术主要包括蓝牙、Wi-Fi、超宽带(UWB)、ZigBee、60 GHz 技术等。短距离无线通信的主要特点为:通信距离短,覆盖距离一般在 10～200 m;无线发射器的发射功率较低,一般小于 100 mW;工作频率多为免付费、免申请的全球通用的工业、科学、医学(ISM,Industrial Scientific Medical)频段。

思考题与习题

1. 什么是数据通信? 什么是波特率?

2. 什么是串行通信?

3. 试画出异步串行传送的一帧字符数据格式。

4. 串行通信方式中的异步传送和同步传送各有何特点? 两者有什么区别?

5. 在什么情况下数据传送需要用调制解调器(MODEM)? 简述调制解调器(MODEM)的作用。

6. 试说出 RS-232 标准串行接口总线的电气特性。

7. 在构成 RS-485 总线互联网络时,要使系统数据传输达到高可靠性的要求,通常需要考虑哪些问题?

8. 并行数据通信有什么特点?

9. 什么是 USB 总线技术? USB 总线技术有什么特点?

10. 在一个 GP-IB 标准接口总线系统中,要进行有效的通信联络,至少应有哪三类仪器装置? 这三类装置分别起什么作用?

11. 选用 IC 卡时需要考虑哪些指标?

12. 短距离无线通信技术的主要特点是什么?

第 4 章　智能型温度测量仪

　　随着微电子技术的发展，热工测量中正越来越广泛地开始采用智能化测量显示仪表。这类仪表的主体类似于数字多用表，只是由于应用于工业现场测量，多为 $3\frac{1}{2}$ 位或 $4\frac{1}{2}$ 位显示仪表，价格较低，特别是采用单片机技术以后，该类测量仪器仪表得到了飞速的发展。与传统的模拟式仪表相比，智能化显示仪表具有精度高、灵敏度高、测量速度快、指示客观（不因人或位置而异）、测量的自动化以及可将测量结果以多种形式输出等优点。这类仪表的形式主要包括智能化温度显示仪表、智能化压力显示仪表以及流量显示仪表等。后两者一般配接压力变送器或差压变送器（或其他压力、流量传感器），这类传感器的输出信号多为 0～10 mA 或 4～20 mA 直流标准信号，其输出与输入之间的线性较好，因此数字显示仪表的输出（即显示值）与输入（即传感器输出）之间的关系也可为线性的，仪表的组成较简单。智能型温度测量仪表一般直接配接热电偶或热电阻等其他温度传感器，因温度传感器本身为非线性的，故仪器内部需增加进行非线性补偿的电路或软件，以使显示值能准确地反映被测原始物理量温度，因此结构稍复杂一些。以下就以智能温度测量仪表为例来讲述数字显示仪器的基本原理。数字式压力、流量显示仪表只要去掉非线性补偿环节即可。

　　需要注意的是，流量显示仪表应用于温度、压力变化较大的气体、蒸汽或液体流量测量时，需另增加温度、压力补偿环节，但原理与温度显示仪表的非线性校正有相似之处，在本章中就不再赘述了。

4.1　智能型温度测量仪原理

　　智能型温度测量仪是指将温度变换元件变换所得的模拟量转换为数字量，通过单片机等智能芯片进行数据处理、运算等，并以数字形式显示测量结果或控制其他装置的智能化仪表。由于以单片微机为主体的仪器仪表中，软件完成众多的数据处理和存储的任务，简化了传统常规仪表的电子线路,使仪表的结构发生了根本的变革,同时较大幅度地增加了功能,提高了准确性和可靠性,使仪表具有了一部分人脑的智能。

4.1.1　智能型温度测量仪基本功能

通常,智能型温度测量仪能实现如下功能。

(1) 自动零点及满度的校正。由于智能化的仪器仪表通常都有自动零点调整和仪表满度的校正,因此可以减小测量误差,同时可实现一表多用。智能型温度测量仪可配不同类型、不同分度号的温度传感器,故又称为温度万用表。

(2) 自动修正各类测量误差。智能型温度测量仪能实现对测量传感器(例如热电偶)的冷端自动补偿和非线性补偿,以及对热电阻的引线电阻影响的消除等,还可实现各类测量误差的自动修正。

(3) 数据的处理和通信。智能型温度测量仪可进行各种复杂运算(测量算法和控制算法),对获取的温度信息进行整理和加工;统计分析干扰信号特性,采用适当的数字滤波,达到抑制干扰的目的;实现各种控制规律,满足不同控制系统的需求;与其他仪器和微机进行数据通信,构成各种计算机控制系统等。

(4) 多种输出形式。智能型温度测量仪的输出形式可以有数字显示、打印记录、声光报警,还可以多点巡回检测。它既可输出模拟量,也可输出数字量(开关量)信号。

(5) 自诊断和断电保护。智能型温度测量仪对仪表内部各种故障能自动诊断出来并能作出故障显示或报警。断电时,仪表内的切换电路自动接上备用电池,以保持储存的数据。

4.1.2　基本结构与工作流程

智能型温度测量仪与其他智能化仪器一样,也是由硬件和软件两大部分组成的。

1. 硬件结构

智能型温度测量仪的硬件部分由单片机主机电路,过程输入/输出通道、键盘(人机联系部件)、接口和显示打印等部分组成,如图 4-1 所示。

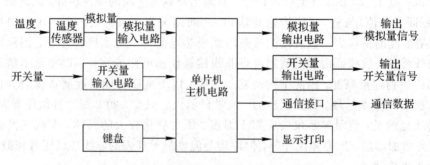

图 4-1　智能型温度测量仪表硬件组成框图

主机电路以单片机为核心,用来储存数据和程序,并进行一系列的运算和处理。过程输入输出通道由模拟量输入输出电路(A/D 转换电路和 D/A 转换电路等)以及开关量输入输出电路等构成。模拟量输入输出电路用来输入或输出模拟量信号,而开关量输入输出电路则用来输入或输出开关量信号。利用键盘可以实现人与仪表之间的联系,而通信接口则用于使仪表与外界进行数据的交换。

2. 系统软件

智能型温度测量仪表的系统软件主要由监控程序、中断处理程序以及实现各种算法的功能模块等组成。

监控程序用于接受和分析各种指令，管理和协调整个系统各程序的执行；中断处理程序是用于人机联系或输入产生中断请求以后转去执行并及时完成实时处理任务的程序；软件的功能模块用来实现仪器的数据处理和各种控制功能。

3. 工作流程

智能型温度测量仪表工作流程如图 4-2 所示。由温度传感器进入的模拟信号（直流电势或电阻）经过输入信号处理，即经过交换、放大、整形、补偿后，由 A/D 转换成数字量。此数字信号通过接口送入缓冲寄存器来保存输入数据。微处理器 CPU 对输入的数据进行加工处理、分析、计算后将运算结果存入读写存储器中。与此同时，将数据显示和打印出来；也可将输出的开关量经 D/A 转换成模拟量输出；或者利用串、并行标准接口实现数据通信。整机工作过程是在系统软件控制下进行的。工作程序编制好后写入只读存储器中，通过键盘可将必要的参数和命令存入读写存储器中。

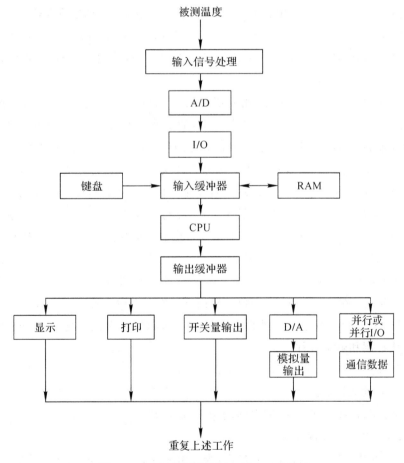

图 4-2　智能型温度测量仪表工作流程

4.2 智能型温度测量仪电路结构及特点

智能型温度测量仪的电路主要由主机电路、温度检测电路、过程输入输出通道、人机接口等电路组成。各部分电路的结构、原理及特点分析如下。

4.2.1 主机电路

智能型温度测量仪通常以单片机为核心。单片机是指在一块芯片中集成了微处理器CPU、只读存储器ROM、随机存取存储器RAM和各种功能的I/O接口电路的微型计算机。

在智能型温度测量仪中,采用的单片机型号以MCS-51系列居多,下面简要介绍该系列单片机及其组成的主机结构。

1) MCS-51系列单片机的特点与结构

MCS-51系列单片机是20世纪80年代由美国Intel公司推出的一种高性能8位单片机。它的片内集成了并行I/O、串行I/O、16位定时/计数器,片内的RAM和ROM都比较大,RAM可达256 B,ROM可达4~8 KB;由于片内ROM空间大,BASIC语言等都可固化在单片机内。现在MCS-51系列单片机已有许多品种,其中较为典型的是8031、8051和8751三种。

8031型单片机片内无ROM,应用时必须外接EPROM才可使用;8051型片内具有4 KB的掩膜ROM;而8751型片内则具有4 KB的紫外线可擦除电可编程的EPROM。这三种芯片的引脚兼容,从而把开发问题减小到最低限度,并提供最高的灵活性。8751最适合于开发样机、小批量生产和需要现场进一步完善的场合;8051适合于低成本,大批量生产的场合;而8031则适用于能方便灵活地在现场进行修改和更新程序存储器的场合。

MCS-51系列单片机指令系统提供了七种寻址方式,可寻址64 KB的程序存储器空间和64 KB的数据存储器空间;共有111条指令,其中包括乘除指令和位操作指令;中断源有5个(8032/8052为6个),分为2个优先级,每个中断源的优先级都是可编程的;在RAM区中还开辟了4个通用工作寄存区,共有32个通用寄存器,可以适用于多种中断或子程序嵌套的情况。在MCS-51系列单片机内部还有1个由直接可寻址位组成的布尔处理机,即位处理机,指令系统中的位处理指令专用于对布尔处理机的各位进行布尔处理,特别适用于位线控制和解决各种逻辑问题。

MCS-51简化结构框图与逻辑符号如图4-3所示。

信号端子的意义如下:

• XTAL1、XTAL2:内部振荡电路的输入/输出端。

• RESET:复位信号输入端。

• $\overline{EA}$:内外程序存储器选择端;当$\overline{EA}$为高电平时,访问内部程序存储器;当$\overline{EA}$保持低电平时,则只访问外部程序存储器,不管是否有内部存储器。

• ALE:地址锁存信号输出端。

- $\overline{\text{PSEN}}$：外部程序存储器读选通信号输出端。
- P0～P3：四个 8 位 I/O 端口，用来输入输出数据。P3 口中还包括了一些控制信号线。

由于 MCS-51 系列单片机存储容量较小，许多情况下需要外接 EPROM。此时，P0、P2 口作为地址/数据总线口。关于 MCS-51 系列单片机的详细内容可查阅有关参考资料。

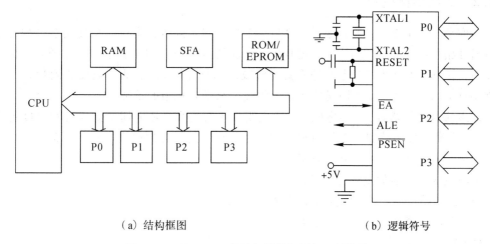

（a）结构框图   （b）逻辑符号

图 4-3　MCS-51 单片机结构框图与逻辑符号

2）主机电路

采用 8031 单片机等构成的主机电路的典型结构如图 4-4 所示。

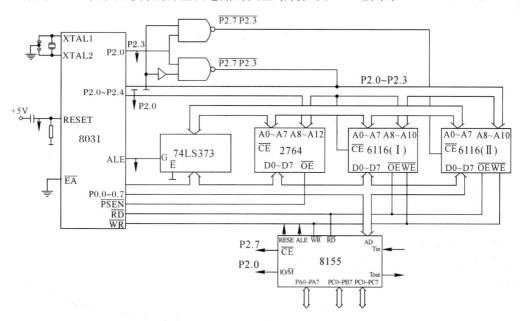

图 4-4　8031 单片机等构成的主机电路

8031 芯片内无 ROM，必须外接 EPROM。其 P0 口输出的低位地址信号，经 74LS373 锁存送进存储器 2764、6116 和 8155 的 A0～A7；选片采用线选译码的方式。其中，6116 可与 EEPROM 2816 互换，实现断电保护。$\overline{\text{P2}}$口输出的高位地址信号分别送至 2764 的 A8～

A12 和 6116 的 A8~A10。P2.7、P2.3 和 P2.7、P2.3 经与非门输出的信号分别作为 6116（Ⅰ）和 6116（Ⅱ）的选片信号。8155 的 AD0~AD7 直接连到 8031 的 P0 口，而 $\overline{CE}$ 和 IO/$\overline{M}$ 分别与 P2.7、P2.0 相连。存储器和 8155 的控制信号线分别与 8031 的相应端相接，从而可实现各种器件的读写操作。

4.2.2　温度检测电路

温度是一个很重要的物理参数，也是一个非电量，自然界中任何物理化学过程都紧密地与温度相联系。在很多产品生产过程中，温度的测量与控制都直接和产品质量、提高生产效率、节约能源以及安全生产等重要经济技术指标相联系。因此，温度的测量是一个具有重要意义的技术领域，在国民经济各个领域中都受到相当的重视。

常用的温度传感器有：热电阻、热敏电阻温度传感器、热电偶及集成对管温度传感器等。由于各种温度传感器的工作原理不同，因此有不同的应用检测电路。下面仅以电阻传感器为例，介绍温度检测电路的原理。

电阻温度传感器的主要优点是：

(1) 测量精度高，对非温度量不敏感；

(2) 有较大测量范围，灵敏度高；

(3) 线性度好，便于自动测量。

电阻温度传感器用来测量温度，主要是利用其温度特性，当温度变化时，电阻值发生改变。这样测温就变成了测量电阻值。最基本的测量电阻电路是惠斯登电桥，其实用测温电桥电路如图 4-5 所示。

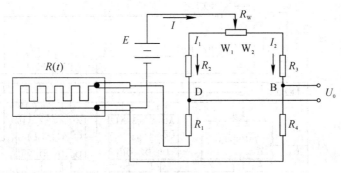

图 4-5　单电桥测温电路原理图

在进行电路设计时，一般是已知传感器的温度特性，根据测温环境确定电桥平衡方式、激励源选择、电压灵敏度、放大与引线电阻补偿等。现以铂电阻温度传感器为例，说明电桥电路设计与应用的简单方法。

假设已知某铂电阻温度特性如图 4-6 所示。

$t=0℃$ 时，$R(t)=100Ω$；$t=200℃$ 时，$R(t)=150Ω$；则 $\Delta R=0.25Ω/℃$。

设通过 $R(t)$ 的电流小于 2 mA，测温距离为 100 m，要求 $U_0=100$ mV。

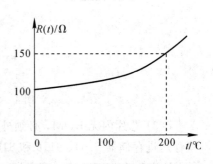

图 4-6　温度特性曲线

1) 电桥结构的选择

如图 4-5 所示，电桥采用等臂电桥，选择 $R_1 = R_2 = R_3 = R_4$，铂电阻 $R(t) < R_1$，为了调整电桥平衡，采用可变电阻 R_W，这样 R_W 分为 W_1、W_2 两部分，电桥平衡时，$(R_{W1} + R_2)R_4 = [R_1 + R(t)](R_{W2} + R_3)$，则 $U_0 = 0$，因为 $R(t)$ 冷电阻为 100 Ω，可选择 $R_1 \geqslant 10R(t)$。设选取 $R' = R_1 = R_2 = R_3 = R_4 = 2$ kΩ，则 R_W 可调电阻为 200 Ω，这时可用 R_W 调整电桥平衡，R_W 称为调零电位器，在 0℃ 时调整使电桥平衡，即调 R_W 使得 $U_0 = 0$V。

2) 激励电源电压的估算

单电桥电路中激励电源的主要作用是：在电阻温度传感器 $R(t)$，固定电阻 R_1、R_2、R_3、R_4 中产生一定电流，因而可将电阻的变化转变为电压的变化。但是 $R(t)$ 中电流是有限的，不能过大，否则由于本身电流发热而影响温度的测量，对于固定电阻中电流也不能过大，并要求固定电阻有较大的功率容量，其近似估算如下。

先设定一较低电压，例如 E 选用 5 V，则总电流 I 为

$$I = \frac{E}{(R_1 + R_2) /\!/ (R_3 + R_4)} = 2.5 \text{ mA}$$

则每臂电流 I_1（或 I_2）分别为

$$I_1 = \frac{R_3 + R_4}{R_1 + R_2 + R_3 + R_4} I = \frac{R_1 + R_2}{R_1 + R_2 + R_3 + R_4} I = I_2 = 1.25 \text{ mA}$$

从上面的估算可以看到，流过 $R(t)$ 的电流小于 2 mA，故本身热量变化不会影响环境的变化。同样流过固定电阻上的电流也小于 2 mA。所以，选取 $E = 5$ V 是可行的。

3) 单电桥电路输出信号的放大

由前面所选定铂电阻的 $\Delta R = 0.25$ Ω/℃，则电压灵敏度为

$$U_0 = \frac{1}{4} E \frac{\Delta R}{R_1} = \frac{1}{4} \times 5 \times \frac{0.25}{2000} \approx 0.15 \text{ mV}$$

对微弱信号必须进行放大。图 4-5 所示电桥是双端输出，若采用运算放大器，则要用差动放大电路，如图 4-7 所示，其输出电压为 B、D 点的电位差。如电路选用 $R_f = R'$、$R_1 = R_2 = R$，则运算放大器放大的电压为

$$U'_0 = \frac{R_f}{R_1}(U_B - U_D)$$

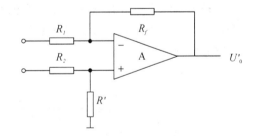

图 4-7　差动放大电路

选择不同 R_f 与 R，则可得到所放大的信号。

4) 传感器引线电阻的补偿

实际测量中，由于被测温环境离控制室较远，所以传感器要经较长的导线置于测温环境中，这样，引线电阻必然会影响电桥的平衡，例如 50 m 长导线，引入 1 Ω 引线电阻，会使 $R(t)$ 测温偏离约 5℃ 误差，所以对引线电阻要进行补偿。

最常用的引线电阻补偿方法是三线补偿法，如图 4-8 所示。图(a)为两根导线的接法，由于有引线电阻 R_L，会影响电桥平衡(平衡点仍为 B 与 D 点)。

图(b)为用三根导线连接传感器，其中两根引线电阻在桥臂中以相同的方式发生变化并相互补偿，即这两条导线中电流的方向相反，引线电阻正好抵消。

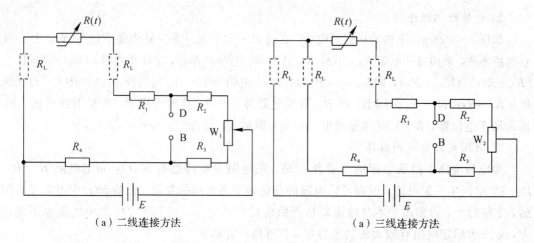

（a）二线连接方法　　　　　　　　　（a）三线连接方法

图 4-8　引线电阻补偿方法示意图

上面仅仅是对单电桥电路的讨论，另外还有双电桥电路、有源测温电桥电路等，读者若有兴趣可参考有关书籍。

4.2.3　过程输入/输出通道

过程输入/输出通道是智能仪器的重要组成部分。在测温过程中，温度传感器的信号由输入通道进入检测仪表，而仪表的控制信号则要通过输出通道传递给执行机构。因此，温度的测量与控制的准确程度以及与过程通道的质量都有着密切的关系。

1. 模拟量输入通道

模拟量输入通道一般由滤波电路、多路模拟开关、信号转换放大器、采样保持器(S/H)和模/数转换器等组成，输入通道经过输入接口与主机电路相接。

模拟量输入通道有单通道与多通道之分。多通道中，每个通道有各自的 A/D 转换器等器件(如图 4-9 所示)，或者多通道共享 A/D 转换器等器件(如图 4-10 所示)，这时就要有多路模拟开关。

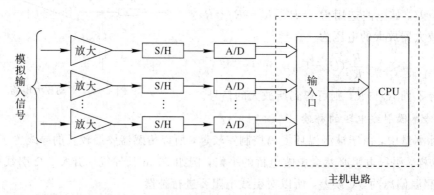

图 4-9　每个通道有各自的 A/D 转换器等器件的结构

如果输入信号来自温度变换器，则输入通道就可省略放大器。此外，由于温度是个缓慢变化的物理量，其变化速度比 A/D 转换速度慢得多，因此可以省略采样保持器。

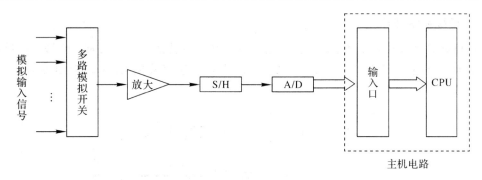

图 4 - 10　多通道共享 A/D 转换器等器件的结构

由放大器发出的电压信号经过 A/D 转换器，转换成与之对应的数字量，这就必然会产生一个问题：数字显示如何与被测量统一起来。例如，当被测温度为 750℃ 时，A/D 转换器输出 1000 个脉冲，如果直接显示 1000，操作人员还要经过换算才能得到温度值。这是很不方便的，因此必须增加标度变换环节。

标度变换可以在模拟量输入之间进行，也可以在数字部分处理。在模拟部分实现标度变换的优点是简单可靠，缺点是使仪表的通用性大受限制。而在数字部分处理却可增强仪表的通用性，但需要使用数字运算器电路或采用软件算法来实现，即经过 A/D 转换后的数字量先送到数字运算器，乘以或除以一个 0.1～0.9 的任意值（根据需要也可乘、除两位以上的多位数如 0.001～0.999 中的任意值）。例如，被测温度为 750℃，送出 1000 个计数脉冲，此时可将此计数值送入数字运算器进行乘以 0.75 的运算，即数字运算器输入 1000 个脉冲，输出 750 个脉冲，再送至单片机进行处理。显然，上述 1000 个脉冲也可以不经过数字运算器，而是直接送入单片机，而由单片机通过一定的软件算法进行标度变换，这样可以大大节省硬件电路的成本。

常用的 $3\frac{1}{2}$ 位 A/D 转换器 14433 可直接与单片机 8031 相接。$4\frac{1}{2}$ 位 A/D 转换器 7135 与单片机 8031 连接要由 8155 作为接口，如图 4 - 11 所示。

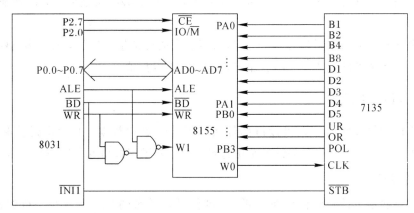

图 4 - 11　7135 与 8031 的接口电路

8155 的定时器为方波发生器。输入时钟频率为 2 MHz，经 16 分频后输出 125kHz 的方波作为 7135 的时钟脉冲。7135 的选通脉冲线 $\overline{STB}$ 接到 8031 的 $\overline{INT1}$，A/D 转换结束后，$\overline{STB}$ 输出负脉冲向 CPU 申请中断。

2. 模拟量输出通道

模拟量输出通道也分单通道和多通道。多通道结构通常又分为两种，即每个通道都有各自的 D/A 转换器等器件(如图 4 - 12 所示)或多路通道共用 D/A 转换器等器件(如图 4 - 13所示)。

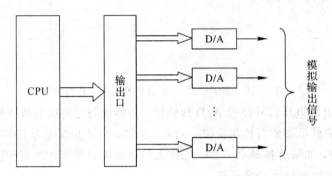

图 4 - 12　每个通道有各自 D/A 等器件的结构

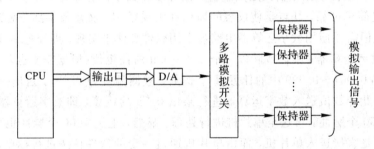

图 4 - 13　多通道共享 D/A 的结构

在实际应用中，模拟量输出通道采用的器件按照仪表性能的要求来选择。对于多通道共用 A/D 转换器的形式，通常是用于输出通道数不太多，对速度要求不太高的场合。多路开关轮流接通各个保持器予以刷新，而且每个通道要有足够的接通时间，以保证有稳定的模拟量输出。

主机电路输出的数字量信号经 D/A 转换器后变成模拟量电压值，通过多路模拟开关分时切换到相应保持器的输入端，然后输出相应的直流电流值。

4.2.4　人机接口部件

智能化仪器仪表要通过人机接口部件接收各种命令和数据，并给出运算和处理的结果。智能型测温仪的人机接口部件通常由键盘接口、显示器接口和打印机接口等组成。

1. 键盘接口

键盘接口通常包括硬件和软件两部分。硬件是指键盘的结构及其与主机的连接方式。软件是指对按键操作的识别与分析，即键盘管理程序。虽然对不同的键盘结构其键盘管理程序存在较大的差异，但任务大体可分为以下几项：

(1) 识键：判断是否有键按下。若有，则进行译码；若无，则等待或转做别的工作。

(2) 译键：识别出哪一个键被按下，并求出该键的键值。

（3）键值分析：根据键值，找出对应处理程序的入口并执行之。

键盘一般是一组开关（按键）的集合。常用的按键有三种：

- 机械触点式：利用金属的弹性使按键复位。
- 导电橡胶式：利用橡胶的的弹性来复位。
- 柔性按键：外形及面板布局等可按整机要求来设计，在价格、寿命、防潮、防锈等方面显示出较强的优越性。

键盘按其工作原理又可分为编码式键盘和非编码式键盘。

- 编码式键盘：由按键键盘和专用键盘编码器两部分组成。每按一次键，键盘编码器自动提供被按键的编码，同时产生一选通脉冲通知主机。这种键盘的硬件结构较为复杂，而软件相对较简单。
- 非编码式键盘：不含编码器，当有键按下时，键盘只能送出一个简单的闭合信号，而按键代码必须依靠软件来识别。这种键盘的硬件结构相对较简单，而其软件却较为复杂。

尽管非编码式键盘的软件比较复杂，但由于非编码式键盘可以任意组合、成本低、使用灵活，所以智能化仪器大多采用非编码式键盘。非编码式键盘按照与主机连接方式的不同，可分为独立式键盘（如图 4 - 14 所示）和矩阵式键盘（如图 4 - 15 所示）。

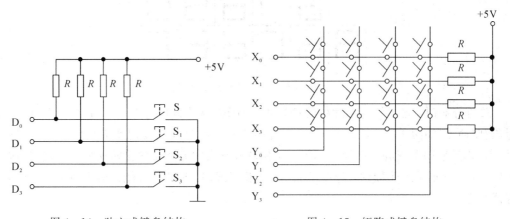

图 4 - 14　独立式键盘结构　　　　　　　图 4 - 15　矩阵式键盘结构

独立式键盘结构的特点是一键一线，按键识别容易；缺点是占用口线较多，不便于组成大型键盘。而矩阵式键盘结构的优点是当按键较多时所占用的口线相对较少，键盘规模越大，其优点越明显。所以，当按键数目大于 8 时，一般都采用矩阵式键盘结构。

2. 显示器接口

1）LED 显示器

常用的显示器为 LED，即发光二极管。显示字符一般用的是七段 LED 显示器，它是由数个 LED 组成一个阵列，并封装于一个标准的外壳中。为适用于不同的驱动电路，有共阴极和共阳极两种结构，如图 4 - 16(a)、(b)所示，其引脚如图 4 - 16(c)所示。

用七段 LED 显示器可组成 0～9 数字和多种字母，如图 4 - 17 所示。实际应用时可将所测量温度的数据转换成相应的 7 段代码，并用硬件或软件译码的方式显示出来。

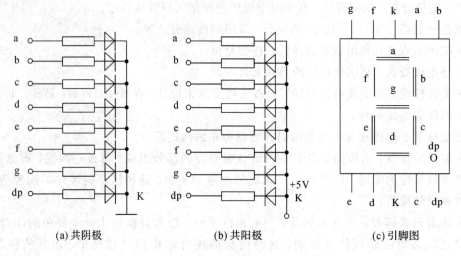

(a) 共阴极　　　　　　(b) 共阳极　　　　　　(c) 引脚图

图 4-16　七段 LED 显示器的两种结构

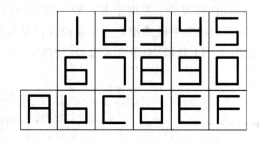

图 4-17　七段 LED 显示字符

　　硬件译码时,显示器与单片机的接口可用译码/驱动集成电路(如 74LS47)BCD-7 段译码/驱动器(如图 4-18 所示)。它将 4 位的二—十进制数直接转换成相应的 7 段代码信号,直接驱动 LED 显示。而软件译码则采用软件查表的方法将字符转换成 7 段代码再输出到锁存器,从而节省了硬件,降低了成本,简化了线路。所以,智能仪器中使用较多的是软件译码方式。

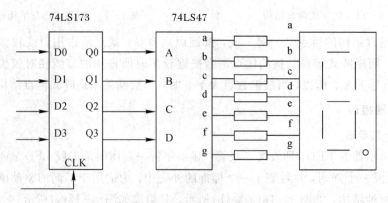

图 4-18　硬件译码显示电路

2) LCD 显示器

液晶显示是被动显示的一个重要分支,较之本身发光的显示器件,如发光二极管、等离子体、荧光数码管、电致发光管等，它具有体积小、重量轻，特别是具有低电压、微功耗（每平方厘米几微瓦到几十微瓦）、字迹清晰、寿命长、光照越强对比度越大等突出特点，已被广泛地应用在各种仪器仪表、计算器、终端显示等方面，尤其在便携式仪表设备的应用中更显出其独特的特性。

液晶是特殊的有机物质，在外加电场条件下，利用液晶材料的"电光效应"可以做成具有平面显示结构的数字及图形显示。LCD 显示器有段码显示器、字符式显示器及图形式显示器等类型。根据实际应用的需要可选用不同的类型。

（1）段码式 LCD 显示器。

段码式 LCD 每个显示位的电极配置与七段数码管相似，通常由多位字符构成一块液晶显示片。其驱动方式有静态驱动和叠加驱动两种。从显示原理上讲，驱动电压为交、直流均可，通常采用交流驱动。应注意交流显示频率信号的对应性，严格限制其直流分量在 100 mV 以下。不同的驱动方式对应不同的电极引线连接方式，因此，一旦选择了 LCD 显示器件，也就相应地确定了其驱动方式。

LCD 静态驱动方式中驱动某一段的驱动原理和波形如图 4 - 19 所示。A 端接交变的方波信号，B 端接控制该段显示状态的信号。从图中可看出，当该段两个电极上的电压相同时，电极间的相对电压为 0，该段不显示；当两极上的电压相位相反时，两电极间的相对电压为两倍幅值方波电压，该段显示，即呈黑色的显示状态。

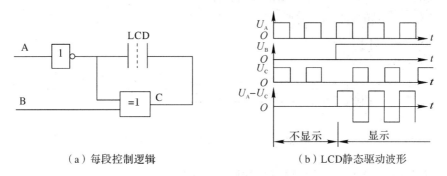

（a）每段控制逻辑　　　　　　　（b）LCD静态驱动波形

图 4 - 19　LCD 静态驱动电路原理和波形

LCD 采用静态驱动方式时，每个显示器的每个字段都要引出电极，当显示位数增多时，为减少引出线和驱动电路，常采用叠加驱动方式（时分割驱动法）。

叠加驱动方式通常采用电压平均法。其占空比有 1/2、1/8、1/12、1/16、1/32、1/64 等，偏比有 1/2、1/3、1/5、1/7、1/9 等。因叠加驱动方式的原理和波形较复杂，在此就不再详述，可参考有关文献。

ICM7211AMIPL 是 MAXIM 公司生产的用于段码式液晶驱动的专用芯片。它具有与微机良好的接口，内置有"0"、"1"、"2"、"3"、"4"、"5"、"6"、"7"、"8"、"9"、"blank"、"E"、"H"、"L"、"P"、"—"16 个代码，功耗较小，有方波驱动输出（通过外接元器件驱动小数点和其他设备），可级联以驱动超过 4 位的液晶片，是现在市场上一种比较实用的液晶驱动芯片。

ICM7211AM 的内部结构框图如图 4 - 20 所示。从图中可看出其中的控制信号作用为：DS1 与 DS2 引脚在芯片内部经过一个 2/4 的译码器产生 4 位 LCD 的位选信号，即 4 种组合分别选择不同的显示位，"00"时选择第 4 位，"11"时选择第 1 位。因此，DS1 和 DS2 相当于芯片的地址选择端；CS1 和 CS2 为译码器和输入数据锁存器的控制端，当其都为低电平时，位锁存器和输入数据寄存器才有效，在 CS1、CS2 的上升沿，数据被锁存、译码并存入输出驱动器中。

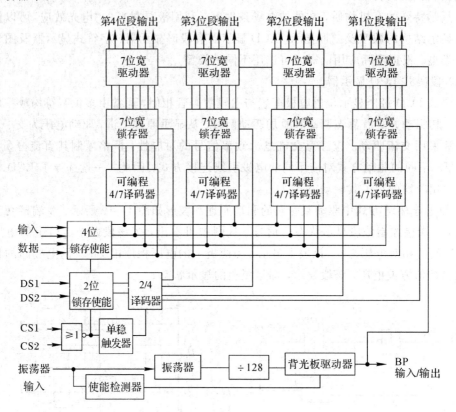

图 4-20　ICM7211AM 的内部结构框图

ICM7211AM 与 8031 单片机的接口如图 4-21 所示。

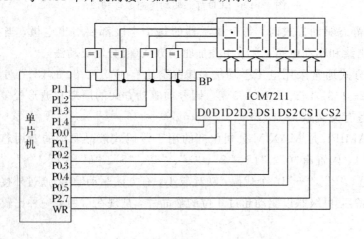

图 4-21　ICM7211AM 与 8031 单片机的接口

（2）字符式 LCD 显示器。

当前通用的 LCD 显示器除前面介绍的数码型之外，还有点阵型。而点阵型按其显示方式的不同又可分为字符式和图形式两类，下面以 LCM - 512 - 01A 为例，介绍点阵字符式液晶显示模块的使用。

LCM - 512 - 01A 点阵字符式液晶显示模块上自带驱动 IC 和液晶显示控制 IC。该模块上的控制器是 HD44780，其内部有字符发生器和显示数据存储器，可显示 96 个 ASCII 字符和 92 个特殊字符，并可进一步经过编程自定义 8 个字符（5×7 点阵），由此可实现简单笔画的中文显示。该模块具有一个与微机兼容的数据总线接口（8 位或 4 位）。它的内部结构如图 4 - 22 所示，引脚如图 4 - 23 所示。

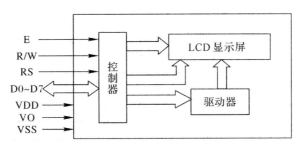

图 4 - 22　模块内部结构

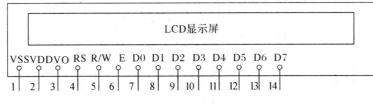

图 4 - 23　模块引脚图

各引脚的功能如下：

• 引脚 1（VSS）：地线输入端。

• 引脚 2（VDD）：+5 V 电源输入端。

• 引脚 3（VO）：液晶显示面板亮度调节，通过 10～20 kΩ 的电阻接到 +5 V 和地之间起调节亮度的作用。图 4 - 24 所示为 VO 的接法。注意，有些模块需 -5 V 电源调节亮度。

• 引脚 4（RS）：寄存器选择信号输入线。当其为低电平时，选通指令寄存器；为高电平时，选通数据寄存器。

• 引脚 5（R/W）：读/写信号输入线。低电平为写入，高电平为读出。

• 引脚 6（E）：使能信号输入线。读状态下，高电平有效；写状态下，下降沿有效。

• 引脚 7～14（D0～D7）：数据总线。可以选择 4 位总线或 8 位总线操作，选择 4 位总线操作时使用 D4～D7。

在图 4 - 24 的亮度调节电路中的电位器 R_P 一般取 10～20 kΩ。在某些使用双电源电压的场合，亮度调节电路

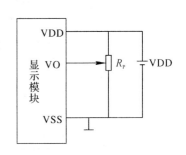

图 4 - 24　亮度调节电路

中的电位器 R_P 的一端接 VDD($+5$V),另一端接负电源 VSS(常为-5V)。VO 仍接中间头。

HD44780 控制信号功能组合见表 4-1,其读/写时序如图 4-25 所示。

表 4-1 HD44780 控制信号功能组合表

RS	R/W	E	功　能
0	0	⅂	写指令代码
0	1	⊓	读忙标志 BF 和地址计数器 AC 值
1	0	⅂	写数据
1	1	⊓	读数据

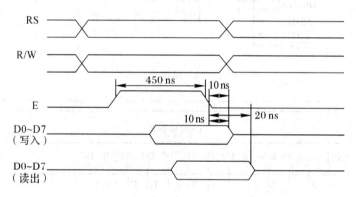

图 4-25　HD44780 的读/写时序

液晶显示模块已将液晶显示器与控制、驱动器集成在一起,它能直接与微处理器接口,产生液晶控制驱动信号,使液晶显示所需要的内容。字符型液晶显示模块的接口实际上就是 HD44780 与 CPU 的接口,所以接口技术要满足 HD44780 与 CPU 接口部件的要求,关键在于要满足 HD44780 的时序关系。从图 4-25 的时序关系可知,R/W 的作用与 RS 的作用相似,控制信号关键是 E 信号的使用,所以在接口分配及程序驱动时要注意 E 的使用。接口原理电路如图 4-26 所示。初始化程序流程图如图 4-27 所示。

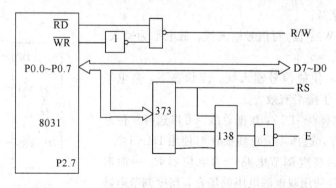

图 4-26　液晶显示模块与 8031 单片机的接口原理电路

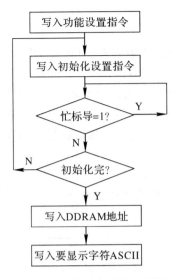

图 4 - 27　初始化程序流程图

（3）图形式 LCD 显示器。

在有些智能仪器中需要显示信号的波形或显示大量汉字，这时应采用图形式液晶显示器。下面以 MGLS-19264(64×192 点阵)为例介绍图形式液晶显示组件及其应用。

MGLS-19264 是内含 HD61202 的液晶模块。HD61202 液晶显示驱动器是一种点阵图形式液晶显示驱动器，它可直接与 8 位微处理器相连，它与 HD61203 配合对液晶屏进行行、列驱动。

MGLS-19264 中共有三片 HD61202 和一片 HD61203。MGLS-19264 的电路结构如图 4 - 28 所示。

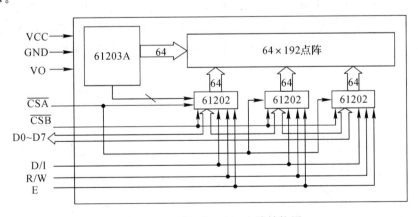

图 4 - 28　MGLS-19264 电路结构图

HD61202 内部有 64×64bit＝4096 bit 显示 RAM，RAM 中每位数据对应 LCD 屏上一个点的亮、灭状态。"1"表示亮，"0"表示灭。HD61202 是列驱动器，具有 64 个列驱动口。读/写操作时序与 68 系列微处理器相符，因此，它可以直接与 68 系列微处理器接口相连。占空比为 1/32～1/64。

各引出脚的功能如下：

· VCC：模块＋5 V 电源输入端。

- GND：地线输入端。
- VO：显示亮度调节。
- CSA、CSB：芯片选择控制。其值为 00 时选通 HD61202(1)，即选择左屏有效；值为 01H 时选通 HD61202(2)，即选择中屏有效；值为 10H 时选通 HD61202(3)，即选择右屏有效。
- D/I：数据、指令选择。D/I＝1 时进行数据操作；D/I＝0 时写指令或读状态。
- R/W：读/写选择信号。R/W＝1 为读选通；R/W＝0 为写选通。
- E：读/写使能信号。在 E 的下降沿，数据被写入 HD61202；在 E 高电平期间，数据被读出。
- D0～D7：数据总线。

HD61202 模块有三根控制信号线和两根片选线，它们具有与微控制器直接接口的时序。各种信号波形的时序关系如图 4-29 所示。

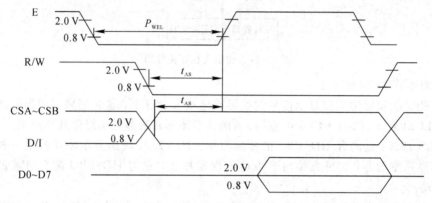

图 4-29　CPU 写时序图

HD61202 模块中有三个列驱动器，因此该显示器分成了左、中、右三个显示屏。三个显示屏唯一的不同就是每屏的有效地址不同。只要掌握了一个显示屏的控制驱动方法，其他两屏与其相同。HD61202 模块中对应一个显示屏的 RAM 的地址结构如图4-30 所示。

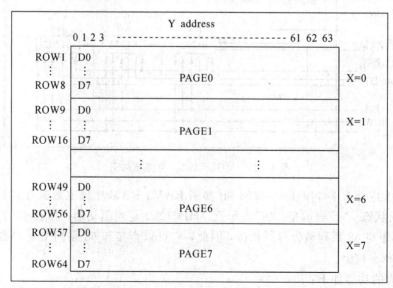

图 4-30　HD61202 显示 RAM 的地址结构图

从显示 RAM 的地址结构图中可看到，显示屏是按页显示的，每次从数据总线上送来的数据对应显示屏的 8 行、1 列，这种显示方式与计算机上显示汉字的格式相差 90°，这需要特别注意。如果从计算机内提取汉字的点阵作为汉字库，则在送显示前，要编写一个格式转换子程序，对从计算机内提取的汉字库进行格式转换，即转换 90°。

液晶显示模块与 8031 单片机的接口如图 4-31 所示。该图中用 A1、A2 对 R/W 和 D/I 进行控制，A3、A4 则与地址译码后的片选信号进行或运算对 CSA、CSB 进行控制。对整个液晶显示的操作共有 12 个端口地址，见表 4-2。

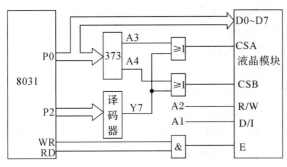

图 4-31　液晶显示模块与 8031 单片机的接口

表 4-2　液晶模块的端口地址表

屏幕	写指令	写数据	读状态	读数据
左屏	FFE8H	FFEAH	FFECH	FFEEH
中屏	FFF0H	FFF2H	FFF4H	FFF6H
右屏	FFF8H	FFFAH	FFFCH	FFFEH

整个屏幕分为三屏，每屏分为 8 页，64 列，每屏可显示 4 行 4 列共 16 个汉字。汉字的点阵可从计算机的字库中取出，并固化到程序存储器中。显示一个汉字的流程如图 4-32 所示。

（4）液晶条图显示。

前面介绍的各种 LCD 显示器，以数字或波形的形式可显示出最终结果。但有时需要观察被测量的动态变化过程（如液位测量）等，这时用条图显示器则更直观。

条图亦称条状图形，或称条棒或模拟条状显示。它主要用来观测连续变化的模拟量。目前，比较常见的条图显示器有液晶（LCD）条图和 LED 光柱（它由多只发光二极管排列而成）。下面仅以液晶条图显示为例，简单介绍这种显示器的应用。

液晶条图显示 A/D 转换器的典型产品有美国 Harris 公司的 ICL7182、美国 Teledyne 公司的

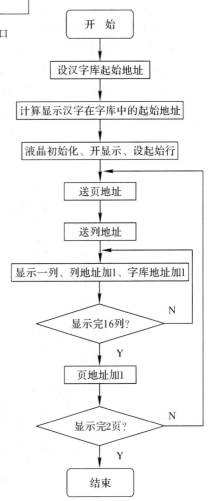

图 4-32　显示一个汉字流程图

TSC827,它们能直接驱动 101 段(0~100 段)液晶条图。此外还有 TSC825、TSC826 型中等分辨率的液晶条图显示 A/D 转换器。

TSC827 是美国 Teledyne 公司研制的具有串行数据输出、可编程(上、下限设定及报警)、高分辨率液晶条图 A/D 转换器。它不仅能作为条图显示的控制驱动器单独使用,而且能与各种单片 A/D 转换器配套使用,组成多重显示仪表。TSC827 还具有串行数据与时钟输出,可直接与微型计算机相连进行数据处理和实时控制。

TSC827 大多采用 PLCC-68 封装,引脚图如图 4-33 所示。引脚 9、10、26、27、43、44、60、61 均为空引脚,其余各引脚的功能如下:

- V+、V-:分别为正、负电源端。
- COM:模拟地,V+ 与 COM 之间有一个 3.3 V 的基准电压源。
- IN+、IN-:分别为模拟信号的高、低输入端。
- VREF+、VREF-:基准电压的正、负输入端。
- BUF:缓冲器输出端,接积分电阻 RINT。
- INT IN、INT OUT:积分器输入、输出端,分别接自动调零电容 CAZ、积分电容 CINT。
- OSC1、OSC2:振荡器引出端,外接振荡电阻。
- ANNUNC:标志符驱动端。
- VDISP:设定 LCD 的驱动电平,此端接 GND 时,驱动电平峰峰值为 5 V。
- BP1~BP3:LCD 的背电极 1~3。
- 0~98:依次为 0~98 段液晶条图的驱动端。
- UR、100、99:分别为欠量程、100 段、99 段的驱动端。

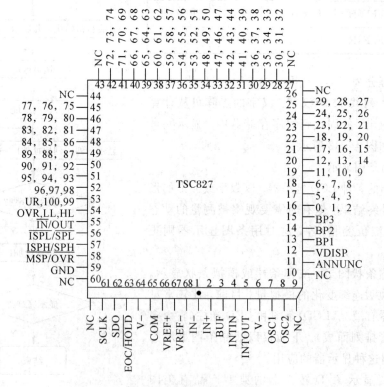

图 4-33　TSC827 引脚图

• OVR、LL、HL：分别为超量程、下限段、上限段的驱动端。

• $\overline{\text{IN}}$/OUT：输入/输出控制端，低电平时允许引脚 56～58 输入设定值，高电平时启动上下限设定值及超量程报警信号的输出。

• $\overline{\text{ISPL}}$/$\overline{\text{SPL}}$：双向引出端，接 GND 时作输入端用，可输入下限设定值 VLL，开路时作输出端用，当 VIN≥VLL 时输出高电平。

• $\overline{\text{ISPH}}$/$\overline{\text{SPH}}$：双向引出端，接 GND 时可输入上限设定值 VHL，开路且 VIN≥VHI 时输出低电平。

• $\overline{\text{MSP}}$/$\overline{\text{OVR}}$：双向引出端，作输入时用以设定上下限值，作输出用且超量程时，此端输出低电平。

• GND：数字地。

• SCLK：串行时钟输出端。

• SDO：串行数据输出端，每次 A/D 转换结束之后，由该端输出转换结果、超量程或欠量程信号。若引脚 56 和引脚 57 为高电平，此端即输出设定值。

• EOC/$\overline{\text{HOLD}}$：模数转换结束标志/读数保持端，转换结束时输出一个正脉冲，此端接低电平时数据保持。

TSC827 的工作原理如下：

① A/D 转换器的组成。TSC827 芯片内采用了双积分式 A/D 转换器，主要包括积分器、比较器、基准电压、模拟开关驱动器。逻辑控制将 A/D 转换结果送至计数器，最后反映在液晶条图显示器上。关于双积分式 A/D 转换的原理可参阅其他的参考书，在此不再详述。

② 数字电路的工作原理。TSC827 的数字电路框图如图 4-34 所示，主要包括时钟振荡器、计数/寄存器、译码器、三重 LCD 驱动器、分频器、逻辑控制、串行数据输出、上下限设定逻辑、移位寄存器、上下限设定寄存器、上下限比较器及门电路。

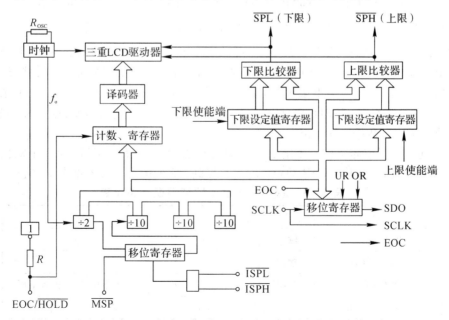

图 4-34　数字电路框图

TSC827 内设时钟振荡器，在 OSC1、OSC2 之间接一只振荡电阻 R_{osc}，便形成振荡。当 $R_{osc}=160\ k\Omega$ 时，$f_o=60\ kHz$；当 $R_{osc}=300\ k\Omega$ 时，$f_o\approx30\ kHz$；当 $R_{osc}=25\ k\Omega$ 时，$f_o=200\ kHz$，测量速率达 25 次/s。串行数据时钟频率 $f_{SCLK}=f_o/4$，背电极扫描频率 $f_{BPP}=f_o/128$，背电极驱动信号频率 $f_{BP}=f_o/768$。

TSC827 采用三重 LCD 驱动器，由 3 个背电极和 35 个段驱动器产生 105 个显示值，其中 0～100 段用作条图显示，其余 4 段分别作为超量程、欠量程、上限标志符、下限标志符。

TSC827 输出的数字量有两种形式：条图显示和串行数据输出。输入模拟量 U_{IN} 所对应的计数值 N 为

$$N=\frac{U_{IN}}{U_{REF}}\times1000$$

$N<0$ 时为欠量程(UR)，LCD 显示欠量程标志符；$0\leqslant N\leqslant1000$ 时，所显示的条图段 n 与输入电压严格成正比，此时串行数据输出有效；$N>1001$ 时，超量程标志符发光并输出超量程信号 OVR，此时 SDO 端呈低电平。

③ 串行数据输出。SDO 为串行数据输出端，其输出波形如图 4-35 所示。其中，1A～1D、10A～10D、100A～100D 分别表示计数值 N 的个、十、百位 BCD 码，D、C、B、A 依次对应于 8、4、2、1。输出顺序为 UR→OR→千位码(0 或 1)→百位 BCD 码→十位 BCD 码→个位 BCD 码。串行数据输出仅在串行时钟 SCLK 的上升沿有效，并以 SCLK 为时钟信号。

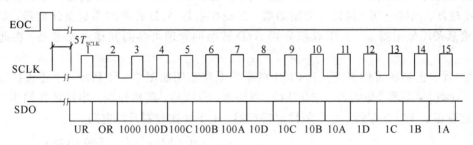

图 4-35　串行数据输出波形

④ 上下限设定及越限报警。TSC827 可设定并驱动 LCD 显示的上下限值。当输入量低于下限值 n_L 时，下限标志符发光；超过上限值 n_H 时，上限标志符发光。报警状态由 $\overline{ISPL}$、$\overline{ISPH}$端输出；当 $n<n_L$ 时，下限报警，$\overline{ISPL}=1$(高电平)；$n_L\leqslant n\leqslant n_H$ 时，上下限都不报警；$n\geqslant n_H$ 时上限报警，$\overline{ISPH}=0$(低电平)。需注意上下限的报警是互相独立的，设定好的上下限值则随串行数据一同输出。

⑤ 设定过程及设定方式。设定上下限的过程受输入端($\overline{IN}/OUT$)和 3 个双向引出端($\overline{ISPL}/SPL$、$\overline{ISPH}/SPH$、$\overline{MSP}/\overline{OVR}$)的状态控制。它们的逻辑关系见表 4-3。

表 4-3　芯片参数设定控制端逻辑关系表

$\overline{IN}/OUT$	1	0	0	0	0
$\overline{ISPL}/SPL$	输出	0	1	1	0
$\overline{ISPH}/SPH$	输出	0	1	0	1
$\overline{MSP}/\overline{OVR}$	输出	*	*	进入上限	进入下限
LCD 条图显示	模拟输入量数值			上限值	下限值

注：* 表示任意状态。

TSC827 构成高分辨率液晶条图显示仪表的电路如图 4 - 36 所示。该电路以 9 V 叠层电池为电源。基准电压调整电路由电阻 R_1 和电位器 R_P 组成，当 VREF 调至 1 V 时，测量的满量程也为 1 V。C_1 是 V+ 与 GND 之间的滤波电容。R_2 与 C_2 组成模拟输入端的高频滤波器。R_2 兼有限流作用。R_3、C_4 分别为积分电阻与积分电容，C_3 是自动调零电容，R_4 为振荡电阻。

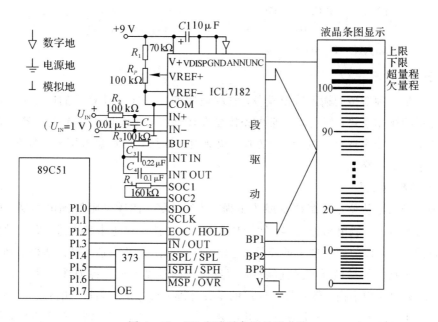

图 4 - 36　101 段液晶条图显示电路

3. 打印机接口

在智能化温度仪表中，用微处理器控制的微型点阵式打印机是靠垂直排列的钢针，在电磁铁的驱动下进行打印动作。目前国内较为流行的 TPμP - 40 系列微型打印机是一种由单片机控制的超小型智能点阵式针式串行打印机。可打印 240 种代码字符，打印命令丰富，并有绘图功能，也可以打印汉字。这种打印机与单片机直接连接的接口电路如图 4 - 37 所示。

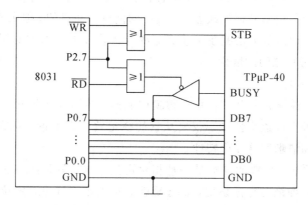

图 4 - 37　打印机与单片机接口电路

图 4-37 中，8031 的 P2.7 与 $\overline{WR}$ 相"或"后，作为选通信号，因此打印机的地址为 7FFFH。假设某一字符代码或打印命令已经存入寄存器 R1，则 8031 在执行下面一段程序后，便可将 R1 中的代码送入打印机的锁存器中，并执行该代码命令或将对应的字符打印出来。

```
        MOV     DPTR,    #7FFFH        ；选中打印机
LOOP：  MOVX    A,       @DPTR        ；查询"BUSY"
        JB      ACC.7，LOOP
        MOV     A，R1                  ；送数据或命令代码
        MOVX    @DPTR，   A
```

4. 触摸屏技术

触摸屏是一种新型的输入输出设备，它的应用彻底改变了计算机的应用界面，大大简化了计算机的操作模式，使用者不必事先接受专业训练，仅需以手指触摸计算机显示屏上的图符或文字就能实现对主机操作，方便、快捷地查询想要的信息或资料，简单、直观地实现人与复杂机器的交流。

1）触摸屏的发展

触摸屏经历了从低挡向高挡发展的历程。从红外屏、四线电阻屏到电容屏，现在又发展到声波触摸屏、五线电阻触摸屏，性能越来越可靠，技术也越来越先进。而且随着各行业应用特点的不同，以前被忽视了的经外屏、电容屏，经过工艺改造，重又获得了新生。

由于各种技术的触摸屏各具优缺点，而且设计的难度不同，各种屏的使用有一定的时间先后。以国内应用来说，最先投入使用的是红外屏，其后是电阻屏、电容屏和声波屏。日本 MINATO 公司改进了红外屏的光干扰问题，将分辨率提高到 977×737 点阵，国内生产的红外屏存在的问题是分辨率低，只有 64×48 点阵。另外，随着 LCD 应用的扩大，LCD 技术和红外屏技术结合，完全满足了红外屏对平面的要求，使得红外屏重获生机。电阻屏的缺点是透光率差、表面易损。早期 PONICS 公司等的四线电阻屏易损问题经改进用镀膜来解决，但分辨率低，只有 1024×768 点阵，使用范围受到了一定影响。美国 ELO 公司推出的五线电阻屏在材质上有了很大改进，完全采用钢化玻璃为基体，摈弃了四线电阻屏的多层结构，使透光率大大提高，表层防爆性能也有所增强，分辨率达 4096×4096 点阵，可完全满足 IE 浏览器等显示所需的高清晰度的要求。电容屏考虑失真的问题，也采用镀膜技术，一定程度上克服了怕刮易损的缺点。声波屏的优点是明显的，但水滴、灰尘的影响问题使其应用大受限制，改进的方法是加防尘条，或者在软件方面增加对污物的监控，准确识别出有效的操作和污物之间的区别。

2）触摸屏的技术特性

（1）透明性能。触摸屏是由多层复合薄膜构成的，透明性能的好坏直接影响到触摸屏的视觉效果。衡量触摸屏透明性能不仅要从它的视觉效果来衡量，还应该包括透明度、色彩失真度、反光性和清晰度这 4 个特性。

（2）绝对坐标系统。传统的鼠标是一种相对定位系统，只和前一次鼠标的位置坐标有关。而触摸屏则是一种绝对坐标系统，要选哪就直接点哪，与相对定位系统有着本质的区别。绝对坐标系统的特点是每一次定位坐标与上一次定位坐标没有关系，每次触摸的数据通过校准转为屏幕上的坐标，不管什么情况下，触摸屏这套坐标在同一点的输出数据是

稳定的。不过由于技术原理的原因，并不能保证同一点触摸每一次采样数据相同，不能保证绝对坐标定位，这就是触摸屏最怕的问题——漂移。对于性能质量好的触摸屏来说，漂移的情况并不严重。

（3）检测与定位。各种触摸屏技术都是依靠传感器来工作的，甚至有的触摸屏本身就是一套传感器。各自的定位原理和各自所用的传感器决定了触摸屏的反应速度、可靠性、稳定性和寿命。

3）触摸屏的种类

（1）电阻式触摸屏。电阻式触摸屏的主要部分是一块与显示器表面紧密配合的电阻薄膜屏，这是一种多层的复合薄膜，由一层玻璃或有机玻璃作为基层，表面涂有一层叫 ITO 的透明导电层，上面再盖有一层外表面硬化处理、光滑防刮的塑料层，它的内表面也涂有一层导电层(ITO 或镍金)，在两层导电层之间有许多细小(小于 0.0254 mm, 1/1000 in)的透明隔离点把它们隔开绝缘。当手指触摸屏幕时，两层导电层在触摸点位置就有了一个接触，控制器检测到这个接通点并计算出 X、Y 轴的位置。这就是所有电阻式触摸屏的基本原理。

电阻式触摸屏自进入市场以来，就以稳定的质量、可靠的品质及环境的高度适应性占据了广大的市场。尤其在工控领域内，由于对其环境和条件的要求不高，更显示出电阻式触摸屏的独特性，使其产品在同类触摸产品中占有 90% 的市场量，已成为市场上的主流产品。

电阻式触摸屏最大的优点是不怕油污、灰尘、水。电阻式触摸屏的经济性很好，供电要求简单，非常容易产业化，而且适应的应用领域多种多样。例如，现在常用的 PDA 等手持设备基本上都是采用电阻式触摸屏。

电阻式触摸屏的缺点：因为复合薄膜的外层采用塑胶材料，太用力或使用锐器触摸可能划伤整个触摸屏而导致报废。不过，在限度之内，划伤只会伤及外导电层，外层电层的划伤对电阻式触摸屏的使用没有影响。

（2）红外线式触摸屏。红外线式触摸屏以光束阻断技术为基本原理，不需要在原来的显示器表面覆盖任何材料，而是在显示屏幕的四周安放一个光点距(Opti-matrix)架框，在屏幕四边排布红外发射管和红外接收管，一一对应形成横竖交叉的由红外线组成的栅格。当有任何物体进入这个栅格的时候，就会挡住经过该位置的横竖两条红外线，在红外线探测器上会收到变化的信号，因而可以判断出触摸点在屏幕的位置，由控制器将触摸的位置坐标传递给操作系统。

红外线式触摸屏的主要优点是价格低廉、安装方便、不需要卡或其他任何控制器，可以用在各挡次的计算机上。另外，它完全透光，不影响显示器的清晰度；由于没有电容充放电过程，响应速度比电容式触摸屏的快。但它也有不利的一面：发光二极管的寿命比较短，影响了整个触摸屏的寿命；由于依靠感应红外线运作，外界光线变化，如阳光或室内射灯等均会影响其准确度；不防水、不防污物，甚至非常细小的外来物体也会导致误差，影响性能，因而一度淡出过市场。近来红外触摸技术有了较大的突破，克服了不少原来比较致命的问题。此后的第二代红外线式触摸屏部分解决了抗光干扰的问题，第三代和第四代在提升分辨率和稳定性能上亦有所改进。目前，红外线式触摸屏主要应用在较大尺寸的显示器上。

（3）电容式触摸屏。电容式触摸屏在原理上把人体当作一个电容元件的一个电极使用，是利用人体的电流感应进行工作的。电容式触摸屏是一块四层复合玻璃屏。当手指摸在金属层上时，由于人体电场，用户和触摸屏表面会耦合出足够量的电容，对于高频电流来说，电容是直接导体，于是手指从接触点吸走一个很小的电流。这个电流分别从触摸屏的四角上电极中流出，并且流经这 4 个电极的电流与手指到四角的距离成正比，控制器通过对这 4 个电流比例的精确计算，得出触摸点的位置。

电容式触摸屏是众多触摸屏中最可靠、最精确的一种，但价格也是众多触摸屏中最昂贵的一种。电容式触摸屏感应度极高，能准确感应轻微且快速(约 3ms)的触碰。此外，电容式触摸屏可完全黏合于显示器内，而且不容易破坏及摔烂，有的电容式触摸屏使用垫圈密封的接合方式，具有防水功能，十分适合于恶劣环境下应用。

电容式触摸屏反光严重，而且电容技术的四层复合触摸屏对各波长光的透光率不均匀，存在色彩失真的问题，由于光线在各层间的反射，还易造成图像字符的模糊。电容式触摸屏的另一个缺点是戴手套或手持不导电的物体触摸时没有反应，这是因为增加了更为绝缘的介质。电容式触摸屏更主要的缺点是漂移：当环境温度、湿度改变，环境电场发生改变时，都会引起电容式触摸屏的漂移，造成不准确。在潮湿的天气，手扶住显示器、手掌靠近显示器 7 cm 以内或身体靠近显示器 15 cm 以内就能引起电容式触摸屏的误动。

（4）表面声波式触摸屏。表面声波是超声波的一种，是在介质(如玻璃或金属等刚性材料)表面浅层传播的机械能量波。表面声波式触摸屏的左上角和右下角各固定了竖直和水平方向的超声波发射换能器，右上角固定了两个相应的超声波接收换能器。玻璃屏的 4 个周边刻有 45°由疏到密间隔非常精密的反射条纹。表面声波式触摸屏通过屏幕纵向和横向边缘的压电换能器发射超声波来实现，在各自对面的边缘上装有超声波传感器，这样就在屏幕表面形成一个纵横交错的超声波栅格。当手指或者其他柔性触摸笔接近屏幕表面时，接收波形对应手指挡住部位信号衰减了一个缺口，计算缺口位置即得触摸坐标。控制器分析到接收信号的衰减并由缺口的位置判定 X 坐标，之后 Y 轴用同样的过程判定出触摸点的 Y 坐标。除了一般触摸屏都能响应的 X、Y 坐标外，表面声波式触摸屏还响应第三轴 Z 轴坐标，也就是能感知用户触摸压力的大小。其原理是由接收信号衰减处的衰减量计算得到。三轴一旦确定，控制器就把它们传给主机。

表面声波式触摸屏是众多触摸屏中较可靠、较精确的一种，且其价格比较适中，是现在触摸屏市场上很畅销的产品。它对显示器屏幕表面的平整度要求不高。表面声波式触摸屏具有低辐射、不耀眼、不怕震等特点；抗刮伤性良好，不受温度、湿度等环境因素影响，寿命长；透光率高，能保持清晰透亮的图像质量；没有漂移，只需安装时一次校正；有第三轴(即压力轴)响应。

表面声波式触摸屏也有不足之处：它需要经常维护，因为灰尘、油污甚至饮料等液体附着在屏的表面，都会阻塞触摸屏表面的导波槽，使波不能正常发射，或使波形改变而控制器无法正常识别，从而影响触摸屏的正常使用，因此用户需严格注意卫生，并定期作全面彻底擦除。另外手指和接触笔能够吸收声波。

上面介绍的几种触摸屏的性能比较见表 4 - 4。

表 4 - 4　几种主要触摸屏的性能比较

性能类别	红外	四线电阻	电容	表面声波	五线电阻
价格	低	低	高	高	较高
清晰度		字符图像模糊	字符图像模糊	很好	较好
透光率/(%)	100	90	90	98	95
色彩失真		有	有		
分辨率	1000×720 点阵	4096×4096 点阵	4096×4096 点阵	4096×4096 点阵	4096×4096 点阵
防刮擦		主要缺陷	一般,怕硬物敲击	非常好且不怕硬物	一般,怕锐器
野蛮使用	外框易碎	差	一般	不怕	怕锐器
反应速度/ms	50～300	10～20	15～24	10	10
材料	塑料框架或透光外壳	多层玻璃或塑料复合膜	四层复合膜	纯玻璃	多层玻璃或塑料复合膜
多点触摸	左上角	中心点	中心点	智能判断	中心点
寿命	传感器较多,损坏概率大	5 万次	3 万次	大于 5 千万次,半永久性	3.5 千万次
安装风险	易摔碎外壳	不易碎	易碎	不易碎	不易碎
外观	影响外观	不平整	不影响	不影响	不影响
现场维修	清洁外壳	经常	需经常校准	需要经常清洗	不需要清洗
缺陷	不能挡住透光部分	怕划伤	怕电磁场干扰	怕长时间灰尘积累	怕锐器划伤

4) 触摸屏控制器 ADS7843

ADS7843 是一个内置 12 位模/数转换器、低导通电阻模拟开关的串行接口芯片。供电电压为 2.7～5 V,参考电压 VREF 为 1 V～+VCC,转换电压的输入范围为 0～VREF,最高转换速率为 125kHz。ADS7843 共有 16 个引脚,其引脚配置如图 4-38 所示。引脚功能见表 4-5。

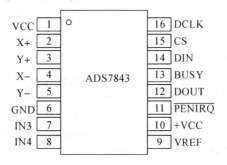

图 4-38　ADS7843 引脚配置格式

表 4-5　ADS7843 引脚功能表

引　脚	引 脚 名	功 能 描 述
1, 10	+VCC	供电电源 2.7～5 V
2, 3	X+，Y+	接触摸屏正电极，内部 A/D 通道
4, 5	X−，Y−	接触摸屏负电极
6	GND	电源地
7, 8	IN3, IN4	两个附属 A/D 输入通道
9	VREF	A/D 参考电压输入
11	$\overline{\text{PENIRQ}}$	中断输出，须接外接电阻(10 kΩ 或 100 kΩ)
12, 14, 16	DOUT, DIN, DCLK	串行接口引脚，在时钟下降沿数据移出，上升沿移进
13	BUSY	忙指示
15	$\overline{\text{CS}}$	片选

　　ADS7843 与触摸屏和单片机 89C51 连接的电路如图 4-39 所示，控制器的 6 条控制信号由 89C51 的 P1 口控制。

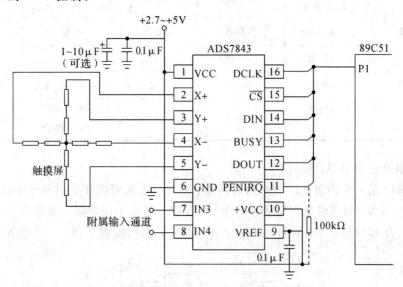

图 4-39　ADS7843 接口电路图

　　ADS7843 的控制字格式见表 4-6。

表 4-6　ADS7843 的控制字格式

bit7(MSB)	bit6	bit5	bit4	bit3	bit2	bit1	bit0
S	A2	A1	A0	MODE	SER/$\overline{\text{DFR}}$	PD1	PD0

　　其中，S 为数据传输起始标志位，该位必为"1"。ADS7843 之所以能实现对触摸屏的控

制，是因为其内部结构很容易实现电极电压的切换，并能进行快速 A/D 转换。控制寄存器中的控制位 A2～A0 和 SER/$\overline{\text{DFR}}$ 用来进行开关切换和参考电压的选择。A2～A0 进行通道选择：当 A2～A0 的控制字为 001 时，采集 Y 的坐标，当 A2～A0 的控制字为 101 时，采集 X 的坐标。MODE 用来选择 A/D 转换的精度，"1"选择 8 位，"0"选择 12 位。SER/$\overline{\text{DFR}}$ 选择参考电压的输入模式：当 SER/$\overline{\text{DFR}}$ 的值为"1"时，为参考电压非差动输入模式，当 SER/$\overline{\text{DFR}}$ 的值为"0"时，为参考电压差动输入模式。PD1、PD0 选择省电模式："00"省电模式允许，在两次 A/D 转换之间掉电，且中断允许；"01"同"00"，只是不允许中断；"10"保留；"11"禁止省电模式。

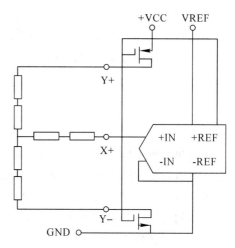

图 4 - 40　参考电压非差动输入模式

ADS7843 支持两种参考电压输入模式：一种是参考电压固定为 VREF，另一种采取差动模式，参考电压来自驱动电极。这里介绍的是参考电压非差动输入模式，其电路图如图 4 - 40所示，内部开关状况见表 4 - 7。

表 4 - 7　内部开关状况(SER/$\overline{\text{DFR}}$ = "1")

A2	A1	A0	X+	Y+	IN3	IN4	−IN	X 开关	Y 开关	+REF	−REF
0	0	1	+IN				GND	OFF	ON	VREF	GND
1	0	1		+IN			GND	ON	OFF	VREF	GND
0	1	0			+IN		GND	OFF	OFF	VREF	GND
1	1	0				+IN	GND	OFF	OFF	VREF	GND

为了完成一次电极电压切换和 A/D 转换，需要先通过串口往 ADS7843 发送控制字，转换完成后再通过串口读出电压转换值。标准的一次转换需要 24 个时钟周期，如图 4 - 41 所示。由于串口支持双向同时进行传送，并且在一次读数与下一次发控制字之间可以重叠，所以转换速率可以提高到每次 16 个时钟周期。如果条件允许，CPU 可以产生 15 个 CLK，则转换速率还可以提高到每次 15 个时钟周期。

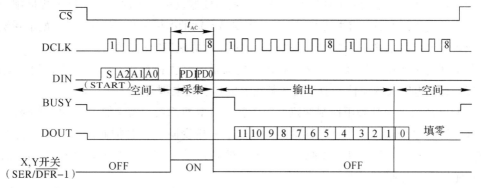

图 4 - 41　A/D 转换时序图

ADS7843 转换结果为二进制格式。经测量，触摸屏 X 方向的转换值为从大到小(X_{max} 至 X_{min})，Y 方向的转换值为从小到大(Y_{min} 至 Y_{max})。触摸屏 X、Y 方向的转换值必须与 320×240 点阵的液晶显示相对应，因此 X、Y 向的转换值必须按下式计算：

$$x = \frac{(X_{max} - x) \times 240}{X_{max} - X_{min}}$$

$$y = \frac{(y - Y_{min}) \times 320}{Y_{max} - Y_{min}}$$

如单片机是同步串口且每次发送 1 个字(16 位)，而 ADS7843 的控制字为 8 位，从转换时序可以看出 DIN 的后 8 位是零。因此，Y 值转换的控制字为♯9300H，X 值转换的控制字为♯0D300H。BUSY 信号作为单片机同步串口的同步信号，BUSY 信号下跳沿启动串口输入。ADS7843 转换器的转换值为 12 位，单片机同步串口一次接收 1 个字(16 位)，右移 4 位即可得到转换值。

四线电阻触摸屏通过串口所发出的数据包括 8 个数据位、1 个停止位，无校验位。RTS、DTR 为它的电源线。每组坐标有 4 个字节，每秒发送约 80 组坐标值。每个字节的意义见表 4-8，其中 Button1～Button3 通常置为 0。Working 标志表示触摸屏检测到笔的存在，当有触摸动作的时候，Working 为 1，否则为 0。触摸动作结束发送一组 80，00，00，00；若没有触摸动作存在，则定期发送一组 80，00，00，00。由于触摸屏的灵敏度非常高，一次触摸动作往往会传回许多组非常相近的数据，因此只需取 80，00，00，00(触摸动作结束时发出的那组)之前的一组数据进行定位即可。

表 4-8　串口数据格式

bit	7	6	5	4	3	2	1	0
0	1	Button2	Button1	Button3	X10	X9	X8	X7
1	0	0	0	Working	Y10	Y9	Y8	Y7
2	0	X6	X5	X4	X3	X2	X1	X0
3	0	Y6	Y5	Y4	Y3	Y2	Y1	Y0

4.2.5　智能仪表的硬件抗干扰电路

为防止工业生产中的恶劣环境及严重的干扰，仪器仪表应采取必要的抗干扰措施。干扰信号串入微机化仪表的渠道主要有三个：仪表安装空间的电磁干扰、传输通道、配电系统。

仪表安装空间的电磁干扰主要采用低通滤波、"屏蔽"和良好的接地来解决。

传输通道的干扰一般采取切断干扰窜入的渠道——去掉被测对象与过程通道之间的公共地线。实现电隔离的器件一般是变压器、继电器和光电耦合器。

在配电系统方面则采用抑制交流电源干扰的计算机系统电源，如图 4-42 所示。

在计算机系统电源中用电抗器抑制高频干扰；用变阻二极管抑制瞬时干扰；隔离变压器初次之间有静电屏蔽，进一步减小进入电源的各种干扰。这样再经过整流、滤波、稳压以后，就能将干扰抑制到最小。

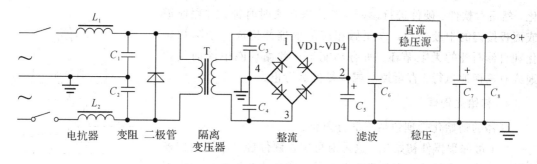

图 4 - 42　计算机系统电源

在要求较高时，还可以采用开关电源 UPS。它不但以开关式电源（开关频率达 10～20 kHz 以上）代替稳压电源，抗干扰性能强，而且在断电时，能以极短时间（小于 3 ms）切换到后备电源上去，从而进行断电保护。

4.3　软件结构和程序框图

硬件电路确定以后，智能化仪器的主要功能依赖于软件来实现。对于同样的硬件电路，配上不同的软件，仪器所实现的功能也不同，而且用软件还可以实现某些硬件功能。

智能型测温仪的软件通常由监控程序、中断服务程序和测量控制算法程序等组成。用来处理来自过程通道的信息、采样数据、仪表键盘、通信接口的命令，实现人机联系并具有实时处理能力。

4.3.1　监控程序结构

1. 监控程序的功能

智能型测温仪的监控程序一般完成如下功能：

（1）进行键盘和显示管理。

（2）接收中断请求信号，区分优先级，实现中断嵌套，并转入实时测量和控制子程序。

（3）对硬件定时器处理和软件定时器的管理。

（4）实现对仪表的自诊断和掉电保护。

（5）完成初始化，手动—自动控制的选择等。

2. 监控程序的组成

监控程序的组成取决于仪表及测控系统硬件的配备和功能。其基本组成如图 4 - 43 所示。监控程序将各组成模块联系成一个有机的整体，实现对仪表的各种管理功能，协调软、硬件工作，使仪表投入正常运行。

3. 监控主程序的流程

监控主程序流程如图 4 - 44 所示。

智能仪器上电或复位后，首先进行初始

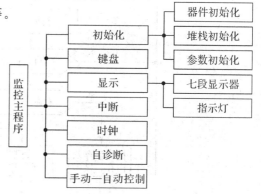

图 4 - 43　监控程序的基本组成

化，然后对软件、硬件进行诊断，等待来自实时时钟、过程通道或面板按键的中断信号，以便做相应的处理并构成一个除初始化和自诊断外的无限循环。所有功能均在此循环圈中周而复始地或有选择地执行，直至掉电或按复位键为止。

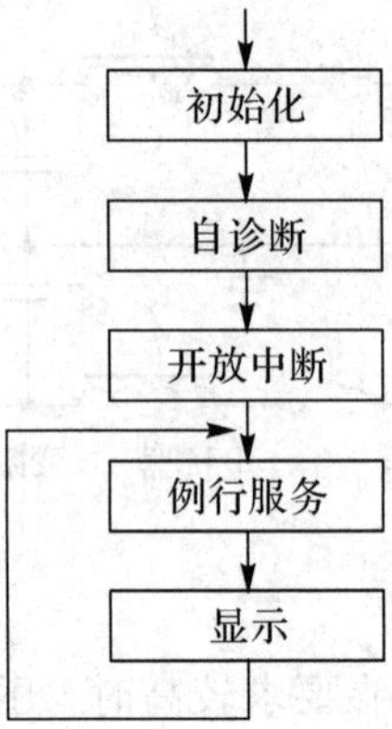

4. 初始化管理

仪器的初始化管理包括三部分内容：

（1）可编程器件初始化。这是对可编程硬件接口电路工作模式的初始化，编制成一定的子程序模块，适合这些器件格式中不同的初始化参数的随时调用要求。

（2）堆栈初始化。堆栈是实时中断处理中的一种数据结构。其初始化的目的是仪器复位后在 RAM 中设置一个堆栈区域，供程序使用。

（3）参数初始化。参数初始化是对由被控对象特性确定的整定参数、测量控制算法决定的采样初值、偏差初值以及过程输出通道输出的数据的初始化。

将上述可调整的初始化参数集中在一个模块中既独立又便于集中管理。

图4-44 监控主程序流程

5. 键盘管理

由上述可知，键盘分为编码式和非编码式两种结构，但不管是哪种键盘结构，在获得按键编码以后，都要转入相应按键服务程序的入口，完成相应的功能。

1）一键一义

一个按键代表一个确定的命令或一个数字，即为一键一义。键盘管理程序只要根据按键的编码直接分支到处理模块的入口，而不必考虑以前的按键情况。

采用非编码式（软件扫描式）的监控程序流程如图4-45所示。系统初始化以后，周而复始地扫描键盘。当有键按下时，首先判断是数字键还是命令键。若是数字键，将按键读数存入存储器并显示；若是命令键，则按照按键读数查阅转移表获取处理子程序的入口。执行完子程序后继续扫描键盘，等待按键。

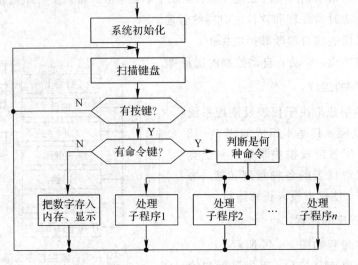

图4-45 一键一义键盘管理程序流程图

2) 一键多义

一个按键有多种功能，既作数字键，又作多种命令键。因此，一个命令由一个按键序列组成。它的转移表就不是一维的，而是多张转移表。组成命令的前几个按键引导控制转向某张合适的转移表，根据最后一个按键编码查阅该转移表，从而找到子程序的入口。一键多义通常用在功能复杂的微机化多路温控仪中。一种 8 路智能温控仪的一键多义键盘管理程序流程如图 4－46 所示。

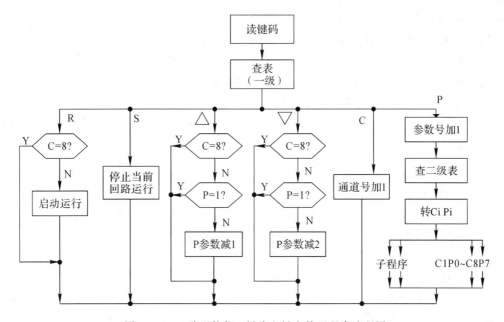

图 4－46　8 路温控仪一键多义键盘管理程序流程图

图 4－46 中温控仪共有 6 个按键：C 为回路号 1～8，其中 8 为环境温度补偿；P 为参数号，有设定值，实测值，P、I、D 参数值，上限与下限报警值等；R 为运行键；S 为停止运行键；△与▽为加 1 和减 1 键。

C 键对应 7 个被测回路和一个共同的环境温度实测值；P 键对应 7 个被测回路的各设定参数；△与▽键的功能取决于它们前面按过的 C 与 P 键；R 键的功能则取决于当前的 C 值。因而这些键均为一键多义。

6. 显示管理

微机化多路温控仪的显示方式主要有模拟式、数字式和数模混合式，其中模拟式无需软件管理。

显示管理软件要完成显示更新的数据、多参数点巡检和定点显示以及指示灯显示的功能。

为此，应在用户的 RAM 区开辟一个参数区域，作为显示管理模块与其他功能模块的数据接口。多点巡检要每隔一定时间更换一个被测点温度显示，用实时时钟来解决。指示灯显示的管理可用与它有关的功能模块直接管理，也可在用户的 RAM 中开辟指示灯状态映像区。由监控主程序中的显示管理模块来管理改变映像区状态的各功能模块。

4.3.2　中断管理程序结构

1. 中断管理

中断功能使仪表具有处理各种可能事件及提高实时处理的能力。各种微处理器结构不同，其中断处理的方法就不同，因而中断管理软件也就不同。能够发出中断请求信号的外设或事件被称为中断源。常见的中断源有过程通道、实时时钟、面板按键、通信接口、系统故障等。当仪表同时出现两个以上中断源时，中断管理软件首先识别中断源，然后比较其优先等级，再按中断的优先次序予以响应。一般将系统掉电设置为最高级中断源。中断管理程序流程如图 4-47 所示。

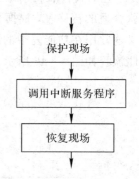

图 4-47　中断管理程序流程图

在仪表初始化结束后，监控主程序执行一条"开放中断"命令。当仪表一旦发现中断后，立即进入中断状态，进行断点现场保护，待中断结束后再恢复现场。

2. 时钟管理

时钟作为定时器，用于过程输入通道采样周期定时、参数修改按键的数字增减速度定时、多点巡检显示周期定时、动态保持方式输出过程通道的动态刷新周期定时等。

虽然上述定时可以采用硬件或软件两种方法，但广泛采用的是软、硬件相结合的方法。这可以弥补硬件定时难以实现多种时间间隔定时以及软件定时实时性差、精度低的不足。

在软、硬件结合的定时方法中，首先由定时电路产生一个基本脉冲，硬件定时时间一到，即产生一个中断，监控主程序转入时钟中断管理模块。软件定时器可以是串行的和并行的，当中断一到，软件时钟分别用累加或递减方法计时，来判断溢出或回零。其所用时间短，不影响仪表的实时性，可实现多定时器功能。

时钟管理模块的任务是，在监控主程序中，对各定时器预置初值，并在响应时钟中断过程中判断是否到时。一旦时间到，则重新预置初值，建立一个标志，完成定时服务程序。

4.3.3　测量控制方法

在智能型温度测量仪中，可以用软件测量算法来解决靠硬件难以实现的信号处理方法，克服和弥补包括传感器在内的各测量环节硬件本身的缺陷和不足，使仪表的准确性和可靠性进一步提高。

1. 克服随机误差的软件算法

仪表的随机误差的大小和符号无规则变化，一般符合统计规律。采用统计方法的软件算法对信号进行必要的平滑处理，即可消除随机干扰的影响。

2. 克服系统误差的软件算法

仪表的系统误差是大小或符号保持不变或按一定规律变化的。它是由于零点和放大器漂移、热电偶参考端温度变化、热电阻引线电阻随温度变化及其特性的非线性等因素而引起的。可采用离线处理方法，确立校正算法和数学表达式，在线测量时即可用此校正算法对系统误差作出修正。下面具体介绍一些测温系统中的常用方法。

1）模型校正法

对系统误差进行理论分析和处理，并建立系统误差数学模型，从而确定校正系统误差的算法和表达式。

对温度传感器作线性特性的校正，应首先建立误差模型。通过测量获得一组反映被测值的离散数据，利用它建立起一个反映测量值变化的近似数学模型即校正模型。此外，还要从仪表和系统的实际准确度要求出发，用逼近法来简化数学模型，便于计算机的计算和处理。总之，误差校正模型的建立分两个步骤：由离散被测数据建立模型和将复杂模型转化为简化模型。

建模和简化模型常用的方法为代数插值法、函数逼近法和最小二乘法等。

2）标准数据校正法

有时，有了离散数据，仍然难以进行理论分析，故而无法建模。此时，采用试验手段求得校正曲线是行之有效的办法。预先将曲线上各校正点的数据以表格形式存入内存。实时测量中，通过查表来求得修正以后的测量结果。这种方法对热电偶的非线性校正能达到较好的效果。为适应微机化仪表的内存容量，可以取若干个校正点，在校正点之间进行线性插值。

3）环境温度误差的校正

仪表使用的环境温度发生变化，会带来温度仪表的示值误差。因此，用测温元件（例如二极管、热敏电阻等）来感受环境温度的变化，并将其随温度变化的输出量经测温电路、A/D 转换电路转换为计算温度误差的补偿量 θ。

一般采用的简单温度误差校正模型为

$$y_c = y(1 + \alpha_0 \Delta\theta) + \alpha_1 \Delta\theta$$

式中：y 为测量值；y_c 为经温度补偿后的测量值；$\Delta\theta$ 为工作环境温度与标准温度之差；α_0 和 α_1 为温度变化系数，α_1 为补偿零位漂移系数，α_0 为补偿传感器灵敏度变化系数。

此方法可以在仪表使用温度范围内实现很好的补偿。

3. 量程自动切换

量程自动切换的目的在于提高仪表的测量精度。量程的自动切换有两种方法，即采用程控放大器和不同量程的传感器。

1）采用程控放大器

在输入被测信号变化幅度很大时，用主机电路控制程控放大器的增益；对幅度值小的信号用大增益；对幅值大的信号用小增益，使 A/D 转换器信号满量程达到均一化。

例如，某温度仪表 A/D 转换器为 $3\frac{1}{2}$ 位，量程分为 $0℃ \sim 100℃$ 和 $0℃ \sim 1000℃$ 两种。小量程时，程控放大器增益为 8；大量程时，程控放大器增益为 1。当温度输入信号为最大值时，A/D 转换器输出 1999。在此量程内，一旦 A/D 转换器输出小于 200，则经软件判断后，自动转入小量程挡，同时改变程控放大器的增益。同理，在小量程内，A/D 转换器输出大于 1600 时，软件判断后，自动转入大量程挡，使程控放大器的增益恢复。

2）自动切换不同量程传感器

用主机电路控制多路转换器进行切换。设 1♯传感器的最大测量范围为 M_1，2♯传感器的最大测量范围为 M_2，且 $M_1 > M_2$，满量程输出相同。启动时，1♯传感器先投入使用，

2#传感器处于过载保护,用软件识别确认量程,再置标志位,来选取 M_1 或 M_2。

4. 标度变换

把 A/D 转换后的数字量的数码转换成有量纲的数值的过程称之为标度变换。标度变换的形式为

$$y = \alpha_1 X + \alpha_0$$

式中:y 为温度测量值;α_1 为比例系数;α_0 为取决于零位值的常数。

例如,某智能型数字测温仪的测量范围是 $-100℃\sim1500℃$,当 $y_{min}=-100℃$ 时,对应的 A/D 转换值为 $N_{min}=0$;当 $y_{max}=1500℃$ 时,对应的 A/D 转换值为 $N_{max}=1600$。此时,

$$y = x - 100; \quad \alpha_1 = 1; \quad \alpha_0 = -100$$

5. 其他控制算法

微机化温度仪表的控制功能主要依靠控制算法来实现,它克服了传统仪表控制规律单一、使用面较窄的不足。而且,在同一仪表中可配制多种控制算法,应用于不同的系统。

在微机化温度仪表中控制算法很多,除数字 PID 控制算法外,还有前馈、纯滞后、非线性、解耦、自适应、智能控制、模糊控制算法等。由于篇幅限制,在此不再赘述。

4.4　典型智能温度测量仪实例

本节将通过一个智能型温度测控仪表的实例更进一步阐述该类智能仪器的典型结构、主要功能电路的原理、实现的主要方法以及仪器抗干扰、提高性能技术指标的软硬件措施,重点是使读者了解智能型温度测量仪的实际结构,掌握典型电路的分析方法,熟悉智能仪器典型处理功能的软、硬件实现的具体做法,使读者对智能仪器的组成原理有更深入的了解。

4.4.1　智能型温度巡检仪

下面结合一种智能型温度巡检仪系统,介绍采用单片计算机技术并通过软件程序控制的温度检测仪表的硬件组成结构和软件处理方法的应用实例,并对如何减少零漂、进行非线性补偿、抗干扰以及提高测量精度等方面提供了软、硬件的解决方法。

1. 概述

温度测量仪表通常分为两种类型。一是以工业生产设备或生产过程为检测对象,以状态监视为目的的温度巡检仪表,它能进行多点温度巡回检测,一般对精度要求不高。另一种是用于计量、标定或实验研究,在保证一定外部条件的前提下,能对单一测量进行高精度的温度测量。然而,也有一些工业现场要求进行较高精度的多点温度测量,此时就必须考虑一种介于上述两者之间或两者兼而有之的测量仪表。下面将介绍的是一种可进行多点温度测量,在 $-200℃\sim+850℃$ 测量范围内,测量精度优于 0.5% 的智能温度巡检仪,并结合该仪表的设计重点论述提高智能仪表测量精度的方法。

2. 温度巡检仪硬件电路结构

该温度巡检仪的硬件电路由温度传感器、预处理电路和 8031 单片机系统等几部分组成,其结构框图如图 4-48 所示。

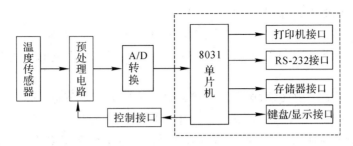

图 4-48　温度巡检仪结构框图

1）温度传感器

温度传感器采用 Pt_{100} 铂热电阻，它可以对 -200℃～+850℃的温度进行检测。由于硬件电路保证使流过铂热电阻上的电流为一恒定值，所以当温度变化时，热电阻上的电压亦随着变化，根据一定的对应关系即可求得温度值。

2）预处理电路

预处理电路是决定测量精确度的关键。铂热电阻温度传感器精度高、性能稳定，但其内阻较低，引线电阻会造成较大的测量误差，为消除引线电阻造成的误差，仪表的预处理电路采用三线制以恒流源驱动来解决。其电路如图 4-49 所示，包括三触点的继电器、可控恒流源、差动放大器、程控放大器等。

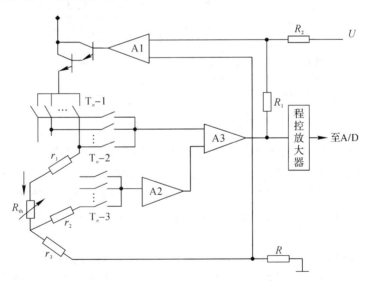

图 4-49　预处理电路原理图

图 4-49 中，R_{th} 为铂热电阻，r_1、r_2、r_3 为引线电阻（当采用完全相同的导线作 R_{th} 的引线，可使 $r_1 = r_2 = r_3 = r$）；A2 为增益等于 2 的同相比例放大器；A3 为增益等于 1 的差动放大器；运放 A1 和达林顿管 Q 组成了一个可控的恒流源电路，其电流为 I。测量时，继电器每次只接通一个铂热电阻，若继电器 T_n 吸合，则它的三个触点 T_{n-1}、T_{n-2}、T_{n-3} 同时导通，铂热电阻 R_{th} 接入预处理电路。设引线电阻为 r，则比例放大器 A2 的输入为 $I(r+R)$，输出为 $2I(r+R)$。差动放大器 A3 同相输入为 $I(R_{th}+2r+R)$，输出为 $U = I(R_{th}-R)$。

若 $R=100\ \Omega$(在 0℃,输出电压 $U=0$ V),则

$$U=I(R_{th}-100)$$

可见,输出电压 U 仅与恒流源 I 和铂热电阻 R_{th} 有关,从而消除了引线电阻所带来的误差。

由于铂热电阻的灵敏度(欧姆/度)随着温度的升高而逐渐下降,造成了输出电压 U 的非线性,为了补偿这个非线性,在硬件电路中采取了将输出电压 U 经电阻 R_1 反馈到放大器 A1 同相输入端,以便适当地调节恒流源的电流 I,从而使输出电压 U 得到了线性补偿,提高了测量精度。此外,还可以采取下列措施提高仪表的测量精度。

(1)减小零漂的硬件措施。零漂(零位漂移)是指温漂和时漂的总和。正常情况下,当输入信号为零时,经过传感器、放大器、单片机接口电路在内的整个测量部分的输出应为零。但由于零漂的存在,零输入信号时,输出不为零,此时的输出值,实际上就是系统测量部分的零位漂移值。若采用传统的硬件方法克服零漂,则线路复杂、对元器件要求严格且成本高,尤其在环境恶劣的场合,其效果不能尽如人意。但采用单片机控制后,就可以利用单片机强大的软件功能,而只需要用最少的硬件配以相应的处理软件,就可使上述问题迎刃而解,图 4-50 为实现自动校零部分的原理框图。图中 S1、S2 为电子开关,由单片机接口的 P1.0、P1.1 控制,正常工作时,P1.0 输出为"1"电平,S1 闭合,P1.1 输出为"0"电平,S2 打开。

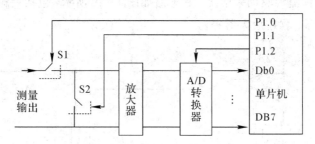

图 4-50   自动校零原理框图

零位补偿原理就是每次测量前,先将输入短路(P1.1 输出为"1"电平,P1.0 输出为"0"电平),测出零漂值,将其存放在单片机的某一存储单元内保存起来,然后再测量检测电路的输出(置 P1.1 为"0" P1.0 为"1"),此测量值减去零漂值就得到了真实的输出量。

程控放大器把差动放大器 A3 输出的电压信号放大至适当值,以便于 A/D 转换器进行数据采集。

(2)A/D 转换器的选择与非线性补偿。通常,在条件许可的情况下可选择分辨率和转换速度较高的器件,这是提高测量精度的一个重要措施,就 A/D 转换器的分辨率而言,不同的 A/D 器件在供电电压为 5V 时,其差别见表 4-9。

表 4-9   不同位数 A/D 器件的差别

分类	8 位 A/D	10 位 A/D	12 位 A/D
分辨率	1/256	1/1024	1/4096
对应一个 LSB 变化/mV	20	5	1.25

由 4-9 表可见,当 A/D 转换器位数增加时,其分辨率提高,因而测量精度也提高。

此外，A/D 转换器在理想情况下，对应输入电压值的转换值应在同一直线上。实际上有些转换点偏离直线，即存在着相对误差。以 A/D 转换器 0809 为例，在 2～3.5 V 时线性较好，而在 0～2 V、3.5～5 V 时，相对误差分别为 +1 和 −1，根据它与理想直线的偏差可在软件上采取分段补偿的措施，以提高 A/D 转换器的相对精度。

3）单片机系统

由 8031 单片机系统可实现对仪表的监控管理、多路温度的测量、储存、打印及与 PC 机的通信等。由此可见，这是本仪表的核心部件，其硬件结构如图 4 - 51 所示。

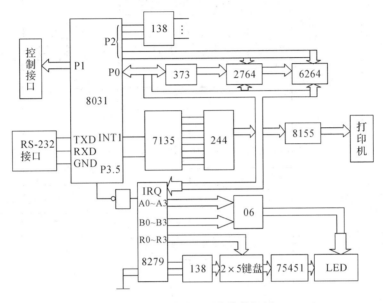

图 4 - 51 单片机系统结构框图

该仪表采用 8031 单片机及其扩展电路作为中心控制部件，此外也可通过 RS-232 接口与 PC 机组成分布式测温系统。PC 可以实时地控制该仪表以实现巡检、定检、数据通信及打印等功能。

3. 智能温度巡检仪的软件设计

智能温度巡检仪的软件设计包括监控管理程序、A/D 转换程序、数据处理程序、打印程序以及与 PC 机通信的串行口中断服务子程序，这些程序均采用模块化结构。为了便于该仪表与 PC 机组成分布式的测温系统，仪表的串行口中断设置为优先级最高的中断，具有实时性，其主程序流程如图 4 - 52 所示。

中断服务子程序及其他程序框图略。

为了提高仪表的测量精度，特别是在对输入量的处理上，除了在硬件上给予考虑外，在智能仪表中的软件设计也非常重要。我们知道，被测对象的温度是一个随时间 t 连续变化的模拟量，而这个非电物理量又必须通过传感器变换成电信号再通过输入通道送给单片机进行分析、处理。在这一过程中，我们总是希望信号的传递是不失真的，但是实际上不可能完全做到，也就是说总是存在一些非线性的误差，因而设计中要加以考虑。具体方法如下：

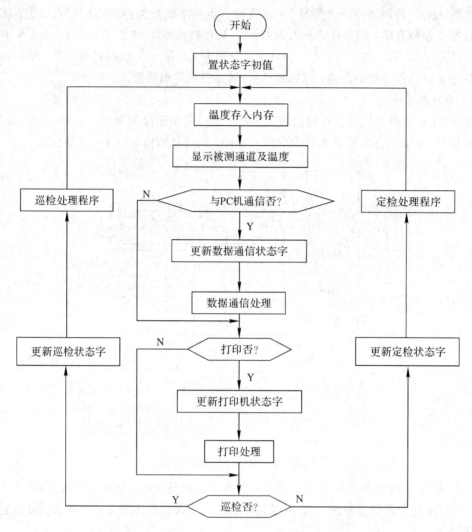

图 4-52　主程序流程图

（1）线性化逼近与列表代替相结合。常规测量仪表一般采用"折线法"或"非线性均值法"来处理温度与热电势间的非线性关系，其共同的特点是在整个测量范围内，用一条直线关系近似取代曲线关系，这无疑将大大降低仪器的测量精度。在单片机构成的温度测量系统中，可以采用各种数字线性化技术来提高测量精度，使用较多的方法就是分段折线法。热电阻的阻值—温度转换关系如图4-53所示。

在某一段范围内，可用一段直线近似代替曲线，再使用插值法由电阻计算出对应的温度。由图可见，当所取直线段越多时，计算误差越小。但这种方法不但增加了计算量，而且总是要产生计算误差的。要得到更

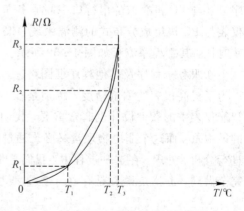

图 4-53　分段折线法示意图

高的换算精度，还可以将热电阻分度表中的全部数据存放到计算机中。使用查表的方法，从已知的电阻值查出对应的温度。然而采用这种方法尽管简单，但缺点是占用存储单元较多。

通过仔细分析热电阻分度表中的数据可以看出，温度每相差一度，对应的电阻值之差就有一定的规律性。因此可以将 Pt_{100} 铂热电阻的 $-200℃\sim+850℃$ 温度范围分成 13 个温度区域，然后建立 4 张表：折点温度 T_n 表，热电阻值 R_n 表，分度值 W_n 表和每分度热电阻差值量化 S_n 表。采用查表法和计算相结合的方法得出温度值，这样既可达到人工查表法的精度又能节省大量的存储单元，一举两得。

（2）采取软件滤波法，消除干扰影响。由于仪表使用的现场往往环境条件不甚理想，因而输入到 A/D 转换器的信号往往窜入各种各样的干扰信号，这些干扰信号中主要有三种类型：工频及其谐波、白噪声和脉冲干扰。这些干扰信号将造成很大的测量误差，必须加以滤除。通常，硬件措施是在采样输入回路中采用滤波电路以滤除干扰信号，如采用双 T 滤波电路可以有效地抑制工频干扰，但是会使硬件结构复杂。而如果采用软件滤波的方法则可以较好地解决这一问题，而且大多数智能仪表都采用软件滤波的技术。

软件滤波的方法有很多，对于白噪声窜入，可用数字滤波技术加以去除；而对于脉冲干扰，可通过多次采样中去除最大值和最小值后，再求取平均值也可以去掉，即去极值平均滤波法；对工频产生的干扰亦应加以重视，因为有时它会成为主要干扰因素。实践证明，要有效地抑制工频干扰必须满足两个条件：

① 每组采集数据必须进行两次，然后做算术平均处理；

② 保证两次采集间隔时间为 $T/2$（T 为工频周期）。

假设有用信号比工频变化率慢得多，如图 4-54 所示。

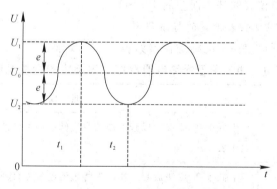

图 4-54　工频干扰示意图

U_0 为输入到 A/D 转换器的有用信号电压，U_1 是在干扰叠加情况下 t_1 时刻的瞬时电压值，U_2 是在 t_2 时刻的瞬时电压值。

当取 $U_1=U_0+e$，$U_2=U_0-e$，$t_2=t_1+\dfrac{T}{2}$ 时，有

$$U=\frac{U_1+U_2}{2}=\frac{U_0+e+U_0-e}{2}=U_0$$

由此可见，满足上述两个条件后就可滤除工频影响，获得有用的信号。

另外，如前所述的 A/D 转换器的非线性补偿亦是用软件的方法实现的。总之，智能仪

表设计中要采用软、硬件结合的方式来提高仪表的性能,这样才能达到较高的性能价格比,使设计最优。

4. 仪表的应用情况

采取上述软、硬件设计方法后,可以有效地提高仪表的测量精度。本仪表经过测试,其测量精度优于 0.5%。当然,在实际设计过程中,还要考虑许多其他的因素,如信号输入端的良好接地问题、印刷电路板的合理布线问题以及系统运行的可靠性问题等。综上所述可以看出:在智能仪表的设计中,由于采用了单片机技术,使得硬件电路大大简化,而其软件的强大功能又使仪表的性能等到明显提高,功能的扩展也变得十分方便。加上通信功能后,其检测、控制方式也十分灵活、便捷。因此,仪器、仪表的智能化、可通信化是未来发展的方向。

4.4.2 温度仪表使用、维护后的检定

智能型测温仪表属于计量仪表,而评定计量仪表、器具性能是否合格所做的全部工作称为检定。为了保证仪器的性能,凡是新生产的、使用中的和维修后的温度测控仪表均要进行检定。在仪表的检定过程中,基本误差的检定是最基本、最主要的检定项目。而检定时,对配用不同温度传感器的数字温度显示仪表,其采用的检定仪器以及接线方式也不相同。通常在检定过程中应注意以下几个方面。

1. 标准仪器

温度显示仪表的检定是利用标准仪器实现的。检定所选用的标准仪器依据微小误差取舍准则:标准仪器的基本误差相对于被检仪表基本可视为微小误差。具体地讲,标准仪器的基本误差一般为被检仪表的基本误差的 1/3~1/10。

1) 用于配热电偶温度仪表检定的标准仪器

用于配热电偶温度仪表检定的标准仪器如表 4-10 所示。

表 4-10 用于配热电偶温度仪表检定的标准仪器

温度显示仪表	标 准 仪 器
动圈仪表	不低于 0.05 级的成套工作的直流低电位差计或同等准确度的直流数字电压表
电子电位计	不低于 0.05 级成套工作的电势直流电位差计或同等准确度的直流数字电压表
数显温度测量仪表	误差小于被检温度仪表允差 1/5、分辨率应小于被检仪表分辨率的 1/10 直流电压发生器、成套工作的直流低电势电位差计或数字电压表
温度变送器	数字电压表或成套直流电势直流电位差计,允差不超过被检变送器允差的 1/4

2) 用于配热电阻温度仪表检定的标准仪器

用于配热电阻温度仪表检定的标准仪器如表 4-11 所示。

表 4-11　用于配热电阻温度仪表检定的标准仪器

温度显示仪表	标　准　仪　器
动圈仪表	直流电阻箱或同等准确的数字电桥，当仪表允差大于等于 3.5 Ω 时，其准确度等级为 0.1；当仪表允差小于 0.35Ω 时，其准确度等级为 0.02 级，最小步进值不大于 1/5
电子平衡电桥	标准电阻箱或同等准确度的数字电桥，电阻箱的允差应小于或等于被检仪表允差的 1/3，最小步进值应小于或等于被检仪表允差的 1/5
数显温度测量仪表	直流电阻箱或同等准确度的数字电桥，允差应小于被检仪表允差的 1/5
温度变送器	直流电阻箱，最小步进值不小于 0.01 Ω，标准电阻 0.01 级 1 Ω、100 Ω

2. 检定条件

各类温度测量显示仪表的检定要求如下：

(1) 环境温度为 20℃±Δt(数显仪表 Δt 为 2℃，其他仪表 Δt 为 5℃)；相对湿度不大于 85%，其中动圈仪表和数显仪表不大于 75%。

(2) 电源电压变化不超过额定电压±10%；频率不超过额定频率的±1%。

(3) 除地磁场外，周围不存在影响仪表正常检定的磁场。

3. 检定方法

示值检定前，对各类温度测量显示仪表均应作外观检查。仪表外观应符合检定规程的要求。

虽然各类温度测量显示仪表的原理构造不同，但示值检定的基本方法类似。一般步骤如下：

(1) 先进行外观检查，然后按要求正确接线。

(2) 在接线正确的情况下，接通仪表电源，按生产厂家规定的时间预热。如果没有明确规定，一般预热 15 分钟。具有参考端温度自动补偿的仪表可预热 30 分钟。

(3) 对具有"调零"及"调满度"的仪表，允许在预热后进行预调，但在检定过程中不允许再调。

(4) 检定点的选择不应少于 5 个点，一般应选择包括上、下限在内的原则上均匀的整十摄氏度点或整百摄氏度点。

(5) 在调零位后，由标准仪器发出检定点的信号值，读取仪表示值，按正行程检完各点，然后再反行程检定各点。计算各点误差，与仪表的准确度等级和量程所确定的允差相比较，得出仪表示值是否合格的结论。

4. 绝缘电阻测定

温度测量显示仪表的绝缘电阻是使仪表安全可靠工作的保证。绝缘电阻采用额定直流电压为 500V 的兆欧表测定。

绝缘电阻测量包括以下三部分：

(1) 仪表电气线路与地之间。

(2) 测量线路与地之间。

(3) 电气线路与测量线路之间。

温度测量显示仪表对各部分绝缘电阻的要求见表 4 - 12。

表 4 - 12　温度测量显示仪表对绝缘电阻的要求

温度测量显示仪表	测量线路—地	电力线路—测量线路	电力线路—地
配热电偶动卷仪表	不小于 40 MΩ	不小于 2 MΩ	不小于 2 MΩ
配热电阻动圈仪表	不小于 2 MΩ	不小于 1 MΩ	不小于 1 MΩ
电子自动平衡仪	不小于 2 MΩ	不小于 2 MΩ	不小于 2 MΩ
数显温度测量仪表	不小于 2 MΩ	不小于 2 MΩ	不小于 40 MΩ
温度变送器	输入端子与输出端子之间及与地均不小于 20 MΩ	不小于 5 MΩ	不小于 5 MΩ

5．其他注意事项

温度测量显示仪表检定的其他注意事项如下：

(1) 温度测量显示仪表在外观检查符合技术要求条件下，才能进行各项检定。

(2) 检定项目除基本误差之外，智能型温度测量仪表还要对外观、显示能力、稳定度、分辨率、绝缘电阻等方面进行检定，具体检定时，请参照国家有关智能型温度测量仪器仪表的检定规程。

4.5　实训项目四——智能温控系统调测

4.5.1　项目描述

根据已有的单片机数字式温度测量控制系统电路板进行系统调测。采用数字传感器，电路不用考虑 A/D 转换，只需设计指定某个 I/O 口作为与数字传感器相连，所以可以采用 DS18B20 单总线数字温度传感器。单片机可根据程序指令实现单点检测的功能，该系统的总体方案如图 4 - 55 所示。

图 4 - 55　系统结构框图

该系统控制要求和技术参数如下：

(1) 采用串行下载方式的 STC 单片机。

(2) 测温范围：−55℃～125℃。

(3) 测温精度：−10℃～85℃内为 0.5℃。

(4) 显示方式：4 位 LED 显示，含一位小数点及正负温度识别。

其他技术要求：设计需考虑电路结构的简捷、布局合理、功能可以扩展等因素。

4.5.2　相关知识准备

1. 主控单片机

教学中常用 ATMEL 公司的 AT89S51 和 STC51 单片机系列。根据 AT89S51 单片机体积小、重量轻、抗干扰能力强、对环境要求不高、价格低廉、可靠性高、灵活性好等优点，本设计即以 AT89S51 作为控制核心，组成本电路的控制单元模块。图 4 - 56 为 AT89S51 单片机最小系统。P1.5、P1.6、P1.7 作为 ISP 下载口，P1.0、P1.1、P1.2 作为 SPI 总线连接口。P0、P2 作为显示信号输入输出端口。

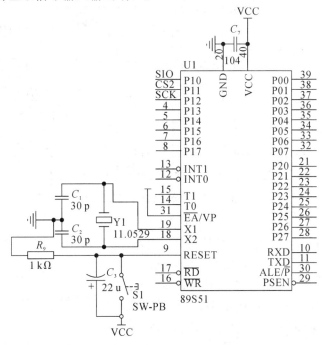

图 4 - 56　89S51 最小系统

AT89S51 最大的特点在于 ISP(在线编程)功能，即使用者每编译好程序，就可以立即通过 ISP 下载线写到单片机上去。下载线的制作并不复杂，但是下载线寿命不长，使用不太方便。并且 ISP 下载程序使用并口连接电脑，可能占用打印机口，而笔记本电脑通常没有并口。STC 系列单片机是改进型的单片机，具有高速、高可靠性、串口 ISP 在线编程，并且抗干扰能力强、功耗低，编程、调试、修改更加方便。

2. 数字温度测量单元

模拟式温度传感器的检测，要通过 AD 转换器把测量数据传递给单片机，而且很多模拟式测温单元具有非线性，需要进行补偿。除模拟温度传感器外，还有数字式温度传感器如 DS18B20。这类集成式测温传感器，内部集成了补偿电路，稳定性好、性能高、超低功耗，显示精度较高，输出信号为数字信号，不需接 A/D 转换电路，可直接连接单片机的数据线。

DS18B20 是美国 DALLAS 公司生产的 1 - Wire 总线数字式温度传感器，测量温度范围为：55℃～125℃。在 10℃～85℃ 范围内，测量精度为±0.5℃，分辨率为程控可调的 0.5℃～0.0625℃。

　　1-Wire 总线是 DALLAS 公司推出的一种串行总线，它只有一根数据输入输出线 DQ，所有器件都挂在该总线上。1-Wire 总线与目前多数标准串行数据通信方式不同，它采用一根信号线进行双向传输数据。为了可靠传输数据，1-Wire 总线有严格的时序规范。

　　1) DS18B20 芯片介绍

　　该传感器直接将被测量的温度转换为数字量并进行存储，单片机发出"读"指令后，以串行的方式输出温度数据。与传统的热电偶、热敏电阻等模拟量传感器相比，可以省去通道切换、信号放大、A/D 转换等，使系统结构更加简单，性能更加稳定，提高了系统的抗干扰能力。图 4-57 为 DS18B20 的内部结构。

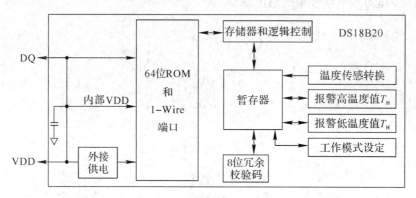

图 4-57　DS18B20 内部结构

　　DS18B20 可采用外接电源或寄生供电方式。寄生供电方式是 1-Wire 总线器件从数据线获得电能，这样可以省去电源线，用两根导线实现供电和数据传输。由于每个 1-Wire 总线器件有唯一的 64 位序列号作为标识(地址)，主机可搜索连接到该总线上的所有器件，对总线上的每一个器件进行访问和控制。

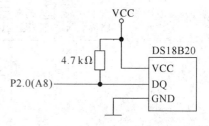

图 4-58　DS18B20 与单片机的连接图

　　DS18B20 的数据线是漏极开路，如果没有接电源，需要数据线强上拉给 DS18B20 供电；如果 DS18B20 接有电源，则需要一个上拉电阻即可稳定工作。

　　图 4-58 为 DS18B20 与单片机的连接图。DS18B20 读写时序如图 4-59 所示。

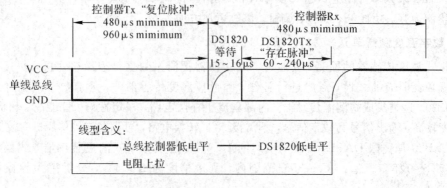

图 4-59　DS18B20 读写时序

2）软件设计

图 4 - 60 是软件流程图。对于 DS18B20 的温度读取，直接进入温度的读状态，为了不影响温度转换的时序，在 DS18B20 温度测量过程中要关断中断，转换完成后再打开。在编程时要注意时序问题和 DS18B20 的连接方式。

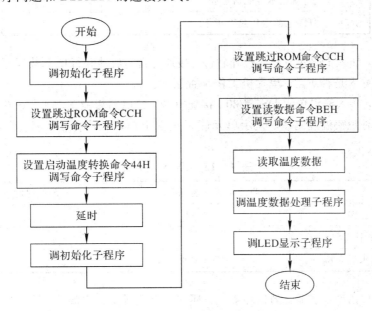

图 4 - 60　软件流程图

3. 测试设备

测试设备见表 4 - 13。

表 4 - 13　测 试 设 备

序号	仪器名称	型　号	数量
1	稳压电源 30V/10A 双路	DF1731SL3A	1 台
2	数字万用表	DT9205A	1 台
3	计算机		1 台
4	并行口下载线		1 根
5	热电偶温度计	YM5135 - T	1 支

4.5.3　项目实施

（1）先进行机械及外观检查，用目测检查带元件的电路板有无虚焊、漏焊和错焊；用万用表测量电源 VCC 与地之间有无短路现象。

（2）加电源，观察电源指示灯是否点亮，电路板能否正常工作；用万用表检测电源电压是否正常，检查电源转换模块能否正常工作。将数据记录于表 4 - 14 中。

表 4-14　电　压　测　试

电源电压理论值	+5 V
电源电压测试值	
电源指示灯是否点亮	
判断电源电压是否正常	

（3）断电，插入 ISP 单片机。打开软件，接通电源，启动并行口下载程序，观察能否正常编译，程序写入是否正常，单片机工作是否正常。

（4）断电，接入测温单元 DS18B20。接通电源，使电路板能正常工作。在室温下、冰水混合物、手温时观察温度测量、显示单元能否正常工作，记录响应时间。将数据记录于表4-15中。

表 4-15　温　度　测　试

	DS18B20 电路板读数/℃	响应时间/s
室温下		
用手握住 DS18B20		
冰水混合物		

（5）精度对比测量实验。测试环境：一杯 95℃的开水，在室温为 29℃的室内自然冷却。用分辨率为 1℃的温度计和 DS18B20 同时测量水的温度，每隔 10 分钟读一次温度值，数据记录在表 4-16 中，并绘制出温度下降曲线。

表 4-16　对比温度记录表

次　数	1	2	3	4	5	6	7	8	9
热电偶温度计测试值	95℃	73℃	57℃	49℃	42℃	39℃	37℃	35℃	34℃
DS18B20 实测值									
次　数	10	11	12	13	14	15	16	17	18
热电偶温度计测试值	33℃	31℃	30℃	30℃	29℃	29℃	29℃	29℃	29℃
DS18B20 实测值									

4.5.4　结论与评价

（1）本项目选取基于 DS18B20 的温度测控系统电路板作为具体应用实例，通过对电路板的调试以及对测温精度、响应时间等参数的实测，对数据进行分析处理，可以综合评价电路板性能的好坏。

（2）多个 DS18B20 的扩展。单片机 AT89S51 通过驱动电路采集 4 条输出总线上悬挂的大量 DS18B20 来测量温度，每个传感器的 DQ 端和驱动电路的 1-Wire 总线并联，DS18B20 接地端和驱动电路接地端相连，通过两芯的平行导线连接，如图 4-61 所示。如果需要增加温度测量点，只要增加驱动电路和温度传感器，不用修改软件，就可以实现系统扩展。

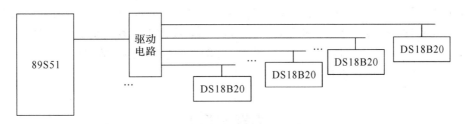

图 4 - 61　1-Wire 总线器件与驱动电路的连接

　　驱动电路如图 4 - 62 所示。单片机的输出信号 DAT 作为 1-Wire 总线的输入信号。1-Wire总线除了接收数据还要发送数据，因此选择的驱动器要求具有三态输出，当某 1-Wire 总线器件不需要向总线通信时，该驱动器的输出应处于高阻态。1-Wire 总线器件输出的信号也要通过一个三态驱动门送往单片机。由单片机根据 1-Wire 总线的读写时序控制分时地向 1-Wire 总线输出数据和从 1-Wire 总线读入数据，实现对 1-Wire 总线的读写。上述功能可以用一个含 2 组三态驱动门的芯片 74HC244 来完成。数据传送方向的控制用单片机的一根 I/O 控制信号线 CTRL 来完成。为了使 1-Wire 总线的传输距离增大，让一根 I/O 口线驱动更多的 1-Wire 总线器件，可设计让单片机的一根 I/O 口线同时接 4 个 74HC244 内的三态门，输出 4 个口线，每一个口线驱动一定数量的 1-Wire 总线器件，这样就可以通过单片机的一根 I/O 口线对 4 条 1-Wire 总线进行数据输出，向 1-Wire 总线器件写入数据。随之而来的是，4 个 1-Wire 总线需要通过一个多输入与门电路向单片机回送数据，实现所有 1-Wire 总线器件同时输出的线"与"逻辑。

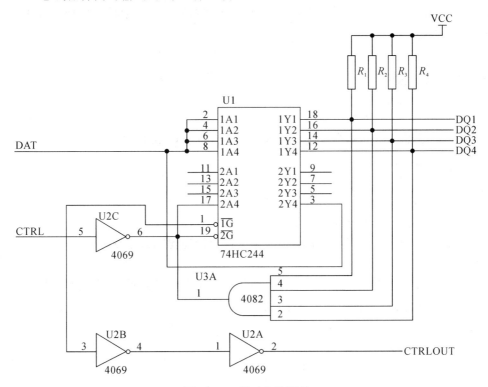

图 4 - 62　驱动电路原理

该驱动电路有 4 根 1-Wire 总线数据线 DQ($n=1\sim4$),每一根数据线都可以连接若干 1-Wire 总线器件。当控制信号线 CTRL 为低电平时,数据由单片机的数据信号线 DAT 经驱动器送往 1-Wire 总线器件;当控制信号线 CTRL 为高电平时,数据由 1-Wire 总线器件经驱动器送往单片机的数据信号线 DAT。

本章小结

智能温度测量仪是指将温度变换元件变换所得的模拟量转换为数字量,通过单片机等智能芯片进行数据处理、运算等,并以数字形式显示测量结果或控制其他装置的智能化仪器。

智能型温度测量仪器与其他智能仪器一样,也是由硬件和软件两部分组成的。硬件部分包括单片机主机电路,过程输入输出通道、键盘(人机联系部件)、接口和显示打印等部分组成;软件主要由监控程序、中断处理程序以及实现各种算法的功能模块等组成。本章介绍了智能型温度测量仪表的基本功能、组成原理以及各组成电路的典型结构,并重点对温度检测电路、输入输出通道、人机接口电路等进行了分析,增加了 LCD 技术、触摸屏技术,对智能型温度测量仪表的软件组成以及常用的软件测量算法也作了较为详细的介绍。

本章最后通过分析与解剖一个典型的智能型温度测量仪表——智能型温度巡检仪,详细地介绍了采用单片计算机技术并通过软件程序控制的温度检测仪,给出了硬件组成结构和软件处理方法的应用实例,并对如何减少零漂、进行非线性补偿、抗干扰以及提高测量精度等方面提供了软、硬件的解决方法。此外,还就温度测量仪表的检定所需注意的几个问题进行了论述。

思考题与习题

1. 智能型测温仪通常应具有哪些功能?
2. 智能型测温仪一般由哪几部分组成? 各部分的作用是什么?
3. 模拟量输入通道包括哪些部分?
4. 模拟量输出通道包括哪些部分?
5. 标度变换的目的是什么? 有哪几种方法?
6. 为什么要进行非线性补偿? 非线性补偿有哪三种方式?
7. 编码式键盘与非编码式键盘有何区别? 键盘管理程序的任务是什么?
8. 如何抑制工频干扰?
9. 在温度检测电路中,为什么要对引线电阻进行补偿? 如何进行补偿?
10. 智能型温度测量仪的检定要注意哪些事项?

第 5 章　智能型电压测量仪

本章学习要点

1. 掌握智能型 DVM 的基本原理，了解其主要处理功能；

2. 了解智能型 DVM 各组成部件的特点及主要实现技术；

3. 掌握智能型 DMM 的组成原理及实现的基本方法；

4. 通过对智能型 DVM、DMM 应用实例的分析，加深对智能型电压测量仪器的了解，掌握应用的具体方法。

电压、电流和功率是表征电信号能量的三个基本参量。在集总参数的电路中，考虑到操作的安全性、方便性、准确性等因素，测量的主要参量是电压。电子电路的许多工作特性，如频率特性、调制度、非线性失真系数等都可以视为电压的派生量。各种电路的工作状态，如谐振、平衡、饱和、截止及动态范围等，通常都用电压的形式来反映。电子设备的各种控制信号、反馈信号也主要表现为电压量。因此，电压测量是电子测量的最基本内容之一。本章先讨论最基本的智能型数字电压表（DVM），尔后简要介绍智能型数字多用表（DMM）的基本原理及应用实例。

5.1　智能型 DVM 的功能、技术指标及特点

5.1.1　智能型 DVM 的结构

智能型 DVM 是指以微处理器为核心的数字电压表，典型结构如图 5-1 所示。其中专用微机部分包括微处理器芯片、存放仪器监控程序的存储器 ROM 和存放测量及运算数据

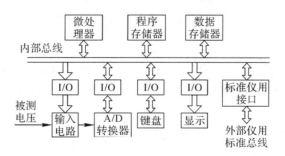

图 5-1　智能 DVM 的典型结构

的存储器 RAM 等。用于测量的输入/输出设备有：输入电路、A/D 转换器、键盘、显示器及标准仪用接口电路等。仪器内部采用总线结构，外部设备与总线相连。

智能型 DVM 的测量大致分为三个主要阶段：

首先，在微处理器的控制下，被测电压通过输入电路、A/D 转换器的处理转变为相应的数字量，存入到数据存储器。

其次，微处理器对采集的测量数据进行必要的处理，例如计算平均值、减去零点漂移等。

最后，显示最终处理结果。

上述整个工作过程都是在存放于 ROM 中的监控程序的控制下进行的。

5.1.2 智能型 DVM 的功能及主要技术指标

采用微处理器后，仪器在外观、内部结构以及设计思想等方面都发生了重大的变化。智能型 DVM 不再仅具有测量功能，同时还具有很强的数据处理能力，这些数据处理功能是通过按不同的按键、输入相应的常数以及调用相应的处理程序来实现的。不同型号的智能型 DVM 设置的处理功能有所不同，相同的处理功能其表达方式也不一定相同，但一般可以用下述表达方式来代表。

1. 标定($Ax+B$)

$$R=Ax+B \qquad (5-1)$$

式中，R 为最后的显示结果；x 为实际测量值；A，B 为由面板键盘输入的常数。

利用这一功能，可将传感器输出的测量值，直接用实际的单位来显示，实现了标度变换。

2. 相对误差($\Delta\%$)

$$\Delta\% = \frac{x-n}{n}\times100\% \qquad (5-2)$$

式中，n 为由面板键盘输入的标称值。

利用这一功能，可把测量结果与标称值的差值以百分率偏差的形式显示出来，适用于元件容差校验。

3. 极限(LMT)

极限即上、下限报警功能。利用这一功能可以了解被测量是否超越预置极限的情况。使用前，应先通过面板键盘输入上极限值 H 和下极限值 L。测量时，在显示测量值 x 的同时，还将显示标志 H、L 或 P，表明测量结果超上限、超下限或通过。

4. 最大/最小

利用此项功能可以对一组测量值进行比较，求出其中的最大值和最小值并存储起来，在程序运行过程中一般只显示现行值，在设定的一组测量进行完毕之后，再显示这组数据中的最大和最小值。

5. 比例

$$R=\frac{x}{r} \qquad (5-3)$$

$$R = 20 \lg\left(\frac{x}{r}\right) \qquad (5-4)$$

$$R = \frac{x^2}{r} \qquad (5-5)$$

式中，r 为由面板输入的参考量。

比例是指一个量与另一个量之间的相互关系，这里共提供有三种形式。其中第一种为简单比例；第二种为对数比，单位为 dB，这是电学、声学常用的单位；第三种是将测量值平方后除以 r，其用途之一就是用瓦或毫瓦为单位直接显示负载电阻 r 上的功率。

6. 统计

利用此项功能，可以直接显示多次测量值的统计运算结果，常见的统计有：平均值、方差值、标准差值、均方值等。

智能型 DVM 一般都具有自动量程转换、自动零点调整、自动校准、自动诊断等功能，并配有标准接口。这些功能在前几章中已作过讨论，不再赘述。

智能型 DVM 除具有上述的数据处理能力和一些独特的功能以外，还具有普通的 DVM 的各项技术指标，其中主要技术指标为：

（1）量程。为扩大测量范围，智能型 DVM 借助于分压器和输入放大器分为若干个测量量程，其中既不放大也不衰减的量程称为基本量程。

（2）位数。智能 DVM 的位数是以完整的显示位（能够显示 $0 \sim 9$ 十个数码的显示位）来定义的。例如最大显示数为 9999、19999、11999 的 DVM 称四位表。为区别起见，常常也把最大显示数为 19999、11999 的 DVM 称为 $4\frac{1}{2}$ 位数字电压表。位数是表征 DVM 性能的一个最基本的参量。通常将高于五位数字的 DVM 称为高精度 DVM。

（3）测量准确度。智能型 DVM 的测量准确度常用绝对误差的形式来表示，其表达式为

$$\Delta = \pm a\%U_X \pm b\%U_M \qquad (5-6)$$

式中，a 为误差的相对项系数；b 为误差的固定项系数；U_X 为测量电压的指示值；U_M 为测量电压的满度值。

DVM 的测量准确度与量程有关，其中基本量程的测量准确度最高。

（4）分辨率。分辨率即显示输入电压最小增量的能力，通常以显示器末位跳一个字所需输入的最小电压值来表示。分辨率与量程及位数有关，量程愈小位数愈多，分辨率就愈强。DVM 通常以其最小量程的分辨率来代表仪器的分辨率，例如最小量程为 1 V 的 4 位 DVM 的分辨率为 100 μV。

（5）输入阻抗 Z_i。输入阻抗 Z_i 是指从 DVM 两个输入端看进去的等效电阻。输入阻抗愈高，由仪表引入的误差就愈小。同时仪器对被测电路的影响也就愈小。

（6）输入电流 I_0。输入电流 I_0 是指以其内部产生并表现于输入端的电流，它的大小随温度和湿度的不同而变化，而与被测信号的大小无关，其方向是随机的。这个电流将会通过信号源内阻建立一个附加的电压，而形成误差电压，所以输入电流愈小愈好。

（7）测量速率。测量速率以每秒的测量次数来表示，或者以每次测量所需的时间来表示。

5.1.3　智能型 DVM 的特点

与常规的数字电压表相比,智能型数字电压表具有以下特点。

1. 准确度高

由于 DVM 的测量准确度与量程有关,而智能型 DVM 能够根据被测信号的大小很容易地实现测量量程的转换,因而具有较高的测量准确度。此外,由于智能型 DVM 通常采用数字显示,其显示的位数较多,因此可使相对误差达到很小。加之智能型 DVM 的灵敏度也比较高,最高分辩力可达 $1 \mu V$,这些显然都是常规仪表无法达到的,所以智能型 DVM 在精密测量中是不可缺少的。

2. 数字显示

测量结果以数字量形式直接显示,故能保证读数清晰准确,从而消除了指针仪表的视觉误差。智能 DVM 的位数是以完整的显示位(能够显示 $0 \sim 9$ 十个数码的显示位)来定义的。当需要进行高精度测量时,可方便地采用多位数字显示。

3. 测量速度快

由于没有指针惯性,因此智能型 DVM 完成一次测量的时间只需几到几十毫秒,甚至快达几十微秒。高质量的 DVM 具有自动判断极性、自动转换量程、自动校准、自动调零、自动处理数据等功能,特别适用于自动检测。

4. 输入阻抗高

一般智能型 DVM 的输入阻抗为 $10 M\Omega$ 左右,最高可达 $10^4 M\Omega$,对被测电路的影响极小。

5. 便于实现测量自动化

由于智能型 DVM 通常是以单片机作为仪表的核心控制部件,而且大多数单片机都具有双向可通信的串行口,因而,智能型 DVM 可以很方便地与其他仪器进行数据通信,以实现测量过程的自动化。

5.1.4　智能型 DVM 的分类

智能型 DVM 是利用模拟/数字(A/D)转换原理,将被测的模拟量转换成数字量,并将转换结果送单片机进行分析、运算、处理,最终以数字形式显示出来的一种测量仪表。而各类智能型 DVM 的区别主要是模/数(A/D)转换方式。A/D 转换包括对模拟量采样,再将采样值进行量化处理,然后通过编码实现转换的过程。因而,根据仪表内部使用 A/D 转换器的转换原理不同,可构成以下几种不同类型的智能型 DVM。

1. 比较型 DVM

比较型 DVM 把被测电压与基准电压进行比较,以获得被测电压的量值,是一种直接转换方式。这种数字电压表的特点是测量精确度高、速度快,但抗干扰能力差。根据比较方式的不同,又分为反馈比较式和无反馈比较式。

2. 积分型 DVM

积分型 DVM 是利用积分原理首先把被测电压转换为与之成正比的中间量—时间或频

率, 再利用计数器测量该中间量, 它是一种间接转换方式。根据中间量的不同又分为电压-时间 $(U - t)$ 式和电压-频率 $(U - f)$ 式。这类数字电压表的特点是抗干扰能力强, 成本低, 但测量速度慢。

3. 复合型 DVM

复合型 DVM 是将比较型和积分型结合起来的一类智能型 DVM, 它取上述两种类型的优点, 兼顾精确度、速度、抗干扰能力, 从而适用于高精确度测量。

5.2　智能型 DVM 的原理

5.2.1　输入电路

在图 5-1 所示的智能型 DVM 典型结构框图中, 常常将输入电路和 A/D 转换两部分电路合称为模拟部分。DVM 的许多技术指标都是由模拟部分来决定的。无论一台智能型 DVM 的功能有多么强大, 其基本测量水平主要由模拟部分来决定。本节先讨论输入电路。

输入电路的主要作用是提高输入阻抗和实现量程的转换。下面以图 5-2 所示的 DATRON 公司的 1071 型智能型 DVM 输入电路为例对输入电路的组成原理进行讨论。

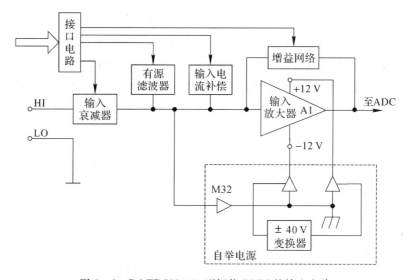

图 5-2　DATRON1071 型智能 DVM 的输入电路

1071 型智能型 DVM 输入电路主要由输入衰减器、输入放大器 A1、有源滤波器、输入电流补偿电路以及自举电源等部分组成。

有源滤波器是否接入由微处理器通过 I/O 接口电路实施控制, 该滤波器对 50 Hz 的干扰有 54 dB 的衰减。

自举电源的参考点不是地, 而是输入信号。从图 5-2 中可以看出, M32 高阻抗缓冲放大器接在输入放大器的反相输入端, 因此 M32 能精确地跟踪输入信号编化从而控制 M32 的输出。M32 的输出接另两个放大器的输入端, 从而达到随输入信号变化而控制自举电源输出端,产生一个浮动的±12 V电压作为输入放大器的电源电压。这样,输入放大器工作点基本上不随输入信号的变化而变化,这对提高放大器的稳定性及抗共模干扰能力等性能是很有益处的。例如输入电路通常采用二极管作过载保护,二极管跨接在输入端与零电位之间,其漏电流对输入阻抗有很大影响,若将二极管跨接在放大器输入端和自举电源公共零点上,由于公共零点随输入信号而浮动,因而消除了二极管漏电流的影响,保证了高输入阻抗。

输入电流补偿电路的作用是减小输入电流的影响,其补偿原理可以用图5-3(a)来说明。在自动补偿时,在输入端接入了一个10 MΩ的电阻,输入电流$+I_b$在该电阻上产生的压降经A/D转换后存入到非易失性存储器内,作为输入电流的校正量。在正常测量时微处理器根据校正量送出适当的数字到D/A转换器并经输入电流补偿电路产生一个与原来输入电流$+I_b$大小相等、方向相反的电流$-I_b$,使两者在放大器的输入端相互抵消,见图5-3(b)所示。这项措施可以使仪器的零输入电流减小到1 pA。

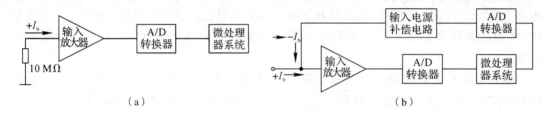

（a） （b）

图5-3 输入电流补偿电路原理框图

输入电路的核心是由输入衰减器和放大器组成的量程标定电路,如图5-4所示。S为继电器开关,控制100:1衰减器是否接入。$VT_5 \sim VT_{10}$是场效应管模拟开关,控制放大器不同的增益。继电器开关S、$VT_5 \sim VT_{10}$在微机发出的控制信号的控制下,形成不同的通、断组合,构成0.1 V、1 V、10 V、100 V、1000 V五个量程以及自动测试状态。各种组合分析如下:

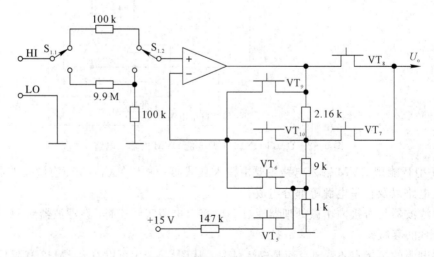

图5-4 量程标定电路原理

(1) 0.1 V量程。VT_8、VT_6导通,放大电路被接成电压负反馈放大器,其放大倍数A_f及最大输出电压U_{omax}分别为

$$A_f = \frac{21.6 + 9 + 1}{1} = 31.6$$

$$U_{omax} = 0.1 \times 31.6 = 3.16 \text{ V}$$

（2）1 V 量程。VT_8、VT_{10} 导通，此时放大电路被接成串联负反馈放大器，其放大倍数 A_f 及最大输出电压 U_{omax} 分别为

$$A_f = \frac{21.6 + 9 + 1}{9 + 1} = 3.16$$

$$U_{omax} = 1 \times 3.16 = 3.16 \text{ V}$$

（3）10 V 量程。VT_7、VT_9 导通，放大电路被接成跟随器，放大倍数为 1，然后输出又经分压，此时

$$U_{omax} = 10 \times \frac{9 + 1}{21.6 + 9 + 1} = 3.16 \text{ V}$$

（4）100 V 量程。VT_8、VT_{10} 导通，放大电路仍为串联负反馈放大器。同时继电器开关 S 吸合，使 100：1 衰减器接入，此时

$$U_{omax} = 100 \times \frac{1}{100} \times \frac{21.6 + 9 + 1}{9 + 1} = 3.16 \text{ V}$$

（5）1000 V 量程。继电器开关 S 吸合，使 100：1 衰减器接入，同时 VT_7、VT_9 导通，放大电路被接成跟随器，并使输出再经分压，此时

$$U_{omax} = 1000 \times \frac{1}{100} \times \frac{9 + 1}{21.6 + 9 + 1} = 3.16 \text{ V}$$

由上述计算可见，送入 A/D 转换器的输入规范电压为 0～3.16 V。同时，由于电路被接成串联负反馈形式并且采用自举电源，0.1 V、1 V、10 V 三挡量程的输入电阻高达 10000 MΩ，10 V 和 1000 V 挡量程由于接入衰减器，输入阻抗降为 10 MΩ。

当 VT_5、VT_6 和 VT_8 导通，继电器开关 S 吸合时，电路组态为自测试状态。此时放大器的输出应为 −3.12 V。仪器在自诊断时测量该电压，并与存储的数值相比较。若两者之差在 6% 以内，即认为放大器工作正常；否则视为故障，必须排除。

5.2.2　智能型 DVM 中的 A/D 转换技术

常规的数字电压表所采用的各种 A/D 转换器的转换过程完全是靠硬件电路来实现的，精度不可能达到很高。高精度的智能型 DVM 一般不直接采用集成 A/D 转换器芯片，而是在一般 A/D 转换器的基础上，借助于软件来形成高精度的 A/D 转换器。其中，广为采用的有多斜积分式 A/D 转换器、Fluke 公司提出的余数循环比较式 A/D 转换器、Solartron 公司提出的脉冲调宽式 A/D 转换器等。下面通过介绍多斜积分式 A/D 转换器和积分脉冲调宽式 A/D 转换器，来了解这类 A/D 转换器的工作特点。

1. 多斜积分式 A/D 转换器

多斜积分式 A/D 转换器是在双积分式 A/D 转换器的基础上发展起来的。双积分式 A/D 转换器具有抗干扰性能强的特点，在采用零点校准和增益校准前提下其转换精度也可以做得很高，但显著的不足之处是转换速度较慢，并且分辨率要求愈高，其转换速度也就愈慢。由于比较器带宽有限，因此不能简单地通过提高时钟频率来加快转换速度，如果采

用软件计数,则时钟频率的提高更是有限度的。除此之处,双积分式 A/D 转换器还存在着"零区"等问题。图 5-5 为多斜积分式 A/D 转换器的转换波形图。

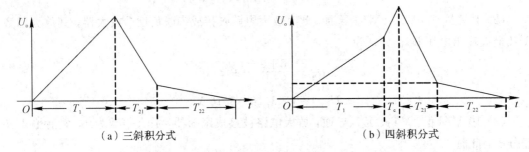

（a）三斜积分式　　　　　　　　　（b）四斜积分式

图 5-5　多斜积分式 A/D 转换器转换波形图

采用三斜积分式 A/D 转换器可以较好地改善转换速度慢这个弱点,它的转换速率分辨率乘积可以比传统双积分式 A/D 提高两个数量级以上。三斜积分式 A/D 转换器的转换波形是将双积分式 A/D 转换的反向积分阶段 T_2 分为如图 5-5(a)所示的 T_{21}、T_{22} 两部分:在 T_{21} 期间积分器对基准电压 U_R 进行积分,放电速度较快;在 T_{22} 期间积分器改为对较小的基准电压 $U_R/2^m$ 进行积分,放电速度较慢。在计数时,把计数器也分成两段进行计数;在 T_{21} 期间,从计数器的高位(2^m 位)开始计数,设其计数值为 N_1;在 T_{22} 期间,从计数器的低位(2^0 位)开始计数,设其计数值为 N_2。则计数器中最后的读数为

$$N = N_1 \times 2^m + N_2$$

在一次测量过程中,积分器上电容器上的充电电荷与放电电荷是平衡的,则

$$|U_x| T_1 = U_R T_{21} + \left(\frac{U_R}{2^m}\right) T_{22}$$

其中, $T_{21} = N_1 T_0$, $T_{22} = N_2 T_0$ 。

将上式加以整理,可得

$$|U_x| T_1 = U_R N_1 T_0 + \left(\frac{U_R}{2^m}\right) N_2 T_0 = \frac{U_R T_0}{2^m}(2^m N_1 + N_2) = \frac{U_R T_0}{2^m} N$$

进一步加以整理,可得三斜积分式 A/D 转换器的基本关系式:

$$|U_x| = \frac{U_R}{2^m} \times \frac{T_0}{T_1} N \tag{5-7}$$

上式中,如果取 $m = 7$,时钟脉冲周期 $T_0 = 120\ \mu s$,基准电压 $U_R = 10$ V,并希望把 12 V 被测电压变换为 $N = 120\ 000$ 码读数时,可以计算得 $T_1 = 100$ ms。而传统的双积分式 A/D 转换器在相同的条件下所需要的积分时间 $T_1 = 15.36$ s,可见三斜积分式 A/D 转换器可以使测量速度大幅度提高。

四斜积分式 A/D 转换器是为了解决双积分式和三斜积分式 A/D 转换器存在的零区问题而提出的。其解决的方法是:在取样期结束时,先选用与被测电压同极性的基准电压积分一段固定的时间 T_c,以产生上冲波形,避开零区,然后再按上述三斜积分式 A/D 转换的方法去进行反向积分,从而构成四斜积分式 A/D 转换器,其转换波形见图 5-5(b)。由于 T_c 是固定的,因此该上冲使测量结果增加的数值也是固定的,这很容易用软件的方法来扣除。

图 5-6 示出了四斜积分式 A/D 转换器的原理图。积分器的输入端经 6 个开关分别与被测电压、各种基准电压和模拟地相接，由 6 个 D 触发器组成的输出口实施对这些开关的控制，微处理器通过执行输出指令将不同的数据送往该输出口就可以使不同的开关接通或断开。

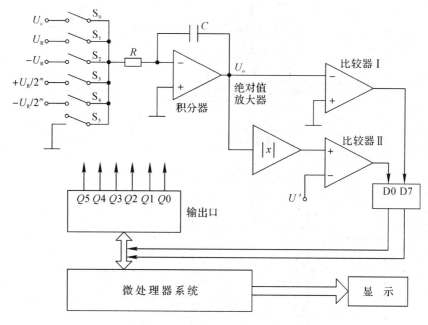

图 5-6　四斜积分式 A/D 转换器原理

比较器 I 和比较器 II 的输出分别经三态反相器连接到数据总线的 D7 和 D0 位。这两个三态门构成了微处理器系统的一个输入口，通过向该口执行输入指令对 D7 和 D0 位进行判别，就可以确定当时积分器的状态。计数器是由微处理器内部的 8 位寄存器 B，C，D 级联组成，其中寄存器 B 为计数器的低 8 位，寄存器 D 为计数器的高 8 位。这里选择系数 $m=7$，因此在 T_{21} 期间将从寄存器 B 的最高位计数，在 T_{22} 期间将从寄存器 B 的最低位计数。

图 5-7 示出了四斜积分式 A/D 转换的控制流程图。首先接通开关 S_0，使积分器对被测电压 U_x 进行积分，接着进入延时程序 I，使 S_0 接通时间达到准确的 $T_1=100$ ms。这段时间为定时积分。定时积分结束后，通过输入指令将比较器的输出状态输入到微处理器判断出 U_x 的极性，以便选择与 U_x 极性相同的基准电压 U_R 接入积分器，实现积分器输出波形的上冲。当 $U_x>0$（即积分器的输出 $U_o<0$ 时），接通开关 S_1 接入 $+U_R$；当 $U_x<0$（即 $U_o>0$）时，则接通开关 S_2 接入 $-U_R$。直至经过延时程序 II，使 $+U_R$ 或 $-U_R$ 被积分的时间达到 128 μs（一个时钟周期），进入时间段 T_c。T_c 以后再通过输入指令将比较器的状态送入，再次判断 U_x 的极性，以便选择一个与 U_x 极性相反的基准电压，然后判断 $|U_o|$ 的大小是否超过了 U'，以确定是先接入 $+U_R$ 或 $-U_R$ 实现快速反向积分，还是直接接入 $+U_R/2^m$ 或 $-U_R/2^m$ 实现缓慢反向积分。当 $|U_o|>U'$ 时，本来应该立即接入与 U_x 极性相反的大基准电压，实现反向积分，但是，由于在 T_{21} 时间进行的从 2^m 位计数是由程序给出的，除了计数子

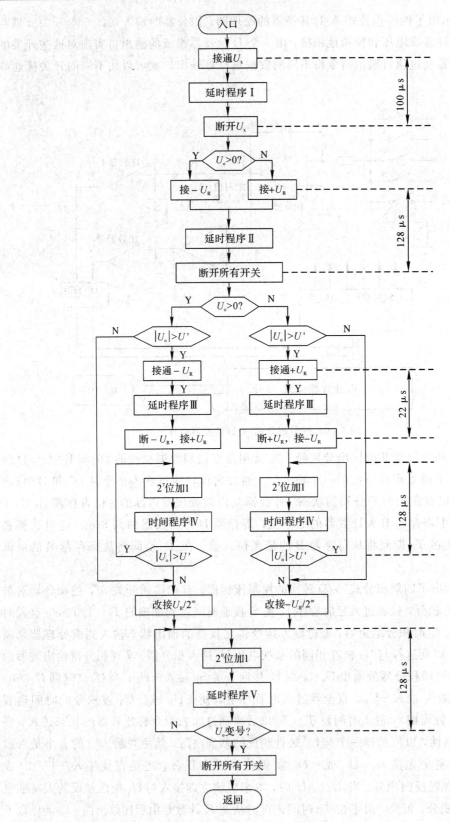

图 5-7 四斜积分式 A/D 转换控制流程图

程序内循环执行的指令外，还要执行调用子程序、返回主程序以及接通或断开基准等指令。执行这些指令需要的时间为固定的 22 μs，这段时间与 T_{21} 时间内计得的数 N_1 无关，所以必须设法补偿掉。补偿的办法是选用与被测电压极性相同的基准电压 U_R 造成再一次上冲。上冲时间由延迟程序Ⅲ控制，使之正好等于反向积分时间 T_{21} 中多出的 22 μs。第二次上冲结束后，再选用极性相反的基准电压 U_R 开始反向积分，这时每隔 128 μs 就在计数器的 2^7 位计一个数，同时检查积分器输出的电压 U_o 的绝对值是否低于 U'。如果 $|U_o|>U'$，就反复计数直至 $|U_o|<U'$。此时断开大基准电压，再接入小的基准电压继续进行缓慢的积分，而进入时间段 T_{22}。在 T_{22} 时间段内每隔 128 μs 在 2^0 位计一个数，同时检查 U_o 的极性是否改变。若 U_o 极性不变就继续在 2^0 位计数，直至 U_o 的极性改变为止。此时一次测量即告结束。这时再将开关 S_5 接通，使积分器输入端接地，为下一轮的 A/D 转换作好准备。

上述即为四斜积分式 A/D 转换方式的工作过程。

2. 脉冲调宽式 A/D 转换器

脉冲调宽式 A/D 转换器是 Solartron 公司的专利，它也是在双积分式 A/D 转换器的基础上发展起来的。脉冲调宽式 A/D 转换器主要克服双积分式 A/D 转换器的下述不足之处：积分器输出斜波电压的线性度有限，使双积分式 A/D 转换器的精度很难高于 0.01%；积分器式 A/D 转换器采样是间断的，因此不能对被测信号进行连续监测。

脉冲调宽式 A/D 转换器的原理框图如图 5-8(a)所示，由一个积分器、两个比较器、一个可逆计数器和一些门电路组成。积分器有三个输入信号：被测信号 U_x、强制方波 U_f 以及正负幅度相等的基准电压 U_R。由于强制方波的作用大于其余两者之和，所以积分器输出为正负交替的三角波。当三角波的正峰和负峰超越了两个比较器的比较电平 $+U$ 和 $-U$ 时，比较器便产生升脉冲和降脉冲。一方面，升降脉冲用来交替地把正负基准电压接入到积分器的输入端，另一方面，升降脉冲分别控制门Ⅰ和门Ⅱ，以便控制可逆计数器进行加法计数和减法计数。

由上述分析可知，当 $U_x=0$ 时，积分器的输出动态地对零平衡，因而升降脉冲宽度相等，可逆计数器在一个周期内的计数值为零。如果有信号 $-U_x$ 输入时，它将使积分器输出正向斜率增加、负向斜率减少，从而使升脉冲宽度增加，降脉冲宽度减少，则可逆计数器加法计数多于减法计数，两者之差即代表 U_x 的大小。上述 A/D 转换器各点波形如图 5-8(b)所示，为简化起见，没有考虑正负基准电压对积分输入电压的影响。

假定 T_1 和 T_2 分别代表在一个周期 T 内正负基准接入的时间，根据电荷平衡原理，则有

$$\frac{1}{R_1 C}\int_0^T U_x \mathrm{d}t + \frac{1}{R_2 C}\int_0^{T_1} U_R \mathrm{d}t + \frac{1}{R_2 C}\int_0^{T_2} -U_R \mathrm{d}t = 0$$

$$\bar{U}_x = \frac{U_R R_1}{R_2}\left(\frac{T_2 - T_1}{T}\right)$$

若 $R_1 = R_2$，则

$$\bar{U}_x = \frac{U_R}{T_1}(T_2 - T_1) \tag{5-8}$$

上式表明，被测电压的平均值与可逆计数器进行加法计数的时间与减法计数之差成正比，即与计数器的计数值成正比。

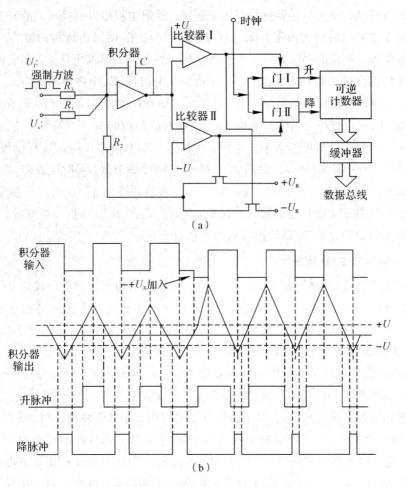

（a）

（b）

图 5-8　脉冲调宽式 A/D 转换器原理

由于脉冲调宽式 A/D 转换器中的积分器在每个测量周期中要往返多次，使积分器的非线性得到了良好的补偿；由于 A/D 转换对 U_x 的采样是连续的，便于对 U_x 不间断地检测，克服了双积分 A/D 转换器前述的不足。

5.2.3　典型智能 DVM 产品介绍

HG-1850 DVM 是在吸取了诸多智能型 DVM 某些特点的基础上，结合国内具体情况自行设计的产品。它采用了 Intel 8080A CPU，多斜积分式 A/D 转换器，量程可以自动转换，最大显示数为 112200，可用于测量 10 μV～1000 V 的直流电压，主要性能技术指标见表 5-1。

该仪器在自校准方面吸取了 HP3455A DVM 的优点，使仪器每隔三分钟便自动进行一次自校准，从而保证了测量的准确度和长期稳定性；在自检方面借鉴了 Fluke 8500A/8502A 等 DVM 的做法，用户可以随时按下面板上的自检键使仪器进行自检，若某一部分出现故障，显示器将显示故障代码，为仪器的维修提供了方便；在数据处理方面，本仪器又参考了 Solartron 7055/7065 DVM 等仪器所采用的方法并加以改进，使用户不仅可以通过面板上的功能键对测量结果进行正常运算，还允许用户根据需要通过操作键盘编写出各种数据处理程序。

表 5 - 1　HG - 1850DVM 主要性能技术指标

量程	分辨率	输入阻抗	精 确 度	
			20℃±2℃，90 天	20℃±5℃，半年
1 V	10 μV	>10 000 MΩ	±0.01％读数±2 字	±0.02％读数±2 字
10 V	100 μV	>10 000 MΩ	±0.005％读数±1 字	±0.02％读数±1 字
100 V	1 mV	10 MΩ	±0.01％读数±2 字	±0.02％读数±2 字
1000 V	10 mV	10 MΩ	±0.01％读数±2 字	±0.02％读数±2 字

　　HG - 1850 智能型 DVM 表具有五种工作模式，即测量模式、自检模式、用户处理模式、编程模式和自校模式。

　　在测量模式下，用户可通过键盘选择适当的测量方式和量程，微处理器根据键盘选定的量程送出相应的开关量(控制字)，使输入放大器组成相应的组态。

　　在自检模式下，微处理器将按预定的程序检查模拟单元各部分的工作状态。若一切正常，显示器即显示"pass"字样，然后返回到测量模式；否则，将显示故障代码。

　　在编程模式下，用户可以利用仪器面板的键盘编制所需要的计算程序。

　　用户处理模式是指当按下"用户"键后，仪器即进入用户程序模式。用户程序是按使用者需要而事先编制并固化在 ROM 中的测量、控制或数据处理程序。

　　自校准模式是由程序控制自动进入的。为了实现每隔大约 3 分钟就进行一次自校准，设立了一个 9 比特二进制自校计数器 M。程序在每进行一次测量之后，M 的内容加 1，并且当计数器计满时，调用一次自校准程序，则每当进行了 512 次测量(约 3 分钟)之后，便会使仪器自动校准一次。

5.3　智能型 DMM 原理及应用

5.3.1 智能型 DMM 工作原理

　　数字化多用表(DMM)是指除能测量直流电压外，还同时能测量交流电压、电流和电阻等参数的数字测量仪器，其组成框图见图5 - 9。

　　由图可见，智能型 DMM 是以直流 DVM 为基础，通过交直流(AC - DC)转换器、电流(I - U) 转换器和欧姆(R - U)转换器分别将交流电压、直流电流和电阻转换成相应的直流电压，然后再由 DVM 进行电压测量而实现的。因此，DMM 实际上是一种以 DVM 为基础的电子仪器。下面简要介绍几种参数转换器的工作原理。

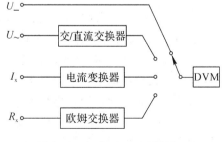

图 5 - 9　智能型 DMM 框图

1. 交/直流(AC - DC)电压转换器

　　在 DMM 中通常采用的交直流电压转换器主要是平均值转换器和有效值转换器两种。

1) 平均值 AC-DC 转换器

由于直流数字式电压表的读数与被测电压呈线性关系,因此要求同它配用的交直流转换器也应具有线性转换特性,即其输出的直流电压值要与输入的被测交流电压成线性关系。为此,在数字多用表中,常采用电子式线性检波器,这里只介绍过去常用的全波平均值线性检波器的工作原理。

构成线性检波器的基本原理是利用负反馈对一般的二极管检波电路进行校正,使转换特性线性化,其原理框图如图 5-10 所示。

在深度负反馈条件下,闭环放大倍数

$$A_f = \frac{U_o}{U_i} = \frac{A_1 A_2}{1 + A_1 A_2 F} \approx \frac{1}{F} \tag{5-9}$$

式中,A_1、A_2 分别是放大器和整流电路的传输系数,F 是反馈网络的反馈系数。

可见,当 $A_1 A_2 F \gg 1$ 时,U_o 与 U_i 的关系只取决于反馈系数 F,而与检波电路的传输性质基本无关,从而实现了线性化。

图 5-11 是全波线性检波器的原理图。图中运算放大器 A1 是输入级,用于提高灵敏度和转换量程;A2 及 V_1、V_2 组成并联负反馈;A3 组成有源低通滤波器,以减小输出纹波电压。

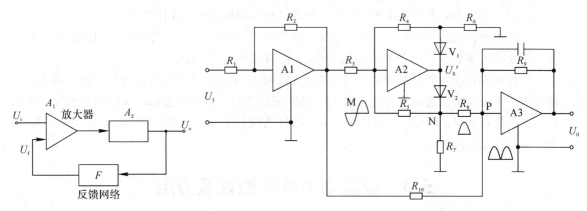

图 5-10 线性检波 　　　　　　图 5-11 全波线性检波器原理图

已知被测电压为正弦波,则 M 点的电压也是正弦波,设 $U_m(t) = U_m \sin\omega t$。当 U_m 为负半周时,A2 输出正电压,V_2 导通,V_1 截止,在 R_7 上得到正半周电压,通过 R_8 送入 A3 滤波器的入口 P 点,同时经 R_5 反馈至 A2 的输入端;当 U_m 为正半周时,A2 输出负电压,V_1 导通,在 R_6 上的压降通过 R_4 反馈至 A2 输入端,使得 A2 在整个周期内获得反馈电压。这时 V_2 是截止的,R_0 上的压降不能加到 N 点,但是 M 点的正半周电压通过 R_{10} 引至 P 点(实际上 M 点的负半周电压也送至 P 点),与前半周 R_7 送来的正半周电压构成全波整流,经 A3 滤波后变成平滑的直流电压 U_o,从而实现了交流直流转换。

平均值 AC-DC 转换器电路简单、成本低,广泛应用于低精度 DMM 中。但由于采用平均值转换器的电压表是按正弦有效值进行刻度的,所以,只有在测纯净的正弦电压信号时,所显示的结果才是正确的。

2) 真有效值 AC-DC 转换器

近代高精度 DMM 很少再采用平均值转换器,而代之发展并广泛采用的是真有效值转换器。真有效值转换器输出的是直流电压,线性地正比于被测各种波形交流信号的有效值,基本上不受输入波形失真度的影响。真有效值交直流转换器有热电式和运算式等几种形式。热电式具有精度高、频带宽的优点，但过载能力差，结构复杂。目前，高精度智能型 DMM 采用的主要是运算式，下面介绍运算式的原理。

在数学上，有效值的概念与均方根值是同义词，可写成：

$$U = \sqrt{\frac{1}{T}\int_0^T u_i^2 \, \mathrm{d}t} = \sqrt{\overline{u_i^2}} \qquad (5-10)$$

运算式有直接运算式和隐含运算式两种。直接运算式是按有效值表达式(5-10)逐一按步骤运算的，其实现方式可用图 5-12 所示的框图来表示。首先用一个平方电路对交流输入电压进行平方运算得 U_i^2，接着通过积分滤波得平均值 $\overline{u_i^2}$，再送入开方器得方均根 $U_o = \sqrt{\overline{u_i^2}}$，即得到输入交流电压的有效值。

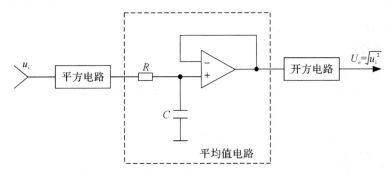

图 5-12　直接运算式有效值转换器

隐含运算式的原理是根据直接运算式推演而来的。已知 $U = \sqrt{\dfrac{1}{T}\int_0^T u_i^2 \, \mathrm{d}t} = \sqrt{\overline{u_i^2}}$，$U_o^2 = \overline{u_i^2}$，则

$$U_o = \frac{\overline{u_i^2}}{U_o} \qquad (5-11)$$

由式(5-11)可见，隐含运算式只需一只平方器/除法器和一只积分滤波器连结成闭环系统，就能完成有效值转换。

2. 直流电流-直流电压($I\text{-}U$)转换

实现电流-电压转换的基本方案是令被测电流 I_x 流经标准电阻 R_N，再用 DVM 测量电阻上的电压，即可实现 $I\text{-}U$ 转换。图 5-13 就是用运算放大器构成的 $I\text{-}U$ 转换电路。

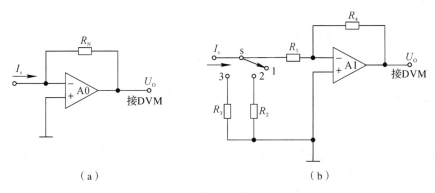

（a）　　　　　　　　　　　　（b）

图 5-13　运放 $I\text{-}U$ 转换器原理图

图 5-13(a)中，由于运放的输入阻抗很大，I_s 将全部流经 R_N，$U_o=-I_s \cdot R_N$。这种转换电路简单，而且电流表内阻很小，仅为 $R_N/(1+A_0)$。由于 I_s 需流经运放的输出端，受运放输出电流大小的限制，不适用于测量大电流。为扩大测量范围，可采用图 5-13(b)的形式。

图 5-13(b)中的 R_4 相当于图(a)中的 R_N，$U_o=-I_s R_4$。本电路中接入 R_1，使电流表的内阻增大，当测量大电流时，可通过接入适当的分流电阻 R_2、R_3 扩展量程。如当 S 接位置 2，且 $R_2=R_1/9$ 时，则流过 R_4 的电流为 $0.1I_s$，相当于电流表量程扩大 10 倍；如取 $R_3=R_1/99$，当 S 接位置 3 时，电流表的量程扩展为基本量程的 100 倍。为减小电流表内阻，R_1 宜取小些，但 R_1 过小，放大器的闭环增益为 $-R_4/R_1$，数值很大，稳定性较差，权衡二者不同的要求，一般取 $R_1 \approx 0.1R_4$。

交流电流的测量和直流电流的测量方法大致相同，由于电流转换器得到的是交流电压，所以在电流转换之后还要进行 AC-DC 转换。

3. 电阻-直流电压(R-U)转换器

这里仅介绍一种比较简单的转换电路，如图 5-14 所示。被测电阻 R_x 接在反馈回路，标准电阻 R_N 接在输入回路，U_N 是基准电压，由图中知 $I=U_N/R_N$，

$$U_o=-IR_x=-\frac{U_N}{R_N}R_x \qquad (5-12)$$

式中，U_N 为基准电压；R_N 为标准电阻。

显然 U_o 与 R_x 成正比，从而实现了 R-U 转换。改变 R_N 即可改变量程。

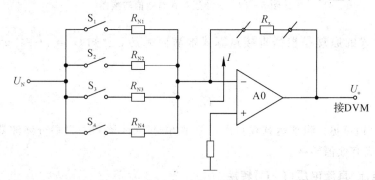

图 5-14 电阻-直流电压(R-U)转换器

上面介绍的是恒流源测量方法，恒流源方法一般适用于中低阻值的测量。但对于高阻测量，宜采用恒压源测量方法，具体方法可参考有关资料，这里不作叙述。

5.3.2 典型智能 DMM 实例介绍

1. 概述

192 型智能数字多用表是一种具有自动量程的快速测量智能化仪表。其基本型 192 表具有直流电压及欧姆测量两种功能，整个 192 表的基准也设置在这两挡。192 表的最高显示位数为 6 1/2 位，最大显示值为 1 999 999(六个整位加一个半位)，但基本型被标定为 5 1/2 位显示方式。直流电压的最低量程为 0.2 V，因此测量最高分辨率为 1 μV，最高可测直流电压为 1200 V。欧姆测量可采用二端测量法或四端测量法任一种方式，最低量程为 0.2 kΩ，最高分辨率为 1 mΩ，最高量程为 20 MΩ。在增加了某些扩充部件(如 IEEE-488 接口)，并使仪表工作在本地程序工作方式时，可使 192 表显示分辨率提高一位，显示位数

增加到 6 1/2 位，即直流电压和欧姆测量分辨率可分别提高到 $0.1~\mu V$ 及 $0.1~m\Omega$。

1）基本型 192 表的操作功能

基本型 192 表的操作功能包括：

（1）程序运行操作。192 表的内部微处理器的程序可通过前面板进行操作使用。

（2）数据存储。通过前面板操作程序，可使基本型 192 表存储 100 个数据，并具有检测最大值最小值的功能。

（3）多路输入。多路输入可使直流电压及欧姆测量端子同时引入，这为转换被测参数提供了方便。

（4）单按钮清零。将输入端子短接，在前面板上只需按一下清零键，包括传输线在内的测量回路的影响便可随时被消除，并且在切换到其他量程时，零位失调会自动再标定，而不必再进行清零。

2）基本型 192 表的其他功能扩充部件

除了基本的直流电压、欧姆的测量功能外，通过附加其他功能的扩充部件，基本型 192 表可以成为具备更多种参数测量功能的数字多用表。这些部件以选购件的形式提供，安装方便，它们包括：

（1）交流电压选择件。附加上交流电压选择件后，192 表可具有测量 $10~\mu V \sim 1000~V$ 交流电压有效值的功能。

（2）真均方根值交流电压选择件。交流电压的均方根值（有效值）被定义为在相同的时间里产生相等能量的直流电压值，而真均方根值（或称真有效值）是指考虑了直流分量影响的交流电压有效值。因此，测量回路在直流耦合的情况下，才能达到真有效值，而只有交流耦合输入的测量回路，不会测得真有效值。由于真有效值与交流电压的波形无关，因此测量结果非常准确。当 192 表应用在对交流电压准确度要求较高的场合时，应附加真均方根值交流电压选择件。附加后，仪表便具有（交流＋直流）的测量功能。

（3）电流选择件。附加后，192 表可测量 $1~nA \sim 2000~mA$ 的直流电流。若表中原已附加了交流电压选择件，电流选择件还可使 192 表测量 $10~nA \sim 2000~mA$ 的交流电流。

（4）IEEE 488 总线接口。附加 IEEE 488 总线接口后，192 表可通过该接口挂接到 IEEE 488 总线上，成为远程控制系统的一部分。192 表通过接口向总线发送或从总线接收数据，通过接口还可提供状态输出及后面板外触发器接点。

（5）各种形状的探针、测线及分流器。应用这些附件，192 表还可方便地使用在各种检测场合，并可测量大电压及大电流等。

2. 192 表的工作方式

192 表的工作方式基本上分为以下三类。

1）本地工作方式

在本地工作方式下，192 表的显示分辨率被标定在 5 1/2 位，被测量如直流电压、交流电压及欧姆值可由五路接线柱分别引入。用户可采用清零（ZERO）键消除包括引线在内的测量回路的附加影响，并通过功能按键选择所需要的测量功能，通过前面板中部的六个轻触按键可选择合适的量程，也可采用自动量程（按下 AUTO 键）进行测量，指示灯亮表示该键已被选择。

2）本地程序工作方式

在该工作方式下，除可进行本地工作方式下的操作外，用户可利用程序按键 PRGM 选择使用前面板程序。例如，用户可利用程序 1(PROGRAM1——分辨率)，将 192 表的显示标定在 6 1/2 位。

3）远程(系统)工作方式

在该方式下，192 表需附加 IEEE 488 接口选择部件。192 表通过后面板的地址开关设置该接口相应的地址，并通过 IEEE 488 接口连接器连接到 IEEE 488 总线上。192 表的显示分辨率取决于通过总线的对话速度。本地工作方式下的所有操作及本地程序工作方式下的部分操作可通过远程控制进行。根据 IEEE 488 总线指示器的三种指示，即 TALK"讲"、LISTEN"听"及 REMOTE"远控"，用户可看出 IEEE 488 总线工作于何种状态。

3. 工作原理

192 表简化的原理框图如图 5-15 所示。由图中可见，192 表在原理上大致可分为数字区和模拟区两个相互隔离的部分。这两部分是被光电隔离器及电源变压器来隔离开的。这样使得数字表模拟区的低端(Lo)或公共输入端可处于任一电位(±1200 V 之间)。同时，数字电路的低端或公共端也可维持在相对机壳地 30 V 以内的电位，这使得 192 表与外部数字设备的接合大为简化。

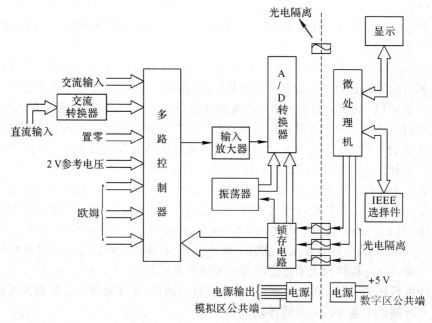

图 5-15 192 表原理框图

192 表的工作核心是 A/D 转换器。对直流输入的较宽范围(所有量程之和)来说，A/D 转换器的模拟量输入是有一定限制的，并且要求把欧姆值及交流电压值转换为直流电压后输入。A/D 转换器也需要一系列控制信号及数据处理能力以控制 A/D 转换过程及计算转换结果。送入到 192 表的输入量被多路控制器采样，并与置零电压、满刻度参考电压一起顺序地被切换。在同一时间只有一个信号电压通过多路控制器，并被引入输入放大器，这个输入放大器用作缓冲器并具有 1~10 倍的增益。

A/D 转换器的数字输出信号输入到微处理机，A/D 转换的结果被计算，然后送入 192 表的显示电路。若 192 表装有 IEEE-488 接口选择件的话，A/D 转换的结果还将送入这个选择件并寄存在 IEEE 通用接口总线上。

1）模拟电路部分

（1）多路控制器。多路控制器见图 5－16。它的作用是将 9 个信号中的 1 个连接到输入放大器。电压或欧姆测量需将一系列信号送到输入放大器，并且在送入时是按一定顺序的，192 表内的微处理机通过译码器控制着这种顺序，并决定着每一信号的开关时间间隔。

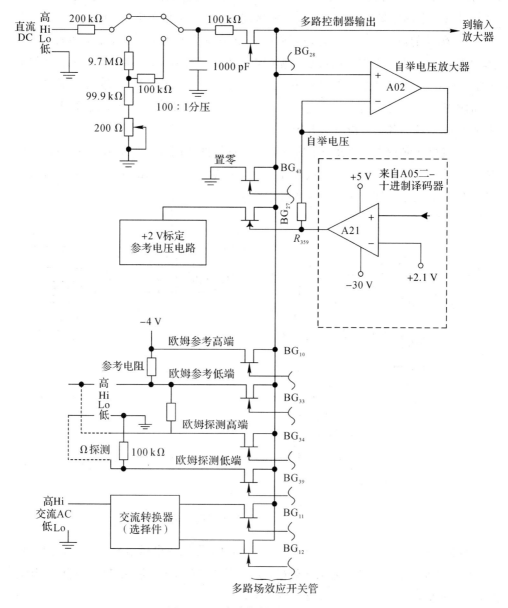

图 5－16　多路控制器的原理框图

不同输入信号及参考信号的开关由 9 个结型场效应管来完成（见图中的 BG_{10}、BG_{11}、BG_{12}、BG_{27}、BG_{28}、BG_{34}、BG_{39} 及 BG_{41}）。采用场效应管做开关管有一个关键问题，就是当开启场效应管时，由低到高变化的开关电压会在模拟输入中产生耦合信号，这种暂态过程所引起的不良影响，可以通过利用软件产生延时的办法来削弱。在多路控制器中，驱动并打开场效应管的工作由一个跟随器形式的自举电压放大器来进行（见图中 A02），它的输出

跟随着被微处理器选中的那个场效应管的控制电位。例如图中，当微处理器决定关闭＋2 V
标定参考电压器时，便通过译码器，使驱动器中比较器 A21 的输出为－29 V 电平，该电平
一方面加到 BG$_{27}$ 的栅极，另一方面经 R_{359} 接到 A02 的输出端，因此有电流从 A02 中流出，
在 R_{359} 上产生上正下负的压降。由于 A02 的开环增益较高，其同相端电位近似等于反相端
电位，因此 R_{359} 上的压降加到 BG$_{27}$ 的栅、源极间，相当于反偏置电压，使 BG$_{27}$ 关闭。若要打
开 BG$_{27}$，译码器的数字电平便使比较器中的输出采集管关闭，因此无电流流过 R_{359}，比较
器的输出电位与自举放大器的同（或反）相端电位相同，加在 BG$_{27}$ 栅、源极间的反偏电压为
零，因此 BG$_{27}$ 便打开。在多路控制器中，共有 9 个驱动器（比较器）的输出分别控制着 9 个
开关管的栅极电位，这些输出各通过一个像 R_{359} 一样的电阻后，公共端连接到 A02 的反相
端，因此可分别控制各场效应管的开闭。

（2）直流电压测量电路。直流电压的测量原理框图如图 5 - 17 所示（参见图 5 - 16）。输
入信号或者直接送入输入放大器，或者经过一个总阻值为 10 MΩ 的 100：1 分压器后再送
入。直流输入电压是否被衰减取决于所选用的量程。

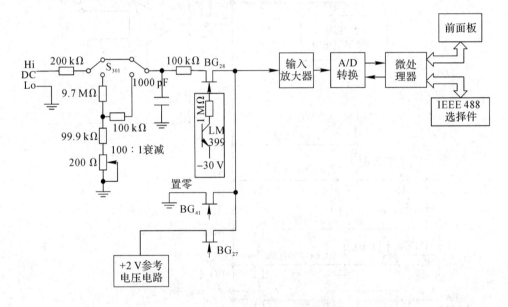

图 5 - 17　直流电压测量原理方框图

直流电压测量时，有 3 种信号需进行 A/D 转换，即输入电压信号 U_{SIG}、置零信号 U_{ZERO}
及标准参考信号 U_{REF}。每种信号的测量（转换）周期为 16.6 ms（见 A/D 转换器），其数字化
量储存在存储器中，并按下式计算显示读数值：

$$U_{显示} = \frac{2(U_{SIG} - U_{ZERO})}{U_{REF} - U_{ZERO}}$$

上式可看做分别在输入信号及参考信号中减去零位误差（失调量）后，输入信号与参考
信号的比值。之所以乘 2 是因为参考信号为 2 V。在得到直流电压读数的过程中，首先出现
在直流电压高端的直流信号被相应的开关管切换到输入放大器，然后由输入放大器将该信
号送入模/数转换器，在 A/D 转换器中转换为数字量，该数字量输送到微处理器后被储存。

接着，置零输入开关管被打开，置零信号以同样的方式被处理和储存。然后，2 V 参考电压电路的输出被处理及存储，最后，另一个置零信号以同样的方式被处理。最后一个置零信号之所以必要，是因为输入放大器被多次开闭，其增益发生变化，会导致不同的电压失调度。当所有的 4 个信号得到后，微处理器便计算读数值，并在显示屏上显示出来。每个场效应开关管允许在开放时暂留片刻，然后关闭再进行如流程图(见图 5-18)所示的下一步。每个开关管的开放时间由 192 表内的微处理器控制。

输入信号从 200 mV、2 V 或 20 V 量程挡到 200 V、1000 V 量程挡的切换是由一个继电器开关 S_{301} 来完成的，这个继电器由一个译码器控制，译码器实际上是 A/D 转换控制逻辑中移动寄存器功能的一部分。这个译码器也被用来选择交流电压选择器的量程。

在远程工作方式下，直流电压读数获得的方式稍有不同以加快得到结果。在"点发工作方式"下，仪表始终不停地输入、数字量化及储存置零信号和参考信号，这一过程直到输入信号被数字量化，测量触发器发出触发信号为止。此时，微处理器便可立即计算结果，因此读数结果的获得比本地工作方式快得多(见图 5-19)。

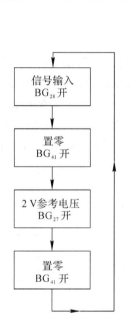
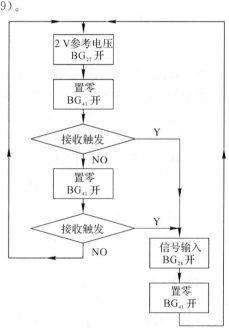

图 5-18　直流电压测量开关流程图(本地工作方式)　图 5-19　直流电压测量开关流程图(远程工作方式)

(3) 电阻测量电路。对电阻测量来说，也需要 4 个输入，以使 192 表可根据比率计技术中的方法获得显示读数。所需要的 4 个输入分别是欧姆参考高端($\Omega_{REF\ Hi}$)、欧姆参考低端($\Omega_{REF\ Lo}$)、欧姆探测高端($\Omega_{SENSE\ Hi}$)和欧姆探测低端($\Omega_{SENSE\ Lo}$)。

比率计技术是通过比较数字而得到它们之间比率关系的一种数学处理方法。在 192 表中，这个比率是电压比率，它是通过一个公共电流流过两个相互串联的电阻而产生的。电流同时流过大小已知的参考电阻和未知电阻，电流的大小可以通过测量已知参考电阻上的压降然后计算得到。一旦电流求出并且测出未知电阻两端的压降，未知电阻值就可计算出。

如图 5-20 所示，5 个场效应开关管(BG_{01}、BG_{02}、BG_{03}、BG_{06} 和 BG_{08})分别用以选择 5 个大小已知的参考电阻。每一参考电阻相应于一额定的欧姆量程。由场效应管选择的参考电阻阻值等于满量程电阻值的一半。例如，10 kΩ 的已知参考电阻用于 20 kΩ 量程挡，而 100 kΩ 已知电阻用于 200 kΩ 的量程挡。

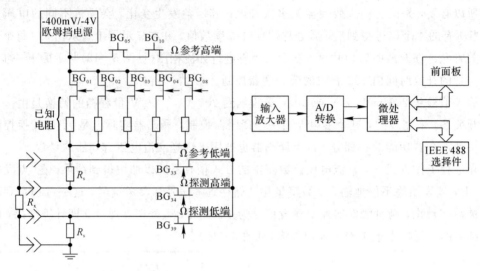

图 5 - 20   电阻测量原理框图

被选择的量程电阻(已知电阻)的压降出现在 BG_{10}(欧姆参考高端 $\Omega_{REF\ Hi}$)和 BG_{33}(欧姆参考低端 $\Omega_{REF\ Lo}$)，未知电阻的压降出现在 BG_{34}(欧姆探测高端 $\Omega_{SENSE\ Hi}$)及 BG_{39}(欧姆探测低端 $\Omega_{SENSE\ Lo}$)。−400 mV 的欧姆量程电压源用于 0.2 kΩ 量程挡，−4 V 电源用于其他的电阻量程挡。上面已提到过，欧姆测量需要 4 个输入信号，每个信号都被测量 16.6 ms，转换为数字量后储存在 192 表的微处理器中，最后微处理器利用下式计算测量结果：

$$显示值 = \frac{(\Omega_{SENSE\ Hi}) - (\Omega_{SENSE\ Lo})}{(\Omega_{REF\ Hi}) - (\Omega_{REF\ Lo})} \tag{5-13}$$

上式中，$\Omega_{REF\ Hi} - \Omega_{REF\ Lo}$ 可看做已知电阻两端的压降，$\Omega_{SENSE\ Hi} - \Omega_{SENSE\ Lo}$ 可看做未知电阻两端的压降。

欧姆测量的开关过程可见流程图 5 - 21。在获取欧姆读数的过程中，出现在欧姆探测高端的电压首先被 BG_{34} 引入输入放大器，数字量化后储存到存储器中。接着，欧姆探测低端开关管 BG_{39} 打开并进行与上述类似的操作。然后，欧姆参考低端的电压被处理并储存，最后，欧姆参考高端的输入被类似处理。当所有 4 个输入信号都获得后，微处理器将它们从存储器中取出，进行计算以得出精确的读数，并显示其结果。

到此为止，测量引线电阻的影响还未加考虑。实际上，无论是二线法测量还是四线法测量，测量引线电阻都将影响到显示的数值，为了解释方便，将测量线电阻标记为 R_1、R_4、R_2、R_3。

对于二端测量法测量来说，未知电阻 R_x 不与欧姆探测高端和探测低端相连(参见图 5 - 16)，如图 5 - 22 所示。此时电流流过 R_1、R_x、R_4，因此经 R_s 得到

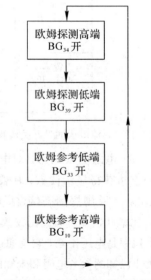

图 5 - 21   欧姆测量开关流程图

的欧姆探测高、低端间的信号输入包括了引线电阻 R_1、R_4 上的压降，显示的读数将是 R_1、R_4、R_x 的阻值之和。

对于四端测量法电阻测量，欧姆探测端子也同时接到未知电阻 R_x 上（见图 5-23），此时引线电阻的影响可计算如下。

欧姆探测高、低端间的压降：

$$U_{探测}=U_{R_x}+U_{R_1}\frac{R_2}{R_1+R_s}+U_{R_4}\frac{R_3}{R_4+R_s}$$

若所用测量引线相同，则

$$U_{探测}=U_{R_x}+2U_{R_1}\frac{R_2}{R_1+R_s}$$

由于测量引线电阻很小，例如 $R_1=R_2=10\ \Omega$，而 R_s 却很大，$R_s\approx100\ k\Omega$，因此上式右边第二项可忽略，$U_{探测}\approx U_{R_x}$。

可见四端测量法测电阻，探测高、低端之间的电压近似于 R_x 上的压降，测线电阻影响较小。但是，由于测线电阻的影响毕竟是存在的，因此按置零键来抵消这一影响是十分必要的，对二端测量法或四端测量法测量都是这样。

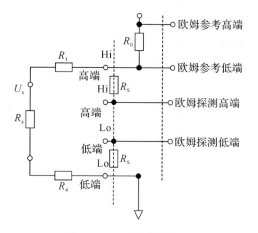

图 5-22　两线法测电阻

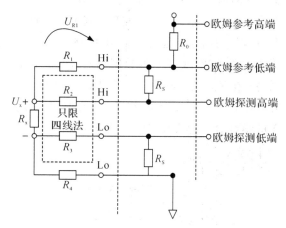

图 5-23　四线法测电阻

（4）交流电压测量电路。在进行交流电压测量时，交流电压选择件加于交流输入端子与输入放大器之间（见图 5-24）。交流选择件将交流输入电压转换为 $0\sim-2\ V$ 的直流电压，所不同于 2 V 量程挡的，是根据被选择的量程，输入信号被衰减为十分之一、百分之一或千分之一。为了测量交流电压，需要有 4 个输入信号送到 A/D 转换器中，每个信号被测量 16.6 ms，其数字量储存到存储器中，微处理机按照下式计算数值：

$$u_{交流}=\frac{2(u_{AC\cdot Hi}-u_{AC\cdot AUTO\cdot ZERO})}{u_{REF}-u_{ZERO}}$$

式中，$u_{AC\cdot Hi}$ 为交流电压选择件的输出，$u_{AC.\ AUTO.\ ZERO}$ 为转换后的直流失调度，u_{REF} 为 2 V 参考电压，u_{ZERO} 为信号地失调电压。因为参考电压为 2 V，因此需乘系数 2。

交流电压测量的开关顺序由图 5-25 所示的流程图表示。在一个交流电压读数过程中，出现在交流高端（ACHi）的信号首先由开关 BG_{11} 送入输入放大器，并按照与直流电压类似的过程被处理储存；然后，交流自动置零（AUTO ZERO）开关管 BG_{12} 打开，将信号加以处理并储存；最后微处理器取出储存值，计算结果并送到显示电路显示。

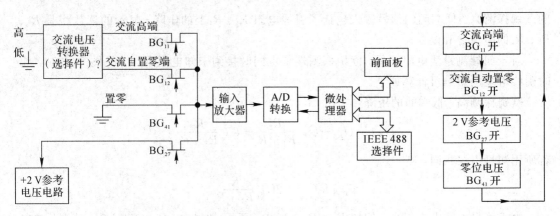

图 5-24　交流电压测量原理框图　　　　　　　图 5-25　交流电压测量
　　　　　　　　　　　　　　　　　　　　　　　　　　　　开关流程图

(5) 输入缓冲放大器。输入缓冲放大器(见图 5-26)实际上就是前面所提到的输入放大器。它是一种同相、低噪声、高输入阻抗、对任一输入的增益可以为 1 也可以为 10 的放大器。它的输出可在 ±20 V 直流范围内波动。以上特性非一个运算放大器所能达到,因此用两个运算放大器的组合来实现。其中一个具有高输入阻抗/低噪声特性,见 A01;另一个具有较宽的输出电压范围,见 A03。图中的另一个运算放大器就是多路控制中提到的自举电压放大器 A02。它不仅起控制场效应开关管的作用,还在此被用作协调整个输入缓冲器的增益。在输入缓冲器中,为了使 A03 具有 ±20 V 的输出范围,除了要求缓冲器的增益为 1 外,对于 0.2 V、2 V 量程挡,还要求缓冲器具有 10 倍的增益。当 BG_{19} 打开时,由 A01 和 A03 组合而成的放大器的等效电路如图 5-27(a)所示。由图中可见,$U_o \approx U_i$,增益为 1。

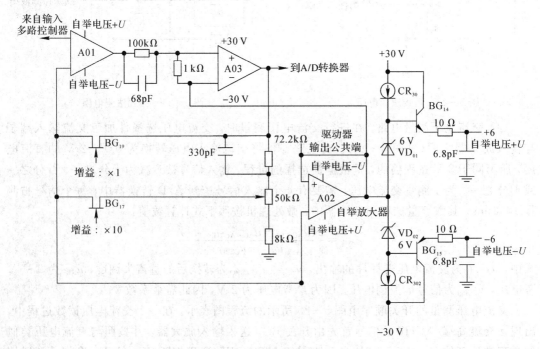

图 5-26　输入缓冲放大器原理框图

当 BG_{17} 打开时，由 A01、A03 组合而成的放大器等效电路如图 5-27(b)所示，由于图中 $U_o \approx U_i + 72\dfrac{U_i}{8} = 10U_i$，因此增益为 10 倍。$BG_{19}$ 或 BG_{17} 哪一个打开视所选量程而定。在 BG_{19} 或 BG_{17} 打开时，A02 的同相输入端的电位都近似等于 U_i，并通过其反相输入端将 A03 的反相端电位提升到 U_i，这样可以扩展 A03 的共模输入范围，使其工作在线性状态。因此 A02 起到了协调缓冲器增益的作用。

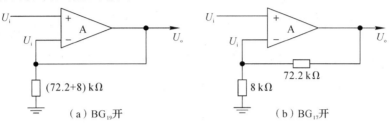

图 5-27　由 A01、A03 组合而成的放大器等效电路

A01、A02 的电源电压约为 ±6 V，它是借助于齐纳二极管 VD_{01}、VD_{02} 和射极跟随器 BG_{14}、BG_{15} 自举提升得到的，这种提升使电源电压集中到 A01 的输入水平，可使 A01 在共模允许范围内，承受 ±20 V 的输入电压。

（6）A/D 转换器。A/D 转换器的原理框图如图 5-28 所示，其工作波形如图 5-29 所示。在进行 A/D 转换时，输入缓冲器的输出加到互导放大器上，互导放大器将输入电压转换为电流，并在需要时将电流送到积分器。

复合式 A/D 转换器首先工作在电荷平衡（CB）状态，然后再以单斜率（SS）方式工作。每个输入的采样时间，当工作电源为 50 Hz 交流时，选定为 20 ms(1/50)；当工作电源为 60 Hz 交流电时，选定为 16.6 ms(1/60)。电源频率的判别由数字电路中的"电源频率检测器"来完成。这样选定采样时间，一方面使 A/D 转换速度较快，另一方面可使采样时间为电源电压周期的整数倍，以便在积分器中将工频干扰电压很好地抑制掉。

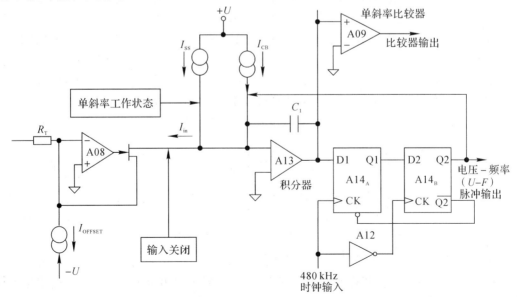

图 5-28　A/D 转换器原理框图

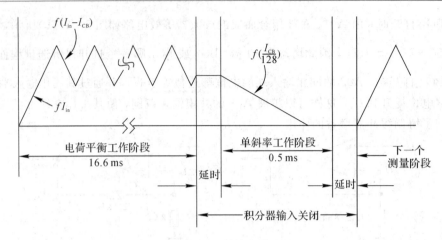

图 5-29　A/D 转换工作波形图

电荷平衡式工作状态(以下简称 CB 态)开始于"输入关闭(INPUT DISABLE)"变为低电平之际,这发生在多路控制器中相应的输入开关管打开后,一段延迟时间结束时。该延迟时间是为了消除开关电压的耦合干扰,稳定输入信号而由软件设定的。不同的测量功能,其延迟时间的长短也不同。

当"输入关闭"信号移走后,输入电流 I_{in} 就接到积分器上(电流方向如图),因此 U_o 上升为正电平。D 触发器($A14_A$、$A14_B$)用作比较器,提供计时和控制功能。当 U_o 上升达到 $A14_A$ 的门槛电平时,在下一个时钟脉冲的正跳变沿上,Q1 便变为高电平。由于反相器 A12 的存在,在该时钟脉冲的负跳变沿上,Q2 变为高电平(同时 $\overline{Q2}$ 的负脉冲将 Q1 置"0")。因此 I_{CB} 被接到积分器上,由于 I_{CB} 大于 $2I_{in}$,反向积分电流使 U_o 很快下降为负电平。由于 Q1 为"0"(低电平),因此一个时钟周期后的时钟脉冲负跳变沿,Q2 变为低电平(同时 $\overline{Q2}$ 变为高电平将清零信号从 $A14_A$ 中移走),将 I_{CB} 断开,如图 5-30 所示(I_{CB} 接入段)。到此为止,I_{CB} 被接入了一个时钟周期,下一次被接入最快也得等一个周期之后,当输入电流 I_{in} 较小,在时钟脉冲正跳变前的半个周期内,U_o 上升不到 $A14_A$ 的门槛电平时,I_{CB} 被接入要等的时间还要长(见图 5-30)。在每次 Q2 变高电平,I_{CB} 被接入时,一个计数器都要计算 Q2 的脉冲(Q2 端接与非门变为负脉冲)。因此,计算的脉冲数与输入电压(或电流)成正比。由于触发器 $A14_A$、$A14_B$ 相当于对时钟脉冲作了二分频,Q2 产生的脉冲最快只能为时钟脉冲频率(480 kHz)的一半(240 kHz),因此,在"输入关闭"信号移走到"输入关闭"信号回复前的 16.6 ms 的电荷平衡状态时间内,计数器所能计得的最大数为

$$16.6 \text{ ms} \times 240 \text{ kHz} \approx 4000 \text{ 个数}$$

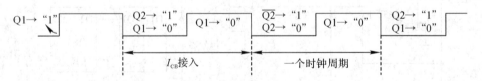

图 5-30　D 触发器状态变化示意图

在电荷平衡工作状态的末尾,即 I_{CB} 关闭后,"输入关闭"信号回复前的一段时间,I_{in} 使积分器的输出 U_o 遗留一点正电平,因此"单斜率比较器"的输出也为正,直到 U_o 过零时才改变状态,关断它所控制的开关。比较器的输出和数字电路产生的 1 ms 脉冲的"与"产生"单

斜率工作状态"信号，引入电流 I_{SS}($I_{SS}=I_{CB}/128$)。从"单斜率工作状态"信号产生到单斜率比较器改变状态(U_o过零)的时间里。一个频率为 3.84 MHz 的时钟脉冲被计算。当U_o过零时，I_{SS}被关断，计数器停止计数。在 SS 态下获得的计数值仅仅是在 CB 态下获得的计数值的 1/1024。因为若 CB 态采用像 SS 态下那样小的工作电流，计数时采用 SS 态那样高的频率，所得的计数值应为现计数值的 1024 倍(128/1×3.84 MHz/480 kHz)。因此，微处理器将 CB 态的计数值乘以 1024 再加上 SS 态的计数值，便得到一个复合的数(最大可达4.1百万)，该数值与输入电压的大小成正比。

2) 数字电路部分

数字电路部分除包括显示电路外，主要包括微处理器及有关的逻辑电路。它们为 A/D 转换器的转换过程提供时序和控制。微处理器的附加功能还有对前面板显示的控制，执行前面板程序以及通过 IEEE 488 接口发送与接收数据、信息等。由于这部分篇幅较大，在此就不作详述了。

5.4　实训项目五——DT9205 数字万用表的调测

5.4.1　项目描述

本实训项目选取 DT9205 型号数字万用表电路板，含有模拟电子技术和数字电子技术的相应内容，如运放的应用、A/D 转换芯片的使用、LCD 的知识，学生通过对核心电路的分析和理解，在此基础上，分别对电阻、电容、交直流电压、交直流电流、二极管和三极管等参数进行测量，了解万用表的功能测试，掌握电子产品调试和检修的基本方法。

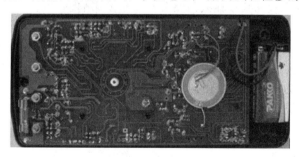

图 5 - 31　DT9205 数字万用表内部实物图

5.4.2　相关知识准备

1. 电压表选用

1) 电压表选择的一般原则

不同的测量对象应当选用不同性能的电压表。在选择电压表时主要考虑其频率范围、量程、误差和输入阻抗等指标。

(1) 根据被测电压的种类(例如直流、交流、脉冲、噪声等)，选择合适的电压表类型。

(2) 根据被测电压的大小选择量程适宜的电压表。量程的下限应有一定的灵敏度，量程上限应尽量不使用分压器，以减小附加误差。

(3) 保证被测量电压的频率不超出所选电压表的频率范围。即使在频率范围之内，也应当注意到电压表各频段的频率附加误差,在可能的情况下,应尽量使用附加误差小的频段。

(4) 在其他条件相同的情况下,应尽量选择输入阻抗大的电压表。在测量高频电压时,应尽量选择输入电容小的电压表。

(5) 在测量非正弦波电压时,应根据被测电压波形的特征,适当选择电压表的类型(峰值型、均值型或有效值型),以便正确理解读数的含义及对读数进行修正。

(6) 注意电压表的误差范围,包括固有的误差及各种附加误差,以保证测量精确度的要求。

2) 电压表的正确使用

在选择好电压表以后,还应当正确使用电压表进行具体测量,才能得到良好的测量结果。具体应注意以下几个方面:

(1) 正确放置电压表。

(2) 在测量前,要进行机械调零和电气调零。

(3) 注意被测电压和电压表间的连接。测试连接线应尽量短一些,对于高频信号应当用高频同轴电缆连接。应当注意将电压表的高端和低端分别与被测电压的高端和低端对应连接,并且应先接好地线或低端连线,而拆线时应先拆信号线或高端线。应正确地选择电压表的接地点。

(4) 正确选择量程。如对被测电压的数值心中无把握,宁可先将量程选大些。

(5) 注意输入阻抗的影响。当输入电路对被测电路的影响不可忽略时,应进行计算和修正。

(6) 为了防止外界电磁场的干扰,除应选择抗干扰能力强的电压表、用高频同轴电缆连接信号外,对于微伏级的电压测量应在屏蔽室内进行。使测试连接线尽量短一些,也可以减小外界电磁场的干扰和减小输入回路分布参量的影响。

3) 校准表选择

在调试或检修的过程中,往往需要输入定量的电压信号,对它的每项功能和每个量程作定量检验。因此,应配备一台准确度等级比被检修的数字式万用表的准确度等级指数高2 个等级的万用表作为标准仪表使用。

数字式万用表在进行初检后还必须经过调试,才能作为测量仪表使用。为了保证测量的准确度,建议配备一只袖珍式 $4\frac{1}{2}$ 位数字万用表,不仅可用于检验元器件,还可以准确检测电路的主要参数。它对 $3\frac{1}{2}$ 位的数字式万用表而言,就起到了"校准表"的作用。

2. 测试设备

用到的测试设备如表 5 - 2 所示。

表 5 - 2　测 试 设 备

序号	仪器名称	型号	数量
1	函数信号发生器/计数器	EE1641B	1 台
2	稳压电源 30V/10A 双路	DF1731SL3A	1 台
3	数字万用表	DT9205A	1 台
4	数字万用表	U1251A	1 台

3. DT9205 数字万用表的功能电路分析

数字万用表由数字电压表(DVM)配上各种变换器所构成的,因而具有交直流电压、交直流电流、电阻和电容等多种测量功能。

图 5-32 是数字万用表的结构框图,它分为输入与变换部分、A/D 转换器部分、显示部分。输入与变换部分,主要通过电流-电压转换器(I/U)、交-直流转换器(AC/DC)、电阻-电压转换器(R/U);电容-电压转换器(C/U)将各测量转换成直流电压量,再通过量程旋转开关,经放大或衰减电路送入 A/D 转换器后进行测量。A/D 转换器电路与显示部分由 ICL7106 和 LCD 构成。

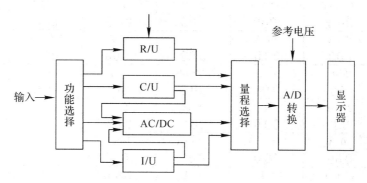

图 5-32　数字万用表结构框图

图 5-33 是基本电阻、直流电压测量电路,以直流 200 mV 作基本量程,配接与之成线性变换的直流电压、电流;交流电压、电流,欧姆、电容变换器即能将各自对应的电参量用数字显示出来。

直流电压测量采用电阻分电压器测量电压,输入的直流电压通过分压和转换开关将各个量程电压均变成为 0~200 mV 直流电压,最后送入 A/D 转换电路去显示。测量值越大,则分压送入 ICL7106 的输入端的电压越大;挡位从 200 mV~1000 V 变化时,相应的挡位电阻减少。通过计算可以看出能保证去 7106 的输入端电压不会超出 200 mV 定值,这样可以使各个量程保持平衡(如表 5-3 所示)。出于电气安全考虑,1000 V 量程的后半段(1001~1999 V)不推荐使用。

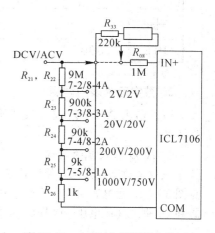

图 5-33　电阻/电压测量电路

表 5-3　直流电压量程

挡位:直流电压挡	$U_{in}+=(R/R_{总})\times U$ 挡	说　明
200 mV	$10/10\times200$ mV=200 mV	基本量程
2 V	$1/10\times2$ V=200 mV	衰减 10
20 V	$0.1/10\times20$ V=200 mV	衰减 100
200 V	$0.01/10\times200$ V=200 mV	衰减 1000
1000 V	$0.001/10\times2000$ V=200 mV	衰减 10000

5.4.3　项目实施

1. 初始检测

不要将表笔插在表上，按 POWER 键开机后，旋转量程选择开关至各个挡位，检测各挡初始显示是否正确，"一"号会否出现或不停地闪动。如果任意一挡显示不正常，应先修理后再调试。正常空载挡位显示如表 5-4 所示。

表 5-4　初　始　挡　位

项目	量 程 选 择					
DCV	200 mV 00.0	2 V .000	20 V 0.00	200 V 00.0	1000 V 000	
ACV	750 V 000	200 V 00.0	20 V 0.00	2 V .000	200 mV 00.0	
CAP	2 nF .00	20 nF 0.00	200 nF 00.0	2 μF .000	20 μF 00.0	
DCA	2 mA .000	20 mA 00.0	200 mA 00.0	20 A 0.00		
ACA	20 A 0.00	200 mA 00.0	20 mA 0.00	2 mA .000		
Ω	200 Ω ǀ ǀ	2 k ǀ ǀ	20 k ǀ ǀ	200 k ǀ ǀ	2 M ǀ ǀ	20 M ǀ ǀ
⊣▷⊢	ǀ ǀ					
HFE	000					

2. 数字万用表的调测

下面给出 A/D 转换器、交直流电压和电流、电阻、二极管、电容、h_{EF} 的简易调试和测量方法。

1）A/D 转换器的调试

三位半数字式万用表使用转换集成电路 7106(或 7107)组成基本量程为 200 mV 的表头，见图 5-34。通电后用 4 位半数字式万用表(作为标准表)的 200 mV 挡测量 7106 集成块的 35 脚和 36 脚之间的电压，调节 U_{R_1}，使读数在 100.05 mV～99.95 mV 之间，如图 5-35 所示。

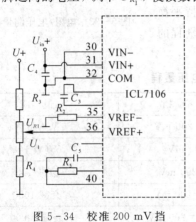

图 5-34　校准 200 mV 挡

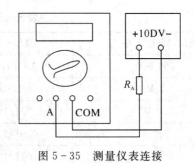

图 5-35　测量仪表连接

2）直流电压 DCV 测量

准备一台可变直流电源，将电源设置在 DCV 挡中间值，如被测表量程选择开关置于 2 V 量程，则将电源输出电压设置在 1 V。被测表开机后，将量程开关旋至 DCV 挡位，在输入插孔 V 及 COM 之间输入可变电源的输出电压，观察液晶屏所显示的数值，比较被测表和已知标准表的读数，记录在表 5-5 中。因为稳压电源的量程限制，只选取低压部分点进行测量。

如果调试失败，则重新检查 A/D 转换器并调试，或者检查分压电阻的阻值或检查其是否存在虚焊。

表 5-5　直流电压 DCV 测量数据记录表

DCV 量程	200 mV	2 V	20 V
直流电压	100 mV	1 V	10 V
校准表读数/V			
被测表读数/V			
误差/(%)			

3）交流电压 ACV 调试

交流电压测量输入端的测量原理同直流电压测量电路。函数信号发生器输出 $2.82 U_{pp}$、1 kHz 正弦波信号，用校准表校准得到 1 V 标准电压。被测表将量程选择开关置于 2 V 交流电压量程，在输入插孔 V 及 COM 之间送入 1 V 标准电压，调整 U_{R_2}，使液晶屏显示 1.00(±0.01)。检查其余各交流量挡位并与校准表比较读数。当量程开关置于 200 V 及以上交流挡位，检测高电压时，要非常小心，以防触电。因为信号源的量程限制，只选取低压部分点进行测量，将测量数据计入表 5-6 中。

表 5-6　交流电压 ACV 测量数据记录表

ACV 量程	200 mV	2 V	1000 V
信号源输出信号	$2.82U_{pp}$	$2.82U_{pp}$	市电 220 V
校准表读数/V			
被测表读数/V			
误差/(%)			

4）电容 CAP 调试

开机后将量程选择开关置于 200 nF 电容挡位，将被测量电容量为 0.1 μF 的电容插入 C_x 位置（最好选用稳定性好的云母电容），调整 U_{R_3}，使液晶屏显示读数值相符，然后检查其余各量程并与已知标准表比较读数。记录在表 5-7 中。

表 5-7　电容 CAP 测量数据记录表

CAP 量程	2000 pF	20 nF	200 nF	2 uF	20 uF
被测电容	1000 pF	10 nF	0.1 uF	1 uF	10 uF
校准表读数/V					
被测表读数/V					
误差/(%)					

5) 直流电流 DCA 测量

开机后,将量程选择开关置于 2 mA 电流挡位,如图 5-35 所示连接仪表。当 $R_A =$ 10 kΩ 时,电流应该为 1 mA,与已知标准表比较读数,记录在表 5-8 中。

表 5-8   直流电流 DCA 测量数据记录表

R_A 值	10 kΩ	1 kΩ	510 Ω
挡位	2 mA	20 mA	200 mA
校准表读数/V			
被测表读数/V			
误差/(%)			

6) 电阻测试

按每个电阻挡的 1/2 值测量电阻,即在电阻 200 Ω 挡位测量 100 Ω 电阻,在 2 kΩ 挡位测量 1 kΩ 电阻。依此类推,将读出的数值与标准表进行比较,记录在表 5-9 中。

表 5-9   电阻测量数据记录表

电阻量程	200 Ω	2 kΩ	20 kΩ	200 kΩ	2 MΩ	20 MΩ	200 MΩ
被测电阻	100 Ω	1 kΩ	10 kΩ	100 kΩ	1 MΩ	10 MΩ	100 MΩ
校准表读数/V							
被测表读数/V							
误差/(%)							

7) 二极管测试

量程选择开关置于二极管挡位,测量一个硅二极管的正向电压降,读数应为 700 mV 左右,反向测量时,液晶显示屏将出现溢出字符。测量数据记录在表 5-10 中。

表 5-10   二极管测量数据记录表

二极管	1	2	3
校准正向压降读数/V			
被测表正向压降读数/V			
是否正常			

8) 晶体三极管 h_{EF} 挡位

三极管测试时不论 PNP 管还是 NPN 管均能处于放大状态,将 E(NPN 管)或 C(PNP 管)点的电压送入 7106 的输入端 IN+,用以反映三极管放大倍数。

开关置于 h_{EF} 挡位,将小功率晶体管插入相应的 NPN 或 PNP 插座内,与已知标准表比较读数,记录在表 5-11 中。

表 5 – 11 三极管测量数据记录表

晶体三极管	1	2	3
校准表 Q 值读数/V			
被测表 Q 值读数/V			
误差/(%)			

5.4.4 结论与评价

本实训项目目的如下：

(1) 本项目选取 DT9205 型号数字万用表作为具体应用实例，对本章所阐述的 DMM 原理、结构、功能及主要技术指标都具有了感性认识和强化。

(2) 学生在项目进行中，需读懂电路原理，根据故障现象，分析故障原因并排除故障，对参数进行实测，这些操作可锻炼动手实践技能。同时，要能对数据进行分析处理，评价万用表的性能，提高分析能力。

本章小结

电压测量是电子测量中最基本的测量内容，这是因为其他电量和非电量的测量大多数是先转化为直流电压，尔后再进行测量的，所以电压测量具有非常广泛的意义。学生在学习的时候要给与高度重视。

本章先讨论了最基本的智能数字电压表 DVM 的结构和原理。模拟部分的主要电路是输入电路和 A/D 转换器电路。输入电路的主要作用是提高输入阻抗和实现量程转换。输入电路的核心是由输入衰减器和放大器组成的量程标定电路。智能 DVM 中的 A/D 转换技术中，主要通过介绍多斜积分式 A/D 转换器和积分脉冲调宽式 A/D 转换器，来了解这类 A/D 转换器的工作特点。多斜积分式 A/D 转换器是基于双积分式 A/D 转换器基础上发展起来的。和传统双积分式 A/D 转换器相比，三斜积分式 A/D 转换速度较快；四斜积分式 A/D 可以解决"零区"问题。但是，积分器的线性度有限，精度很难高于 0.01%，且采样是间断的，不能对被测信号实现连续监测。而脉冲调宽式 A/D 转换器在每个测量周期中往返多次，使积分器的非线性得到了良好的补偿；由于 A/D 转换对 U_x 的采样是连续的，便于对 U_x 不间断地检测，可以克服积分式 A/D 转换器前述的不足。

智能化 DMM 实际上是一种以 DVM 为基础的电子仪器。通过交直流(AC - DC)转换器、电流-电压(I - U)转换器和电阻-电压(R - U)转换器把相应的交流电压、直流电流和电阻的测量转换成相应的直流电压，然后再由 DVM 进行电压测量。交直流转换器主要是平均值转换器和真有效值转换器两种；欧姆转换器采用恒流源法和恒压源法测量。恒流源法包括二端测量和四端测量，适用于中低值电阻的高精度测量。恒压源法适用于高电阻测量。电流转换器中要注意的是，如果被测对象是交流电流，通过转换器得到的是交流电压，所以在电流转换之后还要进行 AC - DC 转换。

在此基础上，结合市场潮流，以 192 型数字多用表产品为模型，介绍了典型智能 DMM 的应用实例。

思考题与习题

1. 写出题图 5-1 所示电压波形的正半波平均值、负半波平均值、全波平均值、有效值、正峰值、负峰值、峰峰值。

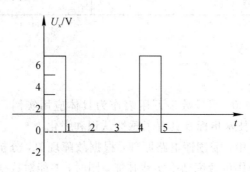

题图 5-1

2. 用全波均值电压表分别测量频率相同的正弦波、三角波和方波电压。若电压表指示值均为 1 V，试计算被测电压的平均值、有效值、峰值。并将这三种电压波形画于同一坐标上进行比较。

3. 在示波器荧光屏上分别观察到峰值 U_p 都为 10 V 的正弦波、三角波和方波，分别用均值型、有效值型两种电压表测量，读数分别是多少？

4. 试比较均值型、有效值型两种电压表在测量方波和三角波时的示值相对误差。

5. 现有三种数字电压表，其最大计数容量分别为：①9999；②19 999；③5999。它们各属几位电压表？有无超量程能力？如有超量程能力，则超量程能力是多少？求第二种电压表在 0.2 V 量程的分辨力为多少？

6. 逐次比较式数字电压表与双积分式数字电压表各有哪些特点？

7. 用 8 位逐次比较式 A/D 转换器转换电压，已知 $E_r=256$ V，$U_x=150.5$ V，求转换后的二进制电压值和测量误差(绝对误差)。

8. 简述双积分式 A/D 转换器工作原理。

9. 在双积分式数字电压表中，基准电压 $E_r=10$ V，取样时间 $T_1=1$ ms，时钟频率 $f_0=10$ MHz，比较 T_2 时间内计数值 $N_2=5\,600$，问被测电压 U_x 的值是多少。

10. 用一种 4 1/2 位数字电压表的 2 V 量程测量 1.2 V 电压。已知该仪器的固有误差为 $\pm(0.05\%$读数$)\pm(0.01\%$满度$)$，求由于固有误差产生的测量误差。它的满度误差相当于几个字？

11. 用一台 6 1/2 位的数字电压表进行测量，已知固有误差为 $\pm(0.003\%$读数$)\pm(0.002\%$满度$)$。选用直流 1 V 量程测量一个标称值为 0.5 V 的直流电压，示值为 0.499 876 V。此时的示值相对误差是多少？

12. 一台数字电压表的固有误差 $\Delta U=\pm(0.001\%$读数$+0.002\%$满度$)$，求在 2 V 量程测量 1.8 V 和 0.18 V 时产生的绝对误差和相对误差。

第 6 章 智能电子计数器

本章学习要点

1. 了解智能电子计数器的特点、分类以及主要技术指标；
2. 熟悉通用计数器的基本组成结构及各单元电路的功能；
3. 学习并掌握通用计数器的测量原理，包括测频法、测周法、多周期同步测量技术等；
4. 学习通用计数器的设计实例，了解所学知识在实际电路中的应用。

电子计数器是一种最常见、最基本的数字化仪器。它是指能完成频率测量、时间测量、计数等功能的所有电子测量仪器的通称。它利用电子技术对一定时间间隔内输入的脉冲计数，并以数字形式显示计数结果。它是其他数字化仪器的基础。

频率和时间是电子测量技术领域中最基本的参量，因此，电子计数器是一类极为重要的电子测量仪器。随着微电子学的发展，电子计数器广泛采用了高速集成电路和大规模集成电路，使仪器在小型化、耗电、可靠性等方面都大为改善。尤其是与微处理器的结合实现了智能化，使得这类仪器的原理与设计发生了重大的变化，用它来测量频率时具有测频范围宽、精确度高、易于实现测量自动化等突出特点。

本章将在阐述电子计数器组成和测量技术的基础上，介绍智能型电子计数器的典型实例。

6.1 电子计数器主要技术性能

6.1.1 电子计数器的分类

根据仪器所具有的功能，电子计数器有通用计数器和专用计数器之分。

通用计数器是一种具有多种测量功能、多种用途的电子计数器，它可以测量频率、周期、时间间隔、频率比、累加计数、计时等，配上相应的插件，还可以测量相位、电压等电量。一般我们把具有测频和测周两种以上功能的电子计数器都归类为通用计数器。

专用计数器是指专门用于测量某种单一功能的电子计数器。例如专门用于测量高频和微波频率的频率计数器；以测量时间为基础的时间计数器，时间计数器测时分辨率很高，可达到 ns 量级；具有某种特殊功能的特种计数器，如可逆计数器、预置计数器、差值计数器等，特种计数器主要用于工业自动化方面。

智能电子计数器是指采用了计算机技术的电子计数器。由于智能电子计数器的一切"动作"都是在微处理器的控制下进行，因而可以很方便地采用许多新的测量技术并能对测量结果进行数据处理、统计分析等，从而使电子计数器的面貌发生了重大的变化。

由于通用计数器应用范围最广、原理也最典型，本章的讨论以通用计数器为主。

6.1.2 电子计数器的主要技术性能

1. 测试功能

电子计数器所具备的测试功能，一般包括测量频率、周期、频率比、时间间隔、累加计数和自校等功能。

2. 测量范围

电子计数器的有效测量范围是相对于测量功能而言的，不同的测量功能其测量范围的含义也不同。如测量频率时是指频率的上、下限，测量周期时是指周期(时间单位)的最大、最小值。

3. 输入特性

一般情况下，当仪器有 2~3 个输入通道时，需分别给出各个通道的特性，主要有：

(1) 输入灵敏度：指仪器正常工作所需输入的最小电压。

(2) 输入耦合方式：主要有 AC(交流)耦合和 DC(直流)耦合两种。AC 耦合时，被测信号经隔直电容输入；DC 耦合时，被测信号直接输入，在低频及脉冲信号输入时宜采用这种耦合。

(3) 输入阻抗：包括输入电阻和输入电容。有高阻抗(如 1 MΩ//25 pF)和低阻抗(如 50 Ω)之分。前者多用于频率不太高的场合以减小对信号源的负载影响，后者多用于频率较高的场合以满足匹配要求。

(4) 最大输入电压：即允许的最大输入电压。超过最大输入电压后仪器不能保证正常工作，甚至会被损坏。

4. 测量准确度

测量准确度常用测量误差来表示。主要由时基误差和计数误差决定。时基误差由晶体振荡器的稳定度确定，电子计数器通常给出晶体振荡器的标准频率及其频率稳定度；计数误差主要指量化误差。关于计数器的测量误差本章后面将讨论。

5. 闸门时间和时标

由仪器内部标准时间信号源提供的标准时间信号，包括闸门时间信号和时标信号，可以有多种选择。

6. 显示及工作方式

(1) 显示位数：仪器可显示的数字位数。

(2) 显示时间：仪器一次测量结束显示测量结果 的持续时间。一般可以调节。

(3) 显示方式：通常有记忆和不记忆两种方式。前者只显示最终计数的结果，后者则显示正在计数的过程。有的计数器只有记忆显示方式。

(4) 显示器件：仪器所采用的显示器件类型。

7. 输出

这里指的是仪器可输出的标准时间(频率)信号的种类、输出数据的编码方式及输出电平的高低等。

6.2　通用电子计数器的基本组成

6.2.1　基本组成

通用电子计数器的基本组成原理框图如图 6-1 所示。电路由 A、B 输入通道，主门电路，计数与显示，时基单元以及控制电路五大部分组成。不同测量功能，各单元间的信号连接也不同，由转换开关切换。下面分别介绍各单元的作用及其组成特点。

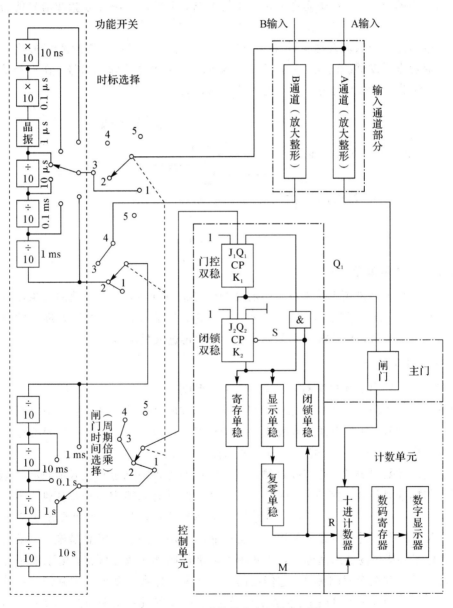

图 6-1　通用计数器基本组成方框图

1. A、B 输入通道

输入通道的作用是将被测信号进行放大、整形，使其变换为标准脉冲。

输入通道部分包括 A、B 两个通道，它们均由衰减器、放大器和整形电路等组成。凡是需要计数的外加信号(例如测频信号)，均由 A 输入通道输入，经过 A 通道适当的衰减、放大整形之后，变成符合主门要求的脉冲信号。而 B 输入通道的输出与一个门控双稳相连，如果需要测量周期，则被测信号就要经过 B 输入通道输入，作为门控双稳的触发信号。

2. 主门

主门又称闸门，它是用于实现量化的比较电路，它可以控制计数脉冲信号能否进入计数器。

主门电路是一个双输入端逻辑与门。如图 6-2 所示，它的一个输入端接收来自控制单元中门控双稳态触发器的门控信号，另一个输入端则接收计数脉冲信号。在门控信号作用有效期间，计数脉冲被允许通过主门进入计数器计数。

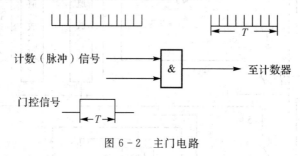

图 6-2　主门电路

3. 计数、显示单元

计数与显示电路是用于对来自主门的脉冲信号进行计数，并将计数的结果以数字的形式显示出来。为了便于读数，计数器通常采用十进制计数电路。带有微处理器的仪器也可用二进制计数器计数，然后转换成十进制并译码后再进入显示器。

4. 时基单元

时基电路主要由晶体振荡器、分频及倍频器组成。

时基电路主要用于产生各种标准时间信号。标准时间信号有两类：一类时间较长的称为闸门(时间)信号，通常根据分频级数的不同有多种选择；另一类时间较短的称为时标信号。时标信号可以是单一的，也可以有多种选择。

由于电子计数器类仪器是基于被测信号的时间与标准时间进行比较而进行测量的，其测量精度与标准时间有直接关系，因而要求时基电路具有高稳定性和多值性。为了使时基电路具有足够高的稳定性，时基信号源采用了晶体振荡器，在一些精度要求更高的通用计数器中，为使精度不受环境温度的影响，还对晶体振荡器采取了恒温措施；为了实现多值性，在高稳定晶体振荡器的基础上，又采用了多级倍频和多级分频器。由于电子计数器共需时标和闸门时间两套时间标准，它们由同一晶体振荡器和一系列十进制倍频和分频来产生。例如图 6-1 中，1 MHz 晶体振荡器经各级倍频及前几级分频器得到 10 ns、0.1 μs、1 μs、10 μs、100 μs 和 1 ms 六种时标信号；若再经后几级分频器可进一步得到 1 ms、10 ms、100 ms、1 s 和 10 s 五种闸门时间信号。

5. 控制单元

控制电路的作用是产生门控(Q_1)、寄存(M)和复零(R)三种控制信号,使仪器的各部分电路按照准备→测量→显示的流程有条不紊地自动进行测量工作。

控制单元中包括前述的门控双稳态电路,它输出的门控信号用于控制主门的开闭。在触发脉冲作用下双稳态电路发生翻转,通常以一个输入脉冲开启主门,另一路输入脉冲信号使门控双稳复原,关闭主门。

6.2.2　控制电路的工作过程

例如,在测频功能下控制电路的工作过程如下:在准备期,计数器复零,门控双稳复零,闭锁双稳置"1",门控双稳解锁(即 J_1 为1),处于等待一个时标信号触发的状态;在第一个时标信号的作用下,门控双稳翻转(Q_1 为1),使主门(闸门)打开,被测信号通过主门进入计数器计数,仪器进入测量状态,当第二个时标信号到来时,门控双稳再次翻转使主门关闭,于是测量期结束而进入显示期;在显示期,由于门控双稳在翻转的同时也使闭锁双稳翻转(Q_2 为0),闭锁双稳的翻转一方面使门控双稳闭锁(J_1 为0),避免了在显示期门控双稳被下一个时标信号触发翻转,另一方面也通过寄存单稳产生寄存信号 M,将计数结果送入寄存器寄存并译码驱动显示器显示,为了使显示的读数保持一定的时间,显示单稳产生了用于显示时间的延时信号,显示延时结束时,又驱动复零单稳电路产生计数器复零信号 R 和解锁信号,使仪器又恢复到准备期的状态,于是上述过程又将自动重复。通用计数器控制部分电路控制信号的时间波形图如图 6-3 所示。从以上过程可以看出,控制电路是整个仪器的指挥中心。

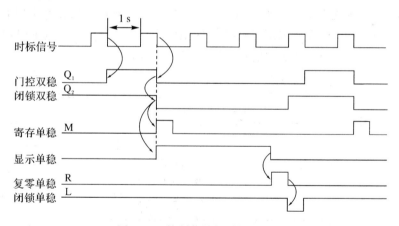

图 6-3　控制信号的时间波形图

6.2.3　通用计数器的基本功能

图 6-1 所示的通用计数器共含有五个基本功能,它是通过功能开关进行选择的。

当功能开关置于位置"2"时,仪器处于频率测量功能,此时被测信号从 A 端输入。

当功能开关置于位置"3"时,仪器处于周期测量功能,此时被测信号从 B 端输入。

当功能开关置于位置"4"时,仪器处于 A 信号与 B 信号频率比(f_A/f_B)测量功能。

当功能开关置于位置"5"时，仪器处于累加计数功能。累加计数是在一定的人工控制的时间内记录 A 信号的脉冲个数，其人工控制的时间通过操作开关 S 来实现（图中未画出）。

当功能开关置于位置"1"时，仪器处于自校功能。从电路的连接可以看出其电路连接如同频率测量电路，所不同的是在自校功能下被测信号是机内时标信号，因而其计数与显示的结果应是已知的，若显示的结果与应显示的结果不一致，则说明仪器工作不正常。

6.3　通用电子计数器的测量原理

通用计数器一般具有测频、测周、测 T_{A-B} 等多种功能，但最基本的测量功能是测频和测周。下面按功能分别讨论通用电子计数器的测量原理。

6.3.1　测量频率

频率定义为一个周期性过程在单位时间内重复的次数。因此，只要在一定的时间间隔 T 内测出这个过程的周期数 N，即可按下式求出频率：

$$f_x = \frac{N}{T} \tag{6-1}$$

图 6-4 为传统的频率测量原理图。频率为 f_x 的被测信号由 A 端输入，经 A 通道放大整形后输往主门（闸门）。晶体振荡器（简称晶振）产生频率准确度和稳定度都非常高的振荡信号，经一系列分频器逐级分频之后，可获得各种标准时间脉冲信号（简称时标）。通过闸门时间选择开关将所选时标信号加到门控双稳，再经门控双稳形成控制主门启、闭作用的时间 T（称闸门时间）。则在所选闸门时间 T 内主门开启，被测信号通过主门进入计数器计数。若计数器计数值为 N，则被测信号的频率 $f_x = N/T$。

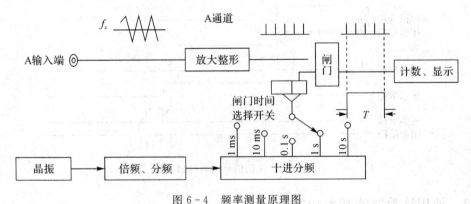

图 6-4　频率测量原理图

仪器闸门时间 T 的选择一般都设计为 10^n s（n 为整数），并且闸门时间的改变与显示屏上小数点位置的移动同步进行，故使用者无须对计数结果进行换算，即可直接读出测量结果。例如被测信号频率为 100 kHz，闸门时间选 1 s 时，$N=100\ 000$，显示为 100.000 kHz；若闸门时间选 0.1 s，则 $N=10\ 000$，显示为 100.000 kHz。测量同一个信号频率时，闸门时间增加，测量结果不变，但有效数字位数增加，提高了测量精确度。

6.3.2　测量周期

周期是频率的倒数，因此，测量周期时可以把测量频率时的计数信号和门控信号的来源相对换来实现。图 6-5 为传统的周期测量原理图。周期为 T_x 的被测信号由 B 通道进入，经 B 通道处理后，再经门控双稳输出作为主门启闭的控制信号，使主门仅在被测周期 T_x 时间内开启。晶体振荡器输出的信号经倍频和分频得到了一系列的时标信号，通过时标选择开关，所选时标经 A 通道送往主门，在主门的开启时间内，时标进入计数器计数。若所选时标为 T_0，计数器计数值为 N，则被测信号的周期为

$$T_x = NT_0 \tag{6-2}$$

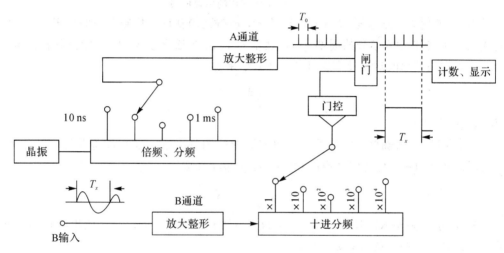

图 6-5　周期测量原理图

由于 $T_0(f_0)$ 为常数，因此 T_x 正比于 N。T_0 通常设计为 10^n s（n 为整数），配合显示屏上小数点的自动定位，可直接读出测量结果。例如某通用计数器时标信号 $T_0 = 0.1\ \mu\text{s}$（$f_0 = 10\ \text{MHz}$），测量周期 T_x 为 1 ms 的信号，得到 $N = \dfrac{T_x}{T_0} = 10\ 000$，则显示结果为 1000.0 μs。

如果被测周期较短，为了提高测量精确度，还可采用多周期法（又称周期倍乘），即在 B 通道和门控双稳之间加设几级十进分频器（设分频系数为 K_f），这样使被测周期得到倍乘即主门的开启时间扩展 K_f 倍。若周期倍乘开关 K_f 选为 $\times 10^n$，则计数器所计脉冲个数将扩展 10^n 倍，所以被测信号的周期应为

$$T_x = \frac{NT_0}{10^n} \tag{6-3}$$

周期倍乘率（K_f）的改变与显示屏上小数点位置的移动同步进行，故使用者无需对计数结果进行换算，即可直接读出测量结果。例如前例中若采用多周期法，设周期倍乘率选 10^2，则计数结果 N' 为 1 000 000，显示结果为 1000.000 μs。测量结果不变，但有效数字位数增加了，测量精确度提高了。

6.3.3　测量频率比

测量频率比的原理框图如图 6-6 所示。

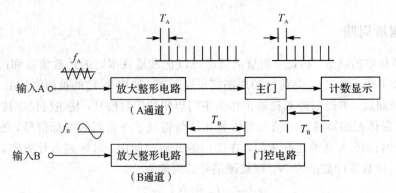

图 6-6　测量频率比的原理框图

当 $f_A > f_B$ 时，被测信号 f_B 由 B 通道输入，经(放大)整形后控制主门的启闭，门控信号的脉宽等于 B 通道输入信号的周期；而被测信号 f_A 由 A 通道输入，经(放大)整形后作为计数脉冲，在主门开启时送至计数器计数。计数结果为

$$N = \frac{T_B}{T_A} = \frac{f_A}{f_B} \tag{6-4}$$

直接显示测量结果。

为了提高测量精确度，也可采用类似多周期的测量方法，即在 B 通道后加设分频器，对 f_B 进行 K_f 次分频，使主门开启的时间扩展 K_f 倍，于是

$$N' = \frac{K_f T_B}{T_A} = K_f \frac{f_A}{f_B} \tag{6-5}$$

选择不同倍乘率(K_f)时，显示屏上小数点位置相应变化，可以直接读出测量结果而无须换算，只是测量结果的有效数字位数发生变化。

6.3.4　测量时间间隔

测量时间间隔的原理框图如图 6-7 所示。

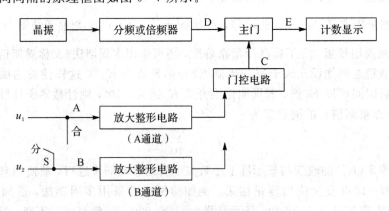

图 6-7　测量时间间隔的原理框图

测量时间间隔时，利用 A、B 输入通道分别控制门控电路的启动和复原。在测量两个输入脉冲信号 u_1 和 u_2 之间的时间间隔(双线输入)时，将工作开关 S 置"分"位置，把时间超前的信号加至 A 通道，用于启动门控电路；另一个信号加至 B 通道，用于使门控电路复原。

测量时，A 通道的输出脉冲较早出现，触发门控双稳开启主门，开始对时标信号 T_0(D 处信号)计数；较迟出现的 B 通道的输出脉冲使门控电路复原，关闭主门，停止对 T_0 计数。有关波形如图 6-8 所示。主门开启时间计数器的计数结果 N 与两脉冲信号间的时间间隔 t_d 的关系为

$$t_d = NT_0 \tag{6-6}$$

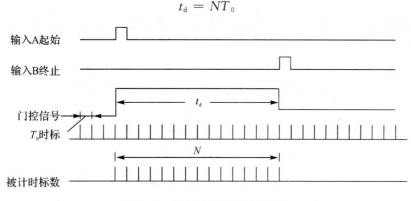

图 6-8　测量时间间隔的波形图

　　为了适应测量的需要，在 A、B 通道内分别设置有斜率(极性)选择和触发电平调节。根据所要求测量的时间间隔所在点信号极性和电平的特征来选择触发极性和触发电平，就可以在被测时间间隔的起点和终点所对应的时刻决定主门的开闭。

　　当需要测量一个脉冲信号内的时间间隔时，将工作开关 S 置"合"的位置，两通道输入并联，被测信号由此公共输入端输入。调节两个通道的触发斜率和电平可测量脉冲信号的脉冲宽度、前沿、休止期等参数。

　　如要测量某正脉冲的脉宽，将 A 通道触发极性选择为"＋"，B 通道触发极性选择为"－"，调节两通道触发电平均为脉冲幅度的 50％，则计数结果即为脉宽值。若 A、B 通道的触发极性改选为"－"和"＋"，则可测得脉冲休止期时间。如果要测量正脉冲的前沿，则将两通道的极性均选择为"＋"，调节 A 通道的触发电平到脉冲幅度的 10％处，调节 B 通道的触发电平到脉冲幅度的 90％处，则计数结果即为该脉冲的前沿值。

　　上述控制门控电路启动和复原的两个输入通道可以是围绕图 6-7 所述的测量过程中的两个输入通道，有的计数器也另外增设辅助输入通道。

6.3.5　累加计数

　　累加计数是指在给定的时间内，对输入的脉冲进行累加计数。累加计数的原理框图如图 6-9 所示。

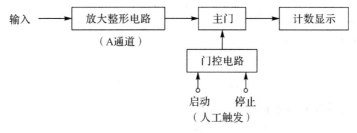

图 6-9　累加计数原理框图

　　累加计数时，门控电路改用人工控制。门控电路被启动后，主门开启，输入脉冲通过主门进入计数器累加计数；门控双稳电路被复原后，主门关闭，计数停止。显示器直接显示累

加计数的总和。注意：在开启主门前，应先做复零操作，此时仪器显示为零。

6.3.6 自校

在正式测量前，为了检验仪器工作是否正常，一般智能型电子计数器都设有自校功能。自校的原理框图如图 6-10 所示。

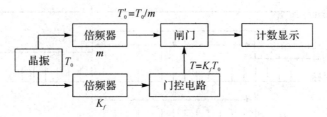

图 6-10　自校时的原理框图

自校时，晶体振荡器经过倍频器(倍频系数 m)输出的标准时间信号，即时标信号 T'_0，用作通过主门到达计数器的计数信号；晶体振荡器经过分频电路(分频系数 K_f)输出的标准时间信号，即闸门时间信号 T，用作门控电路的触发信号。此时计数器的计数结果取决于所选的时标信号和闸门时间信号，即倍频系数 m 和分频系数 K_f，有

$$N = \frac{T}{T'_0} = \frac{K_f T_0}{T_0/m} = K_f m \tag{6-7}$$

可根据上式对仪器实现自校。

6.3.7 通用计数器测量误差的类型

通用计数器的误差习惯于用相对误差的形式来表示。通用计数器具有多种功能，每个功能的误差表达式都是不一样的。根据误差分析，各功能的误差表达式主要由三种类型误差合成。

1. 最大计数误差(±1 误差)

通用计数器各测量功能在计数时，如果主门的开启时刻与计数脉冲的时间关系是不相关的，那么，同一信号在相同的主门开启时间内两次测量所记录的脉冲数 N 可能是不一样的(如图 6-11 所示)。其结果可能为 N，也可能为 $N+1$ 或者是 $N-1$。由此可见，最大计数误差为 $\Delta N = \pm 1$。该项误差将使仪器最后的显示结果会有一个字的闪动。

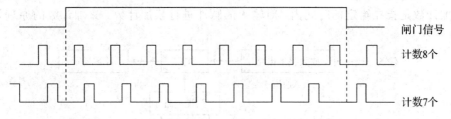

图 6-11　±1 误差示意图

最大计数误差的相对误差的形式为

$$\frac{\Delta N}{N} = \pm \frac{1}{N} \tag{6-8}$$

很显然，在测频、测周、测 f_A/f_B 等功能中，由于主门开启信号与通过主门被计数信号的时间关系不相关，都存在该项误差。但在自校功能中，由于时标信号和闸门时间信号来

自同一信号源，应不存在±1 误差。

最大计数误差的特点是：不管计数 N 是多大，ΔN 的最大值都为±1。因此，为了减少最大计数误差对测量精度影响，在仪器使用中所采取的技术措施是：尽量使计数值 N 大，使 $\Delta N/N$ 误差相应减少。例如在测频时，应尽量选用大的闸门时间，在测周时，应尽量选用小的时标信号，必要时使用周期乘率开关，进行多周期平均测量。

2. 标准频率误差

标准频率误差在测频时取决于闸门时间的准确度，在测周时取决于时标的准确度。由于闸门时间和时标均由晶体振荡器多次倍频或分频获得，所以，通用计数器有关功能的标准频率误差就是指通用计数器内（或外部接入）的晶体振荡器的准确度 $\Delta f_0/f_0$。

因此，凡是使用时标和闸门时间标准信号的功能都存在此项误差，例如测频、测周、测时间间隔等。而测 f_A/f_B、累加计数等功能中不存在该项误差。

为了使标准频率误差对测量结果产生的影响足够小，应认真选择晶振的准确度。一般说来，通用计数器显示器的位数愈多，所选择的内部晶振准确度就应愈高。例如，七位数字的通用计数器一般采用准确度优于 10^{-7} 数量级的晶体振荡器。这样，在任何测量条件下，由标准频率误差引起的测量误差，都不大于±1 引起的测量误差。

3. 发误差

当进行周期等功能的测量时，门控双稳的门控信号由通过 B 通道的被测信号所控制。当无噪声干扰时，主门开启时间刚好等于一个被测信号的周期 T_x。如果被测信号受到干扰，当信号通过 B 通道中时，将会使整形电路（施密特触发器）出现超前或滞后触发，致使整形后波形的周期与实际被测信号的周期发生偏离 ΔT_x，引起所谓的触发误差（或转换误差）。经推导，触发误差 $\Delta T_x/T_x$ 的大小为

$$\frac{\Delta T_x}{T_x} = \frac{1}{\sqrt{2} \times \pi} \times \frac{U_n}{U_m} \tag{6-9}$$

式中，U_m——信号的振幅；U_n——干扰或噪声的振幅。

可见，信噪比（U_m/U_n）愈大，触发误差就愈小，若无噪声干扰，便不会产生该项误差。因而，在频率等测量功能中，由于控制门控双稳的门控信号是由仪器内部产生，便不会存在触发误差。在周期、f_A/f_B 等测量功能中，如果进入 B 通道的信号含有干扰，便会存在触发误差。

采用周期倍率开关进行多周期测量，可减弱此项误差。例如，周期倍率取 10，则只在第一个周期开始与第十个周期结束时会产生触发误差，使触发误差相对减弱了一个数量级。

通过上述分析，可得频率测量误差表达式如下：

$$\frac{\Delta f_x}{f_x} = \pm \left(\frac{\Delta N}{N} + \left| \frac{\Delta f_0}{f_0} \right| \right) = \pm \left(\frac{1}{T_g f_x} + \left| \frac{\Delta f_0}{f_0} \right| \right) \tag{6-10}$$

式中，T_g 为闸门时间。

另外，可得周期测量误差表达式如下：

$$\frac{\Delta T_x}{T_x} = \pm \left(\frac{\Delta N}{N} + \frac{\Delta T_n}{T} + \left| \frac{\Delta f_0}{f_0} \right| \right)$$

$$= \pm \left(\frac{T_x}{10^n \times T_g} + \frac{1}{10^n \times \sqrt{2} \times \pi} \times \frac{U_n}{U_m} + \left| \frac{\Delta f_0}{f_0} \right| \right) \tag{6-11}$$

式中，10^n 为周期倍率值(n 取 0，1，2，3，4)，T_n 为选用的时标信号。

其他功能的测量误差表达式可根据仪器的具体电路结构并参照上述分析作出。

6.4　电子计数器中的智能技术

6.4.1　多周期同步测量技术

1. 等精度测量

在按图 6-1 所示的原理测量频率时，当被测频率很低时，由 +1 误差而引起的测量误差将大到不能允许的程度，例如，$f_x = 1$ Hz，闸门时间为 1 s 时，测量误差高达 100%。因此，为提高低频测量精度，通常将电子计数器的功能转为测周期，然后再利用频率与周期互为倒数的关系来换算其频率值，这样便可得到较高的精确度。在测量周期时，当被测周期很小时，也会产生同样的问题并且也可以采取同样的解决办法。即在被测信号的周期很小时，宜先测频率，再换算出周期。

测频量化误差及测周量化误差与被测信号频率的关系如图 6-12 所示，图中测频和测周量化误差曲线交点所对应的被测信号频率称为中界频率 f_{xm}。在中界频率下，由测频和测周所引起的量化误差相等。很显然，当 $f_x > f_{xm}$ 时宜采用测频的方法，当 $f_x < f_{xm}$ 时宜采用测周的方法。中界频率 f_{xm} 与测频时所取的闸门时间以及测周时所取的时标有关，例如：测频时取闸门时间为 1 s，测周时取时标为 10 ns 时的中界频率 $f_{xm} = 10$ kHz，由图可知，此时两种方法所引起的量化误差均为 10^{-4}。

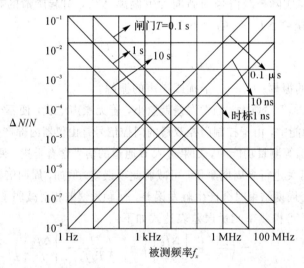

图 6-12　测频量化误差及测周量化误差与被测信号频率的关系图

上述测量方法是减少由 ±1 误差引起的测量误差的一种有效方法，但还存在两个问题：一是该方法不能直接读出其频率值或周期值；二是在中界频率附近，仍不能达到较高的测量精度。若采用多周期同步测量方法，便可解决上述问题。该方法不仅可以直接读取频率值或周期值，而且还可以使其测量精度在全频段上一致，即实现了等精度测量。

2. 多周期同步测量原理

多周期同步测量原理与传统的频率和周期的测量原理不同，其测量原理可用图 6 - 13 所示的框图来分析。

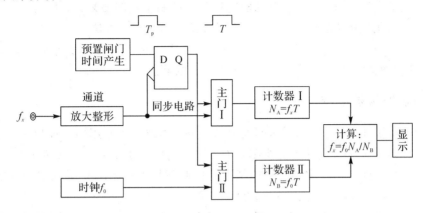

图 6 - 13　多周期同步测量原理框图

预置闸门时间产生电路用于产生预置的闸门时间 T_p，T_p 经同步电路便可产生与被测信号（f_x）同步的实际的闸门时间 T。主门 Ⅰ 与主门 Ⅱ 在时间 T 内被同时打开，于是计数器 Ⅰ 和计数器 Ⅱ 便分别对被测信号（f_x）和时钟信号（f_0）的周期数进行累计。在 T 内，计数器 Ⅰ 的累计数 $N_A = f_x \times T$；计数器 Ⅱ 的累计数 $N_B = f_0 \times T$。再由运算部件计算得出 $f_x = (N_A / N_B) \times f_0$，即为被测频率。

计数器 Ⅰ 记录了被测信号的周期数，所以通常称为事件计数器。由于闸门的开和关与被测信号同步，因而实际的闸门时间 T 已不等于预置的闸门时间 T_P，且大小也不是固定的，为此设置了计数器 Ⅱ，用以在 T 内对标准时钟信号进行计数来确定实际开门的闸门时间 T 的大小，所以计数器 Ⅱ 通常称为时间计数器。

由图 6 - 14 所示的工作波形图中可以看出，由于 D 触发器的同步作用，计数器 Ⅰ 所记录的 N_A 值已不存在 ±1 误差的影响。但由于时钟信号与闸门的开和关无确定的相位关系，计数器 Ⅱ 所记录的 N_B 的值仍存在 ±1 误差的影响，只是由于时钟频率很高，±1 误差的影响很小。所以测量精度与被测信号的频率无关，且在全频段的测量精度是均衡的。

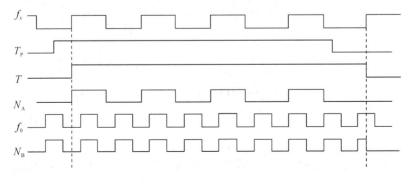

图 6 - 14　多周期同步测量工作波形图

设闸门时间为 1 s，取时钟频率 $f_0 = 10$ MHz，则由 ±1 误差而引起的相对误差为 10^{-7}。

若要进一步减少这项误差的影响，须再增大时钟频率 f_0。由图 6-14 还可以看出，N_B 实际是 N_A 个被测信号周期的时钟脉冲的个数，由运算部件计算 $f_x = (N_A/N_B) \times f_0$ 的值为多周期测量的平均值。所以把这种测量方法称为多周期同步测量。多周期同步测量电路需要计算电路且要有两个计数器，因而电路的实现比传统的测量电路要复杂，但若使用微处理器可使电路大大简化，所以在智能型电子计数器中完全可采用此方法。

这种测量方法实际上是对信号周期进行测量，信号的频率是经过倒数运算求出来的。因而，从测频的角度，上述测量方法也称为倒数计数器法。

6.4.2　内插模拟扩展技术

在传统的电子计数器中，测量时间间隔的分辨能力取决于所用的时钟频率 f_0。单纯地通过提高时钟频率 f_0 来提高测时分辨率是有限的，例如即使 f_0 高达 100 MHz 的时钟，测时分辨率也只能达到 10 ns。采用内插模拟扩展技术可在时钟频率不变的情况下使测时分辨率大大提高，一般而言，可提高 2~3 个数量级或更高。

图 6-15 示出了内插法测量波形图。由波形图可以看出，采用内插法测时间间隔，不仅要累计 T 内的时钟脉冲数，而且还把产生 ± 1 误差的那两部分时间 T_1 和 T_2 拉宽 N 倍。然后累计其中的时钟脉冲数 N_1 和 N_2，这样就把分辨率提高了 N 倍。如果时钟频率为 10 MHz($T_0 = 100$ ns)，内插模拟扩展倍数 $N = 1000$，则被测时间间隔可以表示为

$$T = T_0 + T_1 - T_2 = \left(N_0 + \frac{N_1}{1000} - \frac{N_2}{1000} \right) \times 100 \ (\text{ns})$$

将 T_1 和 T_2 展宽的办法是：首先在 T_1 和 T_2 内对一个电容以恒定电流充电；然后以慢 N 倍(例如 $N = 1000$)的速度放电，则电容放电到起始状态下的时间是 T_1 和 T_2 的 N 倍；最后再用原来的时钟对其进行测量计数得到 N_1 和 N_2。

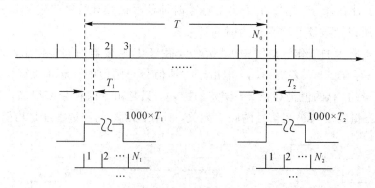

图 6-15　内插法测量波形图

一个实际的模拟扩展器的电路原理图如图 6-16 所示，它主要由一对高速电流开关 VT_1 和 VT_2、恒流源 $I_1 = 10$ mA、恒流源 $I_2 = 10$ μA(即 $I_1 = 1000 I_2$)、阈值检测管为 VT_3 等部分组成。

模拟扩展器的工作原理为：初始状态 VT_1 导通、VT_2 截止，10 μA 恒流源 I_2 对电容 C 充电，使 A 点电位上升到约 5.7 V，VT_3 导通。在 T_1(或 T_2)时间内，电流开关 VT_1 截止 VT_2 导通，电容 C 通过 VT_2 放电，使 A 点电位下降，VT_3 截止，则在 T_1(或 T_2)时间内放走的电荷 $Q_1 = (I_1 - I_2) \times T_1$。$T_1$ 结束后，电流开关又转换为使 VT_1 导通、VT_2 截止的初

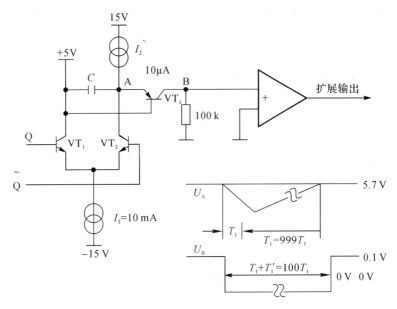

图 6-16　模拟扩展器电路原理图

始状态，$10\ \mu A$ 恒流源 I_2 对电容 C 充电，使 A 点电位逐步上升，若在 T_1' 的时间内，A 点电位上升到约 $5.7\ V$，使 VT_3 重新导通而使充电结束，则在 T_1' 内充得电荷 $Q_2 = I_2 \times T_1'$。显然 $Q_1 = Q_2$，于是可得

$$T_1' = T_1 \times \frac{I_1 - I_2}{I_2} = 999 T_1 \qquad (6-12)$$

即

$$T_1 + T_1' = 1000 T_1 \qquad (6-13)$$

在 $T_1 + T_1'$ 这段时间内，VT_3 处于截止状态，B 点的电压为 $0\ V$；VT_3 导通时，B 点电压为 $0.1\ V(10\ \mu A \times 100\ k\Omega)$，则 B 点出现了一个宽度为 $1000 T_1$ 的脉冲，再经运算放大器放大即可触发扩展触发器。

内插扩展测量原理需要多个计数器进行计数，工作过程较复杂，一般需微处理器参与控制，其控制程序的一般流程是：先启动一次测量；然后在一次测量之后对各计数器的计数值分别读入；最后再执行一次运算并显示其运算结果。

6.5　典型智能电子频率计实例

实现频率测量的方法较多，可使用专用芯片，其电路简单，调试容易，但一般造价较高，使用时灵活性欠佳。本节介绍一种利用单片机 AT89C2051 实现的频率智能化测量方法，所需外围元件较少，扩展性强，测试准确度高，与 NFC-10A 型频率计相当，在频率高端的分辨率比 NFC-10A 型高。该频率计实现了频率测量自动换档，具有一定的实用价值和参考价值。

6.5.1　频率计的系统结构

智能型频率计以单片机 AT89C2051 为控制芯片，AT89C2051 是 MCS-51 系列单片机中的一种，由其完成电路中待测信号的计数、译码和显示以及对分频比的控制，智能型频率计的电路结构框图如图 6-17 所示。待测信号经放大整形后，由分频器进行分频，分频后的信号再经 CD4051 选择后送入单片机的 T0 端进行计数，分频比受单片机控制。时基信号发生器主要产生脉宽为 1 s 的闸门信号，并输入单片机的 INT0 端，用以启停 T0 的计数。计数的结果经软件译码后送入数码显示器显示。

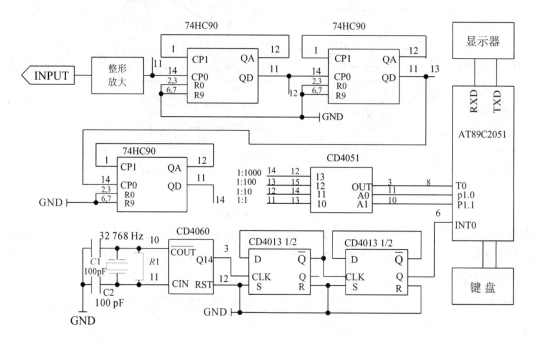

图 6-17　系统结构框图

6.5.2　主要电路工作原理

1. 分频器

由于 AT89C2051 单片机内部的两个计数器均是 16 位，所以最大计数范围为 2^{16}。若闸门时间为 1 s，则所测信号最高频率为 65.535 Hz。为实现频率较高信号的测量，采用 3 片 74HC90 构成 1/10、1/100 和 1/1000 分频器，这样，理论上可测信号的最高频率为 65.535 MHz。分频后的信号通过数据选择器，送入 CPU 的 T0 端。数据选择器受 CPU 的 P1.0 和 P1.1 控制。

2. 时基电路

闸门信号的产生由 CD4060 和 CD4013 完成，CD4060 构成石英晶体震荡器和分频器，将 32768 Hz 晶体震荡信号分频为 2 Hz 信号，再经过 CD4013 双 D 触发器 4 分频获得持续时间 1 s，频率为 0.5 Hz 的时基(闸门)信号。闸门信号送入单片机的 INT0 端，用来控制 T0 计数器的启停。

3. 系统频率测量原理

根据单片机 AT89C2051 中计数器 T0 的方式 1 结构图(见图 6-18)可知，T0 计数脉冲控制电路中，有一个方式电子开关，当 C/T 为"0"时，方式电子开关打在上面，以震荡器的十二分频信号作为 T0 的计数信号，此时作为定时器使用；C/T 为"1"时，方式电子开关打在下面，此时以 T0(P3.5)引脚上的输入脉冲作为 T0 的计数脉冲，这种情况下可对外界脉冲进行计数。C/T 的状态可由 T0 的方式寄存器 TMOD 进行设置。系统中需对输入 T0 (P3.5)端的信号进行计数，所以将 C/T 设为'1'。由图 6-18 还可以看出，当 GATE 为 0 时，只要 TR0 为'1'，计数控制开关的控制端即为高电平，使开关闭合，计数脉冲加到定时器 T0，允许 T0 计数。当 GATE 为'1'时仅当 TR0 为'1'且 INT0 引脚上输入高点平时控制端为高电平，控制开关才闭合，允许 T0 计数，TR0 为'0'或 INT0 输入低电平都使控制开关断开，禁止 T0 计数。

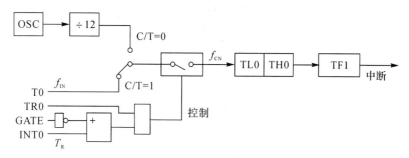

图 6-18　定时器 T0 方式 1 结构图

根据定时器 T0 的结构原理，系统中将 GATE 位、TR0 均设为'1'，INT0 端输入标准闸门信号，内部同时开启外中断 EX0，当时基信号到来时，计数器 T0 闸门打开，并开始计数；当时基信号的下降沿到来时，计数器 T0 闸门关闭，同时 INT0 产生中断，此时将 TR0 清零，计数器停止计数，此时读取 TL0、TH0 的数据(设为 N)并保存，由测频率公式(6-14)可知，此数据即为被测信号的频率值(因为系统中闸门时间为 1 s)：

$$f_x = \frac{N}{T_g} \tag{6-14}$$

其测试时序如图 6-19 所示。

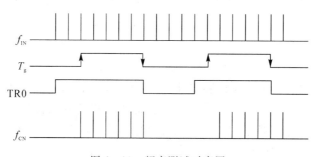

图 6-19　频率测试时序图

6.5.3　软件设计

该频率计的软件程序除主程序外，主要包括 INT0 中断服务程序、自动换挡子程序和显示子程序。INT0 中断服务程序的流程图如图 6-20 所示，主要完成测频、BCD 码转换、译码等功能。在设计自动换挡子程序时，将计数器 T0 设为方式 1，C/T 位置'1'，此时 T0 为 16 位计数方式，故在不分频时测试的信号最大频率为 2^{16} Hz，即 65535Hz。若计数器 T0

溢出产生中断。便进入换挡设置子程序,增大分频比,直至 T0 不溢出。若分频比较大,而输入信号频率较小,则可逐渐减小分频比,直到不产生溢出中断,程序由此而实现自动换挡的功能,由于其程序较简单,在此就不列出其流程图。此外,显示子程序可采用典型的显示程序,这里也不再赘述。

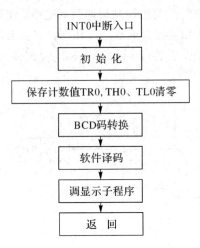

图 6-20　INT0 中断服务程序流程图

6.5.4　提高测量准确度的方法

提高测量准确度的方法如下:

(1) 提高低频信号频率测量准确度。由频率直接测量误差公式如下:

$$\frac{\Delta f_x}{f_x} = \pm \left(\frac{1}{T_g f_x} + \left| \frac{\Delta f_c}{f_c} \right| \right)$$

上式就是式(6-10)。由该式可知,直接测频的误差主要由两部分组成:即量化误差 $1/(T_g f_x)$ 和标准频率误差 $|\Delta f_c/f_c|$。在 f_x 一定时,闸门时间 T_g 选得越长,测量的准确度越高;而当 T_g 选定后,f_x 越高,$1/(T_g f_x)$ 对结果的影响减小,测量准确度越高。随着 $1/(T_g f_x)$ 对结果的影响减小,$|\Delta f_c/f_c|$ 将对测量结果产生主要影响,并以其为极限,即测量准确度不可能优于 $|\Delta f_c/f_c|$。该系统在测量低频信号时,相对误差较大,其准确度不及 NF-10A 频率计,这主要是由于该频率计闸门时间固定为 1 s,所以要想提高测试准确度,可以加大闸门信号 T_g,使其为 10 s。系统设计时也可以使闸门信号为 10 s、1 s、0.1 s 和 10 ms 四挡,再由数据选择器通过单片机的控制进行选择,这样闸门信号也可以实现自动选择。具体原理参见 6.3 节所述。

(2) 由软件产生闸门信号。闸门信号也可以由单片机的内部定时产生,这样虽可减少硬件电路,但是软件定时要受内部软件资源的影响,闸门时间准确度不高,即标准频率误差 $|\Delta f_c/f_c|$ 偏大,故系统的时基信号由外部电路产生。

(3) 克服高频信号分频导致量化误差增大。由式(6-10)可知,对频率较高的信号进行分频,会增大量化误差。所以为提高系统所测量的频率较高的信号的准确度,可以对外部计数器 74HC90 的计数结果通过单片机 I/O 口读入单片机,并和计数器计数值一起经处理后送出显示。这样,就不会因对输入信号分频而增大测量的量化误差。但应注意的一点是;

每次启动计数前应对外部计数器进行清零，而且该方法只对信号分频时有用。其具体实现方案在此不再列出。

（4）由单片机实现零量化误差。在本系统原理基础上加以扩展，通过全同步（即多周期同步）技术可以克服量化误差，其实现的原理结构框图如图 6-21 所示。

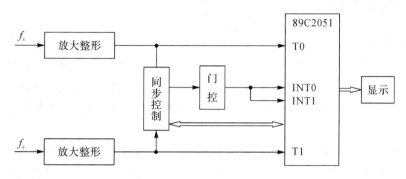

图 6-21　克服量化误差的结构图

被测信号 f_x 和时基信号 f_c 通过放大整形分别送入 AT89C2051 的定时器 T0、T1 进行计数，计数器的开启受同步控制器的控制。当同步控制器在单片机设定的时间内检测到 f_x 和 f_c 同步时便产生同步闸门信号，打开单片机计数器闸门，T0、T1 开始计数。当经过一定时间再次检测到 f_x 和 f_c 同步时，同步闸门信号关闭，计数器闸门随之关闭，此时设 T0 计数 M 个脉冲，T1 计数 N 个脉冲，因闸门信号相同，所以有：

$$\frac{M}{f_x} = \frac{N}{f_c} \qquad (6-15)$$

即

$$f_x = \frac{Mf_c}{N} \qquad (6-16)$$

由误差理论中误差合成公式可导出：

$$\Delta f_x = \frac{f_c}{N}\Delta M + \frac{M}{N}\Delta f_c - \frac{Mf_c}{N^2}\Delta N \qquad (6-17)$$

所以

$$\frac{\Delta f_x}{f_x} = \frac{\Delta M}{M} + \frac{\Delta f_c}{f_c} - \frac{\Delta N}{N} \qquad (6-18)$$

由式（6-18）可知，$\Delta f_c / f_c$ 为标准频率的相对误差，主要取决于晶振频率的稳定度；$\frac{\Delta M}{M}$ 和 $\frac{\Delta N}{N}$ 为测 f_x、f_c 的量化误差。根据上述原理闸门信号与被测信号在时间上同步，故量化误差为零。由于 f_c 已知，f_x 的计算可在单片机中由软件完成，结果经二—十进制转换，再通过软件译码送出显示。由以上可见，此方案原理上没有量化误差，即从理论上克服了量化误差，系统误差完全由标准频率的相对误差决定。

6.6　实训项目六——采用测频法和测周法测量频率的误差分析

6.6.1　项目描述

从定义上看时间是频率的倒数，频率和时间是可以相互转换的，是否可以说，对于一个交变的信号,采用测周法和测频法得出的结果是一致的?事实上对于某些频率,采用测量周期的方法和采用测量频率的方法,引起的误差并不相同。通过本实训分析测频法和测周法的误差,证明中界频率界定方法是符合实验结果的。

6.6.2　相关知识准备

1. 理论基础

电子计数器电路属于积木式结构,通过时基、时标和主门的不同组合,可以实现测量频率、频率比、周期、时间间隔和累加计数等功能,如将被测信号整形作为时标、标准晶体振荡器分频信号作为时基,在主门开启的时基内对时标计数,得出的结果就是被测信号频率。

目前,虽然在电子测量仪器中,电子计数器的测量准确度最高,但测频的量化误差、时基误差和计数误差,测周的量化误差、时基误差和触发误差还是会对测量精度有影响。在测量前,初步对被测对象进行分析,了解测量原理和测量误差分析方法,采取正确的测量方法是减少系统误差最有效的方法。

中界频率是一个频率的划分点,是根据误差理论计算得出的频率,在该频率点采用直接测频法和测周法测的误差相等。为了提高测量精确度,测量频率高于中界频率的信号时,用测频的方法直接读取被测信号的频率;测量频率低于中界频率的信号时,先通过测周期的方法测出被测信号的周期,换算成频率。

利用电子计数器测量频率时,扩大主门的开启时间可减少测量误差。

2. 测试设备

该项目用到的测试设备如表 6 - 1 所示。

表 6 - 1　测 试 设 备

序号	仪 器 名 称	型　　　号	数量
1	多功能等精度频率计	HC - F1000L	1 台
2	函数信号发生器/计数器	EE1641B	1 台
3	数字万用表	DT9205A	1 台

3. 测量仪器概述

1)电子计数器

电子计数器具有 A、B 两通道,可完成项目要求的测周、测频内容。A 通道测量频率范围比 B 通道测量频率范围低,当被测信号频率范围在 1 Hz~100 MHz 时,用 A 通道输入;当被测信号频率范围在 100~1000 MHz 时,采用 B 通道输入;测周时采用 A 通道。

闸门时间有 0.01 s、0.1 s 和 1 s 共 3 挡,可在测量同一频率时进行闸门时间的切换,比较闸门时间长短引起的测量误差。

输入信号频率分别选择 50 Hz 和 200 MHz,无分频系数选择功能,根据中界频率计算公式,三个闸门时间对应该频率计中界频率只有 3.161 kHz、10 kHz 和 31.6 kHz 三种,故测试应根据中界频率来制定测试频率范围,项目中可对 3.16 kHz 中界频率测试。

2）HC－F1000L 多功能等精度频率计

HC－F1000L 多功能等精度频率计主要功能和技术指标分析。采用多周期同步法测量原理，应用单片机控制和运算，采用大规模集成电路可以完成宽频率范围的等精度频率和周期测量，8 位显示。以下仅列出相关的部分指标，有关稳定性、功耗、外形等参数未列出。

（1）测频范围。频率范围为 1 Hz～1 GHz，其中 A 通道 1 Hz～100 MHz，B 通道 100 MHz～1 GHz；测量准确度为 $10^{-7}/s$＋时基误差。

（2）测周。仅限 A 通道，测量范围为 1 s～0.01 μs，测量准确度为 $10^{-7}/s$＋时基误差。

（3）A 通道特性。频率范围为 1 Hz～100 MHz；输入灵敏度在 1 ～20 Hz 时为 35 mV，在 20 Hz～100 MHz 时为 20 mV，输入阻抗为 1 MΩ，最大输入电压为 250 V，具有 20 倍衰减器，低通滤波器截止频率为 100 kHz。

（4）B 通道特性。频率范围为 100～1000 MHz；输入灵敏度为 20 mV，输入阻抗为 50 Ω，最大输入电平为 3 V。

（5）内频标输出 10 MHz，TTL 电平。

6.6.3　项目实施

根据项目要求，选择测量仪器，拟定测量方案和步骤。

1. HC－F1000L 多功能等精度频率计的自校

自校包括两部分，一是频率计单片机自检功能自校，二是频率计整机的自校。校准的时标和时基信号采用了内部的晶体振荡器输出信号及分频信号。自校数据可记录于表6－2 中。

表 6－2　自校数据记录表

N 值＝10000			
时标信号	10 μs	100 μs	1 ms
T_x 计算值			
T_x 显示值/Hz			
误差/（%）			

2. 频率测量

（1）EE1641B 函数信号发生器的输出阻抗为 600 Ω，HC－F1000L 多功能等精度频率计 A 通道的输入阻抗为 1 MΩ，远大于函数信号发生器的输出阻抗，直接将函数信号发生器 TTL 输出信号接到 A 通道输入端。

（2）按下功能开关 FA。

（3）函数信号发生器输出方波，输出幅度为 1 V，改变函数信号发生器输出频率。

（4）选择不同闸门时间，记下频率计的显示值，比较闸门时间长短引起的测量误差，并把测量和计算数据填入表 6－3 中。读测值由 HC－F1000L 多功能等精度频率计读出，单位为 Hz；输入信号为方波，频率由 EE1641B 函数信号发生器输出并指示，单位为 Hz，由于信号发生器输出频率的限制，测试的最高频率取 1.800 000 0 MHz。

表 6‑3　不同闸门时间的测频数据记录

输入频率　读测值	函数信号发生器指示值/kHz					
	1.000 000 0	10.000 000	100.000 00	500.00 000	1000.0000	1800.0000MHz
闸门时间 1 s						
误差/(%)						
闸门时间 0.1 s						
误差/(%)						
闸门时间 0.01 s						
误差/(%)						

3. 周期测量

周期测量步骤与频率测量类似，只是将时基和时标输入通道更换，对于 HC‑F1000L 多功能等精度频率计采用了功能开关 PA 进行选择。

(1) 函数发生器的 TTL 输出信号接到 A 通道输入端。

(2) 按下功能开关 PA。

(3) 保持闸门时间为 1 s，选择不同频率点，记下频率计的显示值，填入表 6‑4 中。

表 6‑4　测频测周法数据记录表

	输入频率/Hz	500.000 00	1.000 000 0k	2.000 000 0k	3.160 000 0k	4.000 000 0k	8.000 000 0k
测频法	显示值/Hz						
	误差/(%)						
测周法	显示值/μs						
	计算值/Hz						
	误差/(%)						

6.6.4　结论与评价

从计算结果可以看出，频率测量的准确度很高。虽然测周法和测频法对于某些频率点有误差，但电子计数器的测量精度仍然是目前电子测量中最高的。

不同闸门时间时，计数器读测值指示的位数是不同的，闸门时间越长，指示的测量值位数越多，测量精度越高。注意计算误差时，应采用误差位对齐法，将读测值与函数信号发生器指示值取相同位数。测量频率低于 100 kHz 且信号高频噪声较大时，使用了计数器提供的低通滤波器。为提高测量精度，当被测频率较低时，应尽量选长的闸门时间或采用测周法。

为保证机内晶体稳定，应避免温度有大的波动和机械振动，避免强的工业磁电干扰，仪器的接地应良好。

如果无分频系数，时标信号选择为 $0.1\ \mu s$，即 f_c 为 10^7 Hz，闸门时间 T_s 为 1 s，则中界频率为

$$f_\circ = \sqrt{\frac{f_c}{f_s}} = \sqrt{\frac{10^7}{1}} \approx 3.16 \times 10^3 \text{ Hz} = 3.16 \text{ kHz}$$

因此，表 6-4 中闸门时间设置为 1 s，所选频率点在 3.16 kHz 附近。可以看出，信号频率低于中界频率时，采用测周计算频率法误差小；频率高于中界频率时，采用测频法误差小。符合中界频率对频率划分的特点。

从误差计算角度也可以看出，若输入信号频率为 $f_x = 2$ kHz，闸门时间为 1 s，则测频时，量化误差为

$$\frac{\Delta N}{N} = \pm \frac{1}{f_x \cdot T_s} = \pm \frac{1}{2 \times 10^3 \times 1} = \pm 5 \times 10^{-4}$$

测周时，量化误差为

$$\frac{\Delta N}{N} = \pm \frac{1}{T_s \cdot f_c} = \pm \frac{f_x}{f_c} = \pm \frac{2 \times 10^3}{10^7} = \pm 2 \times 10^{-4}$$

即低于中界频率时，采用测周计算法频率的量化误差更小。

本章小结

电子计数器的主要功能是要完成频率测量、时间测量、计数等功能。传统的测量方法是测频法和测周法。测频法和测周法的根本区别是：测频法中，通过闸门的信号是未知信号，控制闸门开启的信号是已知的时标信号，在所选闸门时间 T 内主门开启，被测信号通过主门进入计数器计数。若计数器计数值为 N，则被测信号的频率 $f_x = N/T$。测周法中则相反，通过闸门的信号是已知的时标信号，控制闸门开启的信号是未知信号，在主门的开启时间内，时标进入计数器计数。若所选时标为 T_0，计数器计数值为 N，则被测信号的周期为 $T_x = NT_0$。

根据误差的定义，测频法不存在触发误差，但二者都存在标准频率误差和最大计数误差（±1 误差）。在中界频率附近，由于受 ±1 误差的影响，不管用测频法还是测周法，都不能达到较高的精度，因此可以采用多周期同步测量原理，它可以实现全频段、等精度测量，从而提高测量精度。

测量时间间隔的分辨能力取决于所用的时钟频率 f_0。单纯地通过提高时钟频率 f_0 来提高测时分辨率是有限的，采用内插模拟扩展技术可在时钟频率不变的情况下使测时分辨率大大提高，一般而言，可提高 2～3 个数量级或更高。

本章在论述了电子计数器的组成和测量原理的基础上，介绍了一种利用 MCS-51 系列单片机 AT89C2051 实现的频率智能化测量方法的典型实例。分别从系统的基本结构、各组成电路的工作原理以及软件设计三个方面进行了描述，最后提出了关于提高测量准确度的实用方法与分析。

思考题与习题

1. 简述电子计数器测量频率、周期、频率比及时间间隔的基本原理。

2. 用 7 位计数器测量 $f_x = 1.5$ MHz 的信号频率。当闸门时间分别置于 1 s、0.1 s、

10 ms 时,仪器工作正常时显示值应分别为多少?

3. 用某电子计数器测量频率,已知所选闸门时间和显示计数值见表 6-5,试求出各情况下的 f_x,填入该表。

表 6-5　测量频率数据记录表

闸门时间 T	10 s	1 s	0.1 s	10 ms	1 ms
计数值 N	1000 000	10 000	100 000	1000	10 000
被测 f_x					

4. 用某计数器测量周期,已知仪器内部时标信号频率为 10 MHz,选周期倍乘率(分频系数 K_f)为 10^2,计数值结果为 14 567,该信号周期值是多少?

5. 用多周期法测量一已知周期为 100 μs 的信号,计数器计数为 100 000,已知仪器内部时标信号的频率为 1 MHz。若采用同一周期倍乘率和同一时标信号去测量另一未知信号,计数器计数值结果为 15 000,该未知信号的周期是多少?题中若不知道仪器内部时标信号的频率,可否确定该未知信号的周期?若可以,写出求解过程。

6. 简述计数式频率计量化误差的产生原因。怎样减小"±1 误差"的影响?

7. 用一台七位计数式频率计测量 $f_z = 5$ MHz 的信号频率,试分别计算闸门时间为 1 s、0.1 s、10 ms 时,由于"±1 误差"引起的相对误差。

8. 为什么说多周期同步测量原理是全频段、等精度测量?

9. 内插模拟扩展技术是怎样实现的?

10. 为什么在智能化电子计数器中,系统的时基信号是由外部电路产生的,而不是直接由单片机内部定时器产生的?

第 7 章　智能仪器的设计与调试

7.1　智能仪器设计方法

智能仪器的研制开发是一个复杂过程。设计人员应遵循正确的设计原则，按照科学的研制步骤来开发智能仪器。

1. 功能及技术指标应满足要求

在智能仪器设计中，首先应按照要求的仪器功能和技术指标进行总体设计。常见的仪器功能有：输出功能（如显示、打印）、人机对话功能（如键盘的操作管理、屏幕的菜单选择）、通信功能、出错和超限报警功能等。常见的技术指标有：精度（如灵敏度、线性度、基本误差以及环境参数对测量影响等）、被测参数的测量范围、工作环境（如温度、湿度、腐蚀性等）以及稳定性（如连续工作时间）等。

2. 具有高可靠性

可靠性就是仪器在规定条件下和规定时间内，完成规定功能的能力。一般用年均无故障时间、故障率、失效率或平均寿命等指标来表示。实践证明，提高仪器可靠性的关键在于提高产品的可靠性设计水平。因此在设计阶段必须充分考虑可靠性问题，在设计方案、元器件选择、工艺过程以及维护性等方面予以全面的考虑，采用成熟的设计技术以及可靠性分析、试验技术，提高产品的固有可靠性。

3. 便于操作和维护

在仪器设计过程中，应考虑操作方便，尽量降低对操作人员的专业知识要求，以便产品的推广应用。仪器的控制开关或按键不宜太多、太复杂，操作程序应简单明了，输入输出用十进制数表示，从而使操作者无需专门的训练，便能够掌握仪器的使用方法。

智能仪器还应有很好的可维护性，为此仪器结构要规范化、模块化，并配有现场故障诊断程序，一旦发生故障，就能保证有效地对故障定位，以便更换相应的模块，使仪器尽快地恢复正常运行。

4. 仪器工艺及造型设计要求

仪器工艺流程是影响可靠性的重要因素。要依据仪器工作环境条件是否需要防水、防尘、防爆，是否需要抗冲击、抗振动、抗腐蚀等要求设计工艺流程。仪器的造型设计也极为重要，总体结构的安排、部件间的连接关系以及面板的美化等都必须认真考虑，一般应由结构专业人员设计。

7.1.1　智能仪器的设计原则

1. 从整体到局部(自顶向下)的设计原则

在硬件或软件设计时，应遵循从整体到局部也即自顶向下的设计原则。它把复杂的、难处理的问题分为若干个较简单的、容易处理的问题，再逐个地加以解决。开始设计时，设计人员根据仪器功能和设计要求提出仪器设计的总任务，然后将总任务分解成若干个相互独立的子任务。这些子任务再向下分，直到每个低级的子任务足够简单，可以直接而且容易实现为止。这些低级子任务可用模块方法来实现，可以采用某些通用化的模块(模件)，也可作为单独的实体进行设计和调试，并对它们进行各种试验和改进，直至能够以最低的难度和最高的可靠性组成高一级的模块。子任务完成后，将所有模块有机地集合起来，必要时做些调整，即可完成整体设计任务。

2. 软件、硬件协调原则

智能仪器的某些功能(如逻辑运算、定时、滤波)既可通过硬件实现，也可通过软件完成。硬件和软件各有特点，使用硬件可以提高仪器的工作速度，减轻软件编程任务。但仪器成本增加，结构较复杂，出现故障的机会增多。以往人们在智能仪器设计中，过多地着眼于降低硬件成本，尽量"以软代硬"。随着 LSI(Large Scale Integration)芯片功能增强、价格下降，这种情况正在发生着变化。哪些设计子任务应该"以硬代软"，哪些应该"以软代硬"，要根据系统的规模、功能、指标和成本等因素综合考虑。一般的原则是，如果仪器的生产批量较大，应该尽可能压缩硬件投入，用"以软代硬"的办法降低生产成本。此外，凡简单的硬件电路能解决的问题不必用复杂的软件取代；反之，简单的软件能完成的任务也不必去设计复杂的硬件。在具体的设计过程中，为了取得满意的结果，硬件与软件的划分需要多次协调和仔细权衡。

3. 开放式与组合化设计原则

在科学技术飞速发展的今天，设计智能仪器系统面临三个突出的问题，即产品更新换代快、市场竞争日趋激烈、如何满足用户不同层次和不断变化的要求。针对上述问题，国外近年来在电子工业和计算机工业中推行一种"开放式系统"的设计思想。向未来的 VLSI 开放，在技术上兼顾今天和明天，既从当前实际可能出发，又留下容纳未来新技术机会的余地；向系统的不同配套档次及用户不断变化的特殊要求开放。

设计"开放式系统"的具体方法是，基于国际上流行的工业标准微机总线结构，针对不同的用户系统要求，选用相应的功能模块组成用户应用系统。系统设计者将主要精力放在分析设计目标、确定总体结构、选用系统配件、解决专用软件的开发设计等方面，而不是放在功能模块设计上。

开放式体系结构和总线技术的发展，导致了工业测控系统采用组合化设计方法的流行，即针对不同的应用系统要求，选用现成的硬件模块和软件进行组合。组合化设计的基础是软件、硬件功能的模块化。采用组合化设计有以下优点：

（1）开发设计周期短。组合化设计采用成熟的软件、硬件产品组合成系统，不需要进行功能模块的设计。因此，相对于传统设计方法，设计简便、设计周期短。

（2）结构灵活，便于扩充和更新。使用中，可根据需要更换一些模块或进行局部结构改装来满足不断变化的要求。

（3）维修方便快捷。功能模块大量使用 LSI 和 VLSI 芯片，在出现故障时，只需要更换 IC 芯片或功能模块，大大缩短了维修时间。

（4）成本低。仪器系统使用的功能模块，一般为批量生产，成本低而且性能稳定，因此组合成的系统成本也较低。

7.1.2　智能仪器的研制步骤

设计一台智能仪器的一般过程如图 7-1 所示，主要分为三个阶段。第一阶段，确定设计任务，并拟定设计方案；第二阶段，硬件和软件设计；第三阶段，系统调试及性能测试。下面简要介绍各阶段的工作内容和设计任务。

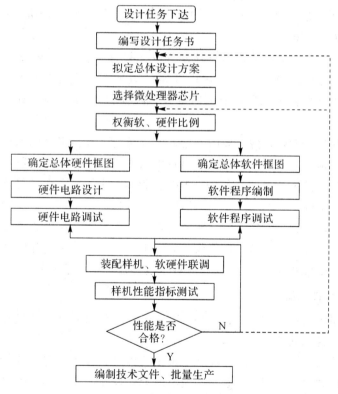

图 7-1　智能仪器设计的一般过程

1. 确定设计任务、拟定设计方案

根据智能仪器最终要实现的目标，编写设计任务书。在设计任务书中，明确仪器应该实现的功能、需要完成的测量任务；被测量的类型、变化范围，输入信号的通道数；测量速度、精度、分辨率、误差；测量结果的输出方式及显示方式；输出接口的设置，如通信接口、打印机接口等。另外，要考虑仪器的内部结构、外形尺寸、面板布置、研制成本、仪器的可靠性、可维护性及性能价格比等。

设计任务确定之后，就可以拟定设计方案。设计方案就是对设计任务的具体化。首先根据仪器应该完成的功能、技术指标等，提出几种可能的方案，每个方案，应包括仪器的工作原理、采用的技术、重要元器件的性能等；然后对各方案进行可行性论证，包括对某些重要部分的理论分析、计算及必要的模拟实验；最后再兼顾各方面因素选择其中之一作为仪器的设计方案。在确定仪器总体设计方案时，微处理器的选择非常关键。微处理器是整个仪器的核心部分，应该从功能和性价比等方面认真考虑。

当仪器总体方案和选用的微处理器种类确定之后，采用"自顶向下"的设计原则，把仪器划分成若干个便于实现的功能模块。仪器中有些功能模块既可以用硬件实现，也可以用软件实现，设计者应该根据仪器的性能价格比、研制周期等因素对硬件和软件的选择做出合理安排。在对仪器硬件和软件协调之后，作出仪器总体硬件功能框图和软件功能框图。

2. 硬件和软件的设计

在设计过程中，硬件和软件应同步进行。在设计硬件、研制功能模块的同时，即着手进行应用程序的编制。硬件、软件的设计工作要相互配合，充分发挥微机的特长，尽可能地缩短研制周期、提高设计质量。

硬件设计的主要工作是根据仪器总体硬件框图设计各单元电路(如输入输出通道、信号调理电路、主机电路、人机接口、通信接口等)，并研制相应的功能模块。在功能模块研制完成之后进行组合与装配，即按照硬件框图将各功能模块组合在一起，构成仪器的硬件系统。

在硬件设计中还应考虑其他方面的问题。应考虑到将来会出现的修改和扩展，硬件资源需留有足够的余地；为了及时修复仪器出现的故障，需附加有关的监测报警电路；在硬件设计时还需考虑硬件抗干扰措施和是否需要设置 RAM 的掉电保护措施等；绘制印制电路板时，需注意与机箱、面板的配合，接插件安排等问题。

软件设计的一般过程是，先分析仪器系统对软件的要求，画出总体软件功能框图；然后用模块化设计方法设计每一软件功能模块，给出每一功能模块的流程图，选择合适的语言编写程序；最后按照总体软件框图，将各模块连接成一个完整的程序。

3. 系统调试和性能测试

在完成仪器系统硬件及软件设计之后，需要进行硬件及软件的调试，硬件和软件调试通过后还要进行硬件和软件的联调。

在仪器硬件调试中，一部分硬件电路的调试可以采用某种信号作为激励，通过检查电路能否得到预期的响应来检测电路是否正常。但大多数硬件电路的调试需要微处理器的配合，通常采用的方法是编制一些小的调试程序，分别对各硬件单元电路的功能进行检查。而整机硬件功能需要通过总体软件进行调试。

软件调试的方法是先对每一个功能模块进行调试，调试通过后，将各模块连接起来进行总调。由于智能仪器的软件不同于一般的计算机管理软件，它和仪器的硬件是一个密切相关的整体，因此只有在相应的硬件系统中调试，才能最后证明其正确性。

　　硬件及软件分别调试合格后，就要对硬件和软件进行联合调试，即系统调试。系统调试通常利用微机开发系统来实现。系统调试中可能会遇到各种问题，若属于硬件故障，应修改硬件电路的设计；若属于软件问题，应修改相应程序；若属于系统问题，则应对硬件、软件同时给以修改。如此往返，直至合格。

　　在系统调试中，还必须对设计所要求的全部功能及技术指标进行测试和评价，以确定仪器是否达到预定的设计目标，若发现某一功能或指标达不到要求，则应修改硬件或软件，并进行重新调试直至满意为止。

　　设计、研制一台智能仪器大致需要经过上述几个阶段，实际设计时，阶段不一定要划分得非常清楚，视设计内容的特点，有些阶段的工作可以合并进行。

7.2　智能仪器的硬件设计

7.2.1　硬件体系结构的设计

　　智能仪器系统硬件体系结构的选择，主要是根据应用系统的规模大小、控制功能性质及其复杂程度、实时响应速度及检测控制精度等专项指标和通用指标决定。首先根据系统规模及可靠性要求考虑，对于普通要求规模较小的应用系统，可采用单机系统；对于高可靠性系统，即使系统规模不大，但为了可靠，也常采用双机系统。

1. 单机系统结构设计

　　用单片机进行适当的扩充接口，即可满足一般智能仪器的需要。单片机技术的发展，在许多方面都展示出它的优越性。其优越性主要表现在：芯片集成度高、可靠性高、芯片种类多，体积、质量小。

　　单片机应用系统中包括单片机系统、信号测量功能模块、信号控制功能模块、人机对话功能模块和远程通信功能模块。其中，单片机系统包括单片机基本系统和扩展部分。单片机系统的扩展包括存储器扩展和接口扩展。

　　单片机应用系统中的信号测量功能模块，是测量对象与单片机相互联系不可缺少的部分，不同传感器输出的信号，经过放大、整形、转换（电流—电压转换、模—数转换、频率—电压转换）后输入单片机，如果要进行巡回检测，还需在信号检测部分装多路选择开关、多路放大器。若使用多个放大器，则各放大器应放在多路选择开关之前；若使用单个放大器，放大器应放在多路选择开关之后，详见 4.2.3 节电路图 4-9 和图 4-10 所示。控制信号功能模块是单片机与控制对象相互联系的重要部分。信号控制功能模块由单片机输出的数字量、开关量或频率量转换（模—数转换、频率—电压转换）后，再由各种驱动回路来驱动相应执行器实现控制功能。人机对话功能模块包括键盘、显示器（LED、LCD 或 CRT）、打印机及报警系统等部分。为实现它与单片机的接口，采用专用接口芯片或通用串—并行接口芯片。远程通信功能模块，担负着单片机间信息交换的功能。在具有多个单片机的应用系统中，各单片机有时相距很远，采用并行通信，投资成本会急剧增加，技术上也不能实现。采用串行通信方式时，可以用单片机的串行接口，也可以使用可编程串行接口芯片。距离较远时，还要增加调制解调器等。另外，传感器、各功能模块和单片机系统要统一考虑，软、硬件要有几套方案进行比较，按经济、技术的要求从中选择最佳方案。各功能模块、单片机系统硬件电路要尽可能选用标准化器件,模块化结构的典型电路要留有余地,以备扩展之用,尽可能采用集成电路,减少接插件相互间连线,降低成本,提高可靠性。此外,要切断来自电源、传感器、测量信号功能模块、控制信号功能模块部分的干扰。硬件、软件设计要合理、可靠、抗干扰、模块化等。

2. 多微机系统结构设计

对于一些大型复杂的测控对象,用一台微机无法实现复杂的任务及对众多的对象进行测控时,可组成多微机仪器系统或网络化仪器系统。多微机系统具有速度快、性能/价格比高、系统可靠,易于扩充和改进等优点。多微机系统从它们相互之间的联系所达到的目的和要求,可以分为两种类型,即计算机局域网和分布式(或集散式)微机测控系统。二者因地域分散的不同,应用目的不同,导致在结构设计上的差异。

计算机局域网互联的目的是为了资源共享(包括硬件和软件资源),相互之间能传递一批信息。各计算机之间的联系比较松散,独立性很大,主要依靠高级操作系统对它们的操作进行管理。这类多机系统更多地适用于办公自动化数字通信的场合。

分布式计算机或集散式微机系统中,除了资源共享外,各微机是系统的一个功能部件,它们之间相互协调,形成一个整体以完成系统的总体任务。分布式系统从总体结构上可以分为分级式结构、集散式结构和现场总线式结构。本书不再展开叙述。

7.2.2 器件的选择

1. 单片机芯片的选择

微型计算机是智能仪器的核心器件,它对智能仪器的性能指标影响很大。单片机品种多、特点突出、功能强、体积小、价格便宜,是专供嵌入式应用的微型计算机。目前,我国的单片机应用领域中 8 位机仍为主流,因此在选取智能仪器中的专用单片机芯片时 MCS51 系列仍是优先考虑的机种。需要指出的是,随着微控制器(Micro Controller Unit,MCU)及片上系统(System on Chip,SoC)的推出,8 位单片机的功能更强大,可供选择的范围也更大。

但是,单片机的存储容量有限、中断处理、DMA 通信等功能不够全面,在一些有特殊要求的智能仪器中,应进行扩展。扩展后的智能仪器结构灵活、功能强大,而且支持软件多,便于开发,适于组成实验仪器系统和自动测试系统。在单片机或微处理机芯片选型时,应将是否有开发系统的支持作为一个重要因素考虑。

2. 可编程逻辑器件

可编程逻辑器件(Programmable Logic Device,PLD)包括可编程阵列逻辑(Programmable Array Logic Device,PAL)、通用阵列逻辑(Generic Array Logic Device,GAL)、现场可编程门阵列(Field Programming Gate Array,FPGA)以及复杂可编程逻辑器件(ComplicatedProgrammable Logic Device,CPLD)等。可编程逻辑器件可以实现原来由众多中、小规模集成电路芯片构成的电路系统的功能,且可以重新定义逻辑功能、反复修改电路连接关系。具有集成度高、体积小、保密性强、便于系统调试、电路扩充和修改方便等优点,成为硬件系统(尤其是数字逻辑系统)发展的重要方向。

FPGA 器件的集成度高，单片等效逻辑门数从 1200 门到几万门，甚至达到十几万门，并已形成系列化产品。在一片 FPGA 芯片内，可以组成复杂的逻辑电路系统，代替几十片、上百片现有的中、小规模集成电路(如 74LS 系列、CD4000 系列)芯片。此外，FPGA 应用系统的整个设计过程均可采用最先进的电子设计自动化(Electronic Design Automation，EDA)技术，一次性成功率很高。设计后可以在开发系统上仿真，反复进行修改，反复使用。

FPGA 内部结构类似门阵列，而逻辑功能的实现又与微处理器相仿，由程序驱动。FPGA器件内部大多不是简单的逻辑门，而是可构造单元，即可构造的逻辑模块。这些逻辑功能模块由芯片内部分布式构造存储器阵列单元中所存储的构造程序控制和驱动。FPGA 内部的布线和布局可在现场完成，表现出很大的自由度和灵活性。

设计开发 FPGA 需要专门的开发系统。FPGA 开发系统通常包括"逻辑设计"和"物理实现"两大模块。FPGA 的开发过程在电路设计和版图设计两个阶段交替进行，可能要反复几次才能完成。一般设计过程如下。

(1) 设计输入。此阶段的任务是将所设计的电路功能和外部连接关系输入到开发系统中。可以输入利用电子线路设计 CAD 软件(如 Altium Designer)绘制的电路原理图，也可以输入用布尔方程描述的电路功能表达式，或用状态机的语言描述。开发系统将这些输入形式转化成相应的网表。目前，VHDL(Very High Speed Integrated Circuit Hardware Description Language)在电子工程领域已成为事实上的通用硬件描述语言，主要用于描述数字系统的结构、行为、功能和接口，不仅含有许多具有硬件特征的语句，而且与计算机高级语言的描述风格与句法十分类似。

(2) 设计实现。此阶段将已输入的电路设计映射到 FPGA 中进行布局和布线，产生构造逻辑单元阵列所需的构造数据位码流。

(3) 设计验证。此阶段对所设计(已完成布局布线)的 FPGA 应用系统进行电路模拟验证。电路模拟包括功能模拟和时间模拟，功能模拟用于检查逻辑设计的正确性，不提供时间信息；时间模拟则专门用来检验所设计电路的工作速度。如果验证结果不满足设计要求，需要进一步修改电路设计，修改版图的布局布线。除了上述设计验证之外，一般还需要在实际电路应用中进行实时验证。

目前，全球知名的 FPGA 生产厂商有 Altera、Xilinx、Actel、Lattice 和 Atmel 等厂家。其中 Altera 作为世界老牌可编程逻辑器件的厂家，是可编程逻辑器件的发明者，开发软件 MAX+PLUSII 和 QuartusII。Xilinx 是 FPGA 的发明者，拥有世界一半以上的市场，提供 90％的高端 65nmFPGA 产品，开发软件为 ISE。Altera 和 Xilinx 主要生产一般用途FPGA，其主要产品采用 RAM 工艺。Actel 主要提供非易失性 FPGA，产品主要基于反熔丝工艺和 FLASH 工艺，其产品主要用于军用和宇航。FPGA 在智能仪器中的应用，必将对提高仪器的性能指标、缩小体积、增强保密性、保护知识产权等方面起到重要作用。

3. 数字信号处理器(DSP)

在数字通信、语音或图像处理以及智能仪器等领域的信号处理中，常需要进行数字滤波、FFT、相关、卷积等复杂运算。如果用微型计算机软件完成这类运算，将占用微处理器大量时间，不能满足实时处理的要求。由于此类运算大都是由迭代式的乘法和加法运算组合而成，人们设想用专门的数字电路来执行此类运算任务，逐渐开发了数字信号处理器

(Digital Signal Processor，DSP)。智能仪器的实时信号处理能力对于许多应用领域都是极为重要的，DSP 芯片成为智能仪器的必然选择。

选择 DSP 芯片首先考虑的因素是 DSP 芯片的运算速度。运算量小可选用处理能力一般的 DSP 芯片，从而可以降低系统成本，运算量大则必须选用处理能力强的 DSP 芯片，如果单个 DSP 芯片的处理能力达不到应用系统的要求，还可采用多个 DSP 芯片并行处理。对 DSP 应用系统的运算量需根据所采用的处理方式估算。

其次考虑 DSP 芯片的硬件资源。DSP 芯片的硬件资源包括 RAM、ROM 的数量，外部可扩展的程序和数据存储空间、总线接口、I/O 接口等。不同的 DSP 芯片所提供的硬件资源是不尽相同的。

第三，根据需要选择 DSP 芯片的运算精度。一般定点 DSP 芯片的字长为 16 位（如 TMS320 系列），也有采用 24 位字长的定点 DSP 芯片（如 Motorola 公司的 MC56001 等）。浮点芯片的字长一般为 32 位，累加器为 40 位。

第四，DSP 芯片的开发工具的选择。没有开发工具的支持，想要开发一个复杂的 DSP 应用系统几乎是不可能的。在选择 DSP 芯片时，必须注意其开发工具的支持程度（包括软件和硬件两个方面）。

最后，再考虑 DSP 芯片的功耗。在某些 DSP 应用场合，功耗是很敏感的问题，便携式 DSP 设备、手持设备、野外应用的 DSP 设备等都对功耗有特殊的要求。目前 3.3 V 供电的低功耗高速 DSP 芯片已大量使用。

除以上重要因素之外，选择 DSP 芯片还应考虑封装形式、质量标准、供货情况、生命周期等。价格也是选择 DSP 芯片时必须认真考虑的。一般而言，定点 DSP 芯片的价格较便宜、功耗较低，但运算精度稍差；浮点 DSP 芯片的优点是运算精度高，且 C 语言编程调试方便，但价格稍贵，功耗也较大。

DSP 仪器系统的设计步骤如下：

(1) 首先根据总体目标，确定 DSP 应用系统的性能指标、信号处理的要求。通常用数据流程图、数字运算序列、正式的符号或自然语言等方式描述。

(2) 采用高级语言进行算法模拟。一般来说，为了实现系统的最终目标，需要对输入信号进行适当的处理。要得到最佳的系统性能，就必须确定最佳的处理方法，即数字信号处理的算法。算法模拟所用的输入数据是实际信号经采集而获得的，通常以计算机文件的形式存储为数据文件。有些算法模拟时所用的输入数据并不一定要实际采集的信号数据，只要能够验证算法的可行性，也可采用假设的数据进行算法模拟。

(3) 实时 DSP 应用系统设计。实时 DSP 系统的设计包括硬件设计和软件设计两个方面。硬件设计首先要根据系统运算量的大小、对运算精度的要求、系统成本限制以及体积、功耗等要求选择合适的 DSP 芯片，然后设计 DSP 芯片的外围电路。软件设计则主要根据系统要求和所选的 DSP 芯片编写相应的 DSP 程序。若系统运算量不大且有高级语言编译器支持，可以采用 C 语言编程。由于现有高级语言编译器的效率还比不上手工编写汇编语言的效率，因此在实际应用系统中常采用高级语言和汇编语言混合的编程方法，即在算法运算量大的地方，用汇编语言编程，而运算量不大的地方则采用高级语言编程。这样既缩短软件开发周期，提高程序可读性和可移植性，又能满足系统实时运算的要求。

(4) DSP 应用系统的硬件和软件设计完成后，必须进行硬件和软件的调试。软件调试一般借助于 DSP 开发工具，如软件模拟器、DSP 开发系统或仿真器等。调试 DSP 算法时，一般采用实时结果与算法模拟结果相比较的方法。如果实时程序和模拟程序的输入相同，则两者的输出应该一致。应用系统的其他软件可以根据实际情况进行调试。硬件一般采用硬件仿真器进行调试，如果没有相应的硬件仿真器，且硬件系统不是十分复杂，也可以借助于一般的工具进行调试。

系统的软件和硬件分别调试完成后，即可将软件脱离开发系统而直接在应用系统上运行。当然，DSP 系统的开发(尤其是软件开发)是一个不断修改、不断完善的过程。虽然通过算法模拟基本上可以了解实时系统的性能，但实际中模拟环境不可能与实时系统的运行环境完全一致，将模拟算法移植到实时系统时必须考虑算法是否能够实时运行的问题。

4. 专用集成电路芯片 ASIC(Application Specific IC)

长期以来 IC 芯片都是通用的，如单片机芯片、各种存储器、各种逻辑元件、各种 A/D 转换器和 D/A 转换器等。用户只能根据手头拥有的芯片的功能去设计自己的产品。这是由生产成本所决定的。因为只有大量生产的芯片，其成本才可以降低，才会有好的经济效益。而由用户定制的 ASIC，则由于成本太高而很难得到推广。近年来，由于 LSI 生产工艺的成熟、CAD 技术的进步，加之许多业已成熟的 IC 芯片如单片机芯片、存储器、D/A 转换器等都可能用来充当 ASIC 的基础，使 ASIC 的经济效益日益提高，因此，ASIC 在 VLSI 市场上的竞争已日趋激烈。有人预计今后将是 ASIC 的时代，IC 市场将在很大程度上属于那些能够廉价而且迅速为用户提供定制 ASIC 的公司。这种局面一旦形成，将使电子产品(包括智能仪器)的结构更加紧凑、性能更加良好、保密性更强。

5. A/D 转换器

A/D 转换器是智能仪器的重要部件。A/D 转换器可根据工作方式、转换速率、转换精度等进行分类。按工作原理不同，A/D 转换器有积分型和比较型两大类。

积分型 A/D 转换器的精度高、电路简单，对元器件精度要求较低，容易制作成高位数 A/D 转换器，成本低、售价低廉、噪声小、温漂也小，适用于一般工作控制用仪器仪表，便于实现十进制数字输出。但是转换速率低，其转换时间约在数百微秒到数百毫秒之间。可以采用多斜积分技术和脉冲调宽技术进行改进，提高转换速率，详细内容见本书 5.2.2 节所述。

第二大类是比较型 A/D 转换器。比较型 A/D 转换器元件的线路结构庞杂，难以达到高位要求，常常需要多片级联以满足需要。在使用中，应重视系统稳定性、可靠性问题，尤其是在高采样率和高转换精度的场合，必须与系统或相关单元的动态特性同步考虑。

反馈比较型 A/D 转换器内部含有一个由 D/A 转换器构成的反馈回路，在实际应用时，为了保证转换精度，在转换器的输入端应连接 S/H 电路，转换速率较快，多属于中速转换器。无反馈比较型 A/D 转换器转换速率最高，高速 A/D 转换器几乎都是无反馈比较型的，价格较高。

在选用 A/D 转换器时，还要注意下述两个方面的问题。

(1) 含有 A/D 转换器的单片机。现在许多高性能单片机内拥有 ADC 功能部件，不用外接 ADC 专用器件也能独立完成模/数转换操作。例如，Silicon Lab 公司的 CygnalC8051F 系列单片机，内置 8～12 位多通道 ADC，1～2 路 12 位 DAC。把模/数转换功能集成到单片机中，给仪器设计带来了极大的方便，进一步促进了智能仪器小型化、高性能的发展。

（2）A/D转换器内含有模拟开关或采样/保持器。为了使用方便，许多厂家都把模拟开关或采样/保持器集成在A/D转换器里面。A/D转换器中含有采样/保持器，可以保证A/D转换期间采样电压值不变，从而减少孔径误差，大大提高 A/D 转换器的精确度。例如，AD1674 的管脚和功能与 AD574/674 完全兼容，其内部增加了采样/保持器，采样频率为100 kHz，精度达到 0.05%。此外，AD7821、AD9040、AD9034 等大量 A/D 转换器都内含采样/保持器。因此在选择了内有采样/保持器的 A/D 转换器时，外部电路就可以不必另设采样/保持器。

7.2.3　仪表中其他功能组件的设计

智能仪器的硬件电路系统一般分为模拟和数字两大部分，模拟部分主要由传感器接口电路、信号放大与处理电路、信号变换电路以及信号源和精密电源等部分组成；数字部分以单片机为核心，包括数字输入输出接口、人机界面（显示器、开关、键盘等）和通信电路等。在智能仪器硬件电路的具体设计中尽可能地采用集成度高、功能强大、技术指标先进的新器件，以达到简化硬件电路系统结构，提高硬件电路整体的电气性能、工艺性能、可靠性和可维护性，同时降低硬件电路成本的目的。

1. 传感器接口电路

随着微电子技术和计算机技术的发展，传统的测量电路正在向传感器与测量电路一体化、测量电路与信号处理电路一体化的方向发展。具有以上特征的测量电路被称为传感器接口电路。传感器接口电路一般应达到如下要求：

（1）可提高传感器和接口电路整体工作效率。

（2）具有一定的信号处理能力（如半导体热敏电阻接口电路具有引线补偿功能）。

（3）能够提供传感器所需要的驱动信号源。若按输出信号划分，传感器可分为电参数传感器和电量传感器。电量传感器输出电压、电流、电荷等电量，压电传感器、光电传感器等即属此类。电阻、电容、电感、互感等传感器需外加驱动信号源才能工作，属于电参数传感器。

（4）有较完善的抗干扰和抗高压冲击保护机制。这种机制包括输入端的保护、前后级电路的隔离、模拟和数字滤波等。现有的许多传感器接口电路将某项信号处理功能，甚至几项功能全部集成到一个芯片中（有些甚至将微处理器等集成到一个芯片），或者针对某种传感器的特点和对信号处理的要求设计专门的集成电路。传感器接口集成电路的出现，将简化智能仪器的设计与制造，提高测量精度和智能仪器的整体性能。

2. 信号处理电路

信号处理电路的任务是对电信号进行各种加工处理，如信号的放大和滤波、信号之间的运算、信号特征的恢复、噪声和干扰抑制等。信号处理电路之中的一大类是信号比较电路以及由比较电路所构成的功能更多、更复杂的电路。

运算放大器是任何测量仪器都不可缺少的基本电路，需要根据仪器功能和技术指标要求选用不同的运算放大器。目前有适合于各种用途和性能要求的集成运算放大器，如非线性放大器、程控放大器、差动放大器、微功耗放大器等。最适合某种场合应用的放大器大都采用有某种特色的运算放大器或专门设计的放大器芯片。选择适用的运算放大器需具备相关的电路知识，熟悉运算放大器的直流和交流主要参数。

运算放大器的直流参数主要有 10 项，分别是：输入失调电压、输入失调电压的温度系数、输入偏置电流、输入失调电流、差模开环直流电压增益、共模抑制比、电源电压抑制比、输出峰峰值、最大共模输出电压、最大差模输入电压。

运算放大器的交流参数主要有 9 项，分别是：开环带宽、单位增益带宽、转换速率（也称电压摆率）、全功率带宽、建立时间、等效输入噪声电压、差模输入阻抗、共模输入阻抗、输出阻抗。

通常所说的"最高速度"和"最高精度"，是运算放大器的两个极端特性。高速运算放大器以转换速率高、建立时间短和频带宽为特征。快速建立时间对缓冲器、DAC 和多路转换器中的快速变化或模拟信号切换等应用特别重要；宽小信号频带在前置放大和处理宽频带交流小信号应用中非常重要；高转换速率与快速建立时间相关，对处理大幅度交流信号非常有意义。一般来说，最精密的单片运算放大器应具有如下特性：

（1）极低的失调电压（不作调整）、极低的温度漂移、极高的开环增益（作为积分器和高增益放大器具有最高精度）和极高的共模抑制比。

（2）低偏置电流和高输入阻抗。这类放大器使用具有高输入阻抗和低漏电电流的结型场效应晶体管（JFET），适用于测量小电流或含高阻抗的信号，其应用范围从通用的高阻抗电路到积分器、电流—电压转换器、对数函数发生器以及用于高阻抗传感器的测量电路（如光电倍增管、火焰检测器、PH 计和辐射检测器等）。

（3）高精度。由于低失调和漂移电压、低电压噪声、高开环增益和高共模抑制比（CMR）而获得很高的精度。此类放大器用于高精度仪器、低电平传感器电路、精密电压比较和阻抗变换等。

3. 键盘和显示器的设计

键盘是智能仪器的重要组成部分。根据仪表的功能要求，可采用矩阵式非编码键盘，也可采用专用芯片的编码键盘。键盘都是由一些按键开关组成，键盘的规模取决于仪表的功能，功能越多规模越大。

显示器是智能仪器的主要输出设备。常用的显示器有两种形式，即发光二极管显示器 LED 和液晶显示器 LCD。LCD 器件的功耗低，常用于电池供电的便携式智能仪器中，但它的亮度不如 LED。这两种显示器都有 7 段字符型显示器和点阵式显示器。7 段字符显示器的控制电路简单、价格便宜，但只能显示十进制数字和少量的英文字母和符号，主要用于简单的测量结果和运算结果的输出。点阵式显示器能显示全部数字、英文字母、测量用的各种符号，甚至还可显示汉字。它一般用在较复杂的智能仪器中，除了用来显示测量结果、运算结果之外，还可实现人机对话，显示用户的手工编程以及操作过程，比前者有更大的优越性。但其控制电路较复杂，价格较贵。

7.2.4　电源及功耗设计

1. 精密电源

许多智能仪器需要为传感器提供精密的直流和交流电压源或电流源；在不少测量中还需要诸如阶梯波或锯齿波等特殊波形的信号源。信号源精度和稳定性通常是由精密基准电压源保证的。精密基准电压源最重要的技术指标是电压温度系数，它表示温度变化引起的输出电压漂移量(亦称温漂)。

例如，LM199、LM299 和 LM399 是目前常用的精密基准电压源系列产品，采用标准的密封 TO46 型封装，外面加有热保温罩。LM199 的工作温度范围是 $-55℃\sim+125℃$，LM299 是 $-25℃\sim+85℃$，LM399 是 $0℃\sim+70℃$。其电压温度系数均不超过 $0.5\times10^{-6}/℃$。下面仅介绍应用最多，价格也较低的 LM399。LM399 的主要参数如表 7-1 所示。

表 7-1 LM399 的主要电参数

参数	最小值	典型值	最大值	单位
反向击穿电压	6.6	6.69	7.3	V
反向动态电阻		0.5	1.5	Ω
击穿电压温度系数		0.000 03	0.0001	%/℃
温度稳定器电压	9		40	V

LM399 的内部电路可分成两部分：基准电压源和恒温电路。图 7-2(a)表示了它的管脚排列，图 7-2(b)表示了它的结构框图及电路符号。1、2 脚分别是基准电压源的正、负极，3、4 脚之间接 $9\sim14$ V 的直流电压。LM399 的基准电压实际由表面齐纳管的稳压电压 U_z(6.3 V)和硅三极管的 U_{BE}(0.65 V)叠加而成，故输出基准电压 $U_o=U_{REF}=U_z+U_{BE}=6.3+0.65=6.95$ V≈7 V。

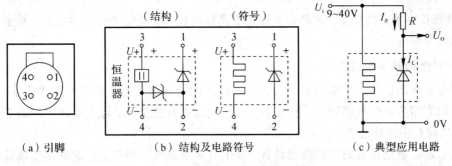

（a）引脚　　　　（b）结构及电路符号　　　　（c）典型应用电路

图 7-2 精密基准电压源 LM399

LM399 的基准电压由稳埋齐纳管提供。这种新型稳压管是采用次表面稳埋技术制成，具有温度漂移小、噪声电压低、动态电阻低(典型值为 0.5 Ω)、低功耗、长寿命等优良特性，其工作电流范围是 $0.5\sim10$ mA。恒温电路能把芯片温度自动调节到 90℃，只要环境温度不超过 90℃，就能消除温度变化对基准电压的影响。正因为如此，LM399 的电压温度系数才降低到 $0.5\times10^{-6}/℃$(最大值)，这是一般基准电压源难以达到的指标。

LM399 的典型接法如图 7-2(c)所示。R 为限流电阻。通常负载电流 $I_L<I_R$，可以忽略，故 $R=(U_i-U_o)/I_R$。若 $0<U_o<7$ V。可在图 7-2(c)的输出端并联一个 20 kΩ 的电位器，调节它可获得 $0\sim7$ V 范围内的任意电压值。若 $U_o=14$ V，可将 2 只 LM399 串联使用；如需得到其他电压值，可采用图 7-3 所示的电路，增加运算放大器做同相放大。此时 $U_o=7\times(1+R_f/R_1)$V，R_f、R_1 应选用温度系数低的金属膜电阻。为保证 U_o 的温度稳定性，需采用高精度、低漂移的放大器(如 ICL7650)。

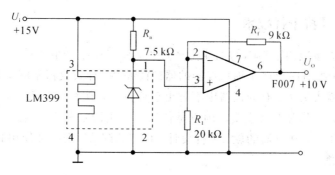

图 7-3　非标准值基准电压源

2. 低功耗设计

实际上，节能是全球化的热潮，如计算机里的许多芯片原来用 5 V 供电，现在用 3.3 V、1.8 V，并提出了绿色电器的概念。很多厂商注重仪器的低功耗问题，有些工业仪表已改用电池供电，这种仪表可 5 年甚至 10 年不更换电池，不用维护，免除了工厂停产检修仪表的麻烦。因此，智能仪表的低功耗技术是设计中不可忽视的重要内容。要降低整个系统的功耗，必须从系统中的各个环节抓起。硬件电路低功耗设计要点如下：

（1）选用节能的微处理器。同样的工作状态，电源电压不同，功耗是非线性增加的。

（2）尽量选用 CMOS 集成电路。CMOS 电路的最大优点是微功耗（静态功耗几乎为零），其次优点是输出逻辑电平摆幅大，抗干扰能力强，工作温度范围宽。

（3）采用电池低电压供电。系统功耗和系统电源电压存在一定的函数关系。电源电压越高，系统功耗越大。

（4）尽量使用高速低频工作方式。CMOS 集成电路的静态功耗几乎为零，仅在逻辑状态发生转换期间，电路有电流流过。它的动态功耗和逻辑转换频率成正比，和电路的逻辑状态转换时间成反比，因此，CMOS 集成电路从降低功耗的角度上来说应当快速转换、低频率地工作。

（5）充分利用微控制器上集成的功能。微控制器已经将许多硬件集成到一块芯片中，使用这些功能比用扩展方式扩展外围电路要有效得多，单片化的成本比使用扩展方式低，而且性能更好。如外围器件的驱动电压很难降低到微处理器芯片的水平，微处理器可以降到 1.8 V，外围电路降到 3 V 恐怕有相当多的芯片就会工作不稳定，而微控制器内部集成的硬件却可以有更好的电压适应能力。

（6）选用低功耗高效率的外围器件和电路。在必须选择使用某些外围器件时，尽可能选择低功耗、低电压、高效率的外围器件，如 LCD 液晶显示器、EEPROM 等。此外，尽量选用低功耗、高效率的电路形式。低功耗电路以低功耗为主要技术指标，它不盲目追求高速度和大的驱动能力，以满足要求为限度，因而电路的工作电流都较小。

（7）妥善处理芯片闲置引脚。CMOS 电路是电压控制器件，它的输入阻抗很高。如果输入引脚浮空，在输入引脚上很容易积累电荷，产生较大的感应电动势。由于 CMOS 输入端都有保护电路，虽然感应电动势不会损坏器件，但很容易使输入引脚电位处于过渡区域。这时反相器 P 沟道和 N 沟道两个场效应管均处于导通状态，使电路功耗大大增加。因而 CMOS 电路的输入引脚不能浮空。

7.2.5　硬件中的抗干扰技术

智能化仪器大多应用于实际的工业生产过程,而工业生产的工作环境往往比较恶劣,干扰严重,这些干扰有时会严重损坏仪器的器件或程序,导致仪器不能正常运行。例如:有的仪器开机不久就失灵了,有的仪器则不时出现死机。为什么原先很正常的仪器安装到现场以后就不能正常工作呢? 其主要原因就是仪器抗干扰措施不力。因此,为了保证智能仪器能稳定可靠地工作,在仪器的软、硬件设计,仪器的制造、安装和使用时,必须周密考虑和解决抗干扰问题。

1. 干扰及干扰的抑制

干扰的形成必须具备三个条件,即干扰源、传输或耦合的通道以及对干扰问题敏感的接收电路。为了解决智能仪器的抗干扰问题,首先必须找出干扰的来源以及干扰窜入系统的途径,然后采取相应的对策,抑制或消除干扰。

1) 干扰的来源

产生干扰的原因十分复杂,有时很难查找。归纳起来主要有以下几种情况:

(1) 自然因素。如宇宙射线、太阳黑子、雷电等导致的干扰。

(2) 周围设备。如动力线路中的火花与电弧;汽车的点火装置;各种电机、电气设备的接通与断开引起的电网冲击;高频设备、可控硅设备引起的电源波形畸变;电磁场发射、静电干扰等。

(3) 元器件物理性质。如分布电容、热噪声、散粒噪声等引起的干扰。

(4) 结构设计不合理。如印刷板布线不合理、元器件布设位置不当等引起的干扰。

前两种属于外部原因引起的干扰,后两种情况属于仪器本身引起的干扰。

2) 干扰的耦合方式

干扰的耦合方式一般可以归纳为以下几种:

(1) 传导耦合。干扰通过导线进入电路,称为传导耦合。电源线、输入输出线等都有可能将干扰引入仪器。例如,由交流电源进线引入的高频干扰,其频带甚宽,这种高频成分的干扰信号是在电网中大的负载切换时产生的。当电网中有大的感性负荷或可控硅切换时,便会产生瞬时电压,引起电网电压波形的畸变,如图 7-4 所示。这一干扰电压主要将沿着电源引入线→变压器→仪器系统→大地→负载突变处的途径传播。

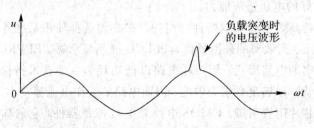

图 7-4　负载切换引起的电网电压畸变示意图

(2) 公共阻抗耦合。在智能仪器中,电路各部分之间经常是共用电源和地线的。这样,电源和地线的阻抗就成了各部分之间的公共阻抗,当某部分的电流经过公共阻抗时,阻抗的压降就成了其他部分的干扰信号。图 7-5 是电源内阻引起干扰的示意图,仪器 N 个电路共用一个电源，因内阻抗和线路阻抗的影响，电路 N 中电流的任何变化均会影响电路 $1\sim N-1$ 的工作。图 7-6 是公共地线阻抗耦合干扰信号的示意图。图中(a)、(b)两种情况下，两部分电路的信号变化会互相干扰，(c)中的接地措施则可避免这种干扰。

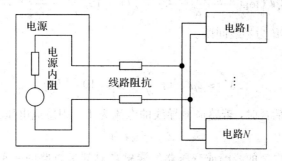

图 7-5　公共电源内阻耦合干扰

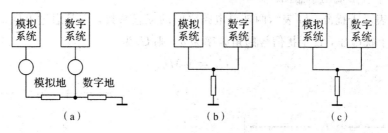

图 7-6　公共地线阻抗耦合的情况

（3）静电耦合。在系统内部，元件之间、元件和导线之间等，均存在着分布电容。各种干扰信号很容易通过分布电容进行传递，这也称为静电耦合。图 7-7 是两根平行导线之间的静电耦合情况。

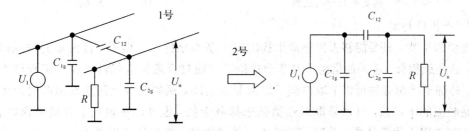

图 7-7　两根平行导线之间的静电耦合

图中 1 号导线对 2 号导线有分布电容 C_{12} 存在，两根导线对地分别有 C_{1g} 和 C_{2g} 存在。如果 1 号导线上有干扰源 U_1 存在，则 2 号导线上出现的干扰电压为

$$U_n = \frac{j\omega R C_{12}}{j\omega R(C_{12}+C_{2g})+1}U_1 \qquad (7-1)$$

当连至 2 号导线上的电阻 R 满足下述条件时：

$$R \leqslant \frac{1}{j\omega(C_{12}+C_{2g})} \qquad (7-2)$$

则式(7-1)可简化为

$$U_n = j\omega R C_{12} U_1 \qquad (7-3)$$

从上式可以看出，ω 越大，U_n 越大；R 越大，U_n 越大；C_{12} 越大，U_n 越大。

（4）电磁耦合。电磁耦合是通过电路之间的互感耦合的。对图 7-8 所示的两条平行线，它们之间的互感 M 可以用下式表示：

$$M = 2\mu l \left\{ \log \frac{l^2 + \sqrt{l^2 + d^2}}{d} - \sqrt{1 + \left(\frac{d}{l}\right)^2} + \frac{d}{l} \right\} \times 10^{-7} [H] \qquad (7-4)$$

式中，l 为导线长度；d 为导线间距。

当 $l \gg d$ 时，有

$$M \approx 2\mu l \left\{ \log \frac{2l}{d} - 1 \right\} \times 10^{-7} [H] \qquad (7-5)$$

通常，当有电磁耦合时，若感应侧导线的电流为 I_n，则感应电压 E_m 可用下式表示：

$$E_m = j\omega M I_n \qquad (7-6)$$

另外，智能仪器内部的线圈或变压器的漏磁是对邻近电路的一种比较严重的干扰。图 7-9 是这种干扰形成的示意图。

图中 I_n 表示干扰源，M 表示两部分电路之间的互感系数，U_n 是通过电磁耦合在被干扰电路感应的干扰电压，设干扰信号的角频率为 ω，则 U_n 为

$$U_n = j\omega M I_n \qquad (7-7)$$

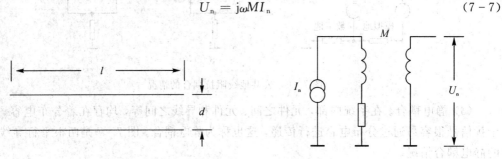

图 7-8　两条平行导线线路　　　　图 7-9　M 耦合示意图

3）干扰的抑制

要消除干扰，只要能够去掉形成干扰的三个基本条件之一即可。首先是清除或抑制干扰源，这是最积极、主动的措施。内部干扰源可以通过合理的电气设计在一定程度上予以消除；外部干扰源有的可以采取措施予以抑制或消除，例如各种电接点在通断时产生的电火花是较强的干扰源，可以采取触点消弧来抑制干扰，也可以在触点上并接消弧电容等。但是有些外部干扰源是难以消除甚至是不可能消除的，例如仪表以外的其他用电设备、雷电等造成的干扰。所以，可以认为干扰源一般总是存在的，只能从其他方面采取措施来解决。其次对于接收干扰敏感单元，虽然可以在设计时从元器件的选取、电路的布置、适当改变放大器的输入阻抗、采取一定的负反馈或选频技术等加以改善，但回旋余地也不大，因为一般不能为了抗干扰而改变系统的工作原理或降低系统的灵敏度。第三是破坏干扰的传输通道，抗干扰的主要工作是围绕这一部分展开的。

值得注意的是，不管采用什么样的措施或者多个措施，要想在一个系统中完全消除干扰是不可能的，只能尽量去减少干扰，保证系统的正常工作。只要不影响系统的正常工作及所要求的测量控制精度，就不必过于苛求。因此，下面将要讨论的各种抗干扰技术，并不是每一个系统都需要，更不是一个系统同时采用这些抗干扰措施，而是根据系统的具体情况，选用其中的一种或几种。

2. 智能仪器抗干扰实用技术

现场干扰一般都是以脉冲的形式进入单片机应用系统的，干扰窜入系统的主要渠道有三条：即供电系统干扰、过程通道干扰和空间辐射干扰。

1) 供电系统的抗干扰措施

目前，大部分智能仪器采用交流市电(220 V，50 Hz)供电。单片机应用系统中最重要并且危害最严重的干扰来源于电源的污染。随着大工业迅速发展，电源污染问题日趋严重。理论分析和实践表明，由电源引入的干扰频率范围从近似直流一直可达 1000 MHz，因此，要完全抑制这样宽频率范围的干扰，只采取单一措施是很难实现的，可以采取多种抗干扰措施结合的方法来抑制干扰。通常，电源干扰有过压、欠压、浪涌、下陷、尖峰电压和射频干扰等。

为防止从电源系统引入干扰，单片机应用系统可采用如图 7 - 10 所示的供电配置。

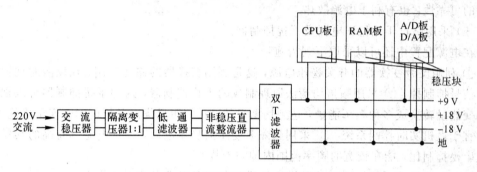

图 7 - 10　单片机系统的抗干扰供电配置

(1) 采用交流稳压器。对于功率不大的智能仪器，为了抑制电网电压波动的影响，可在供电回路中设置交流稳压器。交流稳压器用来保证供电的稳定性，防止电源系统的过电压与欠电压，有利于提高整个系统的可靠性。

(2) 采用隔离变压器。考虑到高频噪声通过变压器主要不是靠初、次级线圈的互感耦合，而是由初、次级间寄生电容耦合造成的。因此，隔离变压器的初级和次级之间均用屏蔽层隔离，减少其分布电容，以提高抗共模干扰的能力。

(3) 低通滤波器。由谐波频谱分析可知，电源系统的干扰源大部分是高次谐波，因此采用低通滤波让 50 Hz 市电基波通过，滤去高次谐波，以改善电源波形。在低压下，当滤波电路载有大电流时，宜采用小电感和大电容构成滤波网络；当滤波电路处于高电压下工作时，则应采用小电容和允许的最大电感构成的滤波网络。

在整流电路之后可采用图 7 - 11 所示的双 T 滤波器，以消除 50 Hz 工频干扰，其优点是结构简单，对固定频率的干扰滤波效果好，其频率特性为

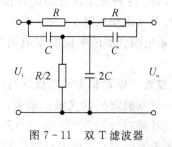

图 7 - 11　双 T 滤波器

$$H(\mathrm{j}\omega) = \frac{u_o}{u_i} = \frac{1 - (\omega RC)^2}{1 - \omega R^2 C - \mathrm{j}4\omega RC} \tag{7-8}$$

当 $\omega = \omega_0 = \dfrac{1}{RC}$ 时，

$$u_o = 0, \quad f = \frac{1}{2\pi RC}$$

将电容 C 固定，调节电阻 R，当输入 50 Hz 信号时，使输出 $u_o = 0$。

(4) 采用分散独立功能块供电。在由多模块构成的智能仪器中，广泛采用独立功能块单独供电的方法，即在每块系统功能模块上用三端稳压集成块，如 7805、7905、7812、7912 等组成稳压电源。每个功能块单独对电压过载进行保护，不会因某块稳压电源故障而使整个系统破坏，而且也减少了公共阻抗的相互耦合以及和公共电源的相互耦合，大大提高了供电的可靠性，也有利于电源散热。

(5) 采用高抗干扰稳压电源及干扰抑制器。

在电源配置中还可以采取下列措施：

① 利用反激变换器的开关稳压电源，这是利用变换器的储能作用，在反激时把输入的干扰信号抑制掉。② 采用频谱均衡法原理制成的干扰抑制器，这种干扰抑制器可以把干扰的瞬变能量转换成多种频率能量，达到均衡目的。它的明显优点是抗电网瞬变干扰能力强，很适宜于微机实时控制系统。③ 采用超隔离变压器稳压电源，这种电源具有高的共模抑制比及串模抑制比，能在较宽的频率范围内抑制干扰。

目前这些高抗干扰性电源及干扰抑制器已有许多现成产品可供选购。

2) 过程通道干扰及抗干扰措施

过程通道是前向接口、后向接口与主机或主机相互之间进行信息传输的路径，在过程通道中长线传输的干扰是主要因素。随着系统主振频率愈来愈高，微机系统过程通道的长线传输愈来愈不可避免。例如，按照经验公式计算，当计算机主振频率为 1 MHz 时，传输线大于 0.5 m 或主振为 4 MHz 时，传输线大于 0.3 m，即作为长线传输处理。

微机应用系统中，传输线的信息多为脉冲波，它在传输线上传输时会出现延时、畸变、衰减与通道干扰。为了保证长线传输的可靠性，主要措施有光电耦合隔离、双绞线传输、阻抗匹配等。

(1) 光电耦合隔离措施。

光电耦合器件是以光为媒介传输信号的集成化器件。采用光电耦合器可以将主机与前向、后向以及其他主机部分切断电路的联系，以有效地防止干扰从过程通道进入主机。图 7-12 为常用光电耦合器的几种基本结构形式，其中图 7-12(a)所示为由发光二极管和平面型光敏三极管组成的光电耦合器。这种光电耦合器的转换效率一般为 60% 左右，加之平面型光敏三极管的集电极——发射极饱和压降小(为 0.2~0.3 V)，因而光敏三极管的输出可与 TTL 电平兼容。加之此类光电耦合器的响应频率能满足一般测控系统的需要，因此，在智能仪器中应用广泛。

图 7-12 中(b)所示的是由发光二极管和光敏二极管与三极管串接组成的光电耦合器。受光元件是连在晶体管集电极——基极之间的光敏二极管。当光敏二极管受光照射时，产生的光电流变成三极管基极电流并被三极管放大，在三极管的集电极输出。此类光电耦合器具有一般平面型光敏三极管所没有的特点，即光电耦合器的响应速度非常快。

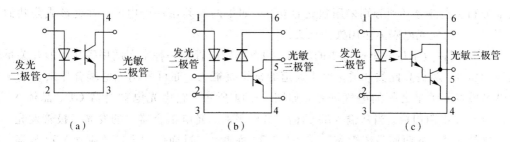

图 7 - 12　光电耦合器的基本结构形式

图 7 - 12 中(c)所示的是由发光二极管和达林顿型光敏三极管组成的光电耦合器。一般是在一个芯片上的平面型光敏三极管后增加一个三极管，从而使两个三极管连成达林顿方式。此类光敏三极管的特点是：放大系数大，光感度好；转换效率可达 $100\%\sim500\%$，甚至可达 1000%。因此，集电极输出电流大(可作固态继电器)。不过此类光电耦合器的集电极——发射极的饱和压降大，不宜作为 TTL 的驱动极，并且响应速度也较低。

光电耦合的主要优点是能有效地抑制尖峰脉冲及各种噪声干扰，从而使过程通道上的信噪比大大提高。光电耦合具有很强的抗干扰能力，这是因为：

第一个原因，光电耦合器的输入阻抗很小，一般为 $100\ \Omega\sim1\ k\Omega$ 之间，而干扰源内阻一般很大，通常为 $10^5\sim10^8\ \Omega$。根据分压原理可知，这时能馈送到光电耦合器输入端的噪声自然会很小。

第二个原因，干扰噪声虽有较大的电压幅度，但所能提供的能量却很小，只能形成微弱的电流，而光电耦合器输入部分的发光二极管只有在通过一定强度的电流时才能发光；输出部分的光敏三极管只在一定光强下才能工作。因此，既使有很高电压幅值的干扰，由于不能提供足够的电流而不能使二极管发光，从而干扰被抑制掉了。

第三个原因，光电耦合器是在密封条件下实现输入回路与输出回路的光耦合，不会受到外界光的干扰。

最后一个原因，输入回路与输出回路之间的分布电容极小，一般仅为 $0.5\sim2\ pF$，而且绝缘电阻又非常大，通常为 $10^{11}\sim10^{13}\ \Omega$，因此，回路一边的各种干扰噪声都很难通过光电耦合器馈送到另一边去。

① 光耦在数字量输入通道中的应用。二极管——三极管型光电耦合器作为实施智能仪器的数字量输入通道与干扰源之间的电气隔离的一种具体应用如图 7 - 13 所示。图中 R_1 为限流电阻，VD 为反向保护二极管，R_L 是光敏三极管的负载电阻。当代表数字量输入的 U_i 为高电平并驱动发光二极管导通从而使光敏三极管导通时，光电耦合器的输出 U_o 为低电平(TTL 逻辑 0)；反之，(即 U_i 为低时)，U_o 为高电平(TTL 逻辑 1)。

下面以 GO130 光电耦合器为例，说明图中 R_1 和 R_L 的选取原则。当发光二极管在导通电流为 $I_F=10\ mA$ 时，正向压降 $U_F\leqslant1.3\ V$；而光敏三极管导通时的压降 $U_{ce}=0.4\ V$。假设输入信号的逻辑 1 电平为 $U_i=12\ V$，并取光敏三极管导通电流 $I_c=2\ mA$，则 R_1 和 R_L 可用下式计算：

$$R_1=\frac{U_i-U_F}{I_F}=\frac{12-1.3}{10}=1.07\ k\Omega$$

$$R_L=\frac{U_{CC}-U_{ce}}{I_c}=\frac{5-0.4}{2}=2.3\ k\Omega$$

应用中请注意，无论光电耦合器是用在数字量输入通道，还是数字量输出通道，其输入部分和输出部分必须分别采用独立的电源。如果两侧共用一个电源，就会形成公共的地线回路，从而使光电隔离作用失去意义。

② 光耦在数字量输出通道中的应用。功率场效应管是一种常用的中等功率的开关量输出驱动器件。为提高此类开关量输出通道的抗干扰能力，亦可采用光电耦合器来切断智能仪器与被控开关量之间的电气联系，如图 7 - 14 所示。它由光电耦合器 GD、晶体 VT$_1$、VT$_2$ 及有关电阻组成。当从输入端 U_i 输入低电平时，光电耦合器中的发光二极管发光，光敏三极管导通，从而使晶体管 VT$_1$ 截止，VT$_2$ 亦截止，进而使功率场效应管 VT$_3$ 导通；反之功率场效应管 VT$_3$ 截止。

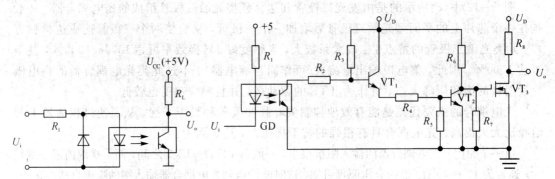

图 7 - 13　光电耦合器应用原理　　　　图 7 - 14　采用光电耦合器的驱动电路

（2）双绞线传输。

双绞线对电场的耦合干扰不起抑制作用，双绞线可对磁场耦合起抑制作用。在微机实时系统的长线传输中，双绞线是较常用的一种传输线，与同轴电缆相比，虽然频带较差，但波阻抗高，抗共模噪声能力强。双绞线能使各个小环路的电磁感应干扰相互抵消，故对电磁场具有一定抑制效果。尽管如此，但双绞线并不能完全消除磁场耦合干扰的影响，这是因为生产工艺决定了绞扭所形成的各小块面积不可能绝对相等，当然方向也就不可能绝对相反，所以要想把磁场干扰全部抑制掉是不可能的。

（3）长线传输的阻抗匹配。

长线传输时，阻抗不匹配的传输线会产生反射，使信号失真。为了对传输线进行阻抗匹配，必须估算出它的特性阻抗 R_p，利用示波器观察的方法可以大致测定特性阻抗的大小，其测定方法如图 7 - 15 所示。调节可变电阻 R，当 R 与 R_p 相等（匹配）时，A 门的输出波形畸变最小，反射波几乎消失，这时的 R 值可认为是该传输线的特性阻抗 R_p。下面给出同轴电缆特性阻抗的计算公式：

$$Z_c = \sqrt{\frac{L}{C}} = \frac{138}{\sqrt{\varepsilon_s}} \lg \frac{D}{d} \qquad (7-9)$$

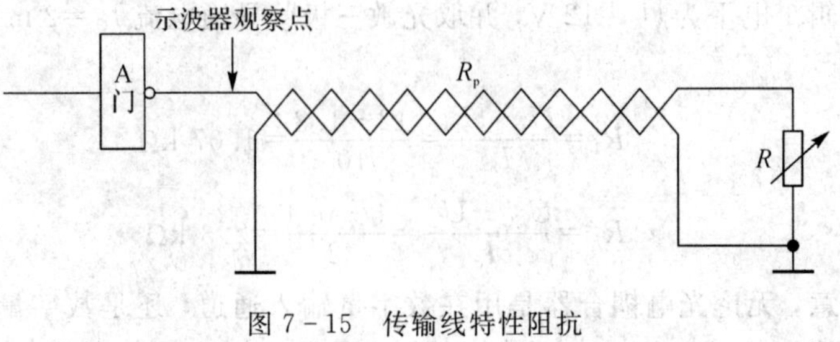

图 7 - 15　传输线特性阻抗

式中：L 为单位长度的电感(H)；C 为单位长度的电容(F)；D 为外部导体的内径；d 为内部导体的外径；ε_s 为介质的相对介质电系数。

传输线的阻抗匹配有下列四种形式，如图 7-16 所示。

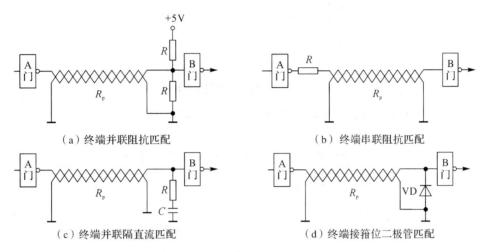

图 7-16　传输线的四种阻抗匹配方式

① 终端并联阻抗匹配。如图 7-16(a)所示，R_1、R_2 为终端匹配电阻，R_p 为双绞线特性阻抗，R_p 的值可按 $R_p = R_1 R_2 /(R_1 + R_2)$ 的要求选取。一般取 R_1 为 $220 \sim 330\ \Omega$，而 R_2 可在 $270\Omega \sim 390\Omega$ 范围内选取。这种匹配方法由于终端阻值低，相当于加重负载，使高电平有所下降，故高电平的抗干扰能力有所下降。

② 始端串联阻抗匹配。如图 7-16(b)所示，在长的始端串入电阻，增大长线的特性阻抗以达到和终端输入阻抗匹配的目的。匹配电阻 R 的取值为 R_p 与 A 门输出低电平时的输出阻抗 R_{SOL}（约 20Ω）之差值（即 $R = R_p - R_{SOL}$）。

这种匹配方法的主要缺点是会使终端的低电平抬高，相当于增加了输出阻抗，降低了低电平的抗干扰能力。

③ 终端并联隔直流匹配。如图 7-16(c)所示，因电容 C 在较大时只起隔直流作用，并不影响阻抗匹配，所以只要求匹配电阻 R 与 R_p 相等即可。它不会引起输出高电平的降低，故增加了对高电平的抗干扰能力。电容的取值为

$$C \geqslant \frac{10T}{R_1 + R} = \frac{10T}{R_1 + R_p} \tag{7-10}$$

式中：T 为传输脉冲宽度；R_1 为始端阻件低电平输出阻抗，约 20Ω；R 为匹配阻抗；R_p 为特性阻抗。

④ 终端接箝位二极管匹配。如图 7-16(d)所示，利用二极管 VD 把 B 门输入端低电平箝位在 0.3V 以下，可以减少波的反射、振荡以及线间审扰，提高动态抗干扰能力。

(4) 长线传输还应注意的问题

① 输出端带长线后，近处不能再带其他负载（如图 7-17 所示）。

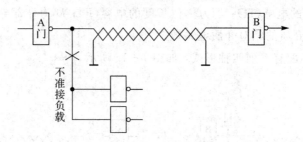

图 7 - 17　A 门输出端不准接负载

② 触发器输出需要隔离后才可传输(如图 7 - 18 所示)。

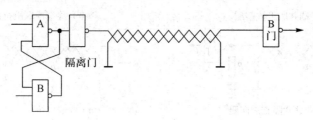

图 7 - 18　隔离后进行传输示意图

③ 用变压器耦合不共地长线传输(如图 7 - 19 所示)。这种线路不但可用变压器实现,也可用光电耦合器件实现。改变单稳电路的参数可以得到不同宽度的传输脉冲,适合于 CPU 与内存、外设以及 A/D、D/A 等进行单向信息传输。

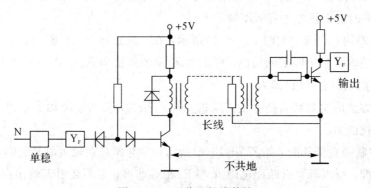

图 7 - 19　不共地长线传输

④ 用 OC 门(集电极开路门)作双向总线传输。"OC"门的最大特点是可以把输出端连在一起。而一般 TTL 电路输出端不能并联在一起,因为当一个处于截止状态的与非门和一个处于导通状态的与非门连在一起时,将产生很大的导通电流,约 50mA,这可能引起器件损坏。所以必须用晶体管隔离后才能进行双向总线传输。而"OC"门可以直接用来为单向、双向总线传输。

由于负脉冲传输抗干扰能力较正脉冲强,所以,一般在长线传输时,采用负脉冲传输。而且在速度要求不高时,在始端用驱动器比用一般的 TTL 好些。

3) 印制电路板及电路的抗干扰设计

印制电路板是微机系统中器件、信号线、电源线的高密度集合体,印制电路板设计得好坏对抗干扰能力影响很大,故印制电路板设计决不单是器件、线路的简单布局安排,还必须符合抗干扰的设计原则。通常应有下述抗干扰措施。

(1) 地线设计。

微机系统中地线结构大致有系统地、机壳地(屏蔽地)、数字地(逻辑地)和模拟地等。在微机实时控制系统中,接地是抑制干扰的重要方法,如能将接地和屏蔽正确结合起来使用,可以解决大部分干扰问题。

① 单点接地与多点接地选择。在低频电路中,信号的工作频率小于 1 MHz 时,它的布线和元器件间的电感影响较小,而接地电路形成的环流对干扰影响较大,因而屏蔽线采用一点接地。

当信号工作频率大于 10 MHz 时,地线阻抗变得很大,此时应尽量降低地线阻抗,应采用就近多点接地法。

当工作频率在 1 MHz~10 MHz 之间时,如果用一点接地,其地线长度不应超过波长的1/20,否则宜采用多点接地法。

② 数字、模拟电路分开。电路板上既有高速逻辑电路,又有线性电路,应使它们尽量分开,而两者的地线不要相混,分别与电源端地线相连。要尽量加大线性电路的接地面积。

③ 接地线应尽量加粗。若接地所用线条很细,接地电位则将随电流的变化而变化,致使微机的定时信号电平不稳,抗噪声性能变坏。因此应将接地线条加粗。

④ 接地线构成闭合环路。只用数字电路组成的印制电路板接地时,将接地电路做成闭合环路大多都明显地提高抗噪声能力。因为,通常印制电路板上有很多集成电路,尤其遇有耗电多的元件时,由于线条粗细导致地线产生电位差。

(2) 电源线布置。

电源线的布线过程中,除了要根据电流的大小,尽量加粗导体宽度外,还要采取使电源线、地线的走向与数据传递的方向一致,将有助于增强抗噪声能力。

(3) 去耦电容配置。

在印制电路板的各个关键部位配置去耦电容应视为印制电路板设计的一项常规做法。

① 电源输入端跨接 10~100 μF 的电解电容器。如有可能,接 100 μF 以上更好。

② 原则上,每个集成电路芯片都应安置一个 0.01 μF 的陶瓷电容器——钽电容器。这种器件的高频阻抗特别小,在 500 kHz~20 MHz 范围内阻抗小于 1Ω,而且漏电流很小(0.5 μA 以下)。

③ 对于抗噪声能力弱、关断时电流变化大的器件和 ROM、RAM 存储器件,应在芯片的电源线(VCC)和地线(GND)间直接接入去耦电容。

④ 电容引线不能太长,特别是高频旁路电容不能带引线。

(4) 印制电路板的尺寸与器件布置。

印制电路板大小要适中,过大时,印制线条长,阻抗增加,不仅抗噪声能力下降,成本也高;过小,则散热不好,同时易受邻近线条干扰。

在器件布置方面,与其他逻辑电路一样,应把相互相关的器件尽量放得靠近些,能获得较好的抗噪声效果,如时钟发生器、晶振和 CPU 的时钟输入端都易产生噪声,要相互靠近些。易产生噪声的器件、小电流电路、大电流电路等应尽量远离计算机逻辑电路,如有可能,应另做电路板,这一点十分重要。

另外，还应考虑电路板在机箱中放置的方向，将发热量大的器件放置在上方。

(5) 其他。

微机系统中电路的抗干扰设计与具体电路有密切关系，并无一定之规，要注意积累点滴经验，例如：

① 单片机复位端子"RESET"在强干扰现场会出现尖峰电压干扰，虽不会造成复位干扰，但可能改变部分寄存器状态。因此可以在"RESET"端配以 0.01 μF 去耦电容。

② CMOS 芯片的输入阻抗很高，易受感应，故在使用时，对其不用端要接地或接正电源。

③ 按钮、继电器、接触器等零部件在操作时均会产生较大火花，必须利用 RC 电路加以吸收，其方法如图 7 - 20 所示。一般 R 取 1~2 kΩ，C 取 2.2~4.7 μF。

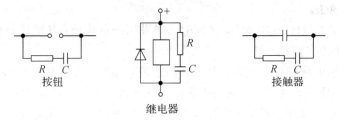

图 7 - 20 采用 RC 电路减少干扰

4) 空间干扰及抗干扰措施

空间干扰主要是通过电磁波辐射窜入应用系统的。空间干扰可来自系统的外部或内部。一般情况下，空间干扰的抗干扰设计主要是接地、系统的屏蔽和布局设计等。

接地技术起源于强电，其概念是将电网的零线及各种设备的外壳接大地，以起到保障人身和设备安全的目的。在智能设备中接地的概念又有了新的内涵，这里的"地"是指输入信号与输出信号的公共零电位，它本身可能是与大地相隔离的，而接地不仅是保护人身和设备的安全，也是抑制噪声干扰，保证系统工作稳定的关键技术。在设计和安装使用过程中，如果能把接地和屏蔽正确地结合起来使用，是可以抑制大部分干扰的。

智能仪器系统的接地主要有两种类型：即保护接地和工作接地。

保护接地：保护接地是为了避免因设备的绝缘损坏或性能下降时，系统操作人员遭受触电危险和保证系统安全而采取的安全措施。

工作接地：工作接地是为了保证系统稳定可靠地运行，防止地环路引起干扰而采取的抗干扰措施。

(1) 浮地与接地。

浮地是指智能仪器全机浮空即仪器各个部分与大地浮置起来，这种方法简单。但仪器与大地的绝缘电阻不能小于 50 MΩ。这种方法有一定的抗干扰能力，但一旦绝缘下降就会带来干扰；另外，浮空容易产生静电，导致干扰，这是一个缺点。

还有一种方法，就是将仪器的机壳接地，其余部分浮空。这种方法抗干扰能力强，而且安全可靠，不过制造工艺复杂，实现起来困难。一般情况下，智能仪器系统还是以接大地为好。

(2) 屏蔽地。

这类地是指对电场磁场的屏蔽。根据屏蔽目的的不同，屏蔽接法也不一样。电场屏蔽解决分布电容问题，一般接大地。电磁场屏蔽主要避免雷达、短波电台，这种高频电磁场辐射干扰，可利用低阻金属材料高导流而制成，可以接大地也可以不接，而以接大地为好。磁路屏蔽以防磁铁、电机、变压器、线圈等磁感应、磁耦合。其屏蔽方法用高导磁材料使磁路闭合，一般接大地为好。

高增益放大器常用金属罩屏蔽起来。但屏蔽层怎样接地呢？如图 7 - 21 所示，放大器与屏蔽层之间存在寄生电容。由等效电路可以看出寄生电容反馈 C_{3S} 和 C_{1S} 使放大器的输出端到输入端有一反馈通路，如不将此反馈消除，则放大器将产生振荡。解决的办法就是将屏蔽体接到放大器的公共端，将 C_{2S} 短路，从而防止了反馈。这种屏蔽连接方式，在放大器的公共端不接的电路中，也是适用的。

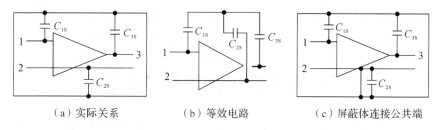

（a）实际关系　　　　　（b）等效电路　　　　　（c）屏蔽体连接公共端

图 7 - 21　高增益放大器的屏蔽

当信号电路是一点接地时，低频电缆的屏蔽层也应一点接地。如果电缆的屏蔽层接地点有一个以上时，即将产生噪声电流。对于扭绞电缆的芯线来说，屏蔽层中的电流便在芯线耦合出不同的电压，形成干扰噪声源。

当一个电路有一个不接地的信号源和一个接地的（即使不是接大地）放大器相连时，输入端的屏蔽应接至放大器的公共端。相反，当接地的信号源与不接地的放大器相连时，即使信号源接的不是大地，放大器的输入端也应接到信号源的公共端。

（3）电缆和接插件的屏蔽。

在用电缆连接时，常会发生无意中的地环路以及屏蔽不良。特别是当不同的电路在一起时更是如此。正确的布线、走线应该清除这些现象，这里应该注意下面几点：

① 高电平线和低电平线不要走同一条电缆。当不得已时，高电平线应组合在一起，并单独加屏蔽。同时要仔细选择低电平线的位置。

② 高电平线和低电平线不要走同一接插件。不得已时，要将高电平端子和低电平端子分立两端。中间留备用端子，并在中间接高电平引线地线和低电平引线地线（如图 7 - 22 所示）。

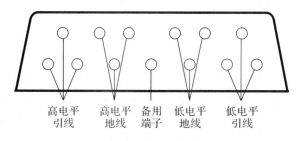

　高电平　　高电平　　备用　　低电平　　低电平
　引线　　　地线　　　端子　　地线　　　引线

图 7 - 22　接插件端子接法

③ 设备上出入电缆部分应保持屏蔽完整。电缆的屏蔽体也要经接插件予以连接。当两条以上屏蔽电缆共用一个插件时，每条电缆的屏蔽层都要单独用一个接线端子。否则，易造成地环路使电流在各屏蔽层中间流动。

④ 低电平电缆的屏蔽层要一端接地，屏蔽层外面要有绝缘层，以防与其他地线接触相碰。

（4）传输线的分开走线问题。

由于平行线之间存在着互感和分布电容，因而在进行信息传输时容易产生窜扰，影响系统工作的可靠性，所以除上述有关印制电路板的走线必须考虑以外，还应采取如下措施：

① 长线传输时，功率线、载流线和信号线应分开，电位线与脉冲线分开，尤其是传送 $0\sim50$ mV小信号时，更应如此。

② 电力电缆必须单独走线，而且最好用屏蔽电缆。电力线与信号线不能平行，更不能将电力线与信号线装在同一电缆中，否则，50 Hz工频干扰不可避免。

为了防止长线传输中的窜扰，采用交叉走线是行之有效的方法。

7.3 智能仪器的软件设计

软件设计是智能仪器设计的重要内容，软件质量对智能仪器的功能、性能指标及操作等均有很大的影响。一般而言，研制一台复杂的智能仪器的软件编制工作量往往大于硬件设计的工作量。随着智能仪器功能越来越多，结构越来越复杂，对软件质量的要求就越来越高。

智能仪器的软件包括系统软件和应用软件两部分。系统软件指仪器的管理软件，主要为监控程序。应用软件是为用户使仪器完成特定任务而编制的软件程序。不管哪一类软件，其设计方法都有共同之处，如果采用一种好的设计方法，可使编制程序的工作起到事半功倍的效果；反之，则可能一开始就陷入繁琐的细节，耗费大量的精力，编制出来的软件程序漏洞百出，无法运行。因此，智能仪器的设计人员必须很好地掌握程序设计方法，不断提高编程技巧。

7.3.1 软件设计方法

从软件工程的角度来看，一个好的程序不但要实现预定的功能，能够正常运行，而且应该满足以下三个方面的要求：程序结构化，简单、易读、易调试；运行速度快；占用存储空间少。为此，需要采用以下三种规范化的设计方法。

1. 模块设计法

模块设计法（module programming）是将大的程序划分成若干个较小的程序模块进行设计和调试，然后将各模块连接起来。模块一般按照功能划分，逐步细化。如智能仪器的监控程序分为监控主程序、接口管理程序和命令处理程序两大模块。命令处理程序模块通常又可分为测试、数据处理、输入/输出、数据显示、图形显示等子程序模块。采用模块法，将程序划分成若干较小的独立模块，有利于编程、调试和纠错。

2. 自顶向下设计法

软件设计可采取两种截然不同的方法，一种叫自顶向下（top-down）法，另一种叫自底向上（bottom-up）法。自顶向下法概括地说，就是从整体到局部，最后到细节。即先考虑整体目标，明确整体任务，把整体任务划分为一个个子任务，子任务可再划分子任务，同时分析各子任务之间的关系，最后拟定各子任务的细节并编制对应各子任务的程序。犹如建造一个房子，需先绘制总体设计图，再绘制局部详细的结构图等，最后按照图纸把房子建造起来。自底向上法是先解决细节问题，再把各个细节结合起来，以完成整体任务。自底向上法是传统的程序设计方法，有着严重的缺陷：由于从某个细节开始，对整体任务没有进行透彻的分析与了解，因而在设计某个程序模块时很可能出现未预料到的新情况，以至必须修改或重新设计已经设计完成的程序模块，造成返工，浪费时间。目前，大都趋向于采用自顶向下法。也有不少程序设计者把这两种方法结合起来使用。在程序设计的初期（顶上），采用自顶向下法，但到一定阶段有时也需要采用自底向上法，对某关键的细节先编制程序并在实际环境中运行，取得足够的实验数据后再继续设计上层的程序。

3. 结构程序设计法

　　结构程序设计法（structured programming）是 20 世纪 70 年代起逐渐被采用的一种新型的程序设计方法。不仅在许多高级语言中应用，而且同样适用于汇编语言程序设计。采用结构程序设计法的目的是使程序易读、易查、易调试，并提高编制程序的效率。结构程序设计的基本原则是每个程序模块只能有一个入口、一个出口。因此，各个程序模块可分别独立设计，然后用最小的接口组合起来，控制明确地从一个程序模块转移到下一个模块，使程序的调试、修改或维护容易实现。大的、复杂的程序可由这些具有一个入口和一个出口的简单结构组成。图 7-23 所示为结构化编程过程。

　　结构化编程包括下列几个方面的工作：

　　（1）由顶向下设计，即把整个设计分成层次，上一层的程序块调用下一层的程序块。

　　（2）模块化编程，每一模块相对独立，其正确与否也不影响其他模块。

　　（3）结构化编程，尽量避免使用无条件转移语句，而是采用若干结构良好的转移与控制语句。

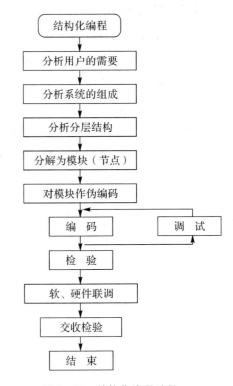

图 7-23　结构化编程过程

　　结构化设计方法的核心是"一个模块只有一个入口，也只有一个出口"。这里模块只有一个入口应理解为一个模块只允许有一个口被其他模块调用，而不是只能被一个模块调用，同样，只有一个出口应理解为不管模块内的结构如何、分支走向如何，最终应集中到一个出口退出模块。根据这个原则，凡有两个或两个以上不同入口的一个模块，应重新划分为两个或两个以上的模块；凡有两个或两个以上出口模块，要么将出口归纳为一个（若程序允许），否则也应重新组成两个或以上的模块。图 7-24 是同一程序两种结构的比较。从图 7-24 中可以看出，非结构化程序网状交织条理不甚分明，但结构化程序清晰明了、脉络分明。

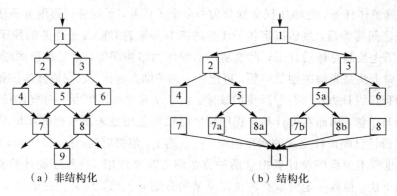

（a）非结构化　　　　　　　　（b）结构化

图 7 - 24　同一程序的两种结构

7.3.2　软件结构

在结构化程序设计中仅允许使用顺序结构、分支结构、循环结构这三种基本结构。还有一种结构，叫做选择结构，它虽然不是一种基本结构，但却被普遍地应用，在多种选择的情况下，常用这种结构。

1. 顺序结构

顺序结构是一种线性结构。在这种结构中程序被顺序连续地执行，如图 7 - 25 所示。计算机首先执行 S_1，其次执行 S_2，最后执行 S_n。其中，S_1、S_2……S_n 可为一条语句，也可为一个程序模块。

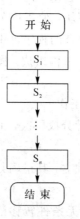

图 7 - 25　顺序结构流程图

2. 分支(条件选择)结构

顺序结构的程序虽然能解决计算、输出等问题，但不能做判断再选择。对于要先做判断再选择的问题就要使用分支结构。

分支程序结构是指根据某些条件进行逻辑判断，当满足时进行某种处理；当不满足时进行另一种处理。程序每次只执行二分支或多分支中的一个分支。分支结构有两种结构形式：二分支结构和多分支结构。

双分支程序相当于高级语言中的 if_then_else 语言。图 7 - 26 给出了两种分支结构。(b)图只对其中之一分支进行处理，也称为单分支结构。

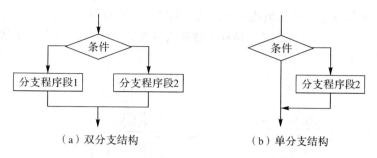

（a）双分支结构　　　　　　　　　　（b）单分支结构

图 7 - 26　分支结构流程图

　　分支结构的执行是依据一定的条件选择执行路径，而不是严格按照语句出现的物理顺序。分支结构的程序设计方法的关键在于构造合适的分支条件和分析程序流程，根据不同的程序流程选择适当的分支语句。分支结构适合于带有逻辑或关系比较等条件判断的计算，设计这类程序时往往都要先绘制其程序流程图，然后根据程序流程写出源程序，这样做把程序设计分析与语言分开，使得问题简单化，易于理解。

　　多分支结构的程序流程图见图 7 - 27 所示。具体应用实例参见第 4 章第 3 节键盘管理流程。这里不再重复。

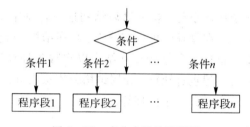

图 7 - 27　多分支结构流程图

3. 循环结构

　　循环结构也称"重复结构"，重复执行一组指令若干次，用有限长度的程序完成大量的处理任务，实现计算机的重复操作。循环结构可以减少源程序重复书写的工作量，用来描述重复执行某段算法的问题，这是程序设计中最能发挥计算机特长的程序结构。高级语言中提供四种循环，即 goto 循环、while 循环、do_while 循环和 for 循环。四种循环可以用来处理同一问题，一般情况下它们可以互相代替换，但一般不提倡用 goto 循环，因为强制改变程序的顺序经常会给程序的运行带来不可预料的错误。在学习中我们主要学习 while、do_while、for 三种循环。

　　每种循环都包含一个循环体，循环体一般包括下列四部分。

　　（1）初始化部分：为循环做准备，如累加器清零，设置地址指针和计数器的初始值等。

　　（2）工作部分：实现循环的基本操作，也就是需要重复执行的一段程序。

　　（3）修改部分：修改指针、计数器的值，为下一次循环做准备。

　　（4）控制部分：判断循环条件，结束循环或继续循环。

　　根据循环结束判断在循环体中的位置，有 repeat_until 和 do_while 两种形式。repeat_until 结构先执行过程后判断条件，如图 7 - 28(a)所示。而 do_while 结构是先判断条件再执行过程，如图 7 - 28(b)所示。前者至少执行一次过程，而后者可能连一次过程也不执行。

两种结构所取的循环参数的初值也是不同的。例如，若要进行 N 次循环，往下计数，到零时出口，则在 repeat_until 结构中，循环参数初值取为 N；而在 do_while 结构中，循环参数初值应取为 $N+1$。

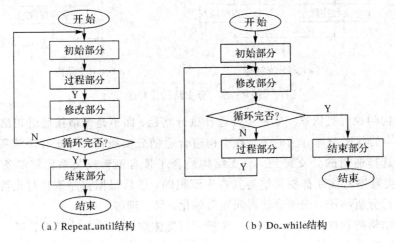

（a）Repeat_until结构　　　　　　（b）Do_while结构

图 7 - 28　循环结构

理论证明，采用顺序结构、分支结构和循环结构这三种基本结构可构成任何程序。这三种基本结构彼此并不孤立，在循环中可以有分支、顺序结构，分支中也可以有循环、顺序结构。在实际编程过程中常将这三种结构相互结合以实现各种算法，设计出相应程序。结构化程序设计具有许多优点，但也有缺点，如用结构程序法设计的程序，执行速度比较慢，占用存储器比较多，某些复杂任务难于处理等。

7.3.3　软件低功耗设计

软件低功耗设计可以从两方面入手，一是对功耗进行实时管理，二是采用优化算法。

1. 对功耗进行实时管理

利用软件对功耗进行实时管理，暂不使用的功能及时停止其运行，或者置于低功耗状态。对于片内和外围扩展芯片都是如此。

现在不少单片机都设计有节能(低功耗)运行模式：待机运行模式(休眠方式)和掉电运行模式。一旦系统进入待机运行模式，虽然片内的振荡器仍在继续振荡，但通往 CPU 内部的时钟已被门电路切断，CPU 处于休眠状态。在进入待机模式之前的一瞬间，CPU 和 RAM 的状态被完整地保存下来，如堆栈指针、程序计数器、程序状态字等。待机状态虽然 CPU 在休眠，但内部时钟仍供给中断电路、计数器、定时器、串行口，所以这些器件仍在工作。

另一种节能方式就是掉电运行模式。在掉电运行模式下，片内的振荡器停止工作。随着时钟的停止，单片机的各种活动停止，只有片内 RAM 保持原来数值，各引脚的输出值仍保持原来值，这时单片机的功耗也降至最小，达到几微安或几纳安数量级。例如，PIC16F87X 单片机在 5 V、4 MHz 条件下工作耗电为 2 mA，而在休眠方式下运行，耗电仅仅只有 1 μA，该类型单片机没有掉电运行模式，仅休眠方式就足以满足大多数应用场合的要求。

一般系统中并不是所有电路任何时间都在工作，所以可以进行供电控制，将系统进行模块化设计，这样对各模块都可以进行分时供电控制。

软件的功耗实时管理应注意以下几点：

（1）做到系统在有效运行及电路动态运行时才消耗功耗，尽量成为一个零功耗系统。

（2）应注意对电源的监视和控制，根据电源状况迅速切换工作模式。同时根据功能需要，接通相应模块的电源。

（3）充分利用片内的定时器实现延时，避免使用软件指令循环延时。

（4）尽可能将等待一段时间或循环检查条件满足后才去干正事的程序纳入到各种中断的中断服务程序。

（5）采用自动掉电方式。利用实时时钟，显示一定时间后无操作，自动转入休眠模式。

2. 优化算法

算法的优化亦可降低功耗，如在测温的查找算法中，当获得 A/D 转换值，要通过查表获得温度值时，使用二分折半算法和分段查找算法功耗是不同的，理论上可以估算，在 700 个测量点的查找中，用折半查找最坏情况下 10 次可以查找到结果，而用分段查找算法有的要 90 次，这和段的大小有关，但此时仪表处于高速工作状态，功耗较大。减小查找次数非常有利于降低系统的功耗。

7.3.4 软件中的抗干扰技术

由于干扰存在着随机性，微型计算机应用系统在工业现场使用时，大量的干扰源虽不能造成硬件系统的损坏，但常常使智能化设备不能正常运行，致使控制失灵，造成重大事故。尽管已采用了硬件抗干扰的措施，但并不能完全将干扰拒之门外，这时就必须充分发挥智能化仪器中单片机在软件编程方面的灵活性，采用各种软件抗干扰措施，与硬件措施相结合，以提高仪器的工作可靠性。因此，软件抗干扰问题的研究愈来愈引起人们的重视，并得到了很大的发展。

1. 软件中干扰对测控系统造成的后果

（1）数据采集误差加大。干扰侵入微机系统的前向通道，叠加在信号上，致使数据采集误差加大，特别是前向通道的传感器接口在小电压信号输入时，此现象更加严重。例如，将双积分 A/D 转换器用于精密的电压测量中，常见有工频电网电压的串模干扰，严重时，会出现干扰信号淹没被测信号的情况。要消除这种串模干扰，从原理上说，只要选取采样周期等于工频周期整数倍，工频干扰将在采样周期内自相抵消而不影响测量结果，使得工频串模干扰抑制能力为无限大。但在实际测量中，工频信号频率是波动的，必须设法使采样周期与波动的工频干扰电压周期保持整数倍，目前常用的方法还都是采用硬件电路方法，要获得较好的抑制效果，所用的硬件电路十分复杂。采用软件来抑制工频干扰是当前工频串模干扰抑制技术中的一种新技术。

（2）控制状态失灵。一般控制状态的输出多半是通过微机系统的后向通道，由于控制信号输出较大，不易直接受到外界干扰。但是，在微机控制系统中，控制状态常常是依据某些条件状态的输入和条件状态的逻辑处理结果。在这些环节中，由于干扰的侵入，都会造成条件状态偏差、失误，致使输出控制误差加大，甚至控制失常。

（3）数据受干扰发生变化。微机系统中，由于 RAM 是可以读写的，因此在干扰的侵害下，RAM 中数据就有可能发生窜改。在单片机应用系统中，程序、表格及常数皆存放在 ROM 中，虽然避免了程序指令、表格及常数受干扰破坏，但片内 RAM、外部扩展 RAM 以及片内各种特殊功能寄存器等状态都有可能受外来干扰而变化。根据干扰窜入渠道、受干扰的数据性质不同，系统受损坏的状况也不同。有的造成数值误差，有的使控制失灵，有的改变程序状态，有的改变某些部件(如定时器/计数器，串行口等)的工作状态等。例如，MCS-51单片机的复位端(RESET)没有特殊抗干扰措施时，干扰侵入复位端后，虽然不易造成系统复位，但会使单片机片内特殊功能寄存器中的状态发生变化，导致系统工作不正常。

(4) 程序运行失常。在微机系统受强干扰后，造成程序计数器 PC 值的改变，破坏了程序的正常运行。而 PC 值被干扰后的数据是随机的，因此容易引起程序混乱，在 PC 值的错误引导下，程序将执行一系列毫无意义的指令，最后常常进入一个毫无意义的"死循环"中，使系统的输出严重混乱或系统失去控制。

2. 软件抗干扰的前提条件

软件抗干扰是属于微机系统的自身防御行为。采用软件抗干扰的最根本的前提条件是：系统中抗干扰软件不会因干扰而损坏。在单片机应用系统中，由于程序及一些重要常数都放置在 ROM 中，这就为软件抗干扰创造了良好的前提条件。因此，软件抗干扰的设置前提条件概括如下：

(1) 在干扰作用下，微机系统硬件部分不会受到任何损坏，或易损坏部分设置有监测状态以供查询。

(2) 程序区不会受干扰侵害，系统的程序及重要常数不会因干扰侵入而变化。对于单片机系统，程序及表格、常数均固化在 ROM 中，这一条件自然满足，而对一些在 RAM 中运行用户应用程序的微机系统，无法满足这一条件。当这种系统因干扰而造成运行失常时，只能在干扰过后，重新向 RAM 区调入应用程序。

(3) RAM 区中的重要数据不被破坏，或虽被破坏仍可以重新建立。通过重新建立的数据，系统的重新运行不会出现不可允许的状态。例如，在一些控制系统中，RAM 中的大部分内容是为了进行分析、比较而临时寄存的，即使有一些不允许丢失的数据也只占极少部分，这些数据被破坏后，往往只引起控制系统一个短期(或很小的)波动，在闭环反馈环节的迅速纠正下，控制系统能很快恢复正常，这种系统都能采用软件恢复。

3. 数据采集误差的软件对策

根据数据采集时干扰的性质、干扰后果的不同以及数据采集对象的不同，采取的软件对策也不一样，没有固定的对策模式。

例如，对数字量输入过程中的干扰，由于其作用时间较短，因此在采集数字信号时，可多次重复采集，直到若干次采样结果一致时才认为其有效。例如通过 A/D 转换器测量各种模拟量时，如果有干扰作用于模拟信号上，就会使 A/D 转换结果偏离真实值。这时如果只采样一次 A/D 转换结果，就无法知道其是否真实可靠，而必须进行多次采样，得到一个 A/D 转换结果的数据系列，对这一系列数据再作各种数字滤波处理，最后才能得到一个可信度较高的结果值。然而，如果数字信号属于开关量信号，如限位开关、操作按钮等，则不能用多次采样取平均值的方法，而必须每次采样结果绝对一致才行。对于开关量信号的采样流程如图 7-29 所示，程序中设置有采样成功和采样失败标志，如果对同一开关量信号进行若干次采样，其采样结果完全一致，则成功标志置位；否则失败标志置位。后续程序可通过判别这些标志来决定程序的流向。

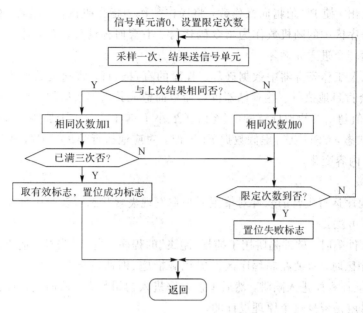

图 7 - 29　开关量信号采样流程图

此外，对于前述的工频电网电压的串模干扰，采用工频整形采样、软件自动校正工频串模干扰的误差，代替了工频电压整形采样减法或锁相频率自动跟踪法的硬件对策，也能取得良好的效果。

对于实时数据采集系统，为了消除传感器通道中的干扰信号，也可采用数字滤波方法，详见 2.4 节所述。采用软件滤波对消除数据采集中的误差可以获得满意的效果。但应注意，必须根据信号的变化规律来合理选择某种合适的数字滤波方法。

此外，在处理粗大误差时，也可采用"比较舍取法"策略。即对每个采样点连续采样几次，根据所采数据的变化规律，确定舍取方法来剔除偏差数据。例如，"采三取二"法是对每个采样点连续采样三次，取两次相同数据为采样结果。

4. 控制状态失常的软件对策

在大量的开关控制系统中，人们关注的问题是能否确保正常的控制状态。如果干扰进入系统，会影响各种控制条件，造成控制输出失误，或直接影响输出信号造成控制失误。为确保系统安全可以采取下述软件抗干扰措施：

（1）软件冗余。对于条件控制系统，将对控制条件的一次采样、处理控制输出改为循环地采样、处理控制输出。这种方法对于惯性较大的控制系统具有良好的抗偶然因素干扰作用。

（2）设置当前输出状态寄存单元。将系统当前输出状态及时存入所设置的寄存单元，可在干扰侵入输出通道造成输出状态被破坏时，系统能及时查询寄存单元的输出状态信息，及时纠正输出状态。

（3）设自检程序。在计算机内的特定部位或某些内存单元设状态标志，在开机后，运行中不断循环测试，以保证系统中信息存储、传输、运算的高可靠性。

5. 程序运行失常的软件对策

1）运行失常现象

系统受到干扰侵害，致使 PC 值改变，造成程序运行失常，常常导致下列现象发生：

(1) 程序飞出。使 PC 值指向操作数，将操作数作为指令码执行；或者 PC 值超出应用程序区，将非程序区中的随机数作为指令码运行。不管何种情况，都会造成程序的盲目运行，最后由偶然巧合进入死循环。

(2) 数据区及工作寄存器中数据破坏。程序的盲目运行，将随机数作为指令运行的结果不可避免地会盲目地执行一些存储器读写命令而造成其内部数据的破坏。例如 MCS-51 单片机，当 PC 值超出芯片地址范围(当系统扩展小于 64 KB)，由于那些未被使用的单元一般呈现 0FFH 状态，CPU 获得虚假数据 FFH 时，对应地执行"MOV R7，A"指令，将造成工作寄存器 R7 内容变化。

2) 软件对策

对于上述程序运行失常的软件对策主要是在发现失常状态后及时引导系统恢复原始状态，可采用如下方法：

(1) 设置软件陷阱。软件陷阱用于捕捉"跑飞"的程序。当 PC 失控，造成程序"乱飞"而不断进入非程序区时，只要在非程序区设置拦截措施(即通过指令强行将捕获的程序引向一指定的地址)，使程序进入陷阱，然后迫使程序进入初始状态，从而使程序混乱现象得到抑制。软件陷阱就是根据这个原理设计的。

MCS-51 单片机设置软件陷阱的方法：

① 把连续的几个单元置成"00H"(空操作 NOP 指令)。这样，当出现程序失控时，只要失控的单片机进入这众多的软件陷阱中的任何一个，都会被捕获，连续执行空操作后，程序自动恢复正常。

② 利用 LJMP ERROR 指令将"跑飞"的程序转移到出错处理程序，使程序的执行恢复正常。为了增加其捕捉效果，可以在前面加单字节空操作指令 NOP，NOP 加得越多则"跑飞"程序掉进陷阱的机会就越多，捕捉"跑飞"的能力越强。实用中一般是在转移指令前加两条 NOP 指令，所以软件陷阱通常由 3 条指令构成：

    NOP
    NOP
    LJMP ERROR

③ 在 ROM 或 RAM 中用 LJMP ♯0000H 指令填充，这样，不论 PC 失控后指向哪一字节，最后都能导致程序回到复位状态。

④ 在程序中每隔一些指令(通常为十几条指令)安插一些 NOP 指令。

⑤ 在非程序区安放两条空操作指令和一条捕捉指令。

⑥ 在表格的头尾处。表格数据是无序的指令代码段，在其头、尾设置一些软件陷阱可以减少程序"跑飞"到表格内的机会。

⑦ 程序中未用的中断向量处。程序"跑飞"可能意外地开启已关闭的中断，在未用的中断向量处，设置软件陷阱可以控制这一现象的发生。

⑧ 程序体内的"断裂处"。所谓"断裂处"，是指程序中的跳转指令如：LJMP，SJMP，RET，RETI 等指令之后。正常的程序在此发生跳转，不再顺序往下执行，因此应该在此处设置软件陷阱。

(2) 设置跟踪监视定时器。采用上述设置软件陷阱的办法只能在一定程度上解决程序失控的问题，但并非任何时候都有效。只有当失控的程序撞上这些陷阱，即程序控制转入到布满陷阱的存储区时，才能被捕获。但是，失控的程序并不总是会进入陷阱的，例如程序的循环就是如此。所谓"死循环"，就是由于某种原因使程序陷入某个应用程序或中断服务程序中作无休止的循环。这样，CPU 及其他系统资源被其占用而使别的任务程序都无法执行。也就是说，死循环会使程序失去正常控制，但它又不会使程序进入陷阱区，以致于软件陷阱无法捕获它。

解决这类"死循环"的程序"跑飞"现象是设置一个跟踪监视定时器 WDT，也叫做"看门狗"。WDT 是一种硬、软件结合的抗程序"跑飞"措施。其硬件主体是一个用于产生定时周期的计数器，当计数器记满时，由它产生一个复位信号，强迫系统复位，使 CPU 重新执行程序；或者产生一次定时中断请求，由 CPU 进行紧急事件处理。在正常情况下，每隔一定的时间，CPU 使计数器清零。这样，计数器就不会记满，因而不会产生复位或定时中断。但是，如果程序运行不正常，例如陷入死循环，CPU 不能对该计数器清零，计数器将会记满而产生复位信号或定时中断，如此便可消除干扰。

在 8031 应用系统中作为软件抗干扰的一个实例，具体做法介绍如下：

① 使用 8155 的定时器所产生的"溢出"信号作为 8031 的外部中断源$\overline{INT1}$。用 555 定时器作为 8155 中定时器的外部时钟输入。

② 8155 定时器的定时值稍大于主程序的正常循环时间。

③ 在主程序中，每循环一次，对 8155 定时器的定时常数进行刷新。

④ 在主控程序开始处，对硬件复位还是定时中断产生的自动恢复进行判断。

（3）掉电保护。"掉电"也可看做是对 CPU 的一种干扰。电网的瞬间断电或电压突然下降，将使微机系统陷入混乱状态，一方面使实时数据丢失，另一方面可能使程序"跑飞"而执行混乱的操作。因此，掉电保护是抗干扰的内容之一。

掉电保护也是一种软、硬件相结合的抗干扰措施。掉电保护系统的硬件由电源电压监测系统、后备电池和低功耗 RAM 组成。电源电压监视电路的输出接到 CPU 的中断输入线上，其工作原理是：直流电源具有较大的滤波电容，当电网电压掉电时，直流供电的电压是逐步降低的，直流电压一旦下降到某一阈值 U_A 时，电源电压检测电路就发出掉电信息，引起 CPU 响应中断，掉电保护中断服务程序会立即将现场重要数据送入由后备电池支持的 RAM 中保存、处理一些重要操作的安置、设置意外掉电关机标志、关闭 CPU 等，这些工作应在电压降到 CPU 不能正常工作的电压 U_B 之前全部完成。电压从 U_A 进一步下降到 U_B 的这段时间由具体系统而定，电源容量越大，系统功耗越小则中断处理的时间就越长，可以充分完成可要保护的内容。

实现掉电保护的方案很多，图 7 - 30 是一种采用 555 定时器芯片的方案。图中 555 接成一个单稳态触发器，由单片机的 P1.1 输出低电频进行触发。其震荡波形宽度取决于 RC 时间常数和 VCC 存在与否，输出幅度取决于备用电源电压 U_B。当检测到主电源 VCC 下降时，通过 $\overline{INT1}$ 中断 CPU，在中断服务程序里把有关数据存入片内 RAM，然后通过 P1.1 输出低电平触发 555。若此时 VCC 依然存在，单稳电路被触发后，备用电源 U_B 暂时接向 RST/V_{PD} 端，但此时并未向片内 RAM 供电，而 VCC 通过 R 向 C 充电，使 555 阀值端 TH 电平不断上升，直到恢复原始稳定状态，即单稳输出低电平，这表示电源掉电是一个虚假信号，使系统由复位恢复到正常状态。若 P1.1 在输出低电频时，VCC 已不存在，RC 电路失去充电电源，555 阀值端 TH 电平维持为低，单稳电路始终停留在暂稳状态，即 555 输出一个常值电压(备用电源 U_B),向片内 RAM 供电,以保护 RAM 内的数据。当 VCC 恢复时,它首先经 R 向 C 充电,使 TH、D 端电压回升,但此时 3 端仍输出高电平的备用电源 U_B,继续维持暂稳状态向 RAM 供电,R、C 时间常数选择合适,这个过程就是上电复位阶段。经过一段时间,TH、D 端电位上升到 555 电路翻转点,使 555 电路结束单稳操作,进入稳定状态,3 端电位回到低电平使单片机只由主电源 VCC 供电进入正常工作。

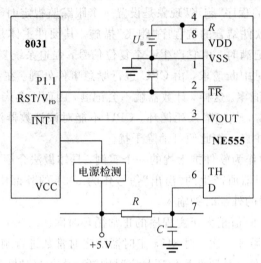

图 7 - 30 采用 555 定时器芯片的掉电保护电路

7.4 智能仪器的调试方法

智能仪器在完成制作或维修之后都要进行调试,通常可将智能仪器的调试分为硬件调试、软件调试和样机联调。调试的流程可参见图 7-31。

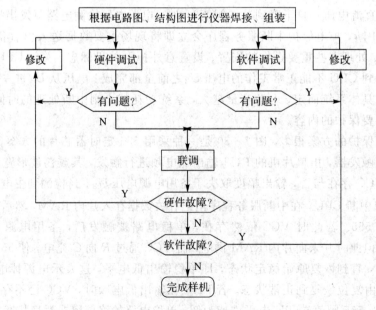

图 7 - 31 智能仪器调试流程

7.4.1　硬件电路调试方法

1. 静态测试

静态测试的方法如下：

（1）在仪器加电之前，先用万用表等工具，根据硬件电气原理图和装配图仔细检查仪器线路的正确性，并核对元器件的型号、规格和安装是否符合要求。应特别注意电源的走线，防止电源之间的短路和极性错误，并重点检查扩展系统总线（地址总线、数据总线和控制总线）是否存在相互间的短路或与其他信号线的短路，同时要仔细检查插件插入的位置和引脚是否正确。

（2）加电后检查各插件引脚的电位，仔细测量各点电位是否正常，尤其应注意单片机的插座上的各点的电位，若有高压，联机时将会损坏仿真器。此外，如果发现某器件太热、冒烟或电流太大等，应马上切断电源，重新查找故障。为慎重起见，器件的插入可以分批进行，逐步插入，以避免大面积损坏器件。

（3）在不加电的情况下，除单片机以外，插上所有的元器件，用仿真头将仪器的单片机插座和仿真器的仿真接口相连。这样便为联机调试做好了准备。

2. 联机仿真器调试

在静态测试中，只对仪器的硬件进行初步测试，排除了一些明显的硬件故障。而目标样机中的硬件故障主要靠联机调试来排除。联机仿真器是一种功能很强的调试工具，它用一个仿真器代替样机系统的 CPU。由于联机仿真器是在开发系统控制下工作的，因此，可以利用开发系统丰富的硬件和软件资源对样机系统进行研制和调试。而调试的方法是预先编制简单的测试程序，这些程序一般由少数指令组成，而且程序具有可观察的功能。这就是说，测试者能借助适当的硬件感觉到程序运行的结果，从而可以由此判断电路是否存在故障。例如检查微处理器时，可编制一个自检程序，让它按预定的顺序执行所有的指令。如果微处理器本身有缺陷，便不能按时完成预定的操作，此时，定时装置就自动发出告警信号。实际的调试中通常可进行如下的测试。

1）测试扩展 RAM 存储器

用仿真器的读出/修改目标系统扩展 RAM/IO 口的命令，将一批数据写入样机的外部 RAM 存储器，然后用读样机扩展 RAM/IO 口的命令，读出外部 RAM 的内容，若对任意的单元读出和写入的内容一致，则该 RAM 电路和 CPU 的联接没有逻辑错误。若存在写不进，读不出或读出与写入的内容不一致的现象，则有故障存在。故障原因可能是地址，数据线短路，或读写信号没有加到芯片上，或 RAM 电源没有电，或总线信号对 ALE、WR、RD 的干扰等。此时可编写一段程序，循环地对某一 RAM 单元进行读和写。例如：

```
TEST：MOV   DPTR，#ADRM；ADRM 为 RAM 中一个单元地址
      MOV   A，#0AAH
LOOP：MOVX  @DPTR，A
      MOVX  A，@DPTR
      SJMPLOOP
```

连续运行这段程序，用示波器测试 RAM 芯片上的选片信号、读信号、写信号以及地

址、数据信号是否正常,以进一步查明故障原因。

2) 测试 I/O 口和 I/O 设备

I/O 口有输入和输出口之分,也有可编程和不可编程之分的 I/O 接口差别,就根据系统对 I/O 口的定义进行操作。对于可编程接口电路,先把检测字写入命令口,然后分别将数据写入数据口,测量或观察输出口的设备的状态变化(如显示器是否被点亮,继电器、打印机是否被驱动等),用读命令读输入口的状态,观察读出内容与输入口所接输入设备(拨盘开关、键盘命令等)的状态是否一致。如果一致,说明无故障;如果不一致,则可根据现象分析故障的原因,找出故障所在。

3) 测试晶振和复位电路

用选择开关,使目标系统中晶振电路作为系统晶振电路,此时系统若正常工作,则晶振电路无故障,否则检查一下晶振电路便可查出故障。按下样机复位开关(如果存在)或样机加电应使系统复位,否则复位电路也有错误。

7.4.2　软件调试方法

软件调试与所选用的软件结构和程序设计技术有关。软件调试的一般顺序是子程序、功能程序和主程序。软件的调试主要利用仿真系统以及计算机提供的调试程序进行。如果采用实时多任务操作系统,一般是逐个任务进行调试。在调试某一个任务时,同时也调试相关的子程序,中断服务程序和一些操作系统的程序。若采用模块化程序设计技术,则逐个模块调好以后,再联成一个大的程序进行系统调试。下面简要说明软件调试的基本方法。

1. 操作系统环境下的应用程序调试

在实时多任务操作系统环境下,应用程序由若干个任务程序组成。逐个任务调试好以后,再使各个任务同时运行,如果操作系统没有错误,一般情况下系统能正常运转。

具体调试方法是:在调试某一个任务时,将系统初始化修改成只激活该任务,即只允许与该任务有关的中断。这样系统中只有一个任务运行,对发生的错误就容易定位和排除。然后,可在程序中设置断点,并用断点方式运行程序,以便找出程序中的问题所在,其他的任务也采用同样的方法调试,直至排除所有的错误为止。

2. 串行口通信程序调试

串行口通信程序是实时多处理程序,只能用全速断点或连续全速运行方式调试,若用单拍方式调试就会丢失数据,不能实现正常的输入输出操作。

为了方便用户的串行通信程序的调试,可以用仿真器串行接口上的终端或主机来调试目标系统的串行通信程序。开机时设置的仿真器串行口波特率和目标系统所工作的波特率相一致。以全速断点运行方式(断点设在串行口中断入口或中断处理程序中)或连续方式运行,若程序没有错误,则程序输出到串行口上的数据会在主机(或终端)上显示出来,而主机(或终端)上键入的数据会被接收终端程序接收到。用这种方法模拟目标系统和其他设备的通信。在调试时,首先调试初始化程序,使串行口输出数据能在主机上显示,键入的数据被目标系统程序所接收。然后根据目标系统的串行通信规定,逐个通信命令进行调试,当各个命令和数据的处理都正确后,串行通信的程序调试成功。

如果目标系统需要多机通信,则用上述方法分别调通主机和从机的串行口通信程序后，相连便能正常通信。

3. I/O 处理程序的调试

由于 I/O 处理程序通常也是实时处理程序，因此也必须用全速断点方式或连续运行方式进行调试，具体方法同上。

4. 综合调试

在完成了各个模块程序的调试工作之后，接着便进行系统综合调试，即可通过主程序将各个模块程序链接起来，进行整体调试。综合调试一般采取全速断点方式进行，这个阶段的主要工作是排除系统中遗留的错误，提高系统的动态性能和精度。调试完成后，即可将程序固化到 EPROM 中，目标系统便可独立运行了。

7.4.3　软件、硬件联合调试

软件和硬件分别调试通过后，并不意味着系统的调试已经结束，还必须再进行整个系统的软件、硬件统调，以找出软件和硬件之间不相匹配的地方。系统的软、硬件统调也就是通常所说的"系统仿真"（也称为模拟调试）。所谓系统仿真，就是应用相似原理和类比关系来研究事物，即利用模型来代替实际生产过程（被控对象）进行实验和研究。系统仿真有三种类型：全物理仿真（模拟环境条件下的全实物仿真）、半物理仿真（硬件闭路动态试验）和数字仿真（计算机仿真）。

对于系统仿真应尽量采用全物理或半物理仿真，试验条件或工作状态越接近真实，其效果也就越好。但是，对于单片机应用系统来说，要做到全物理仿真几乎是不可能的。这是因为，我们不可能将实际生产过程（被控对象）搬到自己的实验室或研究室中，因此，控制系统只能做离线半物理仿真。我们应清楚，不经过系统仿真和各种试验，试图在生产现场调试中一次成功的想法是不实际的，往往会被现场联调工作的现实所否定。

一般情况下，在系统仿真的基础上，进行长时间的考机运行，并根据实际运行环境的要求，进行特殊运行条件的考验后，才能进入下一步工作——现场运行。

7.5　智能仪器常见故障诊断与处理

同其他仪器设备一样，智能仪器在使用过程中也可能会出现故障甚至损坏，一旦产生这样的问题，应该尽快予以解决并使仪器能够恢复正常工作。当然，智能仪器中由于引入了微型计算机后，虽然仪器的功能大大加强，但也给诊断故障和排除故障（其中包括微型计算机硬件及软件的故障诊断与处理）增加了一定的困难。这就要求智能仪器的使用、维护人员必须具备一定的智能化设备的故障诊断、检修及维护的知识。本章将就智能仪器使用中的常见故障处理方法、智能仪器的调试方法以及安装与使用中应注意的一些问题作初步介绍，但关键还要靠智能仪器的使用、维护人员不断地实践，不断地积累经验，逐步提高智能仪器的故障诊断和维护能力。

7.5.1　常见故障类型

智能仪器的故障类型一般可分为硬件故障和软件故障两大类。

1. 常见的硬件故障

1) 逻辑错误

仪器硬件的逻辑错误通常是由于设计错误、加工过程中工艺性错误或使用中其他因素所造成的。这类错误主要包括：错线、开路、短路、相位出错等几种情况，其中短路是最常见的，也是较难排除的故障。智能仪器在结构设计上往往要求体积小，从而使印刷电路板的布线密度高，由于工艺原因，使用中异物等常常造成引线之间的短路而引起故障。开路故障则常常是由于印刷电路板的金属化孔质量不好，或接插件接触不良所造成的。

2) 元器件失效

元器件失效的原因主要有两个方面：一是元器件本身已损坏或性能差，诸如电阻电容的型号、参数不正确，集成电路已损坏，器件的速度、功耗等技术参数不符合要求等；二是由于组装原因造成的元器件失效，如电容、二极管、三极管的极性错误，集成块的方向安装错误等。

3) 可靠性差

系统不可靠的因素很多，如金属化孔、接插件接触不良会造成系统时好时坏，经不起振动；内部和外部的干扰，电源的纹波系数过大、器件负载过大等都会造成逻辑电平不稳定。另外，走线和布局的不合理等情况也会引起系统可靠性差。

4) 电源故障

若智能仪器存在电源故障，则加电后将造成器件损坏。电源的故障包括：电压值不符合设计要求；电源引出线和插座不对应；各挡电源之间的短路；变压器功率不足，内阻大，负载能力差等。

2. 常见的软件故障

1) 程序失控

这种故障现象是当以断点连续方式运行时，目标系统没有按规定的功能进行操作或什么结果也没有。这是由于程序转移到没有预料到的地方或在某处循环所造成的。这类错误产生的原因有：程序中转移地址计算有误，堆栈溢出，工作寄存器冲突等。在采用实时多任务操作系统时，错误可能在操作系统中，没有完成正确的任务调度操作；也可能在高优先级任务程序中，该任务不释放处理机，使 CPU 在该任务中死循环。

2) 中断错误

(1) 不响应中断。CPU 不响应任何中断或不响应某一个中断。这种错误的现象是连续运行时不执行中断服务程序的规定操作。当断点设在中断入口或中断服务程序中时碰不到断点。错误的原因有：中断控制寄存器(IE、IP)初值设置不正确，使 CPU 没有开放中断或不允许某个中断源请求；或者对片内的定时器、串行口等特殊功能寄存器的扩展 I/O 口编程有错误，造成中断没有被激活；或者某一中断服务程序不是以 RETI 指令作为返回主程序的指令，CPU 虽已返回到主程序但内部中断状态寄存器没有被清除，从而不响应中断；或由于外部中断的硬件故障使外部中断请求失效。

(2) 循环响应中断。这种故障是 CPU 循环地响应某一个中断，使 CPU 不能正常地执行主程序或其他的中断服务程序。这种错误大多发生在外部中断中。若外部中断以电平触发方式请求中断，当中断服务程序没有有效清除外部中断源(例如 8251 的发送中断和接收中断，在 8251 受到干扰时，不能被清除），或由于硬件故障使中断一直有效并使得 CPU 连续响应该中断。

3）输入输出错误

这类错误包括输入操作杂乱无章或根本不动作。错误的原因有：输出程序没有和 I/O 硬件协调好（如地址错误、写入的控制字和规定的 I/O 操作不一致等），时间上没有同步，硬件中还存在故障等。

总之，软件故障相对比较隐蔽，容易被忽视，查找起来一般很困难，通常需要测试者具有丰富的实际经验。

7.5.2　故障诊断的基本方法和步骤

前面已经说过，由于微处理器引入到仪器仪表中，使智能仪器的功能大大增强，同时也给诊断故障和排除故障增加了困难。首先，判断出仪器故障属于软件故障还是硬件故障就比较困难，这项工作要求维修人员具有丰富的微处理器硬件知识和一定的软件编程技术才能正确判断故障的原因，并迅速排除之。

虽然利用自诊断程序可以帮助我们进行故障的定位。但是，任何诊断程序都要在一定的环境下运行，如电源、微处理器工作正常等环境。当系统的故障已经破坏了这个环境，诊断程序本身都无法运行时，诊断自然就无能为力了。另外，诊断程序所列出的结果有时并不是唯一的，不能定位在哪一具体部位或芯片上。因此，必要时还应辅以人工诊断才能奏效。

1. 故障诊断的基本方法

1）敲击与手压法

我们经常会遇到仪器运行时好时坏的现象，这种现象大多数是由于接触不良或虚焊造成的，对于这种情况可以采用敲击与手压法。

所谓"敲击"，就是对可能产生故障的部位，通过橡皮榔头或其他敲击物轻轻敲打插件板或部件。看看是否会引起出错或停机故障。所谓"手压"，就是在故障出现时，关上电源后对插接的部件和插头插座重新用手压牢，再开机试试是否会消除故障。如果发现敲打一下机壳正常时，最好先将所有接插头重新插牢再试；如果"手压"后仪器正常，则将所压部件或插头的接触故障消除后再试。若上述方法仍不成功，只好另想办法。

2）利用感觉法

利用视觉、嗅觉、触觉发现故障并确定故障的部位。某些时候，损坏了的元器件会变色、起泡或出现烧焦的斑点；烧坏的器件会产生一些特殊的气味；出故障的芯片会变得很烫。另外，有时用肉眼也可以观察到虚焊或脱焊处。

3）拔插法

所谓"拔插法"，是通过拔插智能仪器机内一些插件板、器件来判断故障原因的方法。当拔除某一插件或器件后仪器恢复正常，就说明故障发生在那里。

4）元器件交换试探法

这种方法要求有两台同型号的仪器或有足够的备件。将一个好的备品与故障机上的同一元器件进行替换，查看故障是否消除，以找出故障器件或故障插件板。

5）信号对比法

这种方法也要求有两台同型号的仪器，其中有一台必须是正常运行的。使用这种方法还要具备必要的设备，例如：万用表、示波器等。按比较的性质分为电压比较、波形比较、静态电阻比较、输出结果比较、电流比较等。

具体的做法是：让有故障的仪器和正常的仪器在相同情况下运行，而后检测一些点的信号，再比较所测的两组信号，若有不同，则可以断定故障出在这里。这种方法要求维修人员具有相当的知识和技能。

6）升降温法

有时，仪表工作较长时间，或在夏季工作环境温度较高时就会出现故障。关机检查时正常，停一段时间再开机也正常，但是过一会儿又出现故障。这种原因是由于个别 IC 或元器件性能差，高温特性参数达不到指标要求所致。为了找出故障原因，可以采用升降温方法。

所谓降温，就是在故障出现时，用棉签将无水酒精在可能出故障的部位抹擦，使其降温，观察故障是否消除。所谓升温就是人为地把环境温度升高，比如将加热的电烙铁靠近有疑点的部位（注意切不可将温度升得太高以致损坏正常器件），试看故障是否出现。

7）骑肩法

骑肩法也称并联法。把一块好的 IC 芯片安在要检查的芯片之上，或者把好的元器件（电阻、电容、二极管、三极管等）与要检查的元器件并联，保持良好的接触，如果故障出自于器件内部开路或接触不良等原因，则采用这种方法可以排除。

8）电容旁路法

当某一电路产生比较奇怪的现象，例如显示器上显示混乱时，可以用电容旁路法确定有问题的电路部分。例如：将电容跨接在 IC 的电源和地端；对晶体管电路跨接在基极输入端或集电极输出端，观察对故障现象的影响。如果电容旁路输入端无效，而旁路它的输出端时，故障现象消失，则问题就出现在这一级电路中。

9）改变原状态法

一般来说，在故障未确定前，不要随便触动电路中的元器件，特别是可调整式元器件更是如此，例如电位器。但是，如果事先采取复位参考措施（例如，在未触动前先做好位置记号或测出电压值或电阻值等），必要时还是允许触动的。也许改变之后有时故障会消除。

10）故障隔离法

故障隔离法不需要相同型号的设备或备件做比较，而且安全可靠。根据故障检测流程图，分割包围逐步缩小故障搜索范围，再配合信号对比、部件交换等方法，一般会很快查到故障所在。

11）使用工具诊断法

该方法利用维修工具和测试仪器设备对 IC 芯片、电阻、电容、二极管、三极管、晶闸管等元器件进行测试分析判断。测试观察的内容主要是信号波形、电流、电压、频率、相位等参数。根据这些所得信息进行故障诊断。

12）直接经验法

经过一定时间的维护实践，对于所使用的仪器系统已比较熟悉，积累了丰富的经验，清楚什么部位有什么特征，什么是正常现象，什么是异常现象。当系统发生故障时，常常可用直接观察的方法，凭借维修经验，找出故障并迅速排除。

13）软件诊断法

软件诊断法也是智能仪器的一种有效的故障诊断方法。通常智能仪器都是具有故障自动诊断的功能，这是由预先编制的软件程序实现的。具体方法已在第 2 章中介绍，这里不再叙述。

2. 仪器设备故障诊断步骤

仪器设备的检修就是对仪器设备故障的查找、确定和排除的过程。仪器设备的检修过程，是思维过程和提供逻辑推理线索的测试过程。所以，调试和检修人员必需要善于在仪器设备的维护、测试、检修实践过程中，逐渐地积累经验，不断地提高水平。

一般智能化电子仪器都是由较多的元器件或组件所构成的。在维护、检修电子仪器时，若仅靠直接一一测试电子仪器中的每一个元器件来发现仪器的故障，将十分费时，而且真正实施起来也是很困难的。对于一个具备丰富工作经验的电子仪器检修工作者来说，通过对仪器异常现象观察，便可知道哪一个功能块或另部件，甚至是哪一个元器件出了问题。

从故障现象到故障原因的对号入座式的检修方式，是一种重要的检修入门方法，特别适宜于典型的单一型号产品的检修人员培训。如果要使自己成为一个有系统的、有条理的、适应能力强的现代智能电子仪器的维修、测试、检修工作者，就不能仅仅满足于对号入座式的检修方法。

一般而言，要做好电子仪器的测试检修工作。首先，要有一个技术准备。如通过待修设备技术说明书及其有关资料，了解其工作原理、技术指标、电气性能、电路数据、使用和检查方法等。还要有一定的物质准备，如测试仪器、检修工具、工作场地、供电电源等。其次，进行调查和分析判断。如通过询问设备操作人员，并自己亲自开机观察，以便全面地了解待修仪器设备的故障发生情况和故障现象，并借鉴以往的检修经验，分析判断设备发生故障的原因。在这些基础上，进行检修方案的选择，最佳排除故障工作方案的安排。按预定方案进行检查、找出故障的真正原因，并修理之，直至排除故障修复仪器设备。再次，是整理工作。如恢复电路原状、做好清洁工作、擦拭焊点、整顿元器件位置和走线方向等。最后，是检验工作。设备进行通电测试，检查故障是否真正排除、工作是否正常，做必要的定性检查甚至是定量测试检定，看是否符合技术指标的要求等。一般在结束之后，还要做好总结工作，如填写检修和鉴定记录，总结出成功的经验和失败的教训。

一个初涉检修电子仪器工作的人，一般宜按初步检查，确定故障症状；熟悉整机，确定故障区域；缩小区域，找出故障电路；缩小范围，找出故障元器件位置；消除故障，检验修复设备，这样一个程序进行。

下面介绍一般电子仪器进行具体测试检修工作时的五个步骤。

1）初步检查，确定故障症状

通过初步检查，要求检修者能正确判断、识别、确定仪器设备的故障症状。对于完全不能工作的电子仪器，一般来说识别其故障并不困难。如当一台电视机，接通电源后，若既无图像又无声音，且指示灯也不亮，这就是一种比较明确的故障；但对于仍可工作，却不能完成其正常功能的电子设备，如电视机接通电源后，图像和声音都有，但图像质量差且有嗡嗡之声，这种情况下识别故障就不太容易了。

所谓电子仪器的故障症状，就是电子仪器特性的一种偏离或改变。实际上，对电子仪器故障症状的判断、识别、确定过程,是分析电子仪器工作正常与否的一种技术过程。在初步检查、确定故障症状的过程中,特别要注意区分(别)以下三种情况。

(1) 区分故障症状和非故障症状。

在初步检查、确定故障症状的过程中,一定要注意区分故障症状和非故障症状。如一台工作正常的电视机,应该图像清晰、正常。如果图像发生垂直方向的滚动,这就是一种故障症状(场同步故障)。如果由于该地区的广播信号弱或天线方向不对等,在这种不良的接收条件下,本来工作性能正常的电视机现在却因信号弱而不能保证图像质量,这是一种非故障性症状,千万不能错误地认为这是电视机的故障症状,而盲目动手打开机箱修理之。智能化仪器也一样,当使用场合不能满足技术条件时所出现的异常情况不一定是故障。

(2) 区分设备故障和设备性能下降。

在初步检查,确定故障症状的过程中,要注意区分设备故障和设备性能下降。当然,设备性能下降也是属于一种故障,是另一类性质的、较难检修的故障。

(3) 区分设备故障和操作不当。

在初步检查,确定故症状的过程中,特别要注意严格区别设备故障和操作不当的异常症状。例如,一台收音机喇叭无声,这似乎是一个明显的故障,其原因可能是某个电路或某个元器件损坏,但是当音量调节旋钮调到最小时,也可能出现无声症状。同样,当一台电视机或一台示波器屏幕上无光栅或光点时,这似乎也是一个明显的故障;其原因可能是显像管或示波管烧坏或高压供电部分损坏等引起,但是,也有可能是由于亮(辉)度控制旋钮调到了最小位置造成的。这些都必须严格区分。

按照电子仪器的正常检查、调整、校准、测试步骤进行操作,对确定电子仪器具体故障症状是十分重要的。这可排除大量由于使用者操作不当造成的异常现象,而被误认为是仪器故障,即严格区分操作不当造成的异常现象与仪器故障。

在不打开电子仪器箱板的情况下,通过调节电子仪器面板装置,进行检查、调整、校准和测试,一般均能明确电子仪器的故障症状。这种检查,虽然不一定要求对整个电子仪器电路有十分详尽的了解,且这种检查似乎相当肤浅表面,然而这一步却不容忽视。电子仪器的维护测试检修实践证明,众多有故障的电子仪器,在初步检查中,即能明确故障症状,甚至排除故障。而一个检修工作者在初步检查时所采取的做法,常常是他们的维护测试检修能力的强弱、维护测试检修水平高低的反映。

总之,第一步初步检查、确定故障症状的过程,主要是运用电子仪器运行和操作控制方面的知识,对电子仪器进行定性观察检查的过程。

2) 熟悉整机,确定故障区域

电子仪器都可以细分为若干系统或单元,每一个系统或单元都有其确定的功能(即表示完成某种作用)。要熟悉整机,必须首先要了解电子仪器的原理功能图。原理功能图通常用方框来表示,所以又称为原理方框图(或功能方框图)。功能图是原理电路图的简化,非常重要。一个从事电子仪器维护测试检修的工作者,对于功能图的理解情况,一定程度上反映了他对这类电子仪器的熟悉程度。功能图简单明了地说明了整个电子仪器有几个系统、有几级电路,各个系统、各级电路之间的联系(连接)如何;各个系统、各级电路的正常输入和输出情况如何等。

电子仪器故障大多是由于设备某一部分的功能失常所引起的。因此,一个电子仪器的维护测试检修工作者，如果熟悉了功能图，在分析故障时，有事半功倍的效果。当然，对电子仪器作进一步的了解和检修时，需要配合原理电路图。原理电路图提供了详细的技术数据，给出了电路中所有部件和元器件的功能关系。在熟悉整机、确定故障区域的这一项特定过程中，原理电路图不是很有价值的。由于原理电路图给出的与电子仪器特定症状不直接有关的信息太多、太详细，所以在检修者尚未完全熟悉设备的功能方框图的情况下，反而使检修者（特别是初学者）无所适从，难以确定真正的故障所在区域。

为了能有条理地查找故障，必须具有预先判断电子仪器功能和各种症状间相互关系的能力。确定故障区域意味着必须确定故障实际出现在哪个功能块。举一个电视机故障检修的例子，若其图像和声音都差，则故障可能出现在图像和声音共同的功能块上（如图像信号系统部分）；另外，如果图像是好的，而声音差，则故障可能出现在音频级（如伴音系统）。如果电子仪器的生产厂提供了该仪器的功能方框图和故障症状一览表，那么确定电子仪器故障区域就比较容易了。

现代电子仪器趋向于采用可替换部件的结构，如印刷电路板可用插入式。检查这样的电子仪器，确定其故障区域的过程和方法不尽相同，具体可按顺序插拔替换组件或电路板，直到查清故障在哪一个部件上为止。如更换某部件后电子仪器恢复正常，则故障出在该部件上。这种方法在检修技术的书本上，不能算作是经典的检修方法，但是这一种方法在有接插件的电子仪器检修实践中，显得尤其重要。这是一种实用的检查接插部件的方法。当然，在电子仪器的维护检修过程中，要注意到这种仪器容易出现插件和插座间接触不良造成故障的现象。另外，由于组件不一定完全按功能块来划分，所以故障症状与组件不一定有完全直接的对应关系。

总之，第二步熟悉整机、确定故障区域，是在熟悉整机功能方框图的基础上进行的，应用功能方框图进行分析、判断、推论，并查出有故障的功能块。

3）缩小区域，找出故障电路

前面介绍的第一、二步测试检修步骤，均借助于功能方框图进行，一般并不使用原理电路图。在缩小故障区域，查出具体故障所在电路这一步骤时，将开始使用原理电路图，并大量运用测试仪器与测试技术。不论查找电路故障的程序是如何安排的，目的只是通过逻辑判断和进行合理的测试，不断缩小故障区域。在这个过程中，要努力减少失误。

为了把电子仪器故障判断缩小到某一级电路，在多级放大电路这一类情况下，通常可采用信号寻迹法或信号注入法进行检查。检查时，在被检修仪器的输入端加上额定的输入信号，由前向后逐级检查输出情况。或在被检修仪器各分级输入端，由后往前逐级加上规定的输入信号，同时检查末级输出情况（指示）。通常，在晶体管电路中，输入信号从基级加入，输出信号从集电极检出；在电子管电路中，输入信号从栅极加入，输出信号从板极检出。当判别出哪一级的输入正常而输出为异常时，即可判定这一级就是有故障的。在另一类电路组合中，如电源供给电路与多路负载电路，把故障区域缩小到某一级电路，可采用电路分隔法。具体检查时，可采用断开（分隔）负载电路的方法，以判断故障电路所在。

总之，第三步缩小故障区域找出故障电路，是利用已得到的故障症状判断和确定故障区域的信息，进一步查找出可能发生故障的具体电路。在这一步骤中，除继续运用原理功能图外，开始利用原理电路图，深入查找出故障电路。在这一步骤中，开始大量运用测试仪器与测试技术，借助仪器与测试技术迅速地缩小区域，找出故障所在电路。

4) 缩小范围，找出故障位置

在第三步判定了有故障的电路级的基础上，接下来即可进行缩小故障范围，查找出具体故障的元器件位置。这一步不仅要确定故障元器件的位置，而且要分析判断所找到的故障元器件是否是真正的故障源，或是由于其他的原因造成的故障(前一种故障，习惯上称之为"源发性故障"，后一种故障，习惯上称之为"继发性故障")。还要进一步分析判断该元器件的损坏，是否还会造成其他元器件的损坏。因为，一个元器件的损坏常常会引起电路中电压和电流的不正常，这样也可能造成其他元器件的损坏，所以查出的已损坏的元器件，它可能是故障的根源，也可能不是故障的根源，而是故障产生的结果。这些必须引起大家的重视。

在查找故障的元器件时，可以运用直觉检查法。这是在查找故障的电路之后，确定该级电路中具体故障位置(元器件)的首先采用之法。该法是凭人的直觉——视觉、嗅觉、听觉和触觉来检查故障。

在已判定了有故障电路的情况下，若用直觉检查法，未能找到该级明显的故障元器件时，则继而可采用测试该级电路工作状态的办法，把故障范围缩小到故障的元器件。此法通常称之为参数测试法，是电子设备检修中的一个基本方法。运用此法一般都能比较快地找出有故障的元器件。用参数测试法进行具体检查时，可在设备不通电(即不开机)情况下测量电阻(甚至拆下元器件测量参数)。在设备通电(即开机)情况下测量电路的波形和电压(又有静态和动态之分)。

虽然现代电子仪器中，开始普遍采用集成电路组件模块，在更换可采用插拔式可替换的集成电路模块之前，仍需要对集成电路组件模块外围部分的电路元器件进行测试检查。在早期的电子仪器中，大量采用电子管，由于电子管是插拔式可替换器件，所以有些检修工作者，往往习惯采用替代法更换检查；或在测试仪器上测试所有电子管。我们并不推荐，特别是在现代电子设备检修过程中，我们不赞成在对电路未作任何检查的情况下，随便更换元器件或模块。因为这不能完全排除电路的故障。正确的做法应该是在查出哪一个电路有故障以后，才替换、测试元器件或模块。总之，在对电路进行检查的基础上，区别故障元器件是由于长期使用而自然损坏，还是由于电路故障而引起的损坏，随后才着手工作。

故障症状和波形有一定关系。在查找故障级电路时，通常要分析该电路的输出信号波形。用示波器观察测量其波形形状，具体分析信号的幅度参数和时间参数等。通过对波形的详细分析，通常可以正确地指出有故障电路位置。通过测试确定有故障元器件位置时，需要在工作电路输入已知的测试信号，并测量其输出端的信号波形与参数。已知的测试信号是由信号发生器(信号源)提供的。应按被检修仪器技术资料规定的信号和规定的测试方法进行(如规定的信号输入与输出位置、规定的控制装置位置、典型输入输出信号的波形形状、幅度和时间参数等)。

在进行了电子仪器的波形分析之后，若未能找到有故障的元器件位置，接下来则是进行电压测量。在波形不正常的地方，电压大多数也不正常，测量时应引起注意。在备有被检修仪器正常波形、电压及电阻值等技术资料时，将实际测量得的电压与正常值相比较。这一测量有助于找到有故障元器件的位置。一般在检查晶体管电路的故障时，常常只需要知道管脚的相对电压值(不一定需要各脚的准确电压值)，而管脚的相对电压值是可以通过分析估算得出的。电路中各点电压测量，一般是在输入端短路(即无外加信号输入)的情况下进行的。如果想应用电子技术资料提供的电压值，须按技术资料中的规定方法进行之。

若仍未找到有故障的元器件位置，则在波形和电压均不正常的电路点上，可继续进行电阻的测试（在不通电的情况下）。根据测试所得的实际电阻数值与正常电阻数值进行比对，一般均能找到故障的位置。

作为一个有经验的电子设备检修工作者，当其开始负责维修某一类型的电子仪器时，通常会先在一台工作正常的电子仪器上进行波形、电压和电阻的测试，并记录下来，与电子仪器技术资料提供的数据进行对照比较。俗话说："磨刀不误砍柴工"，这样做，将对于从事的这一类型仪器的维护、测试与检修工作带来了极大的好处。

总之，第四步缩小故障范围，找出有故障的元器件位置，是利用所得到的全部信息来确定被怀疑的元器件是否有故障的过程。在这一步骤查找故障时，要进一步运用原理电路图来寻找故障，并大量使用测试仪器与测试技术。

5）消除故障，检验修复设备

调换损坏的元器件，是电子仪器消除故障，恢复正常工作的必有步骤。如果在确定了这个损坏的元器件是该仪器故障的根源，则无疑应调换损坏的元器件；如果尚未能确定这个损坏的元器件是故障的根源所在，则不要匆忙行事，需进一步追根究底，直至确定电子仪器故障的根源所在。在调换损坏的元器件时，换上元器件的性能应与原来的元器件相同。当然，亦可用等效的元器件或性能更好的元器件替代之。但是，严禁使用残次品或性能差于规定的元器件，这样"后患无穷"。另外，在故障的检修过程中，应该尽可能按电子仪器装配原样、原位置、同样的引线长度来替换原故障元器件。特别是在高频电路中，随意改变了元器件的位置、引线的走向、长度等，均会引起分布参数（如分布电容、分布电感等）的改变，而影响到电子仪器的性能。

在找到故障元器件并将其更换、修复设备之后，应进行操作验收检查，旨在证实电子仪器在修复全部故障之后，确实恢复了正常工作。通常操作检验、检查应在电子设备的各种工作状态下进行，以确保设备功能的真正恢复。严格来说，对于电子仪器修复后的检验，一般还应进行定量检验，通常称之为检定，这是以该设备的基本技术性能指标为标准的定量检查。电子仪器的定量检验（检定），是电子仪器维护检修过程中的一项十分重要的工作。检定过程中将使用一定精度的测试仪器和多种测试技术。关于电路和电子设备的定量检验（检定）的基本内容，可参考有关书籍。

在消除故障，检验修复设备之后，作为一个有心的检修者，应该做好电子设备档案工作，把电子设备在检修过程中出现的故障症状、故障原因及维修措施等方面的材料记录在案。日积月累的电子设备维修档案材料，只有在电子设备的检修实践中才能获得，是极其宝贵的经验，务必注意保存，以便日后利用。

7.5.3　故障的处理方法

上面介绍了故障诊断的一些方法，但诊断出故障的准确部位只能说是完成了维修工作的一大部分，剩下的 10% 的任务是修理工作。但是即便是这一小部分工作，如果不加以重视也会达不到预期的目标，甚至是功亏一篑。所以本节主要介绍一些智能化仪器修理方面的知识，这些知识对于任何电子产品的修理也是适用的。

1．去除被替换元器件

如果已经诊断出某个元器件已经损坏，或者怀疑它有问题，就要把它从原位置上取下来。这一工作对于两个接线端或者带插座的 IC 器件是比较容易的，但是对于那些直接焊接在印刷电路板上的 IC 芯片或者多头的元器件，如三极管、继电器、电阻排等，就决非易事。要拆除这类元器件一般可用下面几种方法：

（1）使用"塑料吸管"，也就是不带电烙铁的吸锡器。使用过程是先用电烙铁加热要去除的焊锡，直到熔化，然后把真空吸管对准热的焊锡，快速移去烙铁，同时放松真空泵上的弹簧，这样就能把焊锡吸到管内的一个存放室。

（2）采用兽医用的大号注射针头将其磨平后，一边用烙铁加热焊锡使其熔化，一边快速将针头套住引脚插下去，使焊锡与引脚分离。

（3）先用一根铜丝束带与焊锡相接触，然后加热焊点附近处的铜束，铜束很快升温，并且把热量传给焊锡，焊锡就熔化，在毛细作用下进入铜丝束带，焊锡被吸走。

（4）采用一种叫做"起出器"和"熔焊头"的专用工具。要焊下芯片时，只要把这个"起出器"插在芯片下，同时用熔焊头在印刷板的背面加热，待焊锡全部熔化后，压下"起出器"上方的按钮，这时弹簧片对芯片产生一个向上的弹力，芯片就会弹起，脱离电路板。

2．去除焊接残留物

取出元器件后，电路板孔中不可避免还有残留的焊锡。这时可以先加热使其熔化，然后快速地将牙签或小铁钉插入孔中待焊锡冷却后拔出，这样就能使孔保持敞开，以便以后再插入元器件。去除堵在焊孔中的焊锡的另一种方法是使用微型钻头把焊孔钻通。但采用这种方法，一定要把钻孔产生的碎屑全部清除干静。可以用放大镜来进行仔细检查。

3．电路板的修理

在焊上新元件以前，先要检查一下有没有与板脱离了的导线或焊片。如果导线断了，则应重新焊接使导线连上，可使用♯18 或♯20 导线。最好使用背面有粘着剂的印刷线重新贴在损坏的地方，刮去新印刷线两端表面的氧化层，使它能与老的线路相焊接，再把多余的锡粒全部扫清，钻通所有被垃圾填没的引脚孔。

4．替换元器件的检查

在焊接以前先检查一下替换元器件是很有必要的。这就需要维修人员具有较高的理论知识和测试技术，借助于常用的测试仪器对电阻、电容、二极管、三极管、IC 芯片等进行测试判断。也可采用更简单的办法，把芯片和其他元器件的引脚插到对应的焊孔中去，并且用牙签塞紧，然后上电，如果功能正常，则就可以拔去牙签，焊上元件。

5．焊接

毫无疑问，手工焊接是电子维修中最不引起重视、最容易操作失误的一项工作。许多人不但焊接技术差，而且烙铁也经常用错。焊接不是仅仅简单地把两种金属连在一起，它的正确意义是，把两种金属熔化并组合成一种像机械连接在一起的、牢靠的电气连接。在这一过程中对时间和温度的要求很严，在正确使用烙铁时，手工焊接通常在 1.5 s 或更短的时间内完成。

为了清洁焊接处的油腻、灰尘或氧化层，应该使用品质良好的清洁助焊剂。

焊接成功的关键是电烙铁。要选择一把工作温度与要修理的电路板相适应的烙铁，功率太低或太高的电烙铁都是不正确的。烙铁头应该尽可能大些，但要比被焊的元件稍小。为了使烙铁头不被氧化腐蚀，在使用过程中随时给焊头烫上一层锡，这样既可以使热传导加快，同时也避免其被氧化。用旧了的焊头总是发黑而肮脏的，并有被腐蚀的凹坑，它的导热性能不那么好，应该用砂纸进行摩擦后重新烫上锡，就能再次使用。

在焊头还未冷却时，就用湿海绵进行拭擦，这是一种错误的方法，这样会擦去其保护层，从而使焊头表面暴露在空气中受到氧化。最好的方法是烫上一些新的锡。

6. 调试

修理完毕后，应该对某些参数重新调试，并试运行，使得维修后仪器的性能指标和原来的产品一致。只有这样，整个维修任务才算完成，否则就得重新维修。

7.6　实训项目七——数字示波器的设计

7.6.1　项目描述

数字示波器已成为集显示、测量、运算、分析、记录等各种功能于一体的智能化测量仪器。数字示波器通过数模转换器把被测电压转换为数字信息，捕获的是波形的一系列样值，并对样值进行存储。存储的限度是判断累计的样值是否能描绘波形，进而再重构波形。

本项目根据本章介绍的设计方法，给出一个数字示波器的设计方案。要求如下：

（1）自行选择合适的单片机作为主控芯片，并辅以相应单元电路设计一个简易数字示波器；

（2）给定一个输入正弦信号，能在显示屏上显示出完整波形，并能读出其频率、幅值等参数；

（3）能调节输入信号的频率、幅值、初相位，输出信号同步显示，不失真；

（4）能进行模式切换，改变输入信号的波形，如方波、矩形波信号，输出信号同步显示，不失真。

7.6.2　相关知识分析

数字示波器的指标很多，包括采样率、带宽、灵敏度、通道数、存储容量、扫描时间和最大输入电压等。其中关键的技术指标主要有采样率、垂直灵敏度（分辨率）、水平扫描速度（分辨率）。这几项指标直接与所选器件以及电路设计有关。下面给出一种系统框图供参考。

数字示波器系统总体框图如图 7 - 32 所示，主要由 CPU 控制单元、信号输入阻抗匹配单元、信号调理单元、A/D 采样与存储单元、时钟单元、显示单元等组成。输入信号经阻抗匹配后，送入信号调理单元，将信号的幅度放大或衰减到适合 A/D 采样的范围内，A/D 采样单元对模拟电压信号进行采样，并将采样结果存入存储单元中。CPU 从存储器中读存数据进行内插运算，然后根据用户通过键盘输入的指令将信号波形显示在液晶屏上。另外，CPU 还可以将数据通过串口上传给上位机，或进行打印等处理。

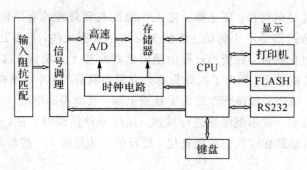

图 7-32　数字示波器系统框图

7.6.3　项目实施

通过分组合作，设计出完整系统结构；选用合适的芯片，绘出完整硬件电路图；分析软件设计思想，给出设计流程图；进行软件程序的编程、调试等，最后整理出技术报告。

7.6.4　结论与评价

上述技术报告为基本要求，若能进行功能扩展或技术的创新，比如结合 FPGA 进行设计，或做出电路实物，则可酌情加分或提高分数等级。评价设计方案时可根据电路实现结构的简洁性、布局合理性、功能扩展性、创新性等因素综合考虑。现给出一个设计方案供参考。

1. 输入阻抗匹配电路

对于低速数据采集，由于信号反射对信号的传输过程影响微乎其微，所以低速数据采集系统具有良好的高阻抗性能，对提高系统的测量精确度有很大的意义。本设计中采用电压跟随器实现阻抗变换，数据采集阻抗变换电路的设计方案如图 7-33 所示，输入阻抗为 10 MΩ。

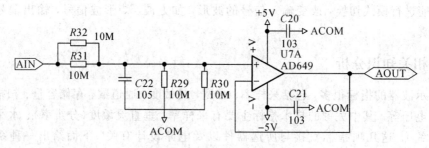

图 7-33　输入阻抗匹配电路

2. 信号调理电路

信号调理电路主要采用具有可变增益的数字程控放大器 AD8260。AD8260 是 AD 公司生产的一款大电流驱动器及低噪声数字可编程可变增益放大器。该器件增益调节范围为 -6 dB～$+24$ dB，可调增益的 -3 dB 带宽为 230 MHz，可采取单电源或双电源供电。本设计主要使用其数字控制自动增益功能。

3. A/D 电路

在数据采集电路设计中，选用 BB 公司的 8 位高速 AD 转换器 ADS830E，最高采样频率为 60 M Sa/s，最低采样频率为 10 kSa/s。8 位转换精度的显示分辨率为 256 格，能够满足所选用分辨率为 640 * 480 的 TFT 显示模块。FIFO 存储器采用 IDT7204 高速缓存，其缓存深度达 1024 K。FIFO 存储器是一种双口的 SRAM，没有地址线，随着写入或读取信号对数据地址指针进行递加或递减，来实现寻址。

4. 时钟电路

时钟电路为 AD 转换器提供一系列的采样时钟信号，共有 8 种频率，分别对应着不同的水平扫速。时钟产生电路主要由高稳定度的温补晶振、分频器 74LS390、多路选择器 74F151 以及分频器 74F74 触发器构成。基准时钟信号由一块 60 MHz 的温度补偿型有源晶体模块提供，输出的 60 MHz 信号经过分频器的多次分频得到 8 种不同的频率，然后送入多路选择器 74F151。STM32 通过对 74F151 的三根选通信号线进行控制来选择所需的采样频率。另外，中央控制器采用 STM32 处理器，主频设为 80 MHz。显示器采用分辨率为 640 * 480 的 TFT 显示模块，与 STM 32 之间采用 SPI 接口。与其他上位机通信采用 RS-232 口。

5. 系统软件设计

采用模块化设计方法，整个程序主要由初始化程序、人机交互菜单程序、键盘扫描程序、触发程序、显示程序和数据采集及频率控制程序组成。系统软件的流程图如图 7 - 34 所示。

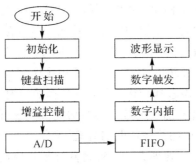

图 7 - 34　系统软件流程图

本章小结

智能仪器的设计是一个复杂过程。设计人员应遵循的基本要求是功能及技术指标要求、高可靠性、便于操作和维护、仪器工艺及造型设计要求。智能仪器的设计原则包括：从整体到局部(自顶向下)，软件、硬件协调原则，开放式与组合化设计原则。

设计研制一台智能仪器一般分为三个阶段。确定设计任务，并拟定设计方案；硬件和软件设计；系统调试及性能测试。

智能仪器系统硬件体系结构的选择，主要是根据应用系统的规模大小、控制功能性质及其复杂程度、实时响应速度及检测控制精度等专项指标和通用指标决定。首先根据系统规模及可靠性要求考虑,对于普通要求规模较小的应用系统,可采用单机系统;对于高可靠性系统,即使系统规模不大,但为了可靠,也常采用双机系统。

微型计算机是智能仪器的核心器件,它对智能仪器的性能指标影响很大。常用的单片机品种多、特点突出、功能强、体积小、价格便宜。在单片机或微处理机芯片选型时,应将是否有开发系统的支持作为一个重要因素考虑。

此外,FPGA可以实现原来由众多中、小规模集成电路芯片构成的电路系统的功能,且可以重新定义逻辑功能、反复修改电路连接关系。具有集成度高、体积小、保密性强、便于系统调试、电路扩充和修改方便等优点,成为硬件系统(尤其是数字逻辑系统)发展的重要方向。

在数字通信、语音或图像处理以及智能仪器等领域的信号处理中,常需要进行数字滤波、FFT、相关、卷积等复杂运算。可采用数字信号处理器(Digital Signal Processor,DSP)进行实时信号处理。

许多智能仪器需要为传感器提供精密的直流和交流电压源或电流源,在不少测量中还需要诸如阶梯波或锯齿波等特殊波形的信号源。电源与功耗设计也是不可忽视的重要组成部分。

除了硬件电路外,软件设计的质量对智能仪器的功能、性能指标及操作等均有很大影响。一般而言,研制一台复杂的智能仪器的软件编制工作量往往大于硬件设计的工作量。随着智能仪器功能越来越多,结构越来越复杂,对软件质量的要求就越来越高。

智能仪器的软件包括系统软件和应用软件两部分。系统软件指仪器的管理软件,主要为监控程序。应用软件是为用户使仪器完成特定任务而编制的软件程序。

软件设计应该达到:程序结构化,简单、易读、易调试;运行速度快;占用存储空间少;采用模块设计法、自顶向下设计法、结构程序设计法三种规范化的设计方法。

结构化设计方法的核心是"一个模块只有一个入口,也只有一个出口"。结构化程序清晰明了、脉络分明。在结构化程序设计中仅允许使用顺序结构、分支结构、循环结构这三种基本结构。还有一种结构,叫做选择结构,在多种选择的情况下,常用这种结构。

智能仪器由于引入了单片机后,虽然仪器的功能大大加强,但也给诊断故障和排除故障(其中包括单片机硬件及软件的故障诊断与处理)增加了一定的困难。本章着重就智能仪器使用中的常见故障类型、故障处理方法、软硬件抗干扰措施、智能仪器的调试方法以及安装与使用中应注意的一些问题进行了论述。

智能仪器的故障类型一般可分为硬件故障和软件故障两大类。常见的硬件故障有逻辑错误、元器件失效、可靠性差以及电源故障等;常见的软件故障主要有程序失控、中断错误以及输入输出错误等。总之,软件故障相对比较隐蔽,容易被忽视,查找起来一般很困难,通常需要测试者具有丰富的实际经验。

故障的诊断通常也可以分为程序自动诊断和人工诊断。虽然利用自诊断程序可以帮助我们进行故障的定位。但是,任何诊断程序都要在一定的环境下运行,当系统的故障已经破坏了这个环境,诊断程序本身都无法运行时,自动诊断自然就无能为力了。另外,诊断程序所列出的结果有时并不是唯一的,不能定位在哪一具体部位或芯片上。因此,必要时还应辅以人工诊断才能奏效。本章介绍了智能仪器故障诊断步骤、诊断故障的实用方法以及故障处理与维修的基本方法。

　　智能仪器在完成制作、故障处理或维修之后都要进行调试，通常可将智能仪器的调试分为硬件调试、软件调试和联机调试(统调)。硬件电路调试又分为静态测试和联仿真器调试；软件调试的一般顺序是子程序调试、功能程序调试和主程序调试。软件和硬件分别调试通过后，并不意味着系统的调试已经结束，还必须再进行整个系统的软件、硬件统调，以找出软件和硬件之间不相匹配的地方。系统的软、硬件统调也就是通常所说的"系统仿真"(也称为模拟调试)。

　　本章用较大篇幅论述了智能仪器的干扰的形成以及抗干扰的实用技术。干扰的形成一般具备三个条件，即干扰源、传输或耦合的通道以及对干扰问题敏感的接收电路。为了解决智能仪器的抗干扰问题，首先必须找出干扰的来源以及干扰窜入系统的途径，然后采取相应的对策，抑制或消除干扰。详细地介绍了智能仪器各种抗干扰的实用技术，其中包括仪器供电系统的抗干扰措施、过程通道(重点是长线传输)的抗干扰措施、印制电路板及电路的抗干扰设计以及仪器软件的抗干扰技术等。

　　通过学习，应当基本掌握智能仪器应用中故障诊断和处理的方法，了解智能仪器使用中各种干扰产生的原因及主要的抗干扰措施，能够对智能仪器的常见故障进行检修、维护和调试。

思考题与习题

1. 智能仪器总体设计时要考虑哪些因素？
2. 智能仪器设计时要遵循哪些设计原则？
3. 智能仪器的一般研制步骤有哪些？
4. 智能仪器的硬件电路设计有哪些步骤？
5. FPGA 系统设计的一般步骤有哪些？
6. DSP 系统的设计的一般步骤有哪些？
7. 产生干扰的条件有哪些？要消除干扰首先必须解决什么问题？
8. 干扰的耦合方式一般有哪几种？
9. 对电源系统的抗干扰，通常应采取什么措施？采用分散独立功能块供电有何优点？
10. 智能仪器的硬件抗干扰主要有哪些措施？
11. 简述光电耦合器在抗干扰中的作用。
12. 长线传输时应注意什么问题？长线传输的阻抗匹配有哪几种形式？各有何特点？
13. 低功耗设计要考虑哪些方面？
14. 智能仪器的软件程序设计有哪些步骤？
15. 什么是结构化设计方法？
16. 智能仪器的软件抗干扰主要有哪些措施？
17. 试设计一"看门狗"电路，并编制相应的程序。
18. 智能仪器的调试一般分为哪几步？
19. 试说出智能仪器故障诊断的一般步骤。
20. 常用的故障诊断方法有哪些？
21. 智能仪器常见的硬件故障有哪些？软件故障有哪些？

第8章　新型智能仪器

本章学习要点

　　1. 了解智能化仪器的最新发展情况，重点掌握个人仪器、虚拟仪器以及现场总线仪器等这些新型智能化仪器的基本原理及其特点；

　　2. 初步掌握个人仪器，虚拟仪器以及现场总线仪器的软、硬件结构，熟悉新型智能仪器与传统测控仪器的区别；

　　3. 通过对应用实例的分析，了解新型智能仪器设计的基本方法以及这几种仪器的应用场合和使用方法。

　　前面介绍了智能仪器的基本组成、典型处理功能、常见故障及干扰的处理以及几种有一定代表性的智能仪器应用实例。然而，随着现代技术的不断发展，传统的测控仪器已越来越满足不了科技进步的要求，主要表现为：现代测控任务要求仪器不仅能单独测量，更希望它们之间能够互相通信，实现信息的共享；对于复杂的被测控系统来说，面对众多厂家的不同测试设备，使用者需要更多的知识。这样的仪器不仅使用频率和利用率较低，而且硬件存在冗余。于是出现了个人仪器、虚拟仪器以及现场总线仪器等这些智能化仪器的更高级发展形式。本章将着重介绍这方面的内容，以使读者开拓视野，了解智能仪器的最新进展与发展趋势。

8.1　个人仪器

8.1.1　个人仪器原理及特点

1. 个人仪器及其发展过程

　　个人仪器(也称 PC 仪器)是在智能化仪器发展基础上出现的又一种新型微机化仪器，它是个人计算机与电子仪器相结合的产品。这类仪器的基本构想是将原智能仪器仪表中测量部分的硬件电路以附加插件或模板的形式插入到 PC 机的总线插槽或扩展机箱中，而将原智能化仪器中的控制、存储、显示和操作运算等软件任务都移交给 PC 机来完成，这就是个人仪器。由于它充分利用了 PC 机的软件和硬件资源，因而相对于传统的智能仪器来说，极大地降低了成本，方便了使用，提高了可靠性，显示出广阔的发展前景。在此基础上，若将多种测控仪器插件或模板组合在一个 PC 系统中，还可以构成称之为个人仪器的系统，用它来代替价格昂贵的 GP-IB 接口测试系统的工作。

1）个人仪器的主要形式

个人仪器及系统的结构大体上可以分为以下几种形式：

（1）内插式。它把仪器插件卡直接插入到 PC 机内部总线扩展槽内，如图 8－1(a)所示。这种结构比较简单、实现方便，成本最低，但难以满足重载仪器对电流功率和散热的要求，机内干扰也比较严重；在组成个人仪器时，由于没有专门为仪器仪表定义的总线，各仪器之间不能直接通信，模拟信号也无法经总线传递。因此，这种形式的个人仪器及系统的性能不可能很高。

（2）外插式。克服内插式缺点的办法之一是定义新的仪器总线，并将仪器插件移到个人计算机外的独立机箱中，如图 8－1(b)所示。HP 公司 6000 系列模块式 PC 仪器系统就是这种形式的代表产品。这种形式个人仪器的特点是：具有独立的机箱和独立的电源，使仪器避免了微机的噪声干扰；设计了专门的仪器总线 PC-IB，组成仪器系统很方便；更换系统中与微机配合的接口卡，可适应于多种个人计算机机种，并且仪器模块和接口电路中也使用了微处理机。因而 HP6000 系统是一种功能很强大的多 CPU 分布系统。

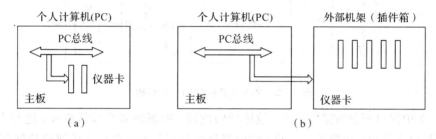

图 8－1 个人仪器的结构形式

（3）VXI 总线仪器系统。上述形式的个人仪器及系统以它突出的优点显示出强大的生命力。然而，由于各厂家生产的仪器没有采用统一的标准，用户在组成个人仪器系统时不能将不同厂家的仪器模块和插件插在同一主机箱内，这就妨碍了个人仪器的发展。于是，就发出了标准化的呼声。VXI 仪器系统就是在这种形式下应运而生的。1987 年 7 月，HP、Tektronix 等五家电子仪器公司提出了用于仪器模块式插卡的新型互联标准——VXI 总线。VXI 总线是在计算机使用的一种 VME 总线基础上发展起来的。

2）个人仪器的主要特点

个人仪器一般具有以下特点：

（1）成本低。在个人仪器系统中，每个测试功能不是由整机，而是由插件完成的。每个插件不必具有智能仪器所需的微处理器、显示装置、键盘、机箱等部件，因而制造成本大大降低。

（2）使用方便。在个人仪器中，标准的仪器功能写入操作软件中，并备有简单的清单（Menu）。用户根据清单进行选择，无需编制程序就能完成各种测试任务，操作方便。

（3）制造方便。仪器插件卡与个人计算机之间的关系远不如智能仪器中微处理器与测量部件之间的关系密切，而价廉物美的个人计算机可以购买，仪器制造厂可集中精力研制、生产测试插件卡，生产周期短，制造方便。

（4）实时交互作用。个人仪器是通过微机的系统总线连接的，因而相互间可进行实时的交互作用。例如，可让一台仪器去触发另一台仪器，使得在时间上相互关联；而在 GP－IB 系统中，仪器间不能实时交互，它们只接受系统控制器的控制，或向控制器提出服务请求。

2. 个人仪器的组成原理

1) 硬件结构

个人仪器的硬件是由仪器插件通过总线与个人计算机融合在一起构成的，因而仪器插件硬件部分总有接口和测量与控制两大部分电路，其基本结构如图 8-2 所示。

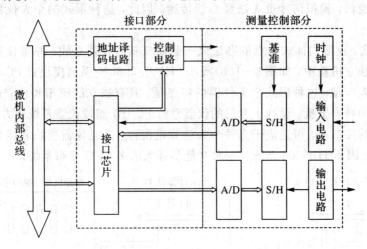

图 8-2　个人仪器插件的一般结构

图 8-2 中接口部分由接口芯片、地址译码电路、控制电路等部分组成，这与 PC 机的一般功能接口卡的接口电路基本一致。它的测量控制部分与智能仪器的测量控制部分电路也基本一致，一般包括输入输出电路、采样保持电路、A/D、D/A、时基与时钟等部分组成。

2) 软面板

个人仪器不同于普通智能仪器的一个显著特点是：用户不再使用仪器的硬面板，而是采用软面板实现对仪器的操作。所谓软面板，是显示在 CRT 上由高分辨率作图生成的仪器面板图形，用户通过操纵键盘、移动鼠标、光标或触摸屏方式来选择软面板上的"软按键"。显示在 CRT 上的软面板可以采用 C 语言、BASIC 语言及图形化编程语言来绘制。软面板根据测控仪器的性质不同可以有很多种形式，但一般包括仪器面板显示、软按键操作、状态反馈栏和系统控制窗口等。

3) 个人仪器系统软件

个人仪器系统一般有人工和程序两种控制方式，图 8-3 所示为个人仪器软件系统的一般结构。

在人工控制方式下，系统软件在微机屏幕上产生一个软面板，用户可以像操作传统仪器那样，通过软面板选择功能、量程以及输入有关参数的方式，建立起相应的状态标志，提供给仪器驱动程序。软面板的键盘操作一般是以中断方式实现的，当用户按下一个键时，软面板就终止当前执行的功能，判断所按的键。如果按下错误的键，就发出响声，以提醒用户；如果按下正确的键，则或者显示所选参数，或者与仪器驱动程序模块进行通信来执行某项操作，并实时显示测量结果。

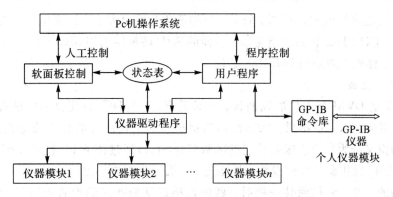

图 8-3 个人仪器软件系统结构图

在程序控制方式下，系统软件提供了容易记住和容易学会的高级命令，以便让用户能编制测试程序去进行自动测试。对于用户来说，只需要按照语句的格式进行编程，而不必知道仪器驱动软件与仪器模块之间的通信过程。

仪器驱动程序是最低层的软件，是与 PC 仪器硬件直接联系的软件模块，无论人工操作还是程序操作方式，都要调用仪器驱动程序去执行输入输出操作。仪器驱动程序是直接面向硬件的，实时性强，要求程序的执行速度快，因此一般采用汇编语言编写。

8.1.2 典型个人仪器实例

1. 内插式个人仪器

下面将以数字式电压表 DVM 个人仪器为例简单介绍内插式个人仪器。通过本节的学习，拟使读者掌握个人仪器的最基本特点，并初步建立起个人仪器的概念。下面着重从硬件结构、软面板和软件系统三个方面进行介绍。

1) DVM 个人仪器插卡硬件结构

DVM 仪器插卡硬件结构如图 8-4 所示。该仪器的输入电路由输入衰减器、前置放大器、量程转换和自动稳零切换电路组成，个人计算机通过接口电路对其进行控制。输入电路的作用是将不同量程的被测电压 U_x 规范到 A/D 转换器所要求的电压值（$0\sim\pm2$ V）内。前置放大器采用 MC7650 组成的单级同相放大器，放大倍数为 1 倍或 10 倍，由继电器 JK2 控制切换；输入衰减系数为 1∶100，由继电器 JK1 控制切换；零点校准由 JK3 控制。

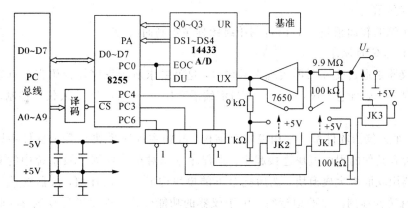

图 8-4 DVM 个人仪器插件硬件结构图

控制接口电路使用 8255C 口。8255C 口初始化为输出方式,其输出端 PC3、PC4、PC6 经 7406 驱动 JK1、JK2 和 JK3 继电器。仪器的 A/D 转换器采用 MC14433 双积分集成 A/D 转换器芯片。译码电路采用 74LS138 芯片。

2) 软面板生成

图 8-5 是 DVM 个人仪器软面板,不难看出,它与同类智能仪表的硬件面板极其相似。显示窗用来显示测量结果;状态反馈窗提供当前正在执行的有关信息及出错信息等;"软键"操作窗又分为量程键区和功能键区两部分,可以通过按下 PC 机的 TAB 键来进行切换选择。"软键"操作窗的"键"操作,是通过 PC 机键盘右边小键盘中的四个方向键来控制光标的移动的,当光标移到某一项时,就使该项以反相映像的形式进行显示,如图 8-5 所示。

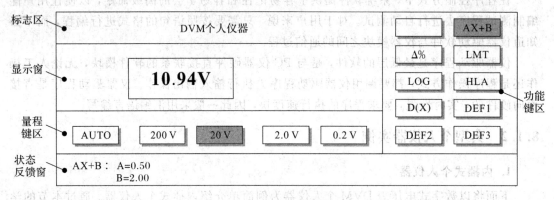

图 8-5　DVM 个人仪器软面板

此时若按回车键表示该"软键"被选中。同时在软面板前方弹出一个对话框,用户通过软件引导,直接通过 PC 机键盘输入其常数 A 与 B 的值,然后按下确认软键"OK"(由对话框给出),便进入该项功能的测量。图 8-5 所示的软面板表示正在执行 AX+B 标度变换功能,其常数为 A=0.50,B=2.00,量程为 20 V。其他软操作键的操作与此类似。但 DEF1～DEF3 为三个用户自定义功能键,可以按照用户自己的实际需要,使用 C 语言和仪器软件系统提供的功能程序模块进行编程来对此功能键进行定义。这种灵活的功能扩展方式在个人仪器中是比较容易实现的。此外,为了增强人机交互效果,软面板以及弹出的窗口中都使用汉字显示。

这个实例的软面板是用 C 语言调用绘图程序绘制而成的。

3) 软件系统的设计

个人仪器是通过交互图形实现人机接口,这就要求所用程序设计语言具有很强的控制流和数据结构,运行速度快,并且容易与汇编语言接口,本 DVM 个人仪器控制软件采用了 C 语言。

DVM 个人仪器软件系统采用模块化结构,其中主程序模块是整个软件系统的一条主线,它把所有其他的程序模块连接起来。主程序首先对整个仪器以及系统中的有关器件初始化,再调用软面板生成模块,然后把余下的模块构成一个循环圈,仪器的功能都在这一循环圈中有选择地周而复始地运行。由于仪器的功能较多,程序进程复杂,因此程序流程采用状态参数控制方式,即在程序中建立一些状态变量,当用户选择不同的功能时就改变了状态变量，程序再根据这些状态变量进入相应的功能。因此软键盘管理程序模块的功能就是根据用户对软键的选择，来改变状态变量，然后根据这些变量进入不同的驱动程序模块。

根据以上思路，DVM 个人仪器主程序流程图如图 8-6 所示。其中 FN 为功能状态字，主程序根据 FN 进入不同的功能模块。

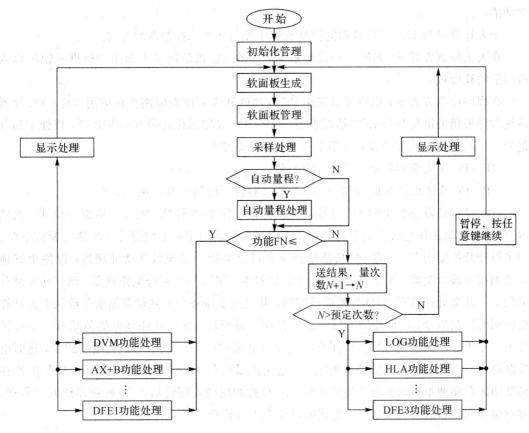

图 8-6　DVM 个人仪器主程序流程图

DVM 个人仪器的测量方式按不同功能可分为单次测量和定次数测量方式。其中，DVM、AX＋B、LMT 等功能被程序确定为单次测量方式，HLA、LOG 等功能被程序确定为定次数测量方式。

主程序中软面板管理程序模块的功能是：采用光标法移动软键来选择仪器的状态（量程、功能等），通过提示的方法引导用户输入各功能所必需的参数，当返回主程序时，仪器便在新设置的状态及新输入的参数下进行测量和处理。

2. HP—PC 个人仪器简介

HP—PC 个人仪器系统是 HP 公司 1986 年推出的。当时该系统共提供了 8 种个人仪器组件，即函数发生器、数字多用表、通用计数器、数字示波器、数字输入/输出设备、继电式多路器、双数/模变换器和继电器驱动器。每一种个人仪器组件都封装在一个塑料机壳中，但它们拥有同一种母线标准，通过一块专用接口卡能与多种个人计算机相连。一块插入个人计算机总线扩展槽内的专用接口板,最多可以连接 8 台个人仪器组件,所有个人仪器组件共用一个外部电源,8 台仪器组件分两排叠放在电源上部,形成了简单方便的仪器系统。欲再增加一块接口板,可以使接入的 PC 仪器组件最多增加至 16 台。

每种个人仪器组件中仅保留基本的测量功能,仪器的控制和数字、状态、波形的显示以及仪器的开关和按键等的管理,都集中于 PC 中,个人仪器组件本身不再具有传统的独立功能。

个人计算机对 HP—PC 仪器的控制有程序控制和人工控制两种方式。

在人工控制方式下,HP—PC 仪器系统软件在 PC 机的屏幕上向用户提供一幅可以人机对话的软面板。

在程序控制方式下,用户可以使用 PC 仪器的软件方便地编制各种应用程序。PC 仪器系统软件采用的语句与 BASIC 语言类似。HP—PC 仪器系统还带有 GP-IB 口,以便于和其他带 GP-IB 总线的仪器连接,应用于自动测试系统中。

HP—PC 个人仪器系统采用 PC-IB 总线。

HP—PC 个人仪器软面板和 DVM 个人仪器软面板相类似,不再叙述。

HP—PC 仪器系统中的 PC 仪器组件由测试功能电路和 PC-IB 接口两部分组成。虽然 PC 仪器中大量工作已转移到个人计算机中完成,但是由于微处理器芯片价格大幅度下降,为了设计及控制的方便,在 PC 仪器组件中也可以采用一片至数片微处理器,以便更好地完成测试和接口功能。图 8-7 是 HP—PC 仪器中 DMM 组件部分电路框图。测试功能部分采用了一片微处理器对 A/D 转换进行控制,并设置了量程与模式锁存器来存放从个人计算机收到的控制信号,以便控制 DMM 的量程和功能模块。测试功能部分的前端有三个可控开关:S_3 闭合时测直流电压;S_2 闭合时测交流电压;S_1 及 S_3 闭合时进行电阻测量,这时电流源供给一个确定的电流流经被测电阻,通过测量电阻上的电压获得电阻值。非易失性存储器用来存储测量中的标准或定标常数。A/D 控制用微处理器从 A/D 转换器读取了数据,并对偏移和增益进行校正后,才把数据送往个人计算机。

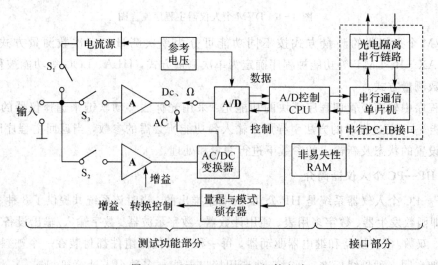

图 8-7　HP61013 DMM 组件电路

PC-IB 接口部分采用单片机管理。接口的光电隔离串行链路满足了 DMM 需要浮置的要求。由于光电隔离使组件部分与个人计算机分开，DMM 组件也不必像一般智能 DMM 那样采用两套电源供电，使电路大为简化。总的看来，整个 DMM 个人仪器组件的规模大体上与智能 DMM 中的模拟部分相当。

3. VXI 总线个人仪器简介

这里仅对 VXI 总线个人仪器系统的组件情况作一简单介绍。

VXI 总线个人仪器系统是一种计算机控制的功能系统，在很宽的范围内允许不同厂家生产的仪器接口卡和计算机以模块的形式共同存在于同一主机箱内。VXI 系统的组件按照主控计算机放置在机架内部或外部，分为内控方式和外控方式。

图 8 - 8(a)给出了一个典型外控方式 VXI 个人仪器系统构成图。主机架外部的主控计算机可以通过 GP-IB、RS-232C、MXI、VEM 等多种总线与 VXI 系统联系。其中沟通两种总线的翻译器接口放在 0 号插座内，这是系统唯一需要固定的插件，被称为零槽插件。目前比较流行的外控方式是采用具有 GP-IB 接口的外主控计算机，这种结构方式的优点是兼容性强，特别是在使用 IEEE 488.2 和 SCPI 后，更换设备可以基本不改变或少改变程序。对 GP-IB 系统较熟悉的编程人员，可以像控制 GP-IB 系统一样控制 VXI 系统，并且可以借鉴大量成熟的软件。这种采用 GP-IB 总线的控制方式会造成数据在这段路径上传输速度的下降，因此应尽可能在 VXI 主机箱内部对数据进行加工、处理，以使 GP-IB 总线传输尽可能少的数据。外主控器通过 MXI 和 VME 总线对 VXI 系统控制时，往往可以提高数据传输速度，特别是 VXI 总线是一种适用于 VXI 系统的很有希望的总线，但这种方式往往要求对 VXI 系统内部工作情况有细致的了解。通过 RS-232C 进行联系则速度慢，但可以通过 Modem 接远程计算机。

图 8 - 8(b)给出了一个典型的内控方式 VXI 仪器系统示意图。由于系统内有一个内插式主计算机，因此控制器能直接运用高速指令访问 VXI 各仪器模块，通信速度很快，除此之外在便携方面也需要内控方式的 VXI 仪器系统。内控方式的最大缺点是人机交互和编程较困难，兼容性较差。当然，目前有些厂家已能提供性能优良的内插式主控计算机，使其性能接近于外控计算机。

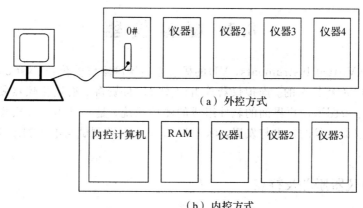

（a）外控方式

（b）内控方式

图 8 - 8　VXI 总线仪器系统的组建

图 8-9 是选用 C 型主机架的 HP75000 外控式 VXI 仪器系统装配示意图。外部控制器可以采用一台 PC，可以通过 GP-IB、RS-232C、MXI、VME 等总线或者以太网与主机架连接。主机架上的 0 号插槽指定为放置指令模板用。指令模板主要承担 VXI 系统资源管理以及 GP-IB 总线对 VXI 总线的翻译功能。插入其他插槽中的每一个仪器或设备都是 VXI 总线仪器模板。本系统的主机架最多可以插放 13 个标准宽度的模板。有的仪器只需一个模板，而有的仪器则需要用两个模板来构成(如图中的数字设备)。与个人计算机相连的 GP-IB 总线还可以接至其他 VXI 系统或其他 GP-IB 仪器系统，可见这种系统的组成是很灵活的。

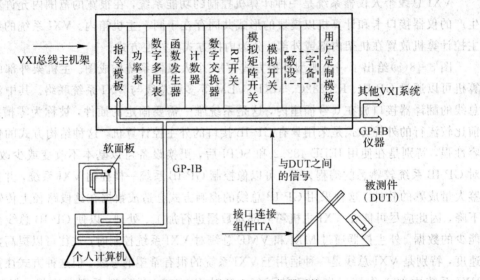

图 8-9　HP75000 外控式 VXI 仪器系统

本系统可以同时进行多种测量，只需将来自各种仪器的信号经各种电子转换开关送到接口连接组件板 ITA，再接到被控设备中去即可。这种组件板适应性很强，一般被称做接口适配器，只要改变一下内部的适配器和软件，便可测试各种电子产品。

VXI 个人仪器系统集中了智能仪器、GP-IB 系统和内插式个人仪器系统的很多特长，它的出现极大地影响了电子仪器的发展进程。由于它还能充分发挥计算机的功能，运用新的测量原理构成虚拟仪器，因而 VXI 系统还有"未来仪器"和"未来系统"之称。

8.2 虚 拟 仪 器

虚拟仪器(Virtual Instruments，VI)的概念是美国国家仪器公司(National Instruments Corp，NI)于 1986 年提出的。虚拟仪器是由计算机硬件资源、模块化仪器硬件和用于数据分析、过程通信及图形用户界面的软件组成的测控系统，是一种由计算机操纵的模块化仪器系统。虚拟仪器技术的提出与发展，标志着 21 世纪自动测试与电子测量仪器技术发展的一个重要方向。

8.2.1　虚拟仪器原理及特点

1. 虚拟仪器的概念

虚拟仪器是指通过应用程序将通用计算机与必要的功能化硬件模块结合起来的一种仪

器，用户可以通过友好的图形界面来操作这台计算机，就像操作自己定义、自己专门设计的一台单个传统仪器一样，从而完成对被测控参数的采集、运算与处理、显示、数据存储、输出等任务。虚拟仪器通常由计算机、仪器模块和软件三部分组成。仪器模块的功能主要靠软件实现，通过编程在显示屏上构成波形发生器、示波器或数字万用表等传统仪器的软面板，而波形发生器发生的波形、频率、占空比、幅值、偏置等，或者示波器的测量通道、标尺比例、时基、极性、触发信号(沿口、电平、类型……)等都可用鼠标或按键进行设置，如同常规仪器一样使用，不过，虚拟仪器具有更强的分析处理能力。随着计算机技术和虚拟仪器技术的发展，用户只能使用制造商提供的仪器功能的传统观念正在改变，而用户自己设计、定义的范围进一步扩大；同一台虚拟仪器可在更多场合应用，比如既可在电量测量中应用，又可在振动、运动和图像等非电量测量中应用，甚至在网络测控中应用。

虚拟仪器强调软件的作用，提出"软件就是仪器"的理念。它克服了传统仪器的功能在制造时就被限定而不能变动的缺陷，摆脱了由传统硬件构成一件件仪器再连成系统的模式，而变为由用户根据自己的需要，通过编制不同的测控软件来组合构成各种虚拟仪器，其中许多功能直接就由用户软件来实现，打破了仪器功能只能由厂家定义，用户无法改变的模式。当用户的测控要求变化时，可以方便地由用户自己来增减软、硬件模块，或重新配置现有系统以满足要求。所以虚拟仪器是由用户自己定义、自由组合的计算机平台、硬件、软件以及完成系统功能所需的附件。

2. 虚拟仪器的组成

虚拟仪器同智能仪器一样也是由硬件和软件两大部分组成的，下面就从这两个方面介绍虚拟仪器的构成。

1) 虚拟仪器的硬件系统

虚拟仪器的硬件系统一般分为计算机硬件平台和测控功能硬件。计算机硬件平台可以是各种类型的计算机，如普通台式计算机、便携式计算机、工作站、嵌入式计算机等。计算机管理着虚拟仪器的硬、软件资源，是虚拟仪器的硬件基础。计算机技术在显示、存储能力、处理性能、网络、总线标准等方面的发展，导致了虚拟仪器系统的快速发展。

虚拟仪器不强调每一个仪器功能模块就是一台仪器，而是强调选配一个或几个带共性的基本仪器硬件来组成一个通用硬件平台，通过调用不同的软件来扩展或组成各种功能的仪器或系统。与传统的智能仪器一样，虚拟仪器也可以划分成数据采集、数据分析与处理、结果表达三个部分。

传统的智能仪器是由厂家将上述三种功能的部件根据仪器功能按固定方式组建，一般一种仪器只有一种功能或数种功能。而虚拟仪器是将具有上述一种或多种功能的通用模块组合起来，通过编制不同的测控软件来构成任何一种仪器，而不是某几种仪器。例如：激励信号可先由微机产生数字信号，再经 D/A 变换产生所需的各种模拟信号，这相当于一台任意波形发生器；被测信号经过采样、A/D 变换成数字信号，再经过处理，可以直接以数字显示而形成数字电压表一类仪器；也可以用图形显示而成为示波器类仪器；或者再对数据进一步分析即可形成频谱分析类仪器。其中，数据分析与处理以及显示等功能可以直接由软件完成。这样就摆脱了由传统硬件构成一件件仪器然后再连成系统的模式，而变成仅仅由计算机、A/D 及 D/A 等带共性的硬件资源和应用软件共同组成虚拟仪器的新理念。许多厂家已研制出多种用于构建虚拟仪器的数据采集卡(DAQ)。一块 DAQ 卡即可以完成

A/D、D/A、数字 I/O、计数器/定时器等多种功能，再配以相应的信号调理组件，以及 GP-IB 仪器、VXI 总线仪器、PC 总线仪器、带有 RS-232 串行口仪器、现场总线仪器等，形成现阶段虚拟仪器的硬件平台，如图 8-10 所示。

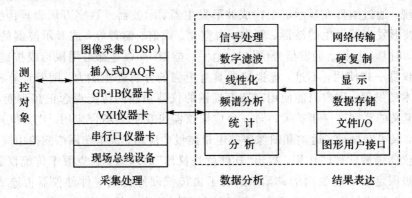

图 8-10　虚拟仪器硬件平台

图 8-10 中，GP-IB 通用接口总线，是计算机和仪器间的标准通信协议。GP-IB 的硬件规格和软件协议已纳入国际工业标准——IEEE 488.1 和 IEEE 488.2。它是最早的仪器总线，目前多数仪器都配置了遵循 IEEE 488 的 GP-IB 接口。典型的 GP-IB 测试系统包括一台计算机、一块 GP-IB 接口卡和若干台 GP-IB 仪器。每台 GP-IB 仪器有单独的地址，由计算机控制操作。系统中的仪器可以增加、减少或更换，只需对计算机的控制软件作相应改动。这种概念已被应用于仪器的内部设计。在价格上，GP-IB 仪器覆盖了从比较便宜的到异常昂贵的仪器。但是 GP-IB 的数据传输速度一般低于 500 kb/s，不适合于对系统速度要求较高的应用。(标准接口总线在 20 m 距离内。)

VXI(VMEbus eXtension for Instrumentation)即 VME 总线在仪器领域的扩展，是 1987 年在 VME 总线、Eurocard 标准(机械结构标准)和 IEEE 488 等的基础上，由主要仪器制造商共同制定的开放性仪器总线标准。VXI 系统最多可包含 256 个装置，主要由主机箱、"0 槽"控制器、具有多种功能的模块仪器和驱动软件、系统应用软件等组成。系统中各功能模块可随意更换，即插即用组成新系统。目前，国际上有两个 VXI 总线组织：① VXI 联盟，负责制定 VXI 的硬件(仪器级)标准规范，包括机箱背板总线、电源分布、冷却系统、零槽模块、仪器模块的电气特性、机械特性、电磁兼容性以及系统资源管理和通信规程等内容；② VXI 总线即插即用(VXI Plug&Play，简称 VPP)系统联盟，宗旨是通过制定一系列 VXI 的软件(系统级)标准来提供一个开放性的系统结构，真正实现 VXI 总线产品的"即插即用"。这两套标准组成了 VXI 标准体系，实现了 VXI 的模块化、系列化、通用化以及 VXI 仪器的互换性和互操作性。VXI 的价格相对较高，适合于尖端的测试领域。

DAQ(Data AcQuisition，数据采集)指的是基于计算机标准总线(如 ISA、PCI、PC/104 等)的内置功能插卡。它更加充分地利用计算机的资源，大大增加了测试系统的灵活性和扩展性。利用 DAQ 可方便快速地组建基于计算机的仪器(Computer-Based Instruments)，实现"一机多型"和"一机多用"。在性能上，随着 A/D 转换技术、仪器放大技术、抗混叠滤波技术与信号调理技术的迅速发展，DAQ 的采样速率已达到 1 Gb/s，精度高达 24 位，通道数高达 64 个，并能任意结合数字 I/O、模拟 I/O、计数器/定时器等通道。仪器厂家生产了大量的 DAQ 功能模块可供用户选择，如示波器、数字万用表、串行数据分析仪、动态信号分析仪、任意波形发生器等。在 PC 计算机上挂接若干 DAQ 功能模块，配合相应的软件，就可以构成一台具有若干功能的 PC 仪器。

2) 虚拟仪器的软件系统

基本硬件确定之后，要使虚拟仪器能按用户要求自行定义，必须有功能强大的软件平台支持。早先的软件开发环境很不理想，既使是用 C、C＋＋高级语言也会感到与高速测试及缩短开发周期的要求极不适应。经过大量工作，现在基于图形的用户接口和开发环境是虚拟仪器软件工作中最流行的发展趋势。典型的软件产品有 NI 公司的 Lab VIEW(Laboratory Virtual Instrument Workbench，实验室虚拟仪器工作平台)、HP 公司的 HP VEE 和 HP TIG、Tektronix 公司的 Ez - Test 和 TNS 等。其中 Lab VIEW 应用的影响最大。

虚拟仪器最核心的思想，就是利用计算机的软件和硬件资源，使本来需要硬件或电路实现的技术软件化和虚拟化，最大限度地降低系统成本，增强系统的功能与灵活性。基于软件在虚拟仪器系统中的重要作用，从低层到顶层，虚拟仪器的软件系统框架包括三个部分：VISA 库、仪器驱动程序和应用软件。虚拟仪器的软件结构如图 8 - 11 所示。

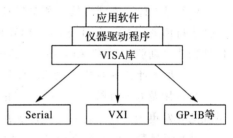

图 8 - 11　虚拟仪器的软件结构

(1) VISA (Virtual Instrumentation Software Architecture)库。VISA 库实质就是标准的 I/O 函数库及其相关规范的总称，一般称这个 I/O 函数库为 VISA 库。它驻留于计算机系统之中，执行仪器总线的特殊功能，是计算机与仪器之间的软件层连接，用来实现对仪器的控制。对于仪器驱动程序开发者来说，VISA 库是一个可调用的操作函数库或集合。

(2) 仪器驱动程序。仪器驱动程序是完成对某一特定仪器的控制与通信的软件程序集合，是应用程序实现仪器控制的桥梁。每个仪器模块都有自己的仪器驱动程序，仪器厂商将其以源代码的形式提供给用户，用户在应用程序中调用仪器驱动程序。

(3) 应用软件。应用软件建立在仪器驱动程序之上，直接面对操作用户，通过提供直观、友好的操作界面、丰富的数据分析与处理功能，来完成自动测试任务。应用软件还包括通用数字处理软件。通用数字处理软件包括用于数字信号处理的各种功能函数，如频域分析的功率谱估计、FFT、FHT、逆 FFT、逆 FHT 和细化分析等，时域分析的相关分析、卷积运算、反卷运算、均方根估计、差分积分运算和排序等，滤波设计中的数字滤波等。这些功能函数为用户进一步扩展虚拟仪器的功能提供了基础。

3. 虚拟仪器的特点

与传统仪器相比，虚拟仪器除了在性能、易用性、用户可定制性等方面具有更多优点外，在工程应用和社会经济效益方面也具有突出优势。

一方面，目前我国高档台式仪器如数字示波器、频谱分析仪、逻辑分析仪等还主要依赖进口，这些仪器加工工艺复杂，要求很高的制造技术，国内生产尚有困难，采用虚拟仪器技术，可以通过只采购必要的通用数据采集硬件来设计自己的仪器系统。

另一方面，用户可以将一些先进的数字信号处理算法应用于虚拟仪器设计，提供传统台式仪器不具备的功能，而且完全可以通过软件配置实现多功能集成的仪器设计。因此，可以说虚拟仪器代表了未来测量仪器设计发展的方向。

与传统仪器比较,虚拟仪器还有许多其他优点:

(1) 融合计算机强大的硬件资源,突破了传统仪器在数据处理、显示、存储等方面的限制,大大增强了传统仪器的功能。高性能处理器、高分辨率显示器、大容量硬盘等已成为虚拟仪器的标准配置。

(2) 利用了计算机丰富的软件资源,实现了部分仪器硬件的软件化,节省了物质资源,增加了系统灵活性;通过软件技术和相应数值算法,实时、直接地对测试数据进行各种分析与处理;通过图形用户界面(GUI)技术,真正做到界面友好、人机交互。

(3) 基于计算机总线和模块化仪器总线,仪器硬件实现了模块化、系列化,大大缩小系统尺寸,可方便地构建模块化仪器(Instrument on a Card)。

(4) 基于计算机网络技术和接口技术,VI 系统具有方便、灵活的互联(Connectivity),广泛支持诸如 CAN、FieldBus、PROFIBUS 等各种工业总线标准。因此,利用 VI 技术可方便地构建自动测试系统(Automatic Test System,ATS),实现测量、控制过程的网络化。

(5) 基于计算机的开放式标准体系结构。虚拟仪器的硬、软件都具有开放性、模块化、可重复使用及互换性等特点。因此,用户可根据自己的需要,选用不同厂家的产品,使仪器系统的开发更为灵活、效率更高,缩短了系统组建时间。

(6) 研制费用低而且部分软、硬件可以重复利用;技术更新快(周期 1~2 年)等。

8.2.2 Lab VIEW 虚拟仪器开发平台简介

1. Lab VIEW 的功能

Lab VIEW 是美国 NI 公司研制的一个功能强大的虚拟仪器系统开发平台,是具有直观界面、便于开发、易于学习且具有多种仪器驱动程序和工具的大型仪器系统开发工具。

Lab VIEW 基于图形化编程语言 G 开发环境,它采用了工厂人员所熟悉的术语、图标等图形化符号来代替常规基于文字的程序语言,把复杂烦琐、费时的语言编程简化成简单、直观、易学的图形编程,同传统的程序语言相比,可以节省约 80% 的程序开发时间。这一特点也为那些不熟悉 C、C++等计算机语言的开发者带来了很大的方便。Lab VIEW 整合了 GP-IB、VXI、PXI、RS-232C 和 RS-485 以及数据采集卡 DAQ 等硬件通信的全部功能。它还提供了调用 TCP/IP、Activex 等软件标准的库函数及代码接口节点等功能,方便了用户直接调用由其他语言编制成的可执行程序,使得 Lab VIEW 编程环境具有一定的开放性。

Lab VIEW 的基本程序单位是 VI。可以通过图形编程的方法,建立一系列的 VI 来完成用户指定的测试任务。对于简单的测试任务,可由一个 VI 完成。对于一项复杂的测试任务,则可按照模块设计的概念,把测试任务分解为一系列的任务,每一项的任务还可以分解为多项小任务,直至把一项复杂的测试任务变成一系列的子任务。设计时,先设计各种 VI 以完成每项子任务,然后把这些 VI 组合起来以完成更大的任务,最后建成的顶层虚拟仪器就成为一个包括所有子功能虚拟仪器的集合。Lab VIEW 可以让用户把自己创建的 VI 程序当作一个 VI 子程序节点,以创建更复杂的程序,且这种调用是无限制的。Lab VIEW 中各 VI 之间的层次调用结构如图 8-12 所示。可见,Lab VIEW 中每一个 VI 相当于常规程序中的一个子程序。

2. Lab VIEW 的工作面

所有的 Lab VIEW 程序，即虚拟仪器(VI)都包括前面板(Front Panel)、流程图(Block Diagram)和图标/连接口三部分。

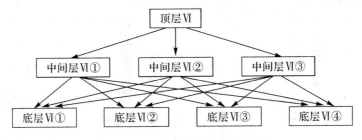

图 8 - 12　LabVIEW 层次调用结构

前面板用于设置输入数据和观察输出量。由于程序前面板是模拟真实仪表前面板，输入量被称为 Controls，输出量被称为 Indicators，因此，用户可以使用许多图标，如旋钮、开关、按钮、图表、图形等，使前面板易懂易看。图 8 - 13 是一个温度计程序(Thermomenter VI)的前面板。

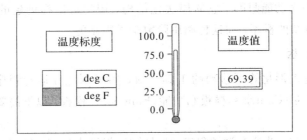

图 8 - 13　前面板举例(温度计 VI)

每一个前面板都伴有一个流程图(也叫程序框图)。流程图用图形编程语言编写，可以把它理解成传统程序的源代码。框图中的部件可以看成程序节点(Node)，如循环控制、事件控制和算术功能等。这些部件都用连线连接，以定义框图内的数据流方向。上述温度计程序的流程图如图 8 - 14 所示。

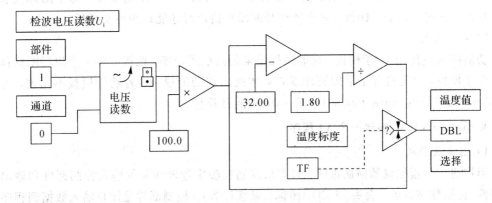

图 8 - 14　温度计程序的流程图

图标/接口部件可以让用户把 VI 程序变成一个对象(VI 子程序)，然后在其他 VI 程序中像子程序一样地调用。图标表示在其他程序中被调用的子程序，而接线端口表示图标的输入/输出口，就像子程序的参数端口一样，它们对应着 VI 程序前面板的控制量和指示量的数值。图 8-15 所示为温度计 VI 程序的图标和接线端口。接线端口一般情况下隐含不显示，除非用户选择打开看它。

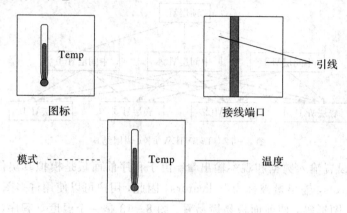

图 8-15 温度计 VI 程序的图标及端口

Lab VIEW 的强大功能归因于它的层次化结构，用户可以把创建的 VI 程序当作子程序调用，以创建更复杂的程序，而这种调用阶数是无限制的。

3. Lab VIEW 模板

Lab VIEW 具有图形化的可移动的工具模板，用于创建和运行程序，共有三类模板：工具(Tool)模板、控制(Controls)模板和功能(Functions)模板。以下简要介绍这三类模板。

1) 工具模板

工具模板用于创建、修改和调试程序。如果该模板没有出现，则可以在 Windows 菜单下选择 Show Tools Palette 功能以显示该模板。工具模板包含 10 种工具，限于篇幅，这里对每种工具的功能不作介绍。当从模板内选择了任一种工具后，鼠标箭头就会变成该工具相应的形状。

2) 控制模板

用控制模板可以给前面板增加输入控制量和输出指示量。控制模板中每个图标代表一个子模板，它包括 9 个子模板。只有当打开前面板窗口时才能调用控制模板。

3) 功能模板

功能模板包括 16 个子模板。功能模板用来创建框图程序。模板上每一个顶层图标都表示一个子模板。只有打开了框图程序窗口，才能出现功能模板。若功能模板不出现，可用 Windows 菜单下的 Show Functions Palette 功能打开它。

4. 用 Lab VIEW 创建一个 VI 程序

1) 创建前面板

当构建一个虚拟仪器前面板时，只需从控制模板中选取所需的输入控制部件和输出指示部件(包括数字显示、表头、LED、图标、温度计等)。控制部件是用户输入数据到程序的方法，而指示部件则显示程序执行后产生的结果。控制和显示部件有许多种类，可以从控制模板的各个子模板中选取。两种最常用的数字对象是数字控制部件和数字指示部件。需要在数字控制部件中输入或修改数值,只需要用工具模板中的操作工具点击控制部件的增减按钮,或者用操作工具或标签工具双击数值栏进行输入。

例如,从控制模板的图形(Graph)子模板中选取波形图表(Waveform Chat)这个指示部件后,当 VI 全部设计完成之后,就能使用前面板,通过点击一个开关、移动一个滑动旋钮或从键盘输入一个数据来控制系统。前面板为用户建立了直观形象,使用户感到如同在传统仪器面前一样。

2) 编排框图程序(流程图)

框图程序是指用图形编程语言编写程序的界面,用户可以根据指定的测控方案通过功能模板的选项,选择不同的图形化节点,然后用连线的方法把这些节点连接起来,即可构成所需要的框图程序。功能模板的 16 个子模板中,每一个又包含了很多个选项。这里的功能选项不仅包含一般语言的基本要素,还包括了大量与文件 I/O、数据采集、GP-IB 及串口控制有关的专用程序块。

节点是程序执行的元素,类似于文本语言程序的语句、函数或者子程序。Lab VIEW 共有 4 种节点类型:功能函数、子程序、结构和代码接口节点。功能函数是内置节点,用于进行一些基本操作,例如数值相加、文件 I/O、字符串格式化等。子程序节点是以前创建的程序,然后在其他程序中以子程序方式调用。结构节点用于控制程序的执行方式,例如 For 循环控制、While 循环控制等;代码接口节点是框图程序与用户提供的 C 语言文本程序的接口。图 8-16 所示的框图程序中表示 VI 程序有两个功能函数节点,一个函数使两个数值相加,另一个函数使两数相减。

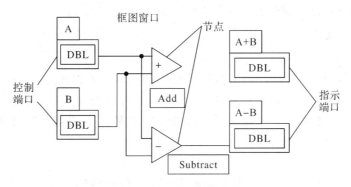

图 8-16　框图程序例子

数据端口是数据在框图程序部分和前面板之间传输的接口以及在框图程序的节点之间传输的接口。端口类似于参数和常数。有两种类型的端口:控制或指示端口以及节点端口。控制或指示端口用于前面板,当程序运行时,从控制部件输入的数据就通过这些端口传送到框图程序;当运行结束后,输出数据就通过这些端口从框图程序送回到前面板的指示部件。当在前面板创建或删除控制、指示部件时,可以自动创建或删除相应的控制、指示端口。图 8-16 的框图程序中表明有两个控制部件端口、两个指示部件端口,同时在框图程序中,Add 和 Subtract 功能函数在图标下面隐含着节点端口。

3) 连线

连线是端口间的数据通道,它们类似于普通程序中的变量。数据是单向流动的,从源端口向一个或多个目的端口流动。不同的线型代表不同的数据类型。在彩色显示器上,每种数据类型还以不同颜色予以强调。表 8-1 中列出了一些通用线型。

表 8-1 通 用 线 型

	标 量	一维数组	二维数组	颜 色
数值量	………	………	= = =	橙色(浮点数)蓝色(整数)
逻辑量	·········	·········	·········	绿色
字符串	□□□□□	□□□□□	□□□□□	紫色

用鼠标箭头表示接线点,中间的数字表示按鼠标键的次数。

连线点(Host Spot)是连线工具的线头部分。当需要连接两个端点时,在第一个端点上点击工具模板中的连线工具,然后移动到另一个端点,再点击第二个端点。端点的先后次序不影响数据流动的方向。当把连线工具放到端点上时,该端点区域将会闪烁,表示连线将会接通该端点,当把连线工具从一个端口接到另一个端口时不需要按住鼠标键。当需要连线拐弯时,点击一次鼠标键,即可以按正交垂直方向弯曲连线,按空格键可以改变转角的方向。

接线头(Tip Strips)是为了帮助端口的连线位置正确。当把连线工具放到端口上时,接线头就会弹出,接线头还有一个黄色小标志框,显示该端口的名字。

4) 从框图程序窗口创建前面板对象

对任意的 Lab VIEW 工具,都可以用鼠标右键点击任意的 Lab VIEW 功能函数或者子程序,将弹出“创建常数”、“创建控制”或“创建指示”等选择菜单。如果用的是连线工具,产生的常数、控制或者指示部件还会自动地与所点击部件接好连线。

5. VI 程序的调试

1) 数据流编程

控制 Lab VIEW 程序的运行方式叫做“数据流”。对一个节点而言,只有当它的输入端口上的数据都被提供以后,它才能被执行。当节点程序运行完毕后,它把结果数据送给所有的输出端口,并且数据很快从源送到目的端口。“数据流”与常规程序的“控制流”相类似,相当于控制程序一步一步地执行。

2) 找出错误

如果一个 VI 程序不能执行,则在前面板上的运行按钮将会出现一个折断的箭头。要列出错误清单,点击断箭的运行按钮即可。点击任何一个所列出的错误菜单,接着选用 Find 功能,则出错的对象或端口就会变成高亮,可以对它进行编辑修改。

3) 设置执行程序高亮方式

执行时点击高亮按钮,则该按钮图标会变成高亮方式。这种执行方式一般用于单步模式跟踪框图程序中的数据流动。

4) VI 程序的单步执行

为了调试程序,希望框图程序一个节点一个节点地执行。要设置单步执行模式,只需按下单步按钮,这样下一个将要执行的节点就会闪烁,指示它将被执行。如果再次点击单步按钮,则程序将会变成连续执行方式。

5) 探针

可以用探针工具来查看当框图程序流经某一根连接线时的数据。先将探针放置于某根连线上,从工具模板上选择探针工具项,再用鼠标左键点击希望放置探针的连接线即可。如果不希望使用缺省的探针显示方式,而想使用其他的探针方式,则点击所选的连线,再选择 Custom probe,这样就可以选择与连线数据类型相匹配的任意兼容的指示方式。

6) 断点

使用断点工具可以在程序的某一地点中止程序的执行,用探针或者单步方式查看数据。使用断点工具时,点击希望设置或者清除断点的地方,断点的显示对于节点或者框图表示为红框,对于连线则表示为红线。

使用传统的程序语言开发仪表系统存在很多困难:开发者不但要关心程序流程方面的问题,还必须考虑用户界面、数据同步、数据表达等复杂的问题。在 Lab VIEW 中这些问题都迎刃而解。一旦程序开发完成,用户就可以通过前面板控制并观察测控过程,且伴音响效果逼真。

Lab VIEW 还提供了多种基本的 VI 库。其中具有包含 450 种以上的 40 多个厂家制造的仪器驱动程序库,并在不断增长。这些仪器包括 GP-IB 仪器、VXI 仪器、RS-232 仪器、数据总线设备、数据采集卡等,用户可以随意调用仪器驱动器图像组成的框图,以选择任何厂家的任何一种仪器。Lab VIEW 还具有数学运算及分析模块库,包括 200 多种诸如信号发生器、信号处理、数组和矩阵运算、线性估计、复数算法、数字滤波、曲线拟合线性化等功能模块,可以满足用户从统计过程控制到数据信号处理等的各项工作,从而最大限度地减少软件开发工作量。总之,Lab VIEW 内容丰富,在有限的篇幅中难以详尽讲述,有兴趣的读者可参阅有关著作。

8.2.3　虚拟仪器开发举例

下面通过一个实例介绍虚拟仪器的开发过程。要求创建一个 VI 程序模拟温度测量,并可以作为 Sub VI 子程序使用。假设传感器输出电压与温度成正比,例如当温度为 70℉(华氏度)时,传感器输出电压为 0.7 V。本程序用软件代替 DAQ 数据采集卡,使用了 Demo Read Voltage 子程序来代替电压测量,然后把所测得的电压值转换成摄氏或华氏温度读数显示在前面板上。设计的详细过程如下。

1. 前面板的设计

(1) 用 File 菜单的 New 选项打开一个新的前面板窗口。

(2) 把温度计指示部件放入前面板窗口。

① 在前面板窗口空白处点击鼠标键,从弹出的 Numeric 子模板中选择 Thermometer。

② 在高亮的文本框中输入 Temperature,再点击鼠标键按钮。

(3) 重新设定温度计的标尺范围为 0.0～100.0。

方法是使用标签工具 A,双击温度计标尺的 10.0,输入 100.0,再点击鼠标键或者工具栏中的 V 按钮。

(4) 在前面板窗口中放入垂直开关控制。

① 在前面板窗口的空白处点击鼠标键,然后从弹出的 Booleam 子模板中选择 Vertical Switch,在文本框中输入 Temp Scale,再点击鼠标键或者工具栏中的 V 按钮。

② 使用标签工具 A,在开关的"条件真"(True)位置旁边输入自由标签 deg C,再在"条件假"(false)位置旁边方框中输入自由标签 deg F。

至此,前面板就创建好了,如图 8 - 13 所示。

2. 流程图的建立

(1) 从 Windows 菜单下选择 Show Diagram 功能打开框图程序窗口。

(2) 点击框图程序窗口下的空白处,弹出功能模板,从弹出的菜单中选择所需的对象。本程序用到下面一些对象:

• Demo Read Voltage VI 程序(Tutorial 子模板)。在本例中,该程序模拟从 DAQ 卡的 0 通道读取电压值。

• Multiply 乘法功能(Numeric 子模板)。在本例中,将读取的电压值乘以 100,是为了转换成华氏温度。

• Subtract 减法功能(Numeric 子模板)。在本例中,从华氏温度减去 32,以转换成摄氏温度。

• Divide 除法功能(Numeric 子模板)。在本例中,把相减的结果除以 1.8 以转换成摄氏温度。

• Select 选择功能(Comparison 子模板)。取决于温标选择开关的逻辑值,该功能输出摄氏温度(当选择开关打在 True 位置时)或者华氏温度(当选择开关打在 False 位置时)

• 数值常数。用连线工具,点击希望连接一个数值常数的对象,并选择 Create Constant 功能。若要修改常数值,则用标签工具双击数值,再输入新的数值。

• 字符串常量。用连线工具,点击希望连接字符串常量的对象,再选择 Create Constant 功能。若要修改字符串,用标签工具双击字符串,再输入新的字符串。

(3) 使用移位工具(Positioning tool)把所选图标移至适当位置,再用连线工具连接起来。如果要显示图标接线端口,则点击图标,再从弹出的菜单中选择 Show Terminals 功能。也可以从 Help 菜单中选择 Show Help 功能以打开帮助信息窗口。

至此,流程图就建立好了,如图 8 - 14 所示。

3. 程序的运行

(1) 选择前面板窗口,使之变成当前窗口,并运行 VI 程序。点击工具条中的 Run 连续运行按钮,使程序运行于自由运行模式。这时可以从前面板上温度计图标看到温度的变化,并以数字形式在文本框中显示出来。

(2) 再点击连续运行按钮,关闭连续运行模式。

4. 创建图标 Temp

由于我们想把建立的温度测量 VI 程序作为子程序在其他程序中调用,所以要创建一个图标。创建方法如下:

(1) 在面板窗口的右上角的图标框中点击鼠标,从弹出菜单中选择 Edit Icon 功能。

(2) 双点击选择工具,并按下 Delete 键,消除缺省的图标图案。

(3) 用画图工具画出温度计的图标。注意:在用鼠标画线时按下 Shift 键,则可以画出水平或垂直方向的直线。

(4) 用文本工具写入文字,双点文本工具,把字体换成 Small Font。

(5) 当图标创建完成后,点击 OK 按钮以关闭图标编辑,生成的图标在面板窗口的右上角。

5. 创建接线端口

（1）点击右上角的图标面板，从弹出的菜单中选择 Show Connector 功能。

Lab VIEW 将会根据控制部件和指示部件的数量选择一种接线端口模式。在本例中，只有两个端口：一个是竖直开关，另一个是温度指示计。

（2）把接线端口定义给开关和温度指示。使用连线工具，在左边的接线端口框内按鼠标键，则端口将会变黑。再点击开关控制键，一个闪烁的虚线框将包围住该开关。现在再点击右边的接线端口框，使它变黑，再点击温度指示部件，一个闪烁的虚线框将包围住温度指示部件，这表示右边的接线端口正对应温度指示部件的数据输入。

如果再点击空白处，则虚线框将消失，而前面所选择的接线端口将变暗，表示已经将对象部件定义到各个接线端口。

注意：Lab VIEW 的惯例是前面板上控制部件的接线端口放在图标的接线面板的左边，而指示部件的接线端口放在图标的接线面板的右边。也就是说，图标的接线面板的左边为输入端口而右边为输出端口。

6. 创建子程序

确认当前文件的程序库路径为 Seminar.LIB，用文件菜单 SAVE 的功能保存上述文件，并给文件命名为 Thermometer.vi。

现在，该文件已经完成，它可以在其他程序中作为子程序来调用。在其他程序的框图窗口里，该温度计程序用前面创建的图标来表示接线端口的输入端，用于选择温度单位，输出端用于输出温度值。

8.3　现场总线仪器

随着自动控制技术、计算机技术、通信技术以及网络技术的不断发展，信息交换沟通的领域正在迅速覆盖从工厂的现场设备层到控制、管理的各个层次，覆盖从工段、车间、工厂、企业乃至世界各地的市场。信息技术的飞速发展，引起了自动化系统结构的变革，逐步形成以网络集成自动化系统为基础的企业信息系统。现场总线（Fieldbus）就是顺应这一潮流发展起来的新技术。这一技术已经成为当今自动化领域技术发展的热点之一，被誉为跨世纪的自控新技术。与此同时，世界各大电器、仪器制造商纷纷推出各种可用于现场总线的智能仪器，即现场总线仪器。因此，了解并掌握现场总线技术的现状以及现场总线仪器的技术特点是非常必要的。

8.3.1　现场总线技术

1. 现场总线及其发展过程

1）现场总线的概念

现场总线是一种现场仪器用双向数字通信协议，是新一代智能仪器的通信标准。国际电工委员会（IEC）的标准和现场总线基金会（FF）对现场总线的定义："现场总线是连接智能现场设备和自动化系统的数字式、双向传输、多分支结构的通信网络。"

2) 现场总线的产生

现场总线的概念是在 20 世纪 70 年代末，由欧洲的一些发达国家提出来的。其原因是由于微处理器与计算机功能的不断增强和器件价格的急剧降低，计算机与计算机网络系统得到迅速发展，用户需要在系统与系统之间、企业与企业之间进行信息的交换，希望资源得到共享以及远程管理与控制，而原先处于生产过程底层的测控自动化系统，因其采用一对一连线，用电压、电流的模拟信号进行测量控制，或采用自封闭式的集散系统，难以实现设备之间以及系统与外界之间的信息交换，使自动化系统成了"信息孤岛"。要实现整个企业的信息集成，实施综合自动化，就必须设计出一种能在工业现场环境运行的、性能可靠、造价低廉的通信系统，形成工厂底层网络，完成现场自动化设备之间的多点数字通信，实现底层现场设备之间以及生产现场与外界的信息交换。众所周知，由于来自工厂底层的设备(如传感器、变送器、执行元件等)数量众多，其需要通信的信息量巨大，若用载波频带子网虽可以解决，但费用较大，用传统的点对点互联则效率很低，且连接的数目有限，控制复杂。此外，工业现场的环境一般比较恶劣。较为理想的方案是将现场的所有传感器、变送器及执行元件用一根单独的总线(即现场总线)连接起来，通过网桥与 MAP 载波频带子网上的控制器进行通信。这个方案一经提出，很快得到了国际上许多著名电器制造商的响应。

为了适应越来越多的异种计算机系统间互联的"开放式"系统的需要，人们建立了开放系统互联(Open System Interconnection，OSI)的基本参考模式，并于 1983 年制定了该参考模式的国际标准(ISO7498)。从此奠定了系统互联标准开放的基础，对数据通信系统产品的发展起到了重要的促进作用。ISO7498 定义了如图 8 - 17 所示的 OSI 的 7 层体系结构。其中，每个层次都在信息交换的任务中担当相对独立的角色，具有特定的功能。

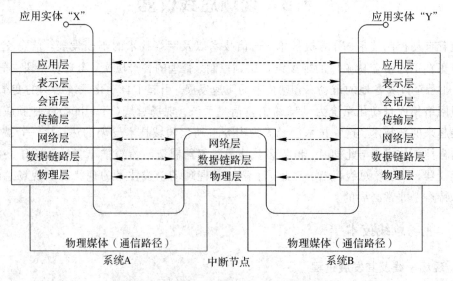

图 8 - 17　OSI 参考模型的 7 层体系结构

由于微处理器的嵌入式应用，导致工业测控领域中各种仪器仪表、自动化装置和设备的智能化逐步下移。此变革适应了建立分布式测控系统的需要和实现工业过程控制系统"危险彻底分散"的要求，逐渐发展为现场总线控制系统(Fieldbus Control System，FCS)。

FCS 采用全分散式的体系结构，现场智能仪器仪表和智能化装置具有高度的自治性。即使局部出现问题，系统中的其他部分仍然可以按既定的控制规律继续运行，从而大大提高了整个系统的可靠性。FCS 的信号传输实现了全数字化，执行测控任务的节点将采集到的数据和所执行的操作等信息转换为数字信号向网上发送，执行管理任务的节点以数字形式向网上发送命令。由于通信电缆（双绞线）是所有节点之间的唯一连接，因此避免了模拟信号传输过程中的干扰，降低了对环境、接地等的要求，并保证了数据的一致性。由于 FCS 在体系结构、价格、安全性和开放性等方面的优势，从 21 世纪起将取代 DCS 成为过程控制系统的主流。

现场总线是一种全数字的双向多站点通信系统，按 ISO7498 标准（OSI）提供网络互联，具有可靠性高、稳定性好、抗干扰能力强、通信速率高、造价低和维护成本低等优点。传统的 4～20 mA 控制回路通常只能传输代表过程变量的一个信号，而现场总线能够在传送多个过程变量的同时一并传送仪表的标识符和简单的诊断信息等。从上面的内容可以看到，具有 7 层结构的 OSI 参考模型可支持的通信功能是相当强大的。而作为工业控制现场底层网络的现场总线，要构成开放互联系统，应该如何选择通信模型？是采用完全型还是简化型？是否需要实现 OSI 的全部功能？是否要采用那样复杂的协议？这些都是值得考虑的问题。

由于工业生产现场存在大量的传感器、控制器、执行器等，它们通常相当零散地分布在一个较大的范围内。对由它们组成的工业控制底层网络来说，单个节点面向控制的信息量不大，信息传输的任务相对比较简单，但实时性、快速性的要求较高。如果按照 7 层模式的参考模型，由于层间操作与转换的复杂性，网络接口的造价与时间开销显得过高。为了满足实时性要求，也为了实现工业网络的低成本，现场总线采用的通信模型大都在 OSI 模型的基础上进行了不同程度的简化。典型的现场总线协议模型如图 8 - 18 所示。它采用了 OSI 模型中的三个典型层：物理层、数据链路层和应用层，在省去中间 3～6 层后，考虑到现场总线的通信特点，设置一个现场总线访问子层。它具有结构简单、执行协议直观、价格低廉等优点，也满足了工业现场应用的性能要求。由于它是 OSI 模型的简化形式，所以开放系统互联模型是现场总线技术的基础。现场总线参考模型既要遵循开放系统集成的原则，又要充分兼顾测控应用的特点和特殊要求。

图 8 - 18　典型现场总线协议模型

由于现场总线是双向的，因此，能够从中心控制室对现场智能仪器仪表进行控制，使远程调整、诊断和维护成为可能，甚至能够在故障发生前进行预测。符合开放式标准的兼容性可以使用户选择不同厂家的产品来构成 FCS 系统，用户的权益得到了很好的维护。

从 20 世纪 80 年代初开始，美国的霍尼威尔公司和福克斯波罗公司、日本的横河公司、德国的西门子公司、荷兰飞利浦公司等都相继推出了可用于现场总线的系列智能化产品，它们大多数都是以国际标准组织的开放系统互连模型作为基本框架，并根据行业的应用需要施加某些特殊规定后形成的标准，在较大范围内取得了用户与制造商的认可，从而促进了现场总线的应用，推动了现场总线技术的发展。

3) 几种典型的现场总线

20 世纪 80 年代中期，德国、法国等欧洲国家的一些大公司在推出自己的"现场总线"产品的同时也制定了相应的国家标准。90 年代以后，现场总线技术发展迅猛，出现了群雄并起、百家争鸣的局面，全世界开发的现场总线的种类达数十种。然而，这些现场总线通过实际应用，其优劣差别日趋明显，优存劣汰已渐渐形成。在作为行业标准的现场总线领域内始终有 4~5 种网络的技术不相上下，它们具有各自的特点，也显示了较强的生命力。

(1) HART 总线。最早的现场总线系统 HART(Highway Addressable Remote Transducer)是美国 Rosemount 公司于 1986 年提出并研制的一种通信协议，得到了 80 多家著名仪器仪表制造商的支持，这种被称为可寻址远程传感器高速通道的开放通信协议，其特点是在现有模拟信号传输线上实现数字信号通信，它在常规模拟仪表的 4~20 mA DC 信号的基础上迭加了 FSK(Frequency Shift Keying)数字信号。这种通信协议既可以用于 4~20 mA DC 的模拟仪表，也可以用于数字式通信仪表。它属于模拟系统向数字系统转变过程中的过渡性产品，因而在当前的过渡时期具有较强的市场竞争力，得到了广泛的应用。

(2) CAN 总线。CAN 是控制器局域网络(Controller Area Network)的简称，是由德国 BOSCH 公司为汽车的监测、控制系统而设计的总线式串行通信网络，适合于工业设备和监控设备之间的互联。CAN 可以多主方式工作，网络上任意节点均可主动向其他节点发送信息；网络节点可按系统实时性要求分成不同的优先级，发生总线冲突时，会减少总线仲裁时间。CAN 采用短帧结构，每一帧为 8 个字节，保证了数据的出错率极低，被认为是最有发展前途的现场总线之一。其传输介质可用双绞线、同轴电缆或光纤，通信速率最高达 1 Mb/s，传输距离可达 10 km。其总线规范已被 ISO 国际标准组织制定为国际标准，并广泛应用于离散控制领域。它也是基于 OSI 模型，但进行了优化，抗干扰能力强，可靠性高。

(3) LonWorks 总线。LonWorks 是美国 Echelon 公司推出的一种功能全面的测控网络，主要用于工厂及车间的环境、安全、保卫、报警、动力分配、给水控制、库房和材料管理等。该总线技术的核心是具备通信和控制功能的 Neuron 芯片。Neuron 芯片是高性能、低成本的专用神经元芯片，能实现完整的 LonTalk 通信协议。该协议支持双绞线、同轴电缆、光纤、射频、红外线、电力线等多种通信介质。目前，LonWorks 在国内应用最多的是电力行业，如变电站自动化系统；另外，楼宇自动化和住宅自动化也是其主要应用行业之一。

(4) PROFIBUS 总线。PROFIBUS(Process Field Bus)是由西门子等十几家公司、研究所共同推出的符合德国国家标准 DIN19245 和欧洲标准 EN50170 的现场总线标准。协议包括 Profibus-DP、Profibus-FMS、Profibus-PA 三部分。Profibus-DP 用于分散外设间的高速数据传输,适合于加工自动化领域。Profibus-FMS 适用于纺织、楼宇自动化、可编程控制器、低压开关等。而 Profibus-PA 则是用于过程自动化的总线类型。该总线的最大特点是具有在防爆危险区内连接的本征安全特性,是一种面向工业自动化应用的现场总线系统。

(5) 基金会现场总线 FF。FF(Foundation Fieldbus)是由现场总线基金会提供的一种全新概念的通信标准,是在过程自动化领域得到广泛支持和具有良好发展前景的技术,主要用于工业过程控制和制造业自动化环境。FF 总线分低速 H1 和高速 H2 两种通信速率。H1 的传输速率为 31.25 kb/s,通信距离可达 1900 m,可支持总线供电,支持本质安全防爆环境。H2 的传输速率有 1 Mb/s 和 2.5 Mb/s 两种,其通信距离分别为 750 m 和 500 m。物理传输介质可支持双绞线、光缆和无线发射,协议符合 IEC1158-2 标准。FF 总线的主要技术内容包括 FF 通信协议,用于完成开放互联模型中第 2～7 层通信协议的通信栈,用于描述设备特征、参数、属性及操作接口的 DDL 设备描述语言、设备描述字典,用于实现测量、控制、工程量转换等应用功能的功能块,实现系统组态、调度、管理等功能的系统软件技术以及构筑集成自动化系统、网络系统的系统集成技术。

上述这些已被用户采用的现场总线技术都有各自的标准,不同现场总线技术的产品并不兼容,加上众多行业需求各异,制造商及用户都要考虑已有现场总线产品的投资效益和各公司的商业利益,这种情况导致了在一段时间内仍然是多种现场总线标准共存的局面。

现场总线适应了工业控制系统向分散化、网络化、智能化发展的方向,它一经产生便成为全球工业自动化技术的热点,受到全世界的普遍关注。现场总线的出现,将导致目前生产的自动化仪表、集散控制系统(DCS)、可编程控制器(PLC)在产品的体系结构、功能结构方面的较大变革,而自动化设备的制造厂家被迫面临产品更新换代的又一次挑战。

2. 现场总线系统的技术特点

(1) 系统的开放性。开放是指对相关标准的一致性、公开性,强调对标准的共识与遵从。所以,一个开放系统,是指它可以与世界上任何地方遵守相同标准的其他设备或系统连接。通信协议一致公开,各不同厂家的设备之间可以实现信息交换。用户可按自己的需要和考虑,把来自不同供应商的产品组成大小随意的系统。

(2) 具有互操作性和互用性。互可操作性是指实现互联设备间、系统间的信息传递与沟通。而互用则意味着不同生产厂家的性能类似的设备可实现相互替换。

(3) 系统结构的高度分散化。现场总线已构成一种新的全分散化控制系统的体系结构,从根本上改变了现有 DCS 集中与分散相结合的集散控制系统体系,简化了系统结构,提高了可靠性。

(4) 对现场环境的适应性。作为工厂网络底层的现场总线,是专为现场环境而设计的,可支持双绞线、同轴电缆、光缆、射频、红外线、电力线等,具有较强的抗干扰能力,能采用两线制实现供电与通信,并可满足本质安全防爆要求等。

(5) 系统成本降低、性能提高。采用现场总线技术后,由于现场底层设备的智能化以及改变了过去点对点的连接方式,使自动化系统的性能价格比大幅度提高,具体表现为

① 系统成本降低。

硬件成本：由于采用一对双绞线或一条电缆挂接多个设备的串行连接方式，导线、电缆、端子、槽盒、桥架的用量大幅度下降。

软件成本与辅助成本：由于系统简化，使得系统设计、安装、调试、维护费用大幅度下降。

② 系统性能提高。

· 具有故障诊断能力：当通信电器发生故障时，通信电器与现场总线连接器能显示故障信号，便于故障排除，以确保系统正常运行。

· 系统传输信息量增加，提高了系统自动化程度。

· 信号传输精度高、及时，提高了系统运行的可靠性。

3. 现场总线技术的发展趋势

现场总线技术的产生促进了现场设备的数字化和网络化，并且使现场控制的功能更加强大。由于采用了现场总线带来了过程控制系统的开放性，使得系统成为具有测量、控制、执行和过程诊断等综合能力的控制网络。今后，现场总线的发展预计将表现在如下几个方面。

1) 现场总线标准的统一问题

目前流行的各种现场总线代表着不同公司的利益，谁都想把自己的"蛋糕"做大。因此，各大厂商都不遗余力地推广自己的现场总线，并积极参与和把持相应现场总线标准的制定工作。这种局面导致了在现有的产品结构和应用水平上，现场总线领域已经很难统一，同时又阻碍了现场总线技术的广泛应用与发展。那么，现场总线技术的发展方向究竟是什么？标准是否要统一？采用哪种技术？这些已成为当前研究现场总线技术发展的热点。根据分析认为有两种可能。

一种可能是，维持几种性能优异的现场总线共存的局面。因为，现场总线现已呈现兼容并蓄的发展趋势。各自动化厂商除化大力气从事自身的总线产品开发推广外，同时也充分吸收、采纳其他总线的相关技术，推出包容多种技术标准的现场总线产品。尤以整合了Ethernet 和 TCP/IP 技术的现场总线为今后现场总线发展的主流体系和应用热点。

由于 Ethernet 技术的快速发展，Ethernet 在电子世界成为事实上的标准是必然的，Ethernet 介入控制领域已经初见倪端。TCP/IP 是将数据打包成信息，从多个数据源仲裁传送，并保证在另一端完整地重建信息的一种方式。许多供应商都在设计不同的协议以便将其现场总线的数据转换到 TCP/IP 上，这样，就可实现不同现场总线的数据在同一网络上传输。然而并未解决标准统一的问题。目前现场总线正在开发与 Ethernet、TCP/IP 结合的技术有：ControlNet、DeviceNet 和 Ethernet/IP 联合推出 CIP(Control and Information Protocol)；Foundation Fieldbus 推出 HSE(High Speed Ethernet)；Profibus 推出 ProfiNet；还有一些现场总线本身就是与 Ethernet 功能接近的 LAN(局域网)，因此它们不经过 Ethernet 而直接与 TCP/IP 推出 WorldFIP TCP/IP。

另一种可能是，以太网将成为现场总线的最终发展方向，因为以太网技术是目前最符合网络控制系统现场总线特点(数字式互联网络、互操作性、开放性和高网络性能)的技术。

然而，能否将以太网用于网络控制系统的低层完全取代现场总线，目前还处于研究和讨论阶段。普通以太网向下延伸到工业现场，面临一系列的技术难题，确定性、实时性、安全性、抗干扰能力，还有现场设备的供电问题、网线的物理性能提高等。为解决上述问题，Synergetic Micro Systems、Hirschmann、Grayhill、HMS Fieldbus System、Hilscher GmbH and Contemporary Controls 公司于 1999 年发起成立了"工业以太网协会"（IEA），目前已发展有十几个成员。IEA 的目标是解决如下问题：

（1）数字或模拟 I/O 打包到 TCP/IP 的方式。

（2）与复杂设备接口的标准，这些设备包括驱动设备、运行控制器、操作员界面、PLC、条形码阅读器等。

（3）确定工业级的接头。

（4）采用"确定性"机制。

（5）机器 Ethernet 和企业 Intranet 的接口。

IEA 希望通过上述工作，使工业以太网成为真正的工业现场总线，从而在与其他势力强大的现场总线标准的竞争中取胜。

2）控制系统趋于扁平化

现场总线技术的发展使得原有的三层（即信息层、控制层、设备层）结构的控制系统向两层结构控制系统靠拢，力图去掉中间的控制层，整体系统出现了扁平化的趋势，即所有的高层次控制、管理和调度任务均在上一层完成，而所有的具体控制、显示、记录和诊断任务均在下一层完成。在这种结构中，各种任务受地域的限制程度下降了，各种功能受层次划分的约束因素减小了，而信息共享和设备可重用的可能性却提高了。更为重要的是，由此建立起了信息交换的公共平台，通过该信息交换的公共平台可以提供许多传统计算机控制系统难以实现的功能。

综上所述，现场总线技术所代表的是一种数字化到现场、网络化到现场、控制功能到现场和设备管理到现场的不可逆转的发展方向。现场总线的出现，使数字通信技术迅速占领工业过程控制系统中模拟量信号的最后一块领地。一种全数字化、全开放式的、可互操作的全新的控制系统已经展现在我们面前。

8.3.2　现场总线仪器的原理及特点

由于现场总线技术的迅速发展，现场总线仪器已成为智能仪器的重要分支和发展方向之一。鉴于 CAN(Control Area Network)总线技术比较成熟且在智能仪器和其他现场智能设备中应用广泛，本节给予较为详细的介绍。对其他现场总线，读者可以参考有关书籍和产品手册。

1. CAN 总线基本原理与特性

由于 CAN 总线具有通信速率高、可靠性好、价格低廉等特点，受到工业界的广泛重视，面向过程工业、机械工业、机器人、数控机床、医疗仪器等众多领域，并被公认为几种最有前途的现场总线之一。

CAN 节点的分层结构：CAN 遵循 ISO/OSI 标准模型，并且只采用了 ISO/OSI 标准模型全部七层中的两层，即物理层和数据链路层，具体如图 8-19 所示。

数据链路层
逻辑链路子层
接收过滤
超载通知
恢复管理
媒体访问控制子层
数据封装/拆卸
帧编码(填充/解除填充)
媒体访问管理
错误监测
出错标定
应答
串行化/解除串行化
物理层
位编码/解码
位定时
同步
(驱动器/接收器特性)

图 8 - 19　CAN 的分层结构

物理层划分为三部分，即物理信令实现与位表示、定时以及同步相关的功能；物理媒体附属装置实现总线发送/接收功能以及总线故障检测；媒体相关接口实现与物理媒体之间的机械和电气接口。

数据链路层分为逻辑链路控制(LLC)和媒体访问控制(MAC)两部分。

LLC 子层提供的功能有：

(1) 帧接收过滤：数据帧内容由标识符命名。标识符并不能指明帧的目的地，每个接收器通过帧接收过滤确定此帧与己是否有关。

(2) 超载通告：如果接收器内部条件要求延迟下一个 LLC 数据帧或 LLC 远程帧，则通过 LLC 子层开始发送超载帧；最多可产生两个超载帧，以延迟下一个数据帧或远程帧。

(3) 恢复管理：发送期间，对于丢失仲裁或被错误干扰的帧，LLC 子层具有自动重发送功能，在发送完成前，帧发送服务不被用户认可。

MAC 子层按 IEEE 802.3 规定，具有发送部分功能和接收部分功能。

发送部分功能包括：

(1) 发送数据封装，接收 LLC 帧和接口控制信息，构成 MAC 帧。

(2) 发送媒体访问管理，检查总线状态，串行化 MAC 帧，插入填充位，开始发送，丢失仲裁时转入接收方式，应答校验，错误超载检测，发送超载帧或数据帧等。

接收部分功能包括：

(1) 接收媒体访问管理，由物理层接收串行位流，重新构筑帧结构，解除填充位，错误检测，发送应答，构造发送错误帧或超载帧。

(2) 接收数据卸装，由接收帧去除 MAC 特定信息，输出 LLC 帧和接口控制信息至LLC 子层。

CAN 总线上的数字化信息由差分电平表示：显性电平(Dominate Level)以大于最小阈值的差分电压表示，表示逻辑"0"；隐性电平(Recessive Level)时两根逻辑物理总线均基本固定于平均电平，表示逻辑"1"，如图 8-20 所示。如果总线上存在"显性"位和"隐性"位的同时发送，总线数值将表现为"显性"，即表示为"0"。这一点在判别信息的优先权而进行网络仲裁时起关键作用。

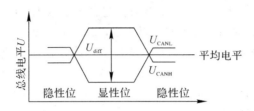

图 8-20　CAN 总线上的电平表示

CAN 的通信介质一般为双绞线。以位速率表示的数据传输速度在不同系统中是不同的，然而在一个给定系统中此速率是唯一的，并且是固定的。其通信速率可达 1 Mb/s。

总线上各节点对总线上的数据位的检测需要同步的原因是显而易见的。当总线上没有任何节点发送信息时总线的状态称为"空闲"，总线上的电平为"隐性电平"。一旦有发送产生时，最先发送的那个节点的帧起始(一个单"显性"位)，使所有的节点产生硬同步。另外，在通信进行过程中，所有的节点还要根据总线上位信号沿的电平变化而进行重新同步。

当总线开放时，任何连接的节点均可开始发送一个新报文。这些报文按不同的帧格式组成。CAN 的 2.0 A 标准规定了 4 种帧格式：数据帧由发送器传送数据至接收器；远程帧通过某总线节点发送，以请求其他节点发送具有相同表示符的数据帧；出错帧由通过检测发现总线错误的任何节点发送，向全网络通报出错信息；超载帧用于在多帧数据之间提供附加延迟。

其中，大量使用的数据帧由帧起始、仲裁场、控制场、数据场、CRC 场、应答场(ACK场)和帧结束等 7 个不同位场组成，如图 8-21 所示。

帧起始	仲裁场	控制场	数据场	CRC 场	ACK 场	帧结束

图 8-21　数据帧的组成

帧起始(SOF)标志着数据帧和远程帧的起始，由单个"显性"位构成。只有在总线处于空闲状态时才允许发送。所有站都必须同步于首先开始发送的那个站的帧起始前沿。

仲裁场由来自 LLC 子层的标识符(IDentifier，ID)和远程发送请求(Remote Transmission Reques，RTR)位组成。标识符长度为 11 位(ID10～ID0)，按照由高至低的次序发送，且前7 位(ID10～ID4)不能全为隐性位。标识符用于提供关于传送报文和总线访问的优先权的信息。在数据帧中，RTR 位为"0"。

控制场由 6 位构成，前 2 位为备用位，后 4 位为数据长度码，决定数据场中的字节数目，可由 0～8 变化。

数据场由数据帧中被发送的数据组成，数目由控制场决定(0～8 字节)，第一个字节的最高位首先被发送。

CRC 场包括 CRC(循环冗余码校验)序列(15 位)和 CRC 界定符(一个隐性位)，用于帧校验。

ACK 场由应答间隙和应答界定符组成(共两位)。应答间隙期间,数据帧发送器发出一个"隐性"电平,而所有已正确接收到有效报文的接收器此时传送一个"显性"位,报告给发送器(发送器发出的"隐性"电平被改写为"显性"电平),表明至少有一个接收器已正确接收。后续的应答界定符为一个"隐性"电平。

帧结束由 7 位隐性位组成,此期间无位填充。

CAN 协议采用短帧结构,即每帧数据最多包含 8 位数据,这将有利于系统的实时性。另一个特点是废除了传统的站地址编码,而代之以标识符(Identifier)对信息进行优先权分级。任何节点均可向全网络广播发送数据,其他节点则根据所接收到的标识来决定是否处理所接收到的信息。

若同时有两个或更多的节点开始发送报文,总线运用对标识符的逐位仲裁规则巧妙地在各节点内解决冲突。仲裁期间,每个节点都监视总线电平,并与自己发送的位电平相比较。若该节点发送的一个隐性位被显性位改写,说明有较高优先权报文在发送,则节点自动转变为接收器。当一个具有相同标识符的远程帧和一个数据帧被仲裁时,远程帧 RTR 位的隐性电平被数据帧 RTR 位显性电平改写,所以数据帧比远程帧优先级高。由上述可见,标识符和 RTR 位对应二进制数位越低的报文优先级越高,这种仲裁规则可以使信息和时间均无损失。

每个节点的接收部分设置了接收过滤机制,可从总线上川流不息的信息中选取与己有关的信息,而不必理睬与己无关的信息。

总之,由于 CAN 采用了许多新技术及独特的设计,与一般的通信总线相比,CAN 总线的数据通信具有突出的可靠性、实时性和灵活性。其主要特性可概括如下:

(1) CAN 为多主方式工作,网络上任一节点均可在任意时刻主动地向网络上其他节点发送信息,而不分主从,通信方式灵活,且无需站地址等节点信息,可方便地构成多机备份系统。

(2) CAN 网络上的节点信息分成不同的优先级,可满足不同的实时要求。

(3) CAN 采用非破坏性总线仲裁技术,当多个节点同时向总线发送信息时,优先级较低的节点会主动地退出发送,而最高优先级的节点可不受影响地继续传送数据,从而大大节省了总线冲突仲裁时间。尤其是在网络负载很重的情况下也不会出现网络瘫痪的情况(以太网则可能)。

(4) CAN 只需要通过报文滤波即可实现点对点、一点对多点及全局广播等几种方式传送接收数据,无需专门的"调度"。

(5) CAN 的直接通信距离最远可达 10 km(速率在 5 kb/s 以下);通信速率最高可达 1 Mb/s(此时通信距离最长为 40m)。

(6) CAN 上的节点数主要取决于总线驱动电路,目前可达 110 个;报文标识符可达 2032 种(CAN2.0A),而扩展标准(CAN2.0B)的报文标识符几乎不受限制。

(7) 采用短帧结构,传输时间短,受干扰概率低,具有极好的检错效果。

(8) CAN 的每帧信息都有 CRC 校验及其他检错措施,保证了数据出错率极低。

(9) CAN 的通信介质可为双绞线、同轴电缆或光纤,选择灵活。

(10) CAN 节点在错误严重的情况下具有自动关闭输出的功能,以使总线上其他节点的操作不受影响。

2. CAN 总线有关器件介绍

CAN 总线突出的优点使其在各个领域得到了广泛的应用，许多器件厂商竞相推出各种 CAN 总线器件产品，并已逐步形成系列。丰富的 CAN 总线器件进一步促进了 CAN 总线的推广。表 8－2 列出了主要的 CAN 总线器件产品。

表 8－2　主要的 CAN 总线器件产品

制造商	产品型号	器件功能及特点
英特尔	82526 82527 8XC196CA/CB	CAN 通信控制器，符合 CAN2.0A CAN 通信控制器，符合 CAN2.0B 扩展的 XC196＋CAN 通信控制器，符合 CAN2.0B
飞利浦	82C200 8XC592 8XCE598 82C150 82C250 P51XA-C3	CAN 通信控制器，符合 CAN2.0A 8XC552＋CAN 通信控制器，去掉了 I^2C，符合 CAN2.0B 提高了电磁兼容性的 XC592 带数字及模拟 I/O 的 CAN 总线扩展器件，符合 CAN2.0A 高性能 CAN 总线收发器 16 位微控制器＋CAN 通信控制器，符合 CAN2.0B
摩托罗拉	68HC05X4 系列	68HC05 微控制器＋CAN 通信控制器，符合 CAN2.0A
西门子	81C90/91 C167C	CAN 通信控制器，符合 CAN2.0A 微控制器＋CAN 通信控制器，符合 CAN2.0A/B
NEC	72005	CAN 通信控制器，符合 CAN2.0A/B
Silioni	SI9200	CAN 总线收发器

1) Intel 82527 CAN 通信控制器

CAN 控制器芯片可完成物理层和数据链路层的全部功能。采用 CAN 控制器，设计者仅需考虑应用层问题，通过相对简单的设计和编程就可开发出适用的 CAN 总线系统。CAN 控制器由实现 CAN 总线协议部分和与微控制器接口部分构成。不同型号的 CAN 控制器，其实现 CAN 协议部分电路的结构和功能大都相同，而与微控制器接口部分的结构及方式存在一些差异。下面以 Intel 公司 82527 为例，对 CAN 控制器做简要介绍。

82527 是一种独立的高集成度的 CAN 控制器，它可通过并行总线或串行口（SPI）与各种微处理器接口，可按 CAN 规程完成串行通信。它只用微控制器或 CPU 极小的开销即可完成诸如报文发送、报文滤波、发送扫描和中断扫描等工作。82527 可提供 1 个 8 字节数据长度的报文目标。除最后一个报文目标外，每个报文目标可被配置为发送或接收，最后一个报文目标仅为一个具有特定屏蔽设计的接收缓冲器，以允许选择不同的报文标识符组进行接收。82527 还具有实现报文滤波的全局屏蔽功能，这一性能允许用户全局性地屏蔽报文的任何标识符位。可编程的全局屏蔽性能适用于标准和扩展的两种报文。82527 是支持 CAN 规程 2.0B 标准和扩展报文格式的第一个器件。由于 CAN 规程 2.0 的向后兼容性，

82527 也完全支持 CAN2.0A 的标准报文格式。82527 使用 44 引脚 PLCC 封装,适用于
−44℃～+125℃的温度范围,其结构及功能框图如图 8−22 所示。

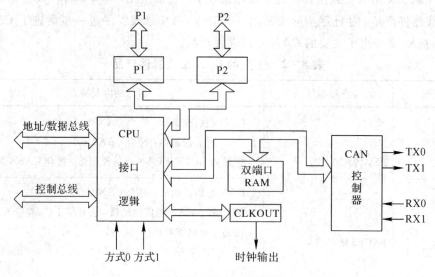

图 8−22　82527 功能框图

　　82527 通过片内双端口 RAM 与微控制器进行数据交换。微控制器将要传送的数据
信息,包括数据字节、标识符、数据方向、数据帧或远程帧等,可包装成多达 15 个通信
目标送入双端口 RAM,82527 可自动完成这些通信目标的传送。其主要特性可概括
如下:

　　• 支持 CAN2.0B 规范,包括标准和包括数据帧和远程帧。

　　• 可程控全局屏蔽,包括标准和扩展标识符。

　　• 具有 15 个信息缓冲区,每个信息长度为 8 字节,包括 14 个 TX/RX 缓冲区,1 个带
可程控屏蔽的 RX 缓冲区。

　　• 可变 CPU 接口,包括多路 8 位总线,多路 16 位总线,8 位非多路总线(同步/异
步),串行接口(如 SPI)。

　　• 可程控速率并有可程控时钟输出。

　　• 可变中断结构。

　　• 可设置输出驱动器和输入比较器结构;两个 8 位双向 I/O。

　　2) 带有 CAN 总线接口的微控制器及 I/O 器件

　　(1) 8 位微控制器 P8XC592。P8XC592 是适用于自动化和通用工业领域的高性能 8 位
微控制器。它是飞利浦现有微控制器 P8XC552 和 CAN 通信控制器 82C200 的功能组合,它
与 8XC552 微控制器的不同之处是:CAN 总线取代了原 I^2C 总线,且片内程序存储器扩展
至 16KB;增加了 256 字节内部 RAM,并在 CAN 发送/接收缓冲器与内部 RAM 之间建立
了 DMA;为便于访问 CAN 发送/接收缓冲器,在内部专用寄存器块中增加了 4 个特殊功能
寄存器(CANADR、CANDAT、CANCON 和 CANSTA)。CPU 通过 4 个特殊功能寄存器
访问 CAN 控制器,也可以访问 DMA 逻辑。需注意的是,CANCON 和 CANSTA 在读和写
访问时对应不同的物理单元。

(2) CAN 总线 I/O 器件 82C150。CAN 总线上的节点既可是基于微控制器的智能节点，也可以是仅有 CAN 接口的 I/O 器件。82C150 即是一种具有 CAN 总线接口的模拟和数字 I/O 器件，可以有效地提高微控制器 I/O 能力、降低线路复杂性。82C150 的主要功能包括：

① CAN 接口功能。

- 符合具有严格的位定时的 CAN 技术规范 2.0A 和 2.0B。
- 全集成内部时钟振荡器(不需要晶振)，位速率为 20～125 kb/s。
- 具有位速率自动检测和校正功能。
- 有 4 个可编程标识符位，在一个 CAN 总线系统上最多可连接 16 个 82C150。
- 支持总线故障自动恢复。
- 具有通过 CAN 总线唤醒功能的睡眠方式。
- 带有 CAN 总线差分输入比较器和输出驱动器。

② I/O 功能。

- 16 条可配置的数字及模拟 I/O 口线。
- 每条 I/O 口线均可通过 CAN 总线单独配置，包括 I/O 方向、口工作模式和输入跳变的检测功能。
- 在用做数字输入时，可设置为输入端变化而引起 CAN 报文自动发送。
- 两个分辨率为 10 位的准模拟量(分配脉冲调制 PDM)输出。
- 具有 6 路模拟输入通道的 10 位 A/D 转换器。
- 两个通用比较器。

③ 工作特性。

- 电源电压为 5 V±4%，典型电耗 20 mA。
- 工作温度范围为 −40℃～+125℃。
- 采用 28 脚小型表面封装。

3) CAN 总线收发接口电路 82C250

82C250 是 CAN 控制器与物理总线之间的接口，该器件可以提供对总线的差动发送和接收功能。主要特性如下：

- 与 ISO/DIS 11898 标准全兼容。
- 高速性(最高可达 1 Mb/s)。
- 具有抗瞬间干扰(如汽车环境下)、保护总线能力。
- 降低了射频干扰的斜率控制。
- 具有热保护功能。
- 总线与电源及地之间有短路保护。
- 低电流待机方式(可有效降低功耗)。
- 有掉电自动关闭输出功能。
- 可支持多达 110 个节点相连接。

82C250 的功能框图如图 8-23 所示。多数 CAN 总线控制器均具有配置灵活的收发接口，并允许总线故障，驱动能力一般可以满足 20～30 个节点连接的要求。82C250 支持多达

110 个节点,并能以 1 Mb/s 的速率工作于恶劣电气环境下。利用 82C250 还可方便地在 CAN 控制器与收发器之间建立光电隔离,以实现总线上各节点间的电气隔离。

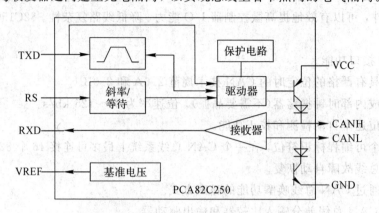

图 8 - 23　82C250 功能框图

此外,CAN 协议中卓越的错误检出及自动重发功能给我们建立高效的基于电力线载波或无线电介质(这类介质往往存在较强的干扰)的 CAN 通信系统提供了方便,且这种多机通信系统只需要一个频点。

3. CAN 总线的主要应用领域

CAN 总线自问世以来,以其独特的设计思想、优良的性能和极高的可靠性越来越受到工业界的青睐。在国外,尤其是美国及欧洲,CAN 总线技术已经被广泛用于汽车、火车、轮船、机器人、智能楼宇、机械制造、数控机床、纺织机械、医疗器械、传感器、自动化仪器仪表等领域。下面简要介绍 CAN 总线除交通领域外的几种典型应用领域。

1) 大型仪器设备

大型仪器设备是一种按照一定步骤对多种信息进行采集、处理、控制、输出等操作的复杂系统。过去,这类仪器设备的电子系统往往在结构和成本方面占据相当大的部分,而且可靠性不高。采用 CAN 总线技术后,在这方面有了明显改观。

以医疗器械为例,CT 断层扫描仪是现代医学上用于疾病诊断的有效工具。在 CT 中有各种复杂的功能单元。如 X 光发生器、X 光接收器、扫描控制单元、旋转控制单元、水平垂直运动控制单元、操作台及显示器以及中央计算机等,这些功能单元之间需要进行大量的数据交换。为保证 CT 可靠工作,对数据通信有如下要求:

(1) 功能块之间可随意进行数据交换,这要求通信网具有多种性质。

(2) 通信应能以广播方式进行,以便发布同步命令或故障警告。

(3) 简单、经济的硬件接口,通信线应尽量少,并能通过滑环进行信号传输。

(4) 抗干扰能力强,因为 X 射线管可在瞬时发出高能量,产生很强的干扰信号。

(5) 可靠性高,能自动进行故障识别并自动恢复。

以上这些要求在长时间内未能很好解决,直至 CAN 总线技术出现才提供了一个较好的解决方法。目前,西门子公司生产的 CT 断层扫描仪已采用了 CAN 总线,改善了该设备的性能。

2）在传感器技术以及数据采集系统中的应用

测控系统中离不开传感器，由于各类传感器的工作原理不同，其最终输出的电量形式也各不相同，为了便于系统连接，通常要将传感器的输出变换成标准电压或电流信号。即便是这样，在与计算机相连时，还必须增加 A/D 环节。如果传感器能以数字量形式输出，就可方便地与计算机直接相连，从而简化了系统结构，提高了精度。将这种传感器与计算机相连的总线可称为传感器总线。实际上，传感器总线仍属于现场总线，关键的问题在于如何将总线接口与传感器一体化。

据了解，传感器制造商对 CAN 总线产生了极大兴趣。MTS 公司展示了其第一代带有 CAN 总线接口的磁致伸缩长度测量传感器，该传感器已被用于以 CAN 总线为基础的控制系统中。此外，一些厂商还提供了带有 CAN 总线接口的数据采集系统。RD 电子公司提供了一种数据采集系统 CAN-MDE，可以直接通过 CAN 总线与传感器相连，系统可以由汽车内部的电源（6～24 V）供电，并有掉电保护功能。MTE 公司推出的带有 CAN 总线接口的四通道数据采集系统 CCC4，每通道采样频率为 16 MHz，可存储 2 MB 数据。A/D 转换为 14 位，通过 CAN 总线可将采样通道扩展到 256 个，并可与带有 CAN 总线接口的 PC 机进行数据交换。

3）在工业控制中的应用

在广泛的工业领域，CAN 总线可作为现场设备级的通信总线，并且与其他总线相比，具有很高的可靠性和性能价格比。

例如，瑞士一家公司开发的轴控制系统 ACS－E 就带有 CAN 接口。该系统可作为工业控制网络中的一个从站，用于控制机床、机器人等。一方面通过 CAN 总线与上位机通信；另一方面可通过 CAN 总线对数字式伺服电机进行控制。通过 CAN 总线最多可以接 6 台数字式伺服电机。

在以往国内测控领域由于没有更好的选择，大都采用 BITBUS 或 RS485 作为通信桥梁，存在许多不足，主要有：

（1）主从结构网络上只能有一个主站，其余均为从站。其潜在的危险为：由于一个 BITBUS 网上只能有一个主节点，无法构成多主结构或冗余结构的系统，一旦主节点出现故障，整个系统将处于瘫痪状态，因而对主节点的可靠性要求很高。

（2）数据通信方式为命令响应型。网络上任一次数据传输都是由主节点发出命令开始，从节点接到命令以后以相应的方式传给主节点，这使得网络上的数据传输率大大降低，且使主节点控制器非常繁忙。同时，在下端出现异常时，数据不能立即上传，必须等待主节点下达命令，灵活性较差，在许多实时性要求较高的场合，这是致命的弱点，有可能造成重大事故。

（3）BITBUS 的物理层采用的是较陈旧的 RS485 规范，链路层为 SDLC 协议。总体来讲效率较低，尤其是错误处理能力不强。

采用 CAN 总线技术则可使上述问题得到很好的解决。CAN 网络上任何一节点均可作为主节点主动地与其他节点交换数据，解决了 BITBUS 中一直困扰人们的从节点无法主动地与其他节点交换数据的问题，给用户的系统设计带来了极大的灵活性，并可大大提高系统的性能。CAN 网络节点的信息帧可分出优先级，这对于有实时要求的用户提供了方便，这也是 BITBUS 无法比拟的。CAN 的物理层及链路层采用独特的技术设计，使其在抗干扰、错误检测能力等方面的性能均超过了 BITBUS。

　　CAN 的上述特点使其成为诸多工业测控领域中优先选择的现场总线之一。

8.3.3　现场总线仪器实例

　　CAN(Controller Area Network，控制局域网)属于工业现场总线，CAN 总线系统中现场数据采集由传感器完成，目前，带有 CAN 总线接口的传感器种类还不多，价格也较贵。本节给出一种由 8051 单片机和 82527 独立 CAN 总线控制器为核心构成的智能节点电路，在普通传感器基础上形成可接收 8 路模拟量输入的智能传感器节点。

1. 独立 CAN 总线控制器 82527 介绍

　　如上所述，82527 是 Intel 公司生产的独立 CAN 总线控制器，可通过并行总线与 Intel和 Motorola 的控制器接口，支持 CAN 规程 2.0B 标准，具有接收与发送功能并可完成报文滤波。82527 采用 CHMOS 5V 工艺制造，44 脚 PLCC 封装，其结构及功能框图如图 8 - 22所示。

　　1) 82527 的时钟信号

　　82527 的运行由两种时钟控制：系统时钟 SCLK 和寄存器时钟 MCLK。SCLK 由外部晶振获得，MCLK 对 SCLK 分频获得。CAN 总线的位定时依据 SCLK 的频率，而 MCLK为寄存器操作提供时钟。SCLK 频率可以等于外部晶振 XTAL，也可以是其频率的 1/2；MCLK 的频率可以等于 SCLK 或是其频率的 1/2。系统复位后的默认设置值是 SCLK＝XTAL/2，MCLK＝SCLK/2。

　　2) 82527 的工作模式

　　82527 有 5 种工作模式：INTEL 方式 8 位分时复用模式；INTEL 方式 16 位分时复用模式；串行接口模式；非 INTEL 方式 8 位分时复用模式；8 位非分时复用模式。本例应用INTEL 方式 8 位分时复用模式，此时 82527 的 30 和 44 脚接地。

　　3) 82527 的寄存器结构

　　82527 的寄存器地址为 00～FFH。下面根据需要对寄存器给予介绍。

　　(1) 控制寄存器(00H)：

7	6	5	4	3	2	1	0
0	CCE	0	0	EIE	SIE	IE	INIT

　　• CCE——改变配置允许位，高电平有效。该位有效时允许 CPU 对配置寄存器 1FH、2FH、3FH、4FH、9FH、AFH 写操作。

　　• EIE——错误中断允许位，高电平有效。该位一般置 1，当总线上产生异常数量的错误时中断 CPU。

　　• SIE——状态改变中断允许位，高电平有效。该位一般置 0。

　　• IE——中断允许位，高电平有效。

　　• INIT——软件初始化允许位，高电平有效。该位有效时，CAN 停止收发报文，TX0和 TX1 为隐性电平 1。在硬件复位和总线关闭时该位被置位。

（2）CPU 接口寄存器（02H）：

7	6	5	4	3	2	1	0
RSTST	DSC	DMC	PWD	SLEEP	MUX	0	CEN

- RSTST——硬件复位状态位。该位由 82527 写入，为"1"时硬件复位激活，不允许对 82527 访问；为"0"时允许对 82527 访问。
- DSC——SCLK 分频位。该位为"1"时，SCLK = XTAL/2；为"0"时，SCLK = XTAL。
- DMC——MCLK 分频位。该位为"1"时，MCLK = SCLK/2；为"0"时，MCLK = SCLK。
- PWD——掉电模式使能位，高电平有效。
- SLEEP——睡眠模式使能位，高电平有效。
- MUX——低速物理层复用标志位，该位为"1"时，ISO 低速物理层激活，PIN24 = VCC/2。PIN11 = INT♯（♯ 表示取反）；该位为"0"时，PIN24 = INT♯，PIN11 = P2.6。
- CEN——时钟输出允许位，高电平有效。

（3）标准全局屏蔽寄存器（06～07H）。该寄存器用于具有标准标识符的报文或 XTD 置 0 的报文寄存器。该方式称为报文接收滤波。当某位为 1 时，报文标识符的相应位必须匹配；为 0 时，不必匹配。

（4）扩展全局屏蔽寄存器（08～0BH）。该寄存器用于扩展报文格式或 XTD 置 1 的报文寄存器，其作用与标准全局屏蔽寄存器相同。

（5）总线配置寄存器（2FH）：

7	6	5	4	3	2	1	0
0	COBY	POL	0	DCT1	0	DCR1	DCR0

- COBY——旁路输入比较器标志位，高电平有效。
- POL——极性标志位。为 1 时，如果旁路输入比较器，则 RX0 的输入逻辑 1 为显性，逻辑 0 为隐性；为 0 时，则反之。
- DCT1——TX1 输出切断控制位。为 1 时，TX1 输出不被驱动，该模式用于 1 根总线的情况或 2 根差分导线短路；为 0 时，TX1 输出被驱动。
- DCR1——RX1 输出切断控制位。为 1 时，RX1 与输入比较器的反相端断开，接至 VCC/2；为 0 时，RX1 接至输入比较器反相端。
- DCR0——RX0 输入切断控制位。其作用与 DCR1 相同，此时 RX0 接至比较器同相端。

（6）位定时寄存器 0（3FH）：

7	6	5	4	3	2	1	0
SJW		BRP					

- SJW——同步跳转宽度位场，编程值为 1～3。
- BRP——波特率分频位场，编程值为 0～63。

(7) 位定时寄存器 1(4FH)：

7	6	5	4	3	2	1	0
SPL	TSEG2			TSEG1			

- SPL——采样模式标志位。1 表示每位采样 3 次；0 表示每位采样 1 次。
- TSEG1——时间段 1 位场，编程值为 2～15。
- TSEG2——时间段 2 位场，编程值为 1～7。

波特率的计算公式如下：

$$波特率 = \frac{XTAL}{(DSC+1) \times (BRP+1) \times (3+TSEG_1+TSEG_2)}$$

(8) 报文寄存器(把每个报文寄存器的第 1 字节地址作为基址 BASE)。

① 控制寄存器 0，1(BASE+0，BASE+1)：

	7	6	5	4	3	2	1	0
BASE+0	MEGVAL		TXIE		RXIE		INTPND	
BASE+1	RMTPND		TXRQST		MSGLST/CPUUPD		NEWDAT	

- MEGVAL——报文寄存器有效标志位，高电平有效。10 为置位，01 为复位。
- TXIE——发送中断允许标志位，高电平有效。10 为置位，01 为复位。
- RXIE——接收中断允许标志位，高电平有效。10 为置位，01 为复位。
- INTPND——中断申请标志位，高电平有效。10 为置位，01 为复位。
- RMTPND——远程帧申请标志位，高电平有效。10 为置位，01 为复位。
- TXRQST——请求发送标志位，高电平有效。10 为置位，01 为复位。
- MSGLST——报文丢失标志位，只用于接收报文寄存器。10 表示未读报文被新报文覆盖，01 表示未覆盖。
- CPUUPD——CPU 更新标志位，只用于发送报文寄存器。为 10 时报文不被发送，为 01 时报文可发送。
- NEWDAT——新数据标志位。10 表示向寄存器写入了新数据，01 表示无新数据写入。

② 仲裁寄存器 0，1，2，3(BASE+2—BASE+5)存储报文标识符：

7	6	5	4	3	2	1	0
DLC				DIR	XTD	保留	

③ 报文配置寄存器(BASE+6)：

- DLC——数据长度编码，编程值为 0～8。
- DIR——方向标志位。为 1 时发送，为 0 时接收。

- XTD——标准/扩展标识符标志位。1 表示扩展标识符，0 表示标准标识符。

④ 数据寄存器(BASE＋7－BASE＋14)。

82527 存储报文时，8 个数据字节均被写入，未用到的字节数据是随机的。

2. 硬件电路设计

智能节点的硬件电路如图 8-24 所示(图中 6264 略去)。

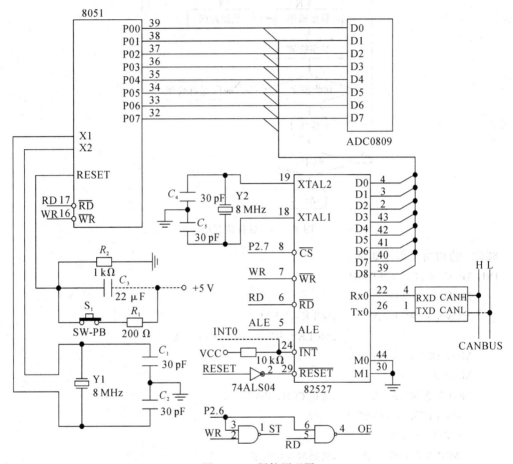

图 8-24　硬件原理图

在硬件设计中，由 ADC0809 完成对 8 路模拟量的转换，与 8051 的信息交换采用查询方式，地址为 BFF8～BFFFH，其时钟可由 ALE 二分频获得；82527 完成与 CAN 总线的信息交换。本设计中，旁路了输入比较器，与 8051 的信息交换采用中断方式，地址为7F00～7FFFH，可以用 82527 的 P1 口和 P2 口对开关量采集或对继电器进行控制。82C250 提供 82527 和物理总线间的接口，提高了接收和发送能力。可根据需要扩展程序存储器。

3. 软件设计

本设计软件采用 MCS-51 汇编语言编写，程序框图如图 8-25 所示。

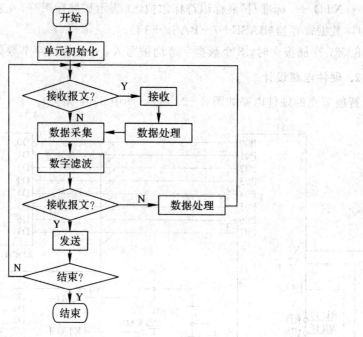

图 8-25　软件流程图

82527 的初始化程序如下：
```
INI: MOV DPTR, #0FF02H
     MOV A, #00H
     MOVX @DPTR, A          ;SCLK=XTAL
                            ;MCLK=SCLK, CLKOUT 无效
     MOV DPTR, #0FF00H
     MOV A, #41H
     MOVX @DPTR, A          ;置位 CCE, INIT
     MOV DPTR, #0FF2FH
     MOV A, #48H
     MOVX @DPTR, A          ;旁路输入比较器
                            ;设置 1 位隐性, 0 为显性, RX1 无效
     MOV DPTR, #0FF3FH
     MOV A, #43H
     MOVX @DPTR, A          ;SJW=2, BRP=3
     MOV DPTR, #0FF4FH
     MOV A, #0EAH
     MOVX @DPTR, A          ;SPL=1, TSEG1=7
                            ;TSEG2=6 此时波特频率为 100 kb/s
     MOV DPTR, #0FF00H
     MOV A, #01H
     MOVX @DPTR, A          ;禁止对配置寄存器的访问
     MOV DPTR, #0FF10H
```

```
            MOV A，♯55H
            MOVX @DPTR，A
            INC DPTR
            MOVX @DPTR，A
                 ⋮
            MOV DPTR，♯0FFF0H
            MOV A，♯55H
            MOVX @DPTR，A
            INC DPTR
            MOVX @DPTR，A        ;报文寄存器控制位初始化
            MOV R0，♯06H
            MOV DPTR，♯0FF06H
            MOV A，♯0FFH
     L1：   MOVX @DPTR，A        ;报文标识符需全部匹配
            INC DPTR
            DJNZ R0，L1
            MOV DPTR，♯0FF16H
            MOV A，♯8CH          ;报文寄存器 1 可发送 8 个字节扩展报文
            MOVX @DPTR，A
            MOV DPTR，♯0FF26H
            MOV A，♯84H
     MOVX @DPTR，A               ;报文寄存器 2 可接收 8 个字节扩展报文
            MOV DPTR，♯0FF00H
            MOV A，♯00H
            MOVX @DPTR，A        ;初始化结束
     RET
```

8.4　网络化仪器

近年来，在 TCP/IP 协议基础上建立的 Internet 已经成为全球规模最大的计算机网。它突破了传统通信方式在时空与地域上的限制，使更大范围内的通信成为可能。由于利用 Internet 可比以前更经济、更方便和更快捷地取得信息并进行信息交流，这给远程监控网络提供了新的发展机遇，出现了网络化仪器。所谓网络化仪器，是指在智能仪器中将 TCP/IP 协议等作为一种嵌入式应用，使测量过程中的控制指令和测量数据以 TCP/IP 方式传送，使智能仪器可以接入 Internet，构成分布式远程测控系统。

8.4.1　网络化仪器的体系结构

1. 计算机网络的结构模型

计算机的结构模型通常用"层"来表示。每一次层完成一个主要任务，如传输层主要处理数据传输任务，应用层处理终端用户应用程序任务。按照层的划分不同，有不同的结构模型。著名的有 ISO 参考模型和 TCP/IP 参考模型。

　　ISO 参考模型是国际标准化组织（International Standardization Organization，ISO）判定的标准，它使用了 7 层体系结构（参见 8.3 节）。尽管 OSI 的体系结构从理论上讲是比较完整的，其各层协议也考虑得很全面，但实际上，完全符合 OSI 各层协议的网络设备却较少，并不能满足各种用户的需要。应用广泛的网络结构模型是 TCP/IP 参考模型，由于该协议简单、高效，使符合 TCP/IP 参考模型的产品大量应用于实际，因此几乎所有的工作站都配有 TCP/IP 协议族，它已成为计算机网络事实上的国际标准。

　　TCP/IP（Transmission Control Protocol/Internet Protocol）协议即传输控制协议/因特网互联协议，又名网络通信协议，是 Internet 最基本的协议，是 Internet 国际互联网络的基础，由网络层的 IP 协议和传输层的 TCP 协议组成。TCP/IP 定义了电子设备如何连入因特网，以及数据如何在它们之间传输的标准。协议采用了 4 层的层级结构，每一层都呼叫它的下一层所提供的网络来完成自己的需求。通俗而言，TCP 负责发现传输的问题，一有问题就发出信号，要求重新传输，直到所有数据安全正确地传输到目的地。而 IP 是给因特网的每一台电脑规定一个地址。

　　TCP/IP 协议模型与 OSI 参考模型既有相似之处，又有不同。它通常将 OSI 参考模型中的高三层合并成一个应用层。TCP/IP 参考模型如图 8-26 所示。

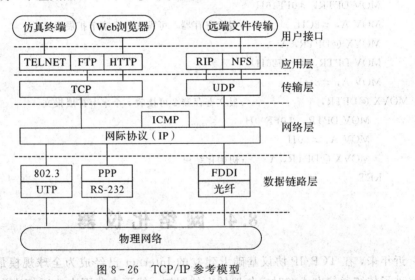

图 8-26　TCP/IP 参考模型

2. 网络化仪器的体系结构

　　网络化仪器的体系结构包括基本网络系统硬件、应用软件和各种协议。根据前述的分析，可以将信息网络体系结构内容（OSI　7 层模型）、相应的测量控制模块和应用软件以及应用环境等有机地结合在一起，形成一个统一的网络化仪器体系结构的抽象模型。该模型可更本质地反映网络化仪器具有的信息采集、存储、传输和分析处理的原理特征。图 8-27 是网络化仪器体系结构的一个简单模型。该模型将网络化仪器划分成若干逻辑层，各逻辑层实现特定的功能。

　　首先是硬件层，主要指远端的传感器信号采集单元，包括微处理器、信号采集、硬件协议转换和数据流传输控制。硬件协议转换和数据流传输控制一般可依靠 FPGA/CPLD 实现，使硬件具有可更改性，为功能扩展和技术升级留有空间。

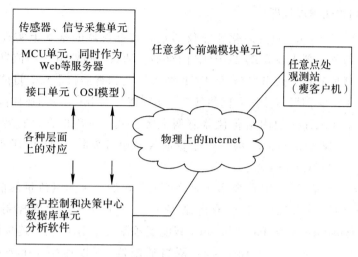

图 8 - 27 网络化仪器体系结构抽象模型

网络化仪器的另一个逻辑层是嵌入式操作系统内核,其主要功能是提供控制信号采集和数据流传输。该平台的前端模块已不是传统意义上的单片机系统,主要资源有处理器、存储器、信号采集单元和信息(程序和数据)等。这些资源通常由一个嵌入式操作系统来管理调度该逻辑层,从功能上实现了 OSI 7 层模型中的数据链路层、网络层、传输层的功能。根据应用的不同,本层的具体实现方式可能略有不同,且在一定程度上简化。

模型的最上层是服务和应用层,根据需要提供 HTTP、FTP、TFTP、SMTP 等服务。其中,HTTP 用以实现 Web 仪器服务;FTP 和 TFTP 用于实现向用户传递数据,从而形成用户数据库资源;而 SMTP 则用来发送各种确认和警告信息。通过这些服务功能就可以使其他客户机或用户从网络上通过浏览器浏览或获取数据,实现对测量数据的观测。高级用户还可经由网络修改配置来控制仪器在不同状态下的运行;经网络传来的数据,可交由专门数据处理软件分析,以实现最优化的决策和控制,并且还可利用一些专门软件分析传来的数据,以实现 MIS 应用等。

8.4.2 网络化仪器的类型

Internet 将不仅仅只连接计算机和终端,仪器设备、消费电子产品等都汇接于 Internet 平台时使得人们可以实现"任何人在任何地方跟任何对象进行任何方式的信息交流"。现有工厂和企业大都建有企业内部网(Intranet),基于 Intranet 的信息管理系统(Management Information System,MIS)是企业运营的公共信息平台。而 Intranet 和 Internet 具有相同的技术原理,都基于全球通用的 TCP/IP 协议,若能通过统一的标准使数据采集、信息传输等直接在 Intranet/Internet 上进行,则能把测控网和信息网有机地结合起来,使得工厂或企业拥有一体化的网络平台,从成本、管理、维护等方面考虑都是一种最佳选择。因此,让智能仪器在应用现场实现 TCP/IP 协议,使现场测控数据就近登临网络,在网络所能及的范围内适时发布和共享,是具有 Intranet/Internet 的网络化智能仪器(包括传感器、执行器等)的研究目标,也是国内外竞相研究与发展的前沿技术之一。

网络化智能仪器包括嵌入式 Internet 的网络化仪器、基于 Internet/Intranet 的虚拟仪器等。

1. 嵌入式网络化智能仪器

具有 Intranet/Internet 的网络化智能仪器是在智能仪器的基础上实现网络化和信息化,其核心是使智能仪器本身实现 TCP/IP 网络通信协议。随着电子和信息技术的高速发展,通过软件方式或硬件方式可以将 TCP/IP 协议嵌入到智能仪器中,目前已有多种嵌入式的 TCP/IP 芯片,它们可直接用做网络接口,实现嵌入式 Internet 的网络化仪器。

目前,嵌入式 Internet 的网络化仪器有两大类方式:一类是直接在智能仪器上实现 TCP/IP,使之直接连入 Internet;另一类是智能仪器通过公共的 TCP/IP 转接口(或称网关,即 Gateway)再与 Internet 相连。

在智能仪器上实现 TCP/IP 的典型代表是 HP 公司的一种测量流量的信息传感器。该传感器采用 BFOOT－66051(一种带有定制 Web 页的嵌入式以太网控制器)进行设计,STIM(Smart Transducer Interface Module,智能变送器接口模块)用以连接传感器,NCAP(Network Capable Application Processor,网络适配器)用以连接 Ethernet 或 Internet。STIM 内含一个支持 IEEEP1451 数字接口的微处理器,NCAP 通过相应的 P1451.2 接口访问 STIM,每个 NCAP 网页中的内容通过 PC 上的浏览器可以在 Internet 上读取。STIM 和 NCAP 接口有专用的集成模块问世,如 EDI1520,PLCC－44,可以在片上系统实现具有 Internet/Intranet 功能的网络化智能仪器。

后一类的典型代表是美国国家仪器有限公司 (National Instruments,NI)的 GPIB-ENET 控制器模块,它包含一个 16 位微处理器和一个可将数据流的 GPIB 格式与 Ethernet 格式相互转换的软件,将这个控制器模块安装上传感器或数据采集仪,就可以和 Internet 互通了。

2. 基于 Web 的虚拟仪器

基于 Web 的虚拟仪器,简单说就是把虚拟仪器 VI 技术和面向 Internet 的 Web 技术二者有机结合所产生的新的 VI 技术。形象地说,VI 的主要工作是把传统仪器的前面板移植到普通计算机上,利用计算机的资源处理相关的测试需求;基于 Web 的 VI 则更进一步,它是把仪器的前面板移植到 Web 页面上,通过 Web 服务器处理相关的测试需求。

图 8-28 给出了 VI 和 Web 结合的基本模型。在 VI 基础上,增加其登录 Internet 及网络浏览的功能,就可以实现基于 Web 的网络化仪器了。从这一角度讲,基于 Web 的网络化仪器是 VI 技术的延伸与扩展。

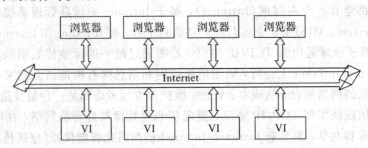

图 8-28　VI 与 Web 结合模型

本章小结

随着现代技术的不断发展，传统的测控仪器已越来越满足不了科技进步的要求，于是出现了个人仪器、虚拟仪器以及现场总线仪器等这些智能化仪器的更高级发展形式。

个人仪器是将原智能仪器仪表中测量部分的硬件电路以附加插件或模板的形式插入到 PC 机的总线插槽或扩展机箱中；而将原智能化仪器中的控制、存储、显示和操作运算等软件任务都移交给 PC 机来完成。其特点是充分利用了 PC 机的软件和硬件资源，因而相对于传统的智能仪器来说，极大地降低了成本，方便了使用。个人仪器及系统的结构形式可分为内插式和外插式。个人仪器不同于普通智能仪器的一个显著特点是：用户不再使用仪器的硬面板，而是采用软面板实现对仪器的操作。本章以数字式电压表 DVM 个人仪器为例简单介绍了内插式个人仪器的结构原理及设计方法。

虚拟仪器则强调软件的作用，提出"软件就是仪器"的理念。它摆脱了由传统硬件构成一件件仪器再连成系统的模式，而变为由用户根据自己的需要，通过编制不同的测控软件来组合构成各种虚拟仪器，其中许多功能直接就由软件来实现，打破了仪器功能只能由厂家定义，用户无法改变的模式。虚拟仪器不强调每一个仪器功能模块就是一台仪器，而是强调选配一个或几个带共性的基本仪器硬件来组成一个通用硬件平台，通过调用不同的软件来扩展或组成各种功能的仪器或系统。即通常仅仅由计算机、A/D 及 D/A 等带共性的硬件资源和应用软件共同组成虚拟仪器。本章介绍了 Lab VIEW 虚拟仪器开发平台及其应用技术。

现场总线仪器是近年来利用现场总线技术开发的新一代智能化仪器。现场总线是一种全数字的双向多站点通信系统，按 ISO7498 标准(OSI)提供网络互联，具有可靠性高、稳定性好、抗干扰能力强、通信速率高、造价低和维护成本低等优点，已经成为当今自动化领域技术发展的热点之一。本章论述了现场总线技术的主要特点、未来发展趋势以及应用面比较广的几种典型的现场总线系统，并着重对其中的 CAN 总线的原理与特性、CAN 总线的有关器件进行了详细的介绍。本章还给出了一种由 8051 单片机和 82527 独立 CAN 总线控制器为核心构成的智能节点电路的设计原理及软、硬件结构。

计算机技术、传感器技术、网络技术与测量、测控技术的结合，使网络化、分布式测控系统的组建更方便。以 PC 机和工作站为基础，通过组建网络来形(构)成实用的测控系统，提高生产效率和共享信息资源，已成为现代仪器仪表的发展方向。从某种意义上说，计算机和现代仪器已相互包容，计算机网络也就是通用的仪器网络。如果在测控系统中有更多不同类型的智能仪器、虚拟仪器成为网络节点连入 Internet，不仅能实现更多的资源共享、降低组建系统的费用，还能提高测控系统的功能，并拓宽其应用范围。"网络就是仪器"的概念，确切地概括了仪器的网络化发展趋势。嵌入式 Internet 的网络化仪器有两类方式：一类是直接在智能传感器上实现 TCP/IP，使之直接连入 Internet；另一类是智能仪器通过公共的 TCP/IP 转接口再与 Internet 相连。

本章的目的是使读者开拓视野，了解智能仪器的最新进展与发展趋势。

思考题与习题

1. 什么是个人仪器？个人仪器有哪几种主要形式？

2. 个人仪器有何主要特点？

3. 什么是软面板？它与常规仪器的面板有何区别？

4. 什么是虚拟仪器？虚拟仪器与个人仪器相比有何特点？

5. 什么是现场总线？为什么要采用现场总线技术？

6. 现场总线有哪些优点？

7. 请说出几种典型的现场总线及其应用的主要领域。

8. 什么是 CAN 总线？CAN 总线有何特点？

9. CAN 总线的协议模型为几层？分别是哪几层？

10. 请你说说现场总线技术未来的发展趋势，并阐述你的观点。

11. 什么是网络化仪器？网络化仪器的特点是什么？

12. 根据网络技术、计算机技术、微电子技术和微传感器技术等现代信息技术的发展情况，展望智能仪器的未来。

参 考 文 献

[1]　张易知，等. 虚拟仪器的设计与实现. 西安：西安电子科技大学出版社，2002

[2]　李贵山. 微型计算机测控技术. 北京：机械工业出版社，2002

[3]　赵新民. 智能仪器原理及设计. 哈尔滨：哈尔滨工业大学出版社，2003

[4]　卢胜利，胡新宇，程森林. 智能仪器设计与实现. 重庆：重庆大学出版社，2003

[5]　邬正义，范瑜，徐惠钢. 现代无线通信技术. 北京：高等教育出版社，2006

[6]　孙宏军，张涛，王超. 智能仪器仪表. 北京：清华大学出版社，2007

[7]　付华，郭虹，徐耀松. 智能仪器设计. 北京：国防工业出版社，2007

[8]　刘大茂. 智能仪器原理与设计. 北京：国防工业出版社，2008

[9]　王选民. 智能仪器原理及设计. 北京：清华大学出版社，2008

[10]　阳宪惠. 现场总线技术及其应用. 北京：清华大学出版社，2008

[11]　赵茂泰. 智能仪器原理及应用. 3 版. 北京：电子工业出版社，2009

[12]　程德福，林君. 智能仪器. 2 版. 北京：机械工业出版社，2009

[13]　罗文兴. 移动通信技术. 北京：机械工业出版社，2010

[14]　陆绮荣. 电子测量技术. 3 版. 北京：电子工业出版社，2010

[15]　张春红，等. 物联网技术与应用. 北京：人民邮电出版社，2011

[16]　徐爱钧. 智能化测量控制仪表原理与设计. 北京：北京航空航天大学出版社，2012

[17]　初宪武，汪玉凤，王丽. 基于 82527 的 CAN 总线智能传感器节点设计. 单片机与嵌入式系统应用，2002，12：27 - 29

[18]　曹建平. 智能型电话遥控器的研究与实现. 机电一体化，2001，No. 4：43 - 45

[19]　曹建平. 跨世纪的自动化热点技术：现场总线. 南京工业职业技术学院学报，2003，1：1 - 4

[20]　袁茂峰. 全方位了解非接触式智能卡技术. 非接触卡技术，2003，5：15 - 20

[21]　石莉，夏兵，张凤世. 数字示波器的波形测量方法. 宇航计测技术，2004，24(3)：30 - 32.

[22]　朱琳，刘志国，沈忠仙. 电子秤称量误差来源分析. 衡器，2005，34：31 - 32

[23]　曹建平，戴娟. 配电监测无线远程数据通信模式研究与设计. 微计算机技术，2006，3：251 - 253

[24]　赵秋. DT9205 数字万用表的功能电路分析. 电子制作，2008，No. 12：62 - 64

[25]　王德清，等. 基于 SPCE061A 的高精密电子秤设计与实现. 电子技术应用，2008，5：83 - 86

[26]　傅大梅，戴娟，倪瑛. 基于 HAC—uM433 MHz 的温室无线智能测控系统的实现. 南京工业职业技术学院学报，2008，4：1 - 3

[27] 赵燕. 一种基于 STC 单片机的温湿度检测系统的设计. 南京工业职业技术学院学报, 2010, 4: 42 - 44

[28] 杨卓静, 孙宏志, 任晨虹. 无线传感器网络应用技术综述. 中国科技信息, 2010, 11: 127 - 129

[29] 周富相, 陈德毅, 刘培国, 等. 基于 STM 32 的数字示波器设计与实现. 山西电子技术, 2011, 2: 8 - 10

[30] 黎卓芳. 蓝牙技术在物联网中的应用研究. 现代电信科技, 2012, 12: 61 - 66

[31] 周杰红. 基于 MSP430F449 的高精度电子秤设计. 科技视界, 2012, 9(27): 250 - 252

[32] 孙娜. 基于单片机的便携式电子秤的设计. 中国科技信息, 2012, 1: 98 - 100

[33] 唐建华, 陈金鹰. WiFi 传输技术在控制领域的应用探讨. 通信与信息技术, 2013, 4: 61 - 63

[34] 杨玲玲, 谢星, 孙玲, 等. 基于 MSP430 的双界面读卡器设计. 现代电子技术, 2014, 37(16): 18 - 20

[35] 南京工业职业技术学院电气与自动化系. 《电子产品设计与制作综合实训》指导书. 2008

[36] 熊立扉. 非接触式 IC 卡技术. 深圳大学学报: 理工版. 1998, 15: 87 - 94

[37] 洪锋, 褚红伟, 金宗科, 等. 无线传感器网络应用系统最新进展综述. 计算机研究与发展, 2010, 47(增刊): 81 - 87

[38] 丁龙刚. 基于蓝牙的汽车物联网应用与开发. 现代电子技术, 2011, 34(17): 196 - 198